MATLAB 开发实例系列图书

MATLAB 数字图像处理
——从仿真到 C/C++代码的自动生成

赵小川　赵　斌　编著

北京航空航天大学出版社

内容简介

本书以 MATLAB 8.X 汉化版为工具，深入浅出地介绍了基于计算机视觉工具箱(Computer Vision System Toolbox)的数字图像处理的基本原理、实现方法、仿真过程，着重介绍了如何将仿真代码或模型快速地转化成为 C/C++代码。内容包括：MATLAB 基本操作、Visual Studio2010 使用入门、基于 MATLAB Coder 的 M 代码转换为 C/C++代码、MATLAB 计算机视觉工具箱、图像变换的仿真及其 C/C++代码的自动生成、图像特征提取的仿真及其 C/C++代码的自动生成。全书例程丰富、步骤详尽、注释完备、图文并茂。

本书适用于对数字图像技术感兴趣、打算系统学习的读者，也可作为电子信息工程、计算机科学技术相关专业的本科生、研究生的教材，以及本科毕业设计、研究生学术论文的资料，并可供工程技术人员参考使用。

图书在版编目(CIP)数据

MATLAB 数字图像处理 / 赵小川，赵斌编著. -- 北京 : 北京航空航天大学出版社，2015.8

ISBN 978-7-5124-1844-8

Ⅰ. ①M… Ⅱ. ①赵… ②赵… Ⅲ. ①数字图像处理－Matlab 软件 Ⅳ. ①TN911.73

中国版本图书馆 CIP 数据核字(2015)第 176021 号

MATLAB 数字图像处理

——从仿真到 C/C++代码的自动生成

赵小川　赵　斌　编著

责任编辑　赵延永

*

北京航空航天大学出版社出版发行

北京市海淀区学院路 37 号(邮编 100191)　http://www.buaapress.com.cn

发行部电话：(010)82317024　传真：(010)82328026

读者信箱：goodtextbook@126.com　邮购电话：(010)82316936

北京兴华昌盛印刷有限公司印装　各地书店经销

*

开本：787×1092　1/16　印张：20.5　字数：538 千字

2015 年 9 月第 1 版　2015 年 9 月第 1 次印刷　印数：3 000 册

ISBN 978-7-5124-1844-8　定价：45.00 元

前　言

随着信息处理技术和计算机技术的飞速发展，数字图像处理技术已在工业检测、航空航天、星球探测、军事侦察、公安防暴、人机交互、文化艺术等领域受到了广泛的重视并取得了众多成就。

近年来，MATLAB 软件针对数字图像处理技术推出了诸多新功能，计算机视觉工具箱（Computer Vision System Toolbox）便是其中典型的代表。与传统的图像处理工具箱（Image Processing Toolbox）相比，计算机视觉工具箱引入了基于系统对象（System Object）及基于模型的处理模式，使其处理速度更快、交互性更强，同时该工具箱的绝大多数函数、系统对象、模型支持代码转换，可自动生成可读、可运行、可移植的 C/C++代码。这无疑极大地方便了广大从事数字图像处理研究的科研工作者，提高了研发效率。

本书以 MATLAB 8.X 汉化版为工具，深入浅出地介绍了基于计算机视觉工具箱（Computer Vision System Toolbox）的数字图像处理的基本原理、实现方法、仿真过程，着重介绍了如何将仿真代码或模型快速地转化成为 C/C++代码。与传统的手写代码相比，MATLAB 自动生成的代码具有高效、规范、可读性强的特点；同时，稍加改进便可移植到不同的硬件平台上。

本书具有如下特色：

① 本书将基本原理、仿真实现、代码转换有机结合，实现了数字图像处理从原理到实现的无缝连接。

② 根据编者近些年来从事教学、科研的经验，列举了近百个关于数字图像处理采用 MATLAB 算机视觉工具箱实现的实例，并附有详细注解；在每个例子中，都会有运行效果图，使读者有身临其境的感觉。

③ 本书在讲解的过程中，分享了作者的一些心得（以“经验分享”的形式出现），实用性强，有利于读者快速上手。

感谢寇宇翔、李喜玉、刘祥、李阳、肖伟、梁冠豪、葛卓、郅威、孙祥溪、常青在本书的资料整理及校对过程中所付出的辛勤劳动。

本书涉及的所有源程序将放到 MATLAB 中文论坛的读者在线交流平台上，供读者自由下载。这些源程序在 MATLAB 8.X 及 Visual Studio 2010 下经过了验证，均能够正确执行，读者可将自己的 MATLAB 版本更新至 MATLAB 8.X 及其以后的版本，以避免出现不必要的问题。本书读者在线交流平台网址：http://www.ilovematlab.cn/forum-250-1.html.

由于作者水平有限，书中的疏漏和不当之处，恳请广大读者和同行批评指正！作者邮箱 zhaoxch1983@sina.com。本书勘误网址：http://www.ilovematlab.cn/thread-434967-1-1.html.

赵小川

2015 年 6 月

前 言

目　　录

第 1 章

MATLAB 基本操作

MATLAB 是 Matrix Laboratory 的简称，是一种用于数值计算、可视化及编程的高级语言和交互式环境。借助其语言、工具和内置数学函数，可以探求多种方法，比电子表格或传统编程语言（如 C/C++或 Java™）更快地求取结果。MATLAB 应用范围十分广泛，包括信号处理和通信、图像和视频处理、控制系统、测试和测量、计算金融学及计算生物学等众多应用领域。在各行业和学术机构中，有人数众多的工程师和科学家使用 MATLAB 这一技术计算语言。

1.1 矩阵操作与运算

在数学上，由 $m\times n$ 个数 x_{ij}（$i=1,2,3,\cdots,m;j=1,2,3,\cdots,n$）排列而成 m 行 n 列的数表定义为 m 行 n 列矩阵。

在 MATLAB 中，矩阵类型的数据是以数组的形式存在，属于一种有序的数据组织形式。因此，在 MATLAB 中，矩阵是数组的一种表现形式。一维数组可看作向量，而二维或更高维度的数组可看作矩阵。

1.1.1 在 MATLAB 中生成矩阵

一般而言，在 MATLAB 中创建矩阵的方式有两种：一种是与枚举式直接赋值法相似，直接使用赋值语句对枚举矩阵的每个元素进行赋值；另一种则是 MATLAB 库函数中提供的创建特殊矩阵的基本指令。

1. 生成数值矩阵

(1) 实数值矩阵输入

任何矩阵（向量）都可以直接按行方式输入每个元素：同一行中的元素用逗号(,)或者用空格符来分隔，且空格个数不限；不同的行用分号(;)分隔；所有元素处于一方括号([ ])内；当矩阵是多维（三维以上），且方括号内的元素是维数较低的矩阵时，会有多重的方括号。图 1.1.1 和图 1.1.2 展示了如何输入一个矩阵。

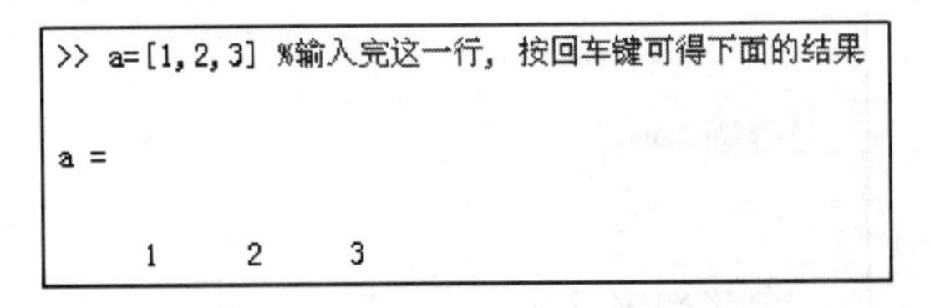

>> a=[1,2,3] %输入完这一行，按回车键可得下面的结果
a =
1 2 3

图 1.1.1 输入一个行矩阵

经验分享：输入矩阵时，逗号和分号应该在“半角”及“英文标点”格式下输入，否则会提示出错，如图 1.1.3 所示。

```
>> Matrix_B = [1  2  3;%可以在此行输入完后按回车键，再输入其他行
2  3  4;3  4  5]        %此行输入完以后，按回车键可得下面的结果

Matrix_B =

     1     2     3
     2     3     4
     3     4     5
```

图 1.1.2　输入一个 3×3 矩阵

```
命令行窗口
>> A=[1 2; 4 5]
 A=[1 2; 4 5]
 |
错误: 输入字符不是 MATLAB 语句或表达式中的有效字符。
```

图 1.1.3　MATLAB 提示输入字符出错

(2) 向量输入

由于向量可以看作是一维矩阵，所以生成矩阵的方法同样适用于生成向量。向量也可以通过如下方式生成：

```
X = X0:STEP: Xn    % 产生以 X0 为初始值，步长为 STEP，终值不超过 Xn 的数值型向量
```

经验分享：

- Xn 是该向量的最后一个分量的界限，不一定是最后一个数。
- 当 X0<Xn 时，要求 STEP>0；当 X0>Xn 时，要求 STEP<0。
- STEP 省略时，STEP=1。

如图 1.1.4 所示。

```
命令行窗口
>> a=1:3:14

a =

     1     4     7    10    13

>> b=20:-1:15.5

b =

    20    19    18    17    16

>> c=20:2:15.5

c =

   Empty matrix: 1-by-0

>> d=1:pi^2

d =

     1     2     3     4     5     6     7     8     9
```

图 1.1.4　向量生成实例

(3) 利用函数生成矩阵

特殊矩阵的生成函数如表1.1-1所列。

表1.1-1 特殊矩阵的生成函数

函数名称	功能说明
ones(n)	创建一个 $n\times n$ 的全1(元素)矩阵
ones(m,n,…,p)	创建一个 $m\times n\times\cdots\times p$ 的全1(元素)矩阵
ones(size(A))	创建一个与矩阵 **A** 同样大小的全1(元素)矩阵
zeros(n)	创建一个 $n\times n$ 的全0(元素)矩阵
zeros(m,n,…,p)	创建一个 $m\times n\times\cdots\times p$ 的全0(元素)矩阵
zeros(size(A))	创建一个与矩阵 **A** 同样大小的全0(元素)矩阵
eye(n)	创建一个 $n\times n$ 的单位矩阵
eye(m,n)	创建一个 $m\times n$ 的单位矩阵
eye(size(A))	创建一个与矩阵 **A** 同样大小的单位矩阵
magic(n)	创建一个 $n\times n$ 的矩阵,其每一行、每一列的元素之和都相等
rand(n)	创建一个 $n\times n$ 的随机数矩阵,其元素为0～1之间均匀分布的随机数
randn(n)	创建一个 $n\times n$ 的正态分布随机数矩阵,其元素是零均值,单位方差的正态分布随机数
diag(x)	创建一个 n 维的对角方阵,它的主对角线元素值取自向量 $\boldsymbol{x}$,其余元素的值都为0
triu(A)	创建一个与矩阵 **A** 大小相同的上三角矩阵,该矩阵的主对角线上的元素为 **A** 中相应的元素,其余元素为0
tril(A)	创建一个与矩阵 **A** 大小相同的下三角矩阵,该矩阵主对角线上的元素为 **A** 中相应的元素,其余元素为0

图1.1.5为部分特殊矩阵生成函数的使用实例。

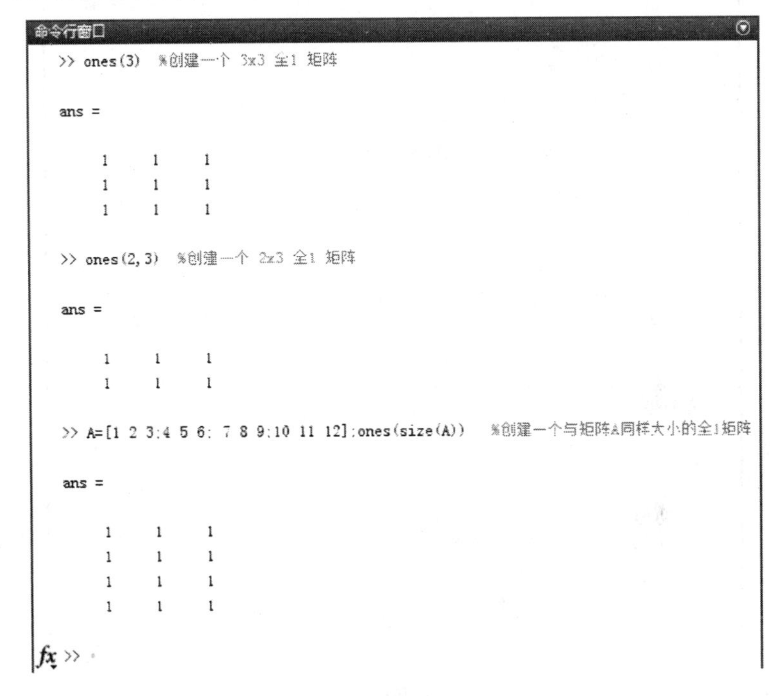

(a)

图1.1.5 部分特殊矩阵生成函数的使用实例

```
命令行窗口
>> zeros(4)  %创建一个 4x4 全0 矩阵

ans =

     0     0     0     0
     0     0     0     0
     0     0     0     0
     0     0     0     0

>> zeros(4,3)  %创建一个 4x3 全0 矩阵

ans =

     0     0     0
     0     0     0
     0     0     0
     0     0     0

>> A=[1 2 3;4 5 6; 7 8 9;10 11 12];zeros(size(A))   %创建一个与矩阵A同样大小的全0矩阵

ans =

     0     0     0
     0     0     0
     0     0     0
     0     0     0

fx >>
```

(b)

```
命令行窗口
>> eye(3)  %创建一个 3x3 的单位矩阵

ans =

     1     0     0
     0     1     0
     0     0     1

>> magic(4)  %创建一个 4x4 的 魔方阵

ans =

    16     2     3    13
     5    11    10     8
     9     7     6    12
     4    14    15     1

>> rand(3)  %创建一个 3x3 的随机数矩阵

ans =

    0.8147    0.9134    0.2785
    0.9058    0.6324    0.5469
    0.1270    0.0975    0.9575

fx >>
```

(c)

图 1.1.5　部分特殊矩阵生成函数的使用实例(续)

```
命令行窗口
>> randn(3)  %创建一个 3x3 零均值，单位方差的 正态分布随机数 矩阵

ans =

    1.4090   -1.2075    0.4889
    1.4172    0.7172    1.0347
    0.6715    1.6302    0.7269

>> diag(1:2:8)  %创建一个 以向量x=1:2:8为对角元素 的n维对角方阵

ans =

     1     0     0     0
     0     3     0     0
     0     0     5     0
     0     0     0     7

>> A=[1 2 3;2 3 4; 3 4 5];triu(A)  %创建一个与矩阵A同大小的 上三角矩阵

ans =

     1     2     3
     0     3     4
     0     0     5

>> tril(A)  %创建一个与矩阵A同大小的 下三角矩阵

ans =

     1     0     0
     2     3     0
     3     4     5

fx >>
```

(d)

图 1.1.5 部分特殊矩阵生成函数的使用实例(续)

经验分享：对于同一个特殊矩阵生成函数而言，其存在不同的版本。不同版本的主要区别在于输入参数的不同。因此，为更好地使用这些特殊矩阵生成函数，用户通过 help 命令或查看 MATLAB 的帮助目录可以更加详细深入地了解这些特殊矩阵生成函数。

(4) 创建多维数组

方法 1：直接赋值法，如图 1.1.6 所示。

方法 2：调用 cat 函数。

函数：cat

格式：A = cat(n,A1,A2,…,Am)

说明：$n=1$ 和 $n=2$ 时分别构造[$A1$;$A2$]和[$A1$,$A2$]，都是二维数组，而 $n=3$ 时可以构造出三维数组。

使用 cat 函数生成多维矩阵,如图 1.1.7 所示。

```
命令行窗口
>> A1=[1,2,3;4,5,6;7,8,9];A2=A1';A3=A1-A2;
A5(:,:,1)=A1; A5(:,:,2)=A2; A5(:,:,3)=A3;
>> A5

A5(:,:,1) =

     1     2     3
     4     5     6
     7     8     9


A5(:,:,2) =

     1     4     7
     2     5     8
     3     6     9


A5(:,:,3) =

     0    -2    -4
     2     0    -2
     4     2     0
```

图 1.1.6　采用直接赋值法生成多维矩阵

```
命令行窗口
>> A1=[1,2,3;4,5,6;7,8,9];A2=A1';A3=A1-A2;
>> A4=cat(3,A1,A2,A3)

A4(:,:,1) =

     1     2     3
     4     5     6
     7     8     9


A4(:,:,2) =

     1     4     7
     2     5     8
     3     6     9


A4(:,:,3) =

     0    -2    -4
     2     0    -2
     4     2     0
```

图 1.1.7　使用 cat 函数生成多维矩阵实例

2. 如何生成复数矩阵

复数矩阵有两种生成方式,如图 1.1.8 和图 1.1.9 所示。

```
命令行窗口
>> a=2.7;b=13/25;
C=[1,2*a+i*b,b*sqrt(a); sin(pi/4),a+5*b,3.5+1]

C =

   1.0000 + 0.0000i   5.4000 + 0.5200i   0.8544 + 0.0000i
   0.7071 + 0.0000i   5.3000 + 0.0000i   4.5000 + 0.0000i
```

图 1.1.8　复数矩阵的第一种生成方式

```
命令行窗口
>> R=[1 2 3;4 5 6]; M=[11 12 13;14 15 16];
>> CN=R+i*M

CN =

   1.0000 +11.0000i   2.0000 +12.0000i   3.0000 +13.0000i
   4.0000 +14.0000i   5.0000 +15.0000i   6.0000 +16.0000i
```

图 1.1.9　复数矩阵的第二种生成方式

1.1.2　矩阵变形操作

在具体的矩阵运算过程中,用户可能遇到需要改变矩阵形态的情况,包括改变矩阵的大小,甚至结构。具体来说,矩阵的变形主要有矩阵的旋转、矩阵维度的修改与矩阵元素的删除等。MATLAB提供了一系列可以改变矩阵大小与结构的库函数,见表1.1-2。图1.1.10所示是几个矩阵变形操作的库函数演示。

表1.1-2 矩阵变形操作的库函数

函数名称	功能说明
fliplr(A)	逆序排列矩阵**A**的每一行
flipud(A)	逆序排列矩阵**A**的每一列
flipdim(A,dim)	生成一个在第dim维矩阵**A**内的元素交换位置的多维矩阵
rot90(A)	生成一个由矩阵**A**逆时针旋转90度而得到的新矩阵
reshape(A,m,n)	生成一个$m\times n$的矩阵,其元素以线性索引的方式从矩阵**A**中顺序取得
repmat(A,n)	以矩阵**A**为基本模板,生成一个以矩阵**A**为块矩阵的新矩阵,新矩阵维数是size(A)×n
shiftdim(A,n)	矩阵**A**的维数移动n步。(n为正数,则左移;n为负数,则右移)
cat(dim,A.B)	将矩阵**A**与矩阵**B**在第dim个维度上(行方向、列方向或第dim维方向上)拼接成新的矩阵
permute(A,order)	根据向量order来改变矩阵**A**中的维数顺序
ipermute(A,order)	进行permute命令的逆变换
sort(A)	对一维或二维矩阵进行升序排列,并返回排序后的矩阵。当**A**是二维矩阵时,对矩阵**A**的每一列分别进行排序

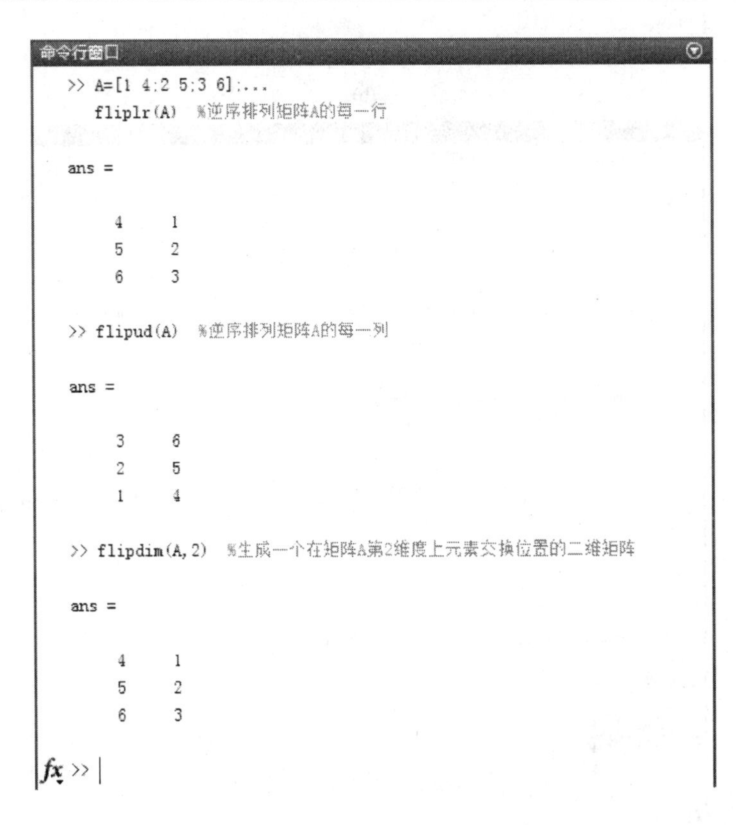

(a)

图1.1.10 矩阵变形操作的库函数使用演示

```
命令行窗口
>> rot90(A)   %将矩阵A 逆时针 旋转90度生成新矩阵

ans =

     4     5     6
     1     2     3

>> reshape(A,2,3)   %将矩阵A中的元素以 线性索引 方式重新组成一个2x3新矩阵

ans =

     1     3     5
     2     4     6

>> repmat(A,2) %以矩阵A为一个块矩阵，生成以块为一个基本单元的新矩阵

ans =

     1     4     1     4
     2     5     2     5
     3     6     3     6
     1     4     1     4
     2     5     2     5
     3     6     3     6

fx >>
```

(b)

```
命令行窗口
>> shiftdim(A,1)   %矩阵A（3x2维）的维数左移1步，则得2x3维新矩阵

ans =

     1     2     3
     4     5     6

>> B=rand(3,2);cat(2,A,B)   %矩阵B是一个3x2随机数矩阵，在第2维度、即行的方向上拼接成新矩阵

ans =

    1.0000    4.0000    0.7922    0.0357
    2.0000    5.0000    0.9595    0.8491
    3.0000    6.0000    0.6557    0.9340

>> permute(A,[2 1])   %用向量[2 1]表示互换矩阵A的第一维度与第二维度，输出效果为矩阵A的转置

ans =

     1     2     3
     4     5     6

>> C=[3 1;2 4;6 5];sort(C)   %将矩阵C的每一个列按照升序进行排列

ans =

     2     1
     3     4
     6     5

fx >> |
```

(c)

图 1.1.10 矩阵变形操作的库函数使用演示(续)

经验分享：表 1.1－2 中的 reshape 函数功能说明里提到的“线性索引”方式指的是，在 MATLAB 中，矩阵中的元素沿着从左到右，从上到下的列的方向依次编号，以这种编号方式寻访矩阵中每个元素的方式。此外，在使用 cat 函数的时候，必须确保矩阵 ***A*** 与矩阵 ***B*** 在拼接的维度 dim 上具有相同的长度，否则将产生错误。

1.1.3　矩阵的下标引用

元素操作是 MATLAB 矩阵操作的重要组成部分。下标引用为元素操作提供了必要的途径。在 MATLAB 中，一般二维矩阵元素的数字索引方式有单下标索引和双下标索引。单下标索引方式是沿着矩阵列方向的，采用列元素优先的原则，自左向右，自上而下地为矩阵中的每个元素设定单下标索引值，如图 1.1.11 所示。双下标索引方式是通过二元数对与二维矩阵元素在矩阵中的行列位置的对应关系对元素进行索引，如图 1.1.12 所示。MATLAB 提供了基于这两种矩阵元素寻访方式的索引表达式，如表 1.1－3 所列。图 1.1.13 是几个寻访矩阵元素的索引表达式使用演示。

$$\boldsymbol{A} = \begin{bmatrix} 1_{①} & 2_{④} & 1_{⑦} \\ 3_{②} & 4_{⑤} & 3_{⑧} \\ 5_{③} & 6_{⑥} & 5_{⑨} \end{bmatrix}$$

图 1.1.11　单下标索引值排布方式

$$\boldsymbol{A} = \begin{bmatrix} 1_{(1,1)} & 2_{(1,2)} & 1_{(1,3)} \\ 3_{(2,1)} & 4_{(2,2)} & 3_{(2,3)} \\ 5_{(3,1)} & 6_{(3,2)} & 5_{(3,3)} \end{bmatrix}$$

图 1.1.12 双下标索引值排布方式

表 1.1－3　寻访矩阵元素的索引表达式

索引表达式	功能说明
A(n)	按照单下标索引方式返回矩阵 **A** 的单下标为 *n* 的元素
A(:, n)	返回二维矩阵 **A** 的第 *n* 列列向量
A(i, :)	返回二维矩阵 **A** 的第 *i* 行行向量
A(:, m : n)	返回二维矩阵 **A** 从第 *m* 列到第 *n* 列所有向量构成的子矩阵
A(i : j , :)	返回二维矩阵 **A** 从第 *i* 行到第 *j* 行所有向量构成的子矩阵
A(i : j , m : n)	返回二维矩阵 **A** 从第 *i* 行到第 *j* 行与从第 *m* 列到第 *n* 列所有向量交集构成的子矩阵
A(:)	返回一个由矩阵 **A** 所有列向量依次拼成的列向量
A(i : j)	返回一个由 **A**(:)中第 *i* 到第 *j* 个元素构成的行向量
A(i_1 i_2 I)	返回一个由 **A**(:)中第 i_1、i_2 等元素构成的行向量
A(: , [m_1 m_2 I])	返回一个由矩阵 **A** 中第 m_1、m_2 等列向量构成的子矩阵
A([i_1 i_2 I], :)	返回一个由矩阵 **A** 中第 i_1、i_2 等行向量构成的子矩阵
A([i_1 i_2 I], [m_1 m_2 I])	返回一个由矩阵 **A** 中第 i_1、i_2 等行向量与第 m_1、m_2 等列向量交集元素构成的子矩阵

经验分享：在图 1.1.13 中，示例 A([1 2 3], end)中的 end 是 MATLAB 中的一个关键字，用于表示该维中的最后一个元素，在该示例中表示最后一列。读者可自行构建一个 $m \times n$ 矩阵 ***A*** 并在命令行窗口中分别输入 A(1:m, 2:n)与 A(: , 2:end)，比较二者输出结果，从而体会关键字 end 的含义。

命令行窗口

```
>> A=[ 1.1 1.2 1.3 1.4; ...
      2.1 2.2 2.3 2.4; ...
      3.1 3.2 3.3 3.4; ...
      4.1 4.2 4.3 4.4]

A =

    1.1000    1.2000    1.3000    1.4000
    2.1000    2.2000    2.3000    2.4000
    3.1000    3.2000    3.3000    3.4000
    4.1000    4.2000    4.3000    4.4000

>> A(9)   %返回矩阵A中 单下标值为9 的元素

ans =

    1.3000

>> A(:,1:3)   %返回矩阵A第1列到第3列 向量构成的 子矩阵

ans =

    1.1000    1.2000    1.3000
    2.1000    2.2000    2.3000
    3.1000    3.2000    3.3000
    4.1000    4.2000    4.3000

fx >>
```

(a)

命令行窗口

```
>> A(1:3,2:3)   %返回矩阵A第1行到第3行向量 与 第2列到第3列向量交集构成的 子矩阵

ans =

    1.2000    1.3000
    2.2000    2.3000
    3.2000    3.3000

>> %读者可以自行测试A(:)的返回值
>> A(6:15)   %返回列向量A(:)中第6到第15个元素构成的 行向量

ans =

  Columns 1 through 7

    2.2000    3.2000    4.2000    1.3000    2.3000    3.3000    4.3000

  Columns 8 through 10

    1.4000    2.4000    3.4000

>> A([1 3 4 5 10])   %返回列向量A(:)中第1、3、4、5、10个元素构成的 行向量

ans =

    1.1000    3.1000    4.1000    1.2000    2.3000

fx >> |
```

(b)

图1.1.13　寻访矩阵元素索引表达式使用演示

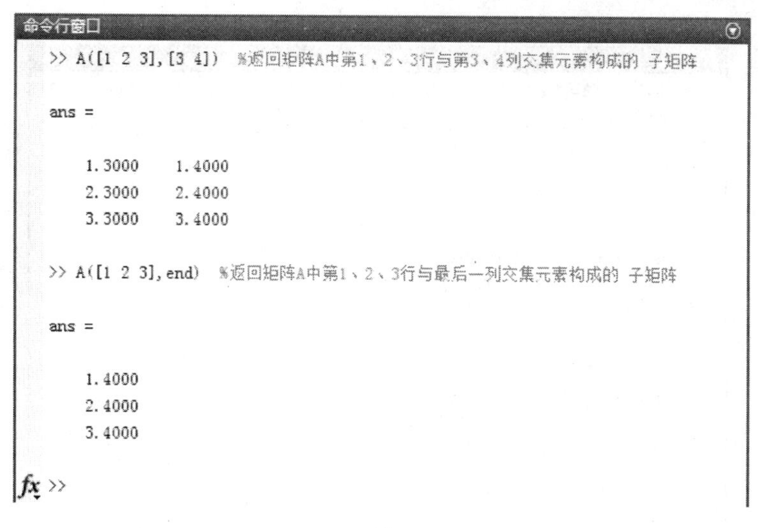

(c)

图 1.1.13 寻访矩阵元素索引表达式使用演示(续)

1.1.4 获取当前矩阵信息

在某些情况下，参与运算的矩阵可能具有尺寸庞大，结构较复杂，数据类型较多，甚至占用计算机内存较多等方面的特点。为了能够有针对性地了解掌握矩阵的这些信息，MATLAB为用户提供了获取矩阵结构、矩阵尺寸、矩阵数据类型以及矩阵占用内存情况等方面信息的测试函数。

(1) 矩阵结构

矩阵结构指的是矩阵内部元素的排列方式。MATLAB 提供了如表 1.1-4 所列的用于测试矩阵结构的测试函数。图 1.1.14 是矩阵结构测试函数的演示。

表 1.1-4 矩阵结构测试函数

函数名称与调用形式	功能说明
isempty(A)	测试矩阵 **A** 是否为空；若是，则返回 1；否则返回 0
isscalar(A)	测试矩阵 **A** 是否为单元素的标量矩阵；若是，则返回 1；否则返回 0
isvector(A)	测试矩阵 **A** 是否为行或列向量；若是，则返回 1；否则返回 0
issparse(A)	测试矩阵 **A** 是否为稀疏矩阵；若是，则返回 1；否则返回 0

(2) 矩阵尺寸

矩阵的尺寸信息包括矩阵维数、矩阵各维度的长度与矩阵元素的个数。MATLAB 中为这三类信息提供了 4 个查询函数，如表 1.1-5 所列。图 1.1.15 是矩阵尺寸信息查询函数的演示。

表 1.1-5 矩阵尺寸信息查询函数

函数名称与调用形式	功能说明
ndims(A)	获取矩阵 **A** 的维数
size(A)	获取矩阵 **A** 的尺寸(包括 *m* 行 *n* 列)
length(A)	获取矩阵 **A** 最长的维度长度
numel(A)	获取矩阵 **A** 的元素个数

```
命令行窗口
>> A=[ ];    B=[1 2];    C=[1;2;3;4];    D=[ 1 0 0 0 ; 0 0 2 0; 0 3 0 0; 0 0 0 4];
>> isempty(A)   %测试矩阵A是否为空矩阵

ans =

    1

>> isscalar(B)   %测试矩阵B是否为单元素的标量矩阵

ans =

    0

>> isvector(C)   %测试矩阵C是否为向量

ans =

    1

>> issparse(D)   %测试矩阵D是否为稀疏矩阵

ans =

    0

fx >>
```

图 1.1.14　矩阵结构测试函数使用演示

```
命令行窗口
>> R=rand(3,1,2); ndims(R)   %获取矩阵R的维数信息

ans =

    3

>> size(R)  %获取矩阵R的尺寸信息

ans =

    3    1    2

>> B=randn(3,1,2,4,2); length(B)   %获取5维矩阵B中最长的维度长度

ans =

    4

>> numel(B)  %获取5维矩阵B中元素的个数

ans =

    48

fx >>
```

图 1.1.15　矩阵尺寸信息查询函数使用演示

(3) 矩阵元素类型

表1.1-6所列是矩阵数据类型的测试函数。图1.1.16是矩阵元素类型测试函数的演示。

命令行窗口

```
>> A1='numeric type';     A2=[1+i ; pi ];     A3=[ 1 2 ; 3 4];     A4=[1]; ...
   A5 ={'char type', [1 3]}; A6.Name='A6 structure' ; A7=cell(4,2);  A8={'string1'};
>> isnumeric(A1)  %测试矩阵A1元素是否为数值型变量

ans =

     0

>> isreal(A2)  %测试矩阵A2元素是否为实数数值变量

ans =

     0

>> isfloat(A3)  %测试矩阵A3元素是否为浮点数数值变量

ans =

     1

>> isinteger(A3)  %测试矩阵A3元素是否为整数数值变量

ans =

     0

>> islogical(A4)  %测试矩阵A4元素是否为逻辑型变量

ans =

     0

fx >> |
```

(a)

命令行窗口

```
>> ischar(A5) %测试矩阵A5元素是否为字符型变量

ans =

     0

>> isstruct(A6) %测试矩阵A6元素是否为结构体变量

ans =

     1

>> iscell(A7) %测试矩阵A7元素是否为单元数组型变量

ans =

     1

>> iscellstr(A8) %测试矩阵A8元素是否为字符串元素的单元数组型变量

ans =

     1

fx >>
```

(b)

图 1.1.16 矩阵元素类型测试函数使用演示

表1.1-6 矩阵元素类型测试函数

函数名称与调用形式	功能说明
isnumeric(A)	测试矩阵A元素是否为数值型变量
isreal(A)	测试矩阵A元素是否为实数数值型变量
isfloat(A)	测试矩阵A元素是否为浮点数值型变量
isinteger(A)	测试矩阵A元素是否为整数数值型变量
islogical(A)	测试矩阵A元素是否为逻辑型变量
ischar(A)	测试矩阵A元素是否为字符型变量
isstruct(A)	测试矩阵A元素是否为结构体型变量
iscell(A)	测试矩阵A元素是否为单元数组型变量
iscellstr(A)	测试矩阵A元素是否为字符串元素的单元数组型变量

(4) 矩阵占用内存情况

对于大型MATLAB程序而言,程序的执行效率与内存占用率是程序员所关注的问题,这对MATLAB程序性能的优化起到非常重要的作用。MATLAB为用户提供了whos指令,用于查看当前工作区中制定变量的所有信息,包括变量名、矩阵大小、内存占用情况与数据类型等信息。

1.1.5 矩阵运算

(1) 矩阵的加减运算

在MATLAB中,数值矩阵是一种特殊的数值数组。在进行矩阵加减运算的时候,参与运算的矩阵也需要遵循"维度相同"的规则,即具有相同的行数与列数。当矩阵与数值型数据之间进行加减法运算时,运算不需要遵循此规则,而是将矩阵的元素均于该数值型数据进行加减运算,并返回新矩阵。矩阵加减法运算的演示如图1.1.17所示。

经验分享:矩阵的加减法运算满足交换律。读者可以自行验证矩阵加减法是否满足结合律。

(2) 矩阵的乘法运算

MATLAB中矩阵的乘法运算遵循线性代数理论体系。在矩阵之间进行乘法运算时尤其需要注意非方阵矩阵的在维度上的匹配。矩阵乘法运算的演示如图1.1.18所示。

经验分享:如图1.1.18所示,矩阵与数值型数据之间的乘法运算满足分配律。此外,(**A**+**C**) * **B**-(**A** * **B**+**C** * **B**)的运算示例也反映出,矩阵之间的乘法运算满足右分配律。对于两个矩阵的乘法运算**A** * **C**,由于矩阵**A**的列数3与矩阵**C**的行数2不相等,即矩阵**A**与矩阵**C**尽管在维度上相同,但是参与乘法运算时维度不匹配,因此造成了MATLAB编译错误。读者可以在保证矩阵维度匹配的前提下,自行检验矩阵乘法是否满足交换律与左结合律(即形如:$A\times YB+CY=A\times B+A\times C$)。

(3) 矩阵的除法运算

MATLAB中的矩阵除法运算被细分为了左除运算与右除运算。对参与矩阵除法运算的

命令行窗口

```
>> A = eye(4);   %创建 4x4 单位矩阵A
>> B = [1 2 3 4; 3 2 1 0; 2 3 4 5; 4 3 2 1];
>> C = rand(4);  %创建 4x4 随机数矩阵C
>> A + B   %加法运算

ans =

     2     2     3     4
     3     3     1     0
     2     3     5     5
     4     3     2     2

>> (A + C)-(C + A)

ans =

     0     0     0     0
     0     0     0     0
     0     0     0     0
     0     0     0     0

>> A - 3   %矩阵与数值型变量的 减法运算

ans =

    -2    -3    -3    -3
    -3    -2    -3    -3
    -3    -3    -2    -3
    -3    -3    -3    -2

fx >>
```

图 1.1.17　矩阵加减运算演示

命令行窗口

```
>> A = [2 1 0; 1 3 4]; % 矩阵A为 2x3矩阵
>> B = [1 3 -1 4; 2 -2 0 1; 6 1 -3 -2]; % 矩阵B为 3x4矩阵
>> C = ones(size(A));  % 矩阵C为与矩阵A同维度的 2x3 矩阵
>> 2 * (A + C) - (2*A + 2*C)   %矩阵与数值型数据的混合乘法运算

ans =

     0     0     0
     0     0     0

>> A * B   %矩阵乘法运算

ans =

     4     4    -2     9
    31     1   -13    -1

>> A * C   %两个 2x3 矩阵的乘法运算
错误使用  *
内部矩阵维度必须一致。

>> (A + C)*B - (A*B + C*B)   %矩阵乘法与加减法 混合运算

ans =

     0     0     0     0
     0     0     0     0

fx >>
```

图 1.1.18　矩阵加减运算演示

两个对象 **A** 与 **B** 而言，若均为数值型标量，则左除与右除运算是等价的。然而，对于一般的二维矩阵 **A** 和 **B** 而言，左除与右除运算在对矩阵 **A** 和 **B** 的维度匹配上存在不同的要求。具体由图 1.1.19的矩阵除法运算演示来说明。

```
命令行窗口
>> A = [1 2 1; 2 5 6];   %矩阵A为 2x3 矩阵
>> B = [3 4 2; 1 3 1; 6 2 5]; %矩阵B为 3x3 矩阵
>> C = [1 0; 1 2];        %矩阵C为 2x2 矩阵
>> A/B    %矩阵的右除运算

ans =

   -0.0909    0.7273    0.0909
   -5.9091    8.2727    1.9091

>> (A')/B  % 矩阵的右除运算，其中运算符 ' 为矩阵的转置运算符
错误使用 /
矩阵维度必须一致。

>> B\A    %矩阵的左除运算
错误使用 \
矩阵维度必须一致。

>> C\A    %矩阵的左除运算

ans =

    1.0000    2.0000    1.0000
    0.5000    1.5000    2.5000

fx >>
```

图 1.1.19　矩阵除法运算演示

经验分享：由图 1.1.19 的矩阵除法运算演示可知，矩阵 **A**,**B**,**C** 的维度分别为 2×3，3×3，2×2。根据左除运算 **A\B** 是 **Ax**=**B** 的逆运算以及右除运算 **B/A** 是 **xA**=**B** 的逆运算的规则，可以归纳出左除与右除运算对运算矩阵在维度匹配上的不同要求：左除运算要求左矩阵的行数与右矩阵的行数相等，而右除运算要求左矩阵的列数与右矩阵的列数相等。因此，在进行右除运算 **A/B** 时，运算正常进行；将矩阵 **A** 转置以后，再进行右除运算，则产生维度不匹配的错误 。在进行左除运算 **B\A** 时，产生维度不匹配的错误，而左除运算 **C\A** 则顺利进行。

(4) 矩阵的幂运算

MATLAB 中矩阵的幂运算仅对方阵有效。因为对于非方阵而言，相邻的运算矩阵无法满足“维度匹配”的要求，即左侧矩阵的列数不等于相邻右侧矩阵的行数，则幂运算无法进行。矩阵的幂运算的演示如图 1.1.20 所示。

(5) 矩阵的转置

图 1.1.21 演示了求矩阵转置的运算。

(6) 方阵的行列式

函数:det

格式:d = det(X)

```
命令行窗口
>> A = [2 1 2;3 1 3];  %矩阵A为 2x3 矩阵，非方阵
>> B = [1 2 2;3 5 1;4 6 3]; %矩阵B为 3x3 矩阵 ，方阵
>> A^2   %非方阵的幂运算
错误使用  ^
输入必须为标量和方阵。
要按元素进行 POWER 计算，请改用 POWER (.^)。

>> B^3  %方阵的幂运算

ans =

   127   210    84
   189   313   123
   294   486   193

fx >>
```

图 1.1.20　矩阵幂运算演示

说明：返回方阵 ***X*** 的多项式的值。

```
命令行窗口
>> A=[1,2,3;4 5 6;7 8 9];
>> B=A' ;%求矩阵A的转置
>> B

B =

     1     4     7
     2     5     8
     3     6     9
```

图 1.1.21　求矩阵转置的运算

```
命令行窗口
>> A=[1 1 1;2 2 2;1 1 1];
>> det(A)

ans =

     0
```

图 1.1.22　求方阵的行列式

经验分享：若矩阵 ***A*** 的元素为实数，则与线性代数中矩阵的转置相同；若 ***A*** 为复数矩阵，则 ***A*** 转置后的元素由 ***A*** 对应元素的共轭复数构成。

(7) 矩阵的逆

函数：inv

格式：Y = inv(X)

说明：求方阵 ***X*** 的逆矩阵。若 ***X*** 为奇异阵或近似奇异阵，将给出警告信息。

(8) 矩阵的迹

函数：trace

格式：b = trace (A)

说明：返回矩阵 ***A*** 的迹，即 ***A*** 的对角线元素之和。

```
命令行窗口
>> A=[1  2  3; 2  2  1; 3  4  3];
>> Y=inv(A)

Y =

    1.0000    3.0000   -2.0000
   -1.5000   -3.0000    2.5000
    1.0000    1.0000   -1.0000
```

图 1.1.23　求矩阵的逆

```
命令行窗口
>>  A=[1  2  3; 2  2  1; 3  4  3];
>> trace(A)

ans =

    6
```

图 1.1.24　求矩阵的迹

(9) 矩阵的秩

函数: rank

格式: k = rank (A)

说明: 求矩阵 ***A*** 的秩。

(10) 矩阵的特征值

函数: eig

格式: d = eig(A)

说明: 求矩阵 ***A*** 的特征值 ***d***,以向量形式存放。

```
命令行窗口
>>  A=[1  2  3; 2  2  1; 3  4  3];
>> rank(A)

ans =

    3
```

图 1.1.25　求矩阵的秩

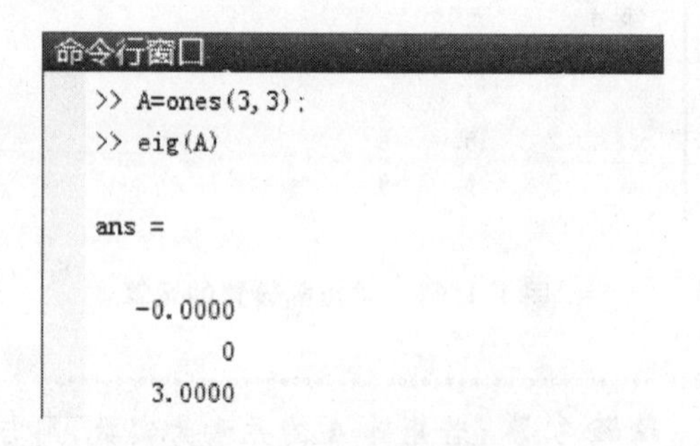

命令行窗口
>> A=ones(3,3);
>> eig(A)
ans =
-0.0000
0
3.0000

图 1.1.26　求矩阵的特征值

1.1.6　矩阵关系比较

矩阵的比较关系是针对两个矩阵对应元素的,所以在使用关系运算时,首先应该保证两个矩阵的维数一致或其中一个矩阵为标量。关系运算是对两个矩阵的对应运算进行比较,若关系满足,则将结果矩阵中该位置元素置为1,否则置0。

MATLAB的各种比较关系运算见表1.1-7,其应用举例见图1.1.27。

表 1.1-7　MATLAB的各种比较关系运算

运算符	含　义	运算符	含　义
>	大于关系	<	大于关系
= =	等于关系	>=	大于或等于关系
<=	小于或等于关系	~ =	不等于关系

命令行窗口

```
>> A=[1 2 3 4;5 6 7 8];B=[0 2 1 4;0 7 7 2];
C1=A==B, C2=A>=B, C3=A~=B

C1 =

     0     1     0     1
     0     0     1     0


C2 =

     1     1     1     1
     1     0     1     1


C3 =

     1     0     1     0
     1     1     0     1
```

图 1.1.27　矩阵比较示例

1.1.7　矩阵元素值取整

对于由小数构成的矩阵 ***A*** 来说，如果想对它取整数，有以下 4 种方法。

(1) 按 −∞ 方向取整

函数：floor

格式：floor(A)

说明：将 ***A*** 中元素按 −∞ 方向取整，即取不足整数。

(2) 按 +∞ 方向取整

函数：ceil

格式：ceil(A)

说明：将 ***A*** 中元素按 +∞ 方向取整，即取过剩整数。

(3) 四舍五入取整

函数：round

格式：round (A)

说明：将 ***A*** 中元素按最近的整数取整，即四舍五入取整。

(4) 按离 0 近的方向取整

函数：fix

格式：fix (A)

说明：将 ***A*** 中元素按离 0 近的方向取整。

矩阵元素取整运算的演示如图 1.1.28 所示。

命令行窗口

```
>> A=-1.5+4*rand(3)

A =

    1.7589    2.1535   -0.3860
    2.1232    1.0294    0.6875
   -0.9921   -1.1098    2.3300

>> B1=floor(A),B2=ceil(A),B3=round(A),B4=fix(A)

B1 =

     1     2    -1
     2     1     0
    -1    -2     2


B2 =

     2     3     0
     3     2     1
     0    -1     3


B3 =

     2     2     0
     2     1     1
    -1    -1     2


B4 =

     1     2     0
     2     1     0
     0    -1     2
```

图 1.1.28　对矩阵的元素进行取整

1.1.8　对矩阵进行逻辑运算

(1) 与运算

格式:A&B 或 and(A, B)

说明: ***A*** 与 ***B*** 对应元素进行与运算,若两个数均非 0,则结果元素的值为 1,否则为 0。

(2) 或运算

格式:A|B 或 or(A, B)

说明: ***A*** 与 ***B*** 对应元素进行或运算,若两个数均为 0,则结果元素的值为 0,否则为 1。

(3) 非运算

格式:~A 或 not (A)

说明:若 ***A*** 的元素为 0,则结果元素为 1,否则为 0。

(4) 异或运算

格式:xor (A,B)

说明:***A*** 与 ***B*** 对应元素进行异或运算,若相应的两个数中一个为0,一个非0,则结果为0,否则为1。

对矩阵进行逻辑运算的演示如图1.1.29所示。

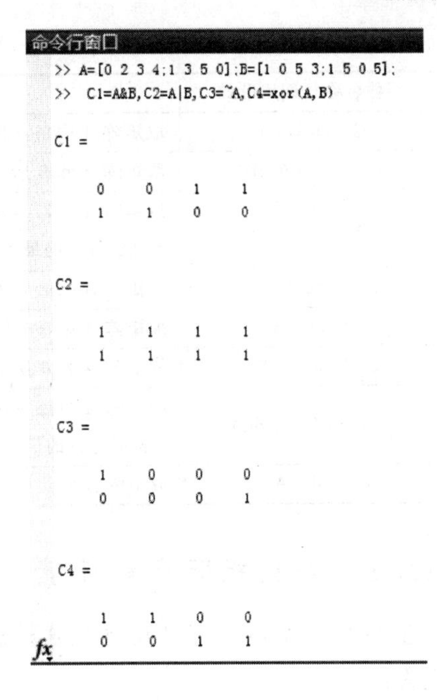

图1.1.29 对矩阵进行逻辑运算

1.1.9 矩阵分解

(1) LU分解

矩阵的三角分解又称LU分解,目的是将一个矩阵分解成一个下三角矩阵 ***L*** 和一个上三角矩阵 ***U*** 的乘积,即 ***A***=***LU***。

函数:lu

格式:[L,U] = lu(X)

矩阵的LU分解如图1.1.30所示。

(2) QR分解

矩阵的QR分解是将矩阵分解成一个正交矩阵与一个上三角矩阵的乘积。

函数:qr

格式:[Q,R] = qr(A)

矩阵的QR分解如图1.1.31所示。

```
命令行窗口
>> A=[1 2 3;4 5 6;7 8 9];
[L,U]=lu(A)

L =

    0.1429    1.0000         0
    0.5714    0.5000    1.0000
    1.0000         0         0


U =

    7.0000    8.0000    9.0000
         0    0.8571    1.7143
         0         0    0.0000
```

图1.1.30 对矩阵进行LU分解示例

```
命令行窗口
>> A =[ 1  2  3;4  5  6; 7  8  9; 10  11  12];
>> [Q,R] = qr(A)

Q =

   -0.0776   -0.8331    0.5456   -0.0478
   -0.3105   -0.4512   -0.6919    0.4704
   -0.5433   -0.0694   -0.2531   -0.7975
   -0.7762    0.3124    0.3994    0.3748


R =

  -12.8841  -14.5916  -16.2992
         0   -1.0413   -2.0826
         0         0   -0.0000
         0         0         0
```

图1.1.31 对矩阵进行QR分解示例

1.1.10 查找矩阵中的最值

用max函数和min函数可以查找矩阵中的最值,这两个函数的具体使用方法如表1.1-8所列,应用举例如图1.1.32所示。

表 1.1-8 max 函数和 min 函数使用方法

函数名称与调用形式	功能说明
C=max(A)	取矩阵 **A** 中每一列的最大值，组成行向量返回给 **C**
C= max(A,B)	取矩阵 **A** 和 **B** 所对应元素的最大值，组成矩阵 **C**
C= max(A,[],dim)	取矩阵 **A** 中每一列或每一行的最大值，dim=1 表示每列的最大值组成行向量，dim=2 表示每行的最大值组成列向量
max(max(A))	取矩阵 **A** 的最大值
C=min(A)	取矩阵 **A** 中每一列的最小值，组成行向量返回给 **C**
C= min(A,B)	取矩阵 **A** 和 **B** 所对应元素的最小值，组成矩阵 **C**
C= min(A,[],dim)	取矩阵 **A** 中每一列或每一行的最小值，dim=1 表示每列的最小值组成行向量，dim=2 表示每行的最小值组成列向量
min(min(A))	取矩阵 **A** 的最小值

1.1.11 查找矩阵中的元素

在 MATLAB 中，可以调用 find 函数在矩阵中查找满足一定条件的元素，find 函数的调用格式为：

```
ind = find(X)
[m n]= find(X)
```

其中，***X*** 为要查找的矩阵，ind 为要查找元素在矩阵 ***X*** 中的线性索引值。在 MATLAB 中，矩阵是按照列存储的，ind 的值表示元素在矩阵中按列存储时位置的索引值。***m*** 和 ***n*** 是列向量，分别保存元素在矩阵中位置的行下标和列下标。

find 函数的使用方法如图 1.1.33 所示。

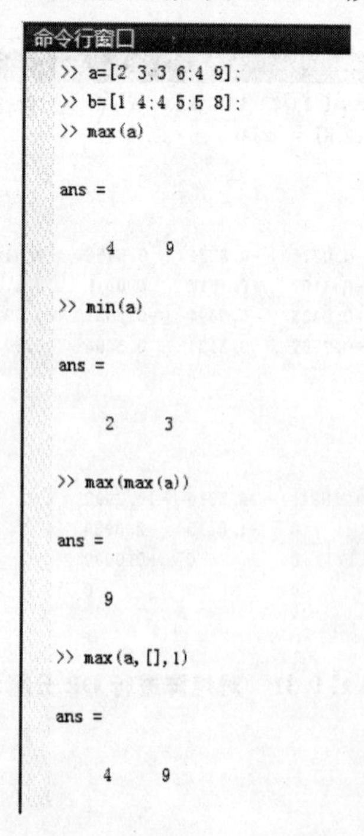

图 1.1.32 max 函数和 min 函数使用举例

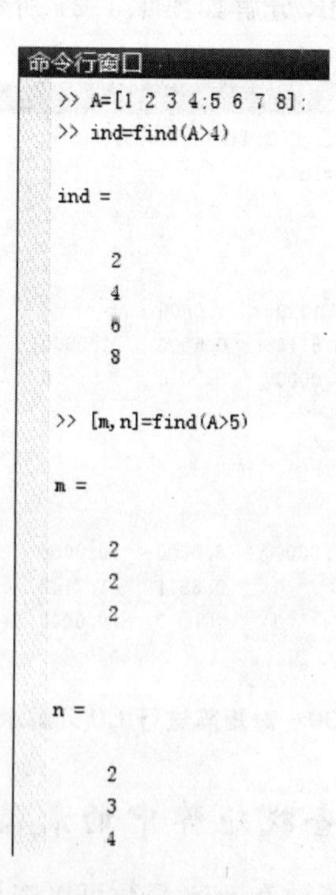

图 1.1.33 find 函数的使用方法举例

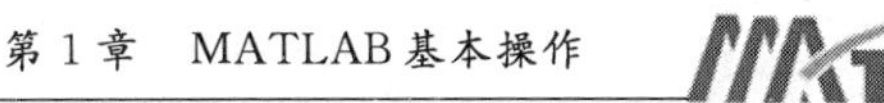

1.2　MATLAB 编程基础

1.2.1　变量命名规则及其类型

1. 变量的命名规则

MATLAB 中变量的命名规则是：必须以字母开头，后面的字符可以由字母、数字和下画线混合组成。尽管变量名可以是任意长的，但是 MATLAB 仅取前 *N* 个字符，忽略后面的字符，因此要保证变量名的前 *N* 个字符有唯一确定性。*N* 的值可以用函数 namelengthmax 查出来，在 MATLAB 8.0 中 *N*＝63。

经验分享：在 MATLAB 中，变量区分大小写，因此变量“A”与变量“a”是两个不同的变量。用函数 isvarname 可以确定一个变量名是否为合法的。

2. 变量类型

MATLAB 中有三种基本变量类型：局部变量、全局变量和静态变量。

通常，每个函数体内都有自己定义的变量，不能从其他函数和 MATLAB 工作空间访问这些变量，这些变量就是局部变量。

如果要使某个变量在几个函数中和 MATLAB 工作空间都能使用，可以把它定义为全局变量。在一个函数中改变了全局变量的值，会影响到每一个使用全局变量的函数。全局变量用关键字“global”声明。全局变量最好在函数体的开始声明，并且全局变量名尽量大写，变量名能够反映它本身的含义。如果需要在几个函数中和 MATLAB 工作空间内都能访问一个全局变量，那么必须在每个函数中和 MATLAB 工作空间内都声明该变量为全局的。

经验分享：在实际编程中，应尽量避免使用全局变量，因为全局变量的值在一个地方被改变，那么其他包括该变量的函数中都将改变，从而可能出现不可预见的情况。比如，在一个程序中声明了一个全局变量，而这个变量刚巧在另外一个程序中也被声明为全局变量，当两个程序运行时，一个程序中的变量值可能会覆盖另一个程序中的变量值。程序中的这种错误是极难发现的。

静态变量只能在 M 函数中用关键字“persistent”声明，只有声明了静态变量的函数才允许使用它。只要函数存在，MATLAB 就不清除静态变量，因此静态变量的值可以从一个函数传递到另一个函数。要使用静态变量必须先声明，最好把静态变量的声明放在程序的开始。例如要把变量 SUM_X 声明为静态变量，可以用下面的形式声明：

```
persistent SUM_X
```

用“clear functionname”语句、“clear all”或者编辑 M 函数，都会清除函数中所声明的静态变量。可以用“mlock”防止函数被清除，从而保证 M 函数中所声明的静态变量不被清除。

使用变量名时，注意不要使用关键字。MATLAB 中的关键字是：break、case、catch、classdef、continue、else、elseif、end、for、function、global、if、otherwise、parfor、persistent、return、switch、try、while，用函数“iskeyword”可以查看所有的关键字。

1.2.2 基本程序结构

1. 顺序结构

顺序结构是一种最简单的程序控制结构。用户只要按自己的要求将命令按顺序逐条编写即可。在此,首先介绍赋值语句。

MATLAB语言的赋值语句格式是:

variables_list = expression

等号左边的变量名列表为MATLAB语句的返回值,等号右边的表达式可以是各种数值计算式,也可以是函数调用等。

赋值语句的等号右端,可以用分号结束,也可以用逗号结束或者直接回车。用逗号结束或直接回车,运行后变量名列表中所赋的值都会显示出来。用分号结束,运行后变量名列表中所赋的值不会显示出来。不同形式的赋值语句的运行效果如图1.2.1所示。

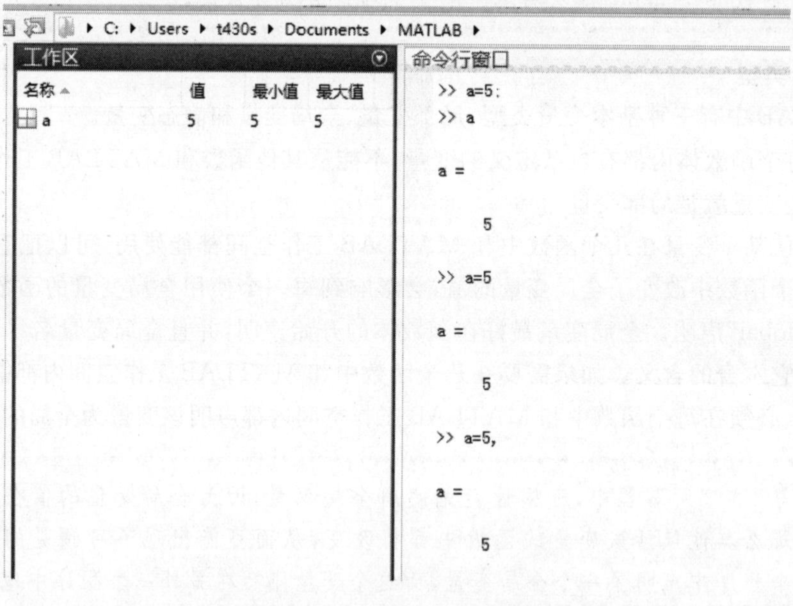

C: ▸ Users ▸ t430s ▸ Documents ▸ MATLAB ▸

工作区

名称	值	最小值	最大值
a	5	5	5

命令行窗口

```
>> a=5;
>> a

a =

     5

>> a=5

a =

     5

>> a=5,

a =

     5
```

图1.2.1 不同语句的运行效果

> **经验分享**:分号和逗号是语句的分隔符。在1行代码中可以有多个语句,语句之间用逗号或分号分隔。MATLAB中有些函数调用的返回值有多个,这时就需要把变量名列表用方括号“[ ]”括起来,方括号中的各个变量之间用逗号分隔。如果左边的变量名列表和等号省略,MATLAB会自动把表达式的值赋给缺省变量“anx”。

【例1.2.1】 输入x,y的值,并将它们的值互换后输出。

分析 从键盘输入数据,可以使用input()函数来进行,该函数的调用格式为:A=input(提示信息,选项);其中,提示信息为一个字符串,用于提示用户输入什么样的数据。MATLAB提供的命令窗口输出函数主要有disp()函数,其调用格式为:disp(输出项);其中,输出项既可以为字符串,也可以为矩阵。

程序如下：

```
x = input('Input x please.');
y = input('Input y please.');
z = x;
x = y;
y = z;
disp(x);
disp(y);
```

2. 条件转移语句

条件转移语句控制程序运行过程中，执行哪一块程序代码。一种条件转移语句是“if”语句，根据判断条件为“真”、“假”选择不同的代码块的执行。另一种条件转移语句是“switch”语句，根据条件表达式的值，选择执行哪一块代码。

(1) if 语句

if 语句先计算一个由逻辑运算符“＜,＜＝,＞,＞＝,＝＝,～＝”等连接的逻辑表达式的值，根据逻辑表达式值的“真”、“假”来决定执行哪一部分代码。

① “if,end”形式

条件转移语句最简单的形式是“if,end”形式，其调用格式是：

```
if logical_expression
    statements
end
```

如果逻辑表达式的值为“真”(逻辑值为 1)，MATLAB 执行 if 和 end 间的所有语句，然后再执行 end 后面的语句。如果逻辑表达式的值为“假”(逻辑 0)，MATLAB 跳过 if 和 end 之间的语句，直接执行 end 后面的语句。

例如：

```
if rem(a, 2)  ==  0
    disp('a 是偶数 ')
    b = a/2;
end
```

这一程序段判断变量 a 是否为偶数，如果 a 是偶数，则先显示“a 是偶数”，再把 a 除以 2 后赋值给变量 b。其中，rem 是求余函数。

判断语句的逻辑表达式也可以是非数值形式的，比如逻辑表达式是矩阵等形式。

② “if,else,end”形式

“if,else,end”形式的条件转移语句的调用格式是：

```
if logical_expression
    statements1
else
    statements2
end
```

判断逻辑表达式的值。如果为“真”，则执行语句块 statements1，再跳到 end 后面执行语句；否则执行语句块 statements2，再执行 end 后面的语句。

例如：

```
if rem(a, 2) == 0
    disp('a 是偶数 ')
    b = a/2;
else
    disp('a 是奇数 ')
    b = a;
end
```

这一程序段判断变量 a 是否为偶数。如果 a 是偶数,则先显示"a 是偶数",再把 a 除以 2 后赋值给变量 b;否则显示"a 是奇数",再把 a 的值赋给变量 b。

【例 1.2.2】 计算分段函数的值。

程序如下:

```
x = input(' 请输入 x 的值:');
if x< = 0
   y = (x + sqrt(pi))/exp(2);
else
   y = log(x + sqrt(1 + x * x))/2;
end
y
```

③ "if,elseif,end"形式

"if,elseif,end"形式的条件转移语句的调用格式是:

```
if logical_expression1
    statements1
elseif logical_expression2
    statements2
......
end
```

当表达式 expression1 为"真"时,执行语句 statements1,然后跳到语句 end 后面执行;当表达式 expression1 为"假"而表达式 expression2 为"真"时,执行语句 statements2,然后跳到语句 end 后面执行。其中"elseif expression"语句,可以有一个也可以有多个。

例如:

```
if (a > 0) & (rem(a, 2) == 0)
    a = a/2;
elseif  (a > 0) & (rem(a, 2) == 1)
    a = 3 * n + 1;
end
```

这一程序段用于求解函数 $f(n)=\begin{cases}\dfrac{n}{2}, n \text{ 是偶数} \\ 3n+1, n \text{ 是奇数}\end{cases}$。

经验分享:elseif 是一个整体,不要在 else 和 if 之间添加空格。

④ "if,elseif,else,end"形式

"if,elseif,else,end"形式是 if 条件转移语句最完全的形式,其调用格式是:

```
if logical_expression1
    statements1
elseif logical_expression2
```

```
        statements2
    ......
    else
        statements
    end
```

如果条件表达式 logical_expression1 的值为"真",则执行语句块 statements1,然后跳到 end 后面执行。如果条件表达式 logical_expression1 的值为"假",而条件表达式 logical_expression2 的值为"真",则执行语句块 statements2,然后跳到 end 后面执行。如果上面的所有条件表达式的值都为"假",则执行语句 statements,再到 end 后面继续执行。

例如:

```
if (x > 0)
    y = 1;
elseif (x < 0)
    y = -1;
else
    y = 0;
end
```

这一程序段给出已知数 x 的符号。

经验分享:elseif 语句可能有多个。

经验分享:if 条件语句中,if 和 end 必须成对出现,就像是一对括号。在编程时,如果遗忘了 end,MATLAB 会在后面的程序中找 end 与 if 配对,因此在程序运行时报告在某一位置出错时,可能错误出在更前面。在程序调试时,这种错误极难修改。在编程时,在 if 语句中可以再嵌入 if 语句。

【例 1.2.3】 输入一个字符,若为大写字母,则输出其对应的小写字母;若为小写字母,则输出其对应的大写字母;若为数字字符则输出其对应的数值,若为其他字符则原样输出。

程序如下:

```
c = input('请输入一个字符','s');
if c>='A' & c<='Z'
    disp(setstr(abs(c) + abs('a') - abs('A')));
elseif c>='a'& c<='z'
            disp(setstr(abs(c) - abs('a') + abs('A')));
elseif c>='0'& c<='9'
            disp(abs(c) - abs('0'));
else
            disp(c);
end
```

(2) switch 语句

用 if 形式的条件转移语句,如果检查的重数过多,会使得程序非常混乱。这时可以用 switch 形式的条件转移语句,其调用格式是:

```
switch expression
    case value1
        statements1
```

```
    case value2
        statements2
    otherwise
        statements
end
```

表达式 expression 计算出的是一个标量或是一个字符串。如果 expression 的值是 value1,则运行语句块 statements1,再跳到 end 后面执行,如果 expression 的值是 value2,则运行语句块 statements2,再跳到 end 后面执行。依次类推,如果各种情况都不满足,则执行语句块 statements,再执行 end 后面的语句。

经验分享:value 是表达式 expression 可能计算出的值,也可以是单元数组形式。语句块中也可以包含 switch 语句。case 语句可以有多个,但 otherwise 语句只能有一个。如果有多个 value 值满足条件,只执行第 1 个。

例如:

```
switch x
    case {'A','a'}
        s = '优秀'
    case {'B','b'}
        s = '良好'
    case {'C','c'}
        s = '一般'
    case {'D','d'}
        s = '及格'
    otherwise
        s = '不及格'
end
```

这段程序把用字母形式表示的成绩,转换成文字形式。

switch 语句可以是如下形式:

```
switch var
    case 1
        disp('1')
    case {2,3,4}
        disp('2 or 3 or 4')
    case 5
        disp('5')
    otherwise
        disp('something else')
end
```

经验分享:switch 与 end 必须配对,两者就像括号一样把程序段括在一起。switch 语句中可以没有 otherwise 语句。

【例 1.2.4】 某商场对顾客所购买的商品实行打折销售,标准如下(商品价格用 price 来表示):

price<200　　　　没有折扣

200≤price<500　　3%折扣

500≤price<1000　　　5%折扣

1000≤price<2500　　　8%折扣

2500≤price<5000　　　10%折扣

5000≤price　　　14%折扣

输入所售商品的价格,求其实际销售价格。

程序如下:

```
price = input('请输入商品价格 ');
switch fix(price/100)
    case {0,1}                        % 价格小于 200
        rate = 0;
    case {2,3,4}                      % 价格大于等于 200 但小于 500
        rate = 3/100;
    case num2cell(5:9)                % 价格大于等于 500 但小于 1000
        rate = 5/100;
    case num2cell(10:24)              % 价格大于等于 1000 但小于 2500
        rate = 8/100;
    case num2cell(25:49)              % 价格大于等于 2500 但小于 5000
        rate = 10/100;
    otherwise                         % 价格大于等于 5000
        rate = 14/100;
end
price = price * (1 - rate)            % 输出商品实际销售价格
```

3. 循环语句

用循环语句可重复执行一段代码。在 MATLAB 中循环语句有 for 循环和 while 循环两种。当循环次数已知时,用 for 循环。while 循环是通过检查一个控制条件来决定是否进行循环。用 continue 和 break 语句可以更灵活的退出循环。

(1) for 循环

在循环的次数已知的情况下,使用 for 循环,其调用格式是:

```
for index = start:increment:end
    statements
end
```

默认情况下,增量 increment 是 1,可以指定任何数值为增量,包括负数。当增量为正数时,index 从 start 开始增加,直到超过 end 时停止循环。当增量为负数时,直到 index 小于 end 值时循环停止。

经验分享:循环语句可以嵌套,构成多重循环。

例如:

```
for m = 1:3
    for n = 1:3
        if m == n
            A(m,n) = 1;
        else
            A(m,n) = 0;
        end
    end
end
```

这一程序段运行后构成的矩阵 **A** 是一个三阶的单位阵。

经验分享：循环变量可以是矩阵形式或多维数组形式，还可以是字符串形式。在循环体内对循环变量重新赋值不会终止循环。

例如：

```
for k = 1:3
    k = 3
end
```

这一程序段，虽然在运行过程中把变量 k 赋值为 3，但循环照样执行，运行的结果是输出了 3 次 k=3。

经验分享：for 与 end 必须配对，两者就像是一对括号把需要重复循环的语句括在其中。在选择循环变量时，尽量不要用 i,j，以免与复数单位相混。

【例 1.2.5】 若一个三位整数各位数字的立方和等于该数本身，则称该数为水仙花数。输出全部水仙花数：

```
for m = 100:999
m1 = fix(m/100);                %求 m 的百位数字
m2 = rem(fix(m/10),10);         %求 m 的十位数字
m3 = rem(m,10);                 %求 m 的个位数字
if  m == m1 * m1 * m1 + m2 * m2 * m2 + m3 * m3 * m3
disp(m)
end
end
```

(2) while 循环

while 是通过检测控制条件是否成立，来决定循环是否进行。也就是说，当循环次数不能确定的时候，可用 while 循环。其调用格式是：

```
while expression
    statements
end
```

通常循环控制条件(expression)是由逻辑运算符“==,<,>,<=,>=,~=”连接起来的表达式。如果表达式的运算结果为逻辑 1，则执行循环体；如果表达式的运算结果为逻辑 0，则退出循环。

经验分享：循环控制条件(expression)通常的运算结果是标量，但也可以是矩阵，此时要求运算结果矩阵的所有元素为“真”。

例如：

```
s = 0;n = 0;
while s< = 100
    n = n + 1;
    s = s + n;
end
```

这一程序段的功能是计算 $s=1+2+\cdots+n$，且 $s\leqslant 100$。

经验分享：while 与 end 必须配对，两者就像是一对括号把需要重复循环的语句括在其中。在循环体内(statements)必须对循环控制条件进行改变，否则可能使程序进入死循环而无法正常退出。

(3) continue 语句

在进行 for 循环或 while 循环时，用 continue 语句可以跳过循环体中未执行的语句进入下一次循环。

例如：

```
fid = fopen('magic.m', 'r');
count = 0;
while ~feof(fid)
    line = fgetl(fid);
    if isempty(line) | strncmp(line, '%', 1)
        continue
    end
    count = count + 1;
end
disp(sprintf('%d lines', count));
```

这一程序段可计算出文件 magic.m 共有多少行代码(不包括其中的空行和注释行)。

(4) break 语句

在进行 for 循环或 while 循环时，用 break 语句可以跳出循环，执行循环体后面的代码。如果是多重循环，则只是退出内层循环，进入到外层循环的下一次循环。

例如：

```
fid = fopen('fft.m', 'r');
s = '';
while ~feof(fid)
   line = fgetl(fid);
   if isempty(line)
      break
   end
   s = strvcat(s, line);
end
disp(s)
```

这一程序段从文件“fft.m”读取内容，直到读到一个空行后退出。

【例 1.2.6】 求[100,200]之间第一个能被 21 整除的整数。

```
for n = 100:200
if rem(n,21)~ = 0
      continue
end
break
end
n
```

4. 错误处理语句

错误处理语句用来处理程序运行过程中出现的错误。其调用格式是：

```
try
   statement1
catch
```

```
    statement2
end
```

用try语句检测程序段statement1中是否有错误。如果在程序段statement1中出现错误，MATLAB便跳到catch语句块中statement2执行。在statement2也应该有处理错误的方法。

经验分享：try、catch、end必须配对。

1.2.3 M文件

M文件有两种类型：脚本式M文件和M函数。

脚本式M文件实际上就是为了实现某一目的而编写的命令集，便于对程序的代码进行维护和管理，也有利于程序代码的重复使用。

M文件是在M文件编辑器窗口中编写的。在MATLAB的界面上单击“新建脚本”按钮，就可以打开M文件编辑器窗口；也可以通过依次单击“新建”→“脚本”新建并打开M文件编辑器窗口；还可以通过在命令窗口中键入edit指令打开M文件编辑窗口，如图1.2.2所示。

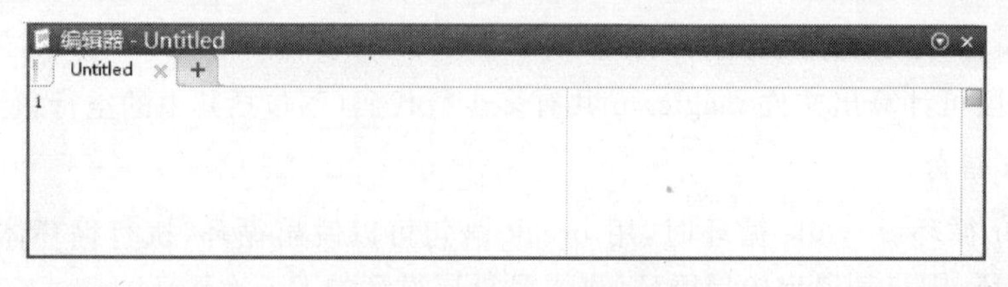

图1.2.2 M文件编辑器窗口

在M文件编辑器窗口中编写M文件，就像在“记事本”或“写字板”等一般的文本编辑器中编写文件一样。在“记事本”或“写字板”中用MATLAB命令编写的文件，只要用“.m”为扩展名保存，也是M文件。

M文件编写完成后，单击M文件编辑器窗口中的按钮，就可以打开保存文件对话框，在其中选择保存文件的路径和文件名，就可以保存文件。

1. M脚本文件

脚本文件是最简单的M文件，是一个包含有一系列MATLAB语句的命令集合。在命令窗口中输入脚本文件名就可以运行脚本文件中的所有命令。

脚本文件使用工作空间窗口中的变量数据，运行脚本文件所产生的变量数据也存放在工作空间窗口中。

【例1.2.7】 M脚本文件。

在M文件编辑器窗口中输入以下内容：

```
N = 3;
for m = 1:N
    for n = 1:N
        if m == n
            A(m,n) = 1;
        else
            A(m,n) = 0;
        end
    end
end
```

单击 M 文件编辑器窗口中的按钮，以“ex1. m”为文件名将之保存在当前工作目录下。

在命令窗口中输入：

```
>> ex1
```

运行后可以在命令窗口中看到变量 A 的图标 A，继续在命令窗口中输入：

```
>> A
```

运行后显示效果如图 1.2.3 所示。

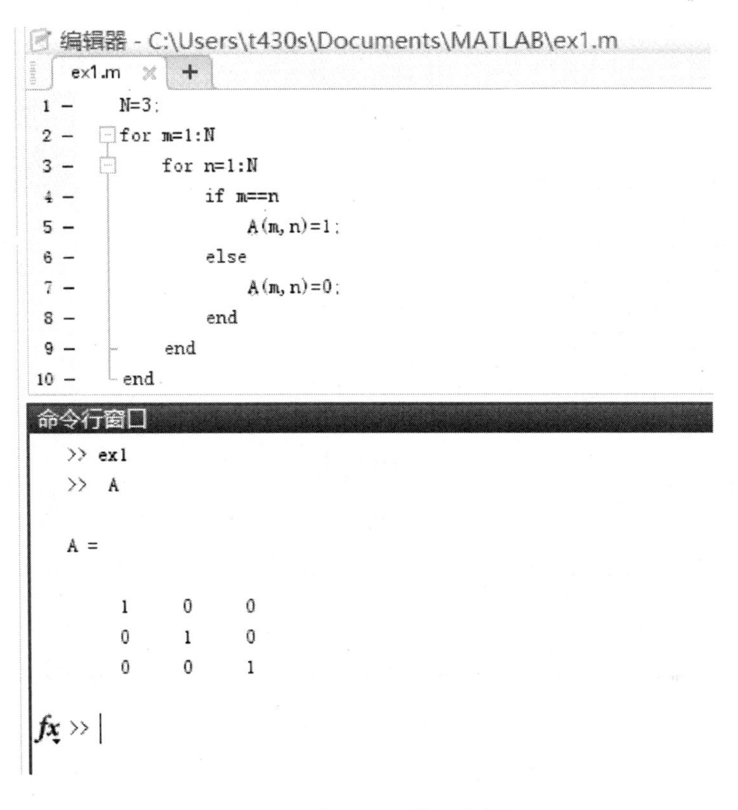

图 1.2.3　例 1.2.7 的运行结果

这一脚本文件创建了一个 3 阶单位阵。

经验分享：脚本文件没有输入参数和输出参数，但可以在脚本文件中加入注释。

2. M 函数

函数是具有某一功能的 M 文件，有输入参数和输出参数。每一个函数都占有部分内存，叫做函数工作空间。函数的工作空间与 MATLAB 的工作空间独立，各个函数的工作空间也相互独立。函数中的变量都是局部变量，一个函数只能访问自己工作空间中的变量，而不能访问其他函数或 MATLAB 工作空间中的变量。

可以通过依次单击“新建”→“函数”新建并打开 M 函数编辑器窗口，如图 1.2.4 所示。

一个 M 函数由 5 部分构成：函数定义行、H1 行、帮助文本、函数体、注释。下面举例说明 M 函数的各部分。

【例 1.2.8】　编写 M 函数。

在 M 文件编辑器窗口中输入以下内容：

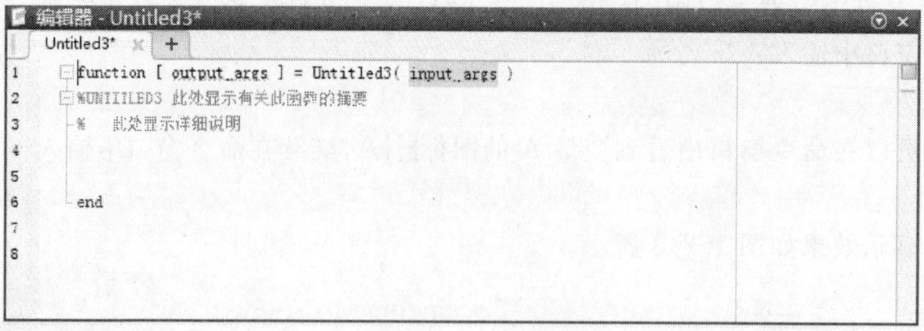

图1.2.4　新建并打开M函数编辑器窗口

```
function [mean,stdev] = stat(x)
%[mean,stdev] = stat(x)计算输入向量的均值和均方差
%输入参数x是向量
%第一个输出参数mean是向量各元素的平均值
%第二个输出参数stdev是向量的均方差
%例如,取向量x=[1,2,3,4,5];
%调用[mean,stdev]=stat(x),计算可得
%均值mean = 3
%均方差stdev = 1.4142
%程序完成时间:2014年05月16日
n = length(x);                        %计算向量长度
mean = sum(x)/n;                      %求向量平均值
stdev = sqrt(sum((x-mean).^2/n));     %计算均方差
```

输入完毕后,单击按钮,把文件保存在当工作目录下,文件名为“stat.m”,如图1.2.5所示。

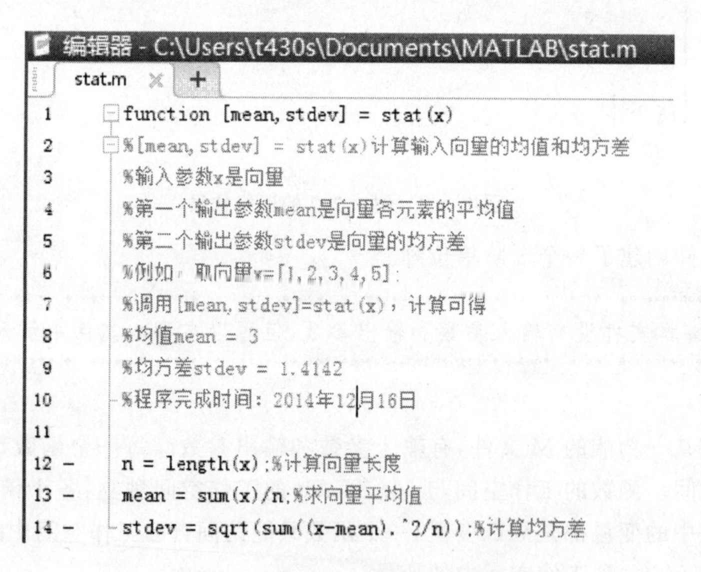

图1.2.5　例1.2.8所编写的M函数

(1) 函数定义行

函数M文件的第一行用关键字“function”开头,把M文件定义为一个函数,并指定了函数名和函数的输入和输出参数。

在例1.2.8中语句:

```
function [mean,stdev] = stat(x)
```

就是函数的定义行。函数定义行中定义了函数名是“stat”，函数有一个输入参数“x”，两个输出参数 mean 和 stdev。

函数定义行的一般形式是：

function [out1, out2, ...] = funname(in1,in2, ...)

定义函数“funname”、输入参数“in1, in2,…”和输出参数“out1, out2,…”。

函数名像变量名一样，以字母开头，后面的字符可以由字母、数字和下画线混合组成。用函数 isvarname 可以检查一个函数名是否合法。函数名的字符的个数可以是任意多个，但是 MATLAB 只区分前面的 63 个字符。不同的操作系统对函数名中字符确认的个数可能不一样，用函数 namelengthmax 可以检查本机中 MATLAB 确认的函数名中字符的个数。

函数的输入参数可以没有，也可以有 1 个或多个。函数的多个输入参数之间用逗号分隔，所有的输入参数用小括号(圆括号)括起来。如果没有输入参数，则输入参数部分可以省略。

函数的输出参数可以没有，也可以有 1 个或多个。多个输出参数之间用逗号分隔，所有的输出参数用中括号(方括号)括起来。如果没有输出参数，则输出参数部分可以省略。

经验分享：通常把函数保存为 M 文件，文件名就是函数名。如果文件名与函数名不一致，进行函数调用时，将忽略函数名，用文件名进行调用。为了不致引起混淆，保存函数时，应把函数名作为文件名。

例 1.2.8 中的 M 函数保存的文件名为“stat. m”。

(2) H1 行

函数的第二行，也就是紧跟在函数定义行后面、以符号“%”开头的那第一行，叫做 H1 行。用帮助命令“lookfor”进行查找时，就是搜索函数的 H1 行。通常都在 H1 行中对函数的功能作简单的说明。

经验分享：在 MATLAB 中，以百分号“%”开头的语句，都是注释语句，在运行过程中不会被执行。

例 1.2.8 中的 H1 行是：

```
%[mean,stdev] = stat(x)计算输入向量的均值和均方差
```

(3) 帮助文本

在函数的 H1 行后面，连续的以符号“%”开头的那些语句，叫做帮助文本。帮助文本用于详细介绍函数的功能和用法，通常包括对函数输入参数和输出参数的要求，以及函数的用法。有时可以在帮助文本中加入实例，以帮助使用者了解函数的具体用法。

经验分享：在命令窗口中输入 help 命令，就可以查到函数的 H1 行和函数帮助文件。

在例 1.2.8 中函数 stat 的帮助文本是：

```
%输入参数 x 是向量
%第一个输出参数 mean 是向量各元素的平均值
```

```
%第二个输出参数 stdev 是向量的均方差
%例如,取向量 x = [1,2,3,4,5];
%调用[m,s] = stat(x),计算可得
%均值 m = 3
%均方差 s = 1.4142
```

在帮助文本中还给出了一个调用实例。

(4) 函数体

函数体是函数的主体部分,包括进行运算和赋值操作的所有 MATLAB 程序代码。函数体中可以有流程控制、输入输出、计算、赋值、注释,还可以包括函数调用和对脚本的调用,还可以有空行。

在例 1.2.8 中,函数体是:

```
n = length(x);                          %计算向量长度
mean = sum(x)/n;                        %求向量平均值
stdev = sqrt(sum((x - mean).^2/n));     %计算均方差
```

函数体的第 1 行是个空行,以把函数体部分与帮助文本分开。

(5) 注释

注释是以百分号"%"开头的,可以在函数的任何位置,也可以在一行代码的最后添加注释。

经验分享:MATLAB 在执行 M 文件时,把每一行中"%"后面的内容全部作为注释。

在例 1.2.8 中,语句:

```
n = length(x);            %计算向量长度
```

中,"%计算向量长度"就是注释,说明语句"n = length(x);"的作用。

(6) 函数的参数传递

函数调用的过程实际上就是参数传递的过程。

在命令窗口中输入:

```
>> a = [1,2,3,4,5];
>> [m,s] = stat(a)
```

运行后如图 1.2.6 所示。

在函数的调用过程中,先把变量 a 的值传递给函数的输入参数 x,通过调用函数 stat 计算出向量的均值赋值给函数的输出参数 mean、方差赋值给函数的输出参数 stdev,然后再把 mean 的值赋给变量 m、把 stdev 的值赋给变量 s。

由于各个函数都有各自的函数工作空间,它们与 MATLAB 的工作空间是分开的。函数内变量与 MATLAB 工作空间之间唯一的联系就是函数的输入和输出参数。函数任一输入参数值发生变化,其变化仅在函数体出现,不影响 MATLAB 工作空间的变量。

命令行窗口

```
>> a=[1, 2, 3, 4, 5];
>> [m, s]=stat(a)

m =

     3


s =

    1.4142

fx >>
```

图 1.2.6　例 1.2.8 中函数调用的过程

经验分享：在 MATLAB 工作空间定义的变量不会延伸到函数的工作空间；在函数内定义的变量也不会延伸到 MATLAB 的工作空间中。

【例 1.2.9】 编写函数文件，求半径为 r 的圆的面积和周长。

```
function [s,p] = fcircle(r)
% 求圆的面积与周长
% r - 圆半径
% s - 圆面积
% p - 圆周长
s = pi * r * r;
p = 2 * pi * r;
```

(7) 子函数

函数文件可以包含一个以上的函数，文件中的第一个函数是主函数，其后的所有的函数都是子函数，子函数只能被同一文件中的主函数和其他子函数访问。函数文件名和主函数名相同。我们通过一个例子来说明。

【例 1.2.10】 编写子函数。

在 M 文件编辑器窗口中输入以下内容：

```
function [mean,stdev] = stats(x)
%[mean,stdev] = stats(x)计算输入向量的均值和均方差
%输入参数 x 是向量
%第一个输出参数 mean 是向量各元素的平均值
%第二个输出参数 stdev 是向量的均方差
%例如，取向量 x = [1,2,3,4,5];
%调用[m,s] = stats(x)，计算可得
%均值 m = 3
%均方差 s = 1.4142
%程序完成时间：2014 年 12 月 16 日

n = length(x); %计算向量长度
mean = avg(x,n); %求向量平均值
stdev = sqrt(sum((x - avg(x,n)).^2)/n); %计算均方差

function mean = avg(x,n)
%子函数 avg 计算向量的平均值
mean = sum(x)/n;
```

输入完毕后，单击保存按钮（💾），把文件保存在当前工作目录下，文件名为“stats.m”，如图 1.2.7 所示。

这一程序中主函数是 stats，子函数是 avg。进行计算时，主函数 stats 把变量 x，n 作为参数传递给子函数 avg。子函数计算出平均值再作为参数传递给主函数中的变量 mean。主函数对子函数的调用和同一文件内的子函数之间的互相调用都是通过参数传递实现的。

(8) 递归调用

在函数 f 的执行过程中，调用了函数 f 本身，这就是函数的直接递归调用。在函数 f 的执行过程中，调用了函数 g，而函数 g 的执行过程中，又调用了函数 f，这就是函数的间接递归调用。直接递归调用和间接递归调用统称为函数的递归调用。

经验分享：函数在进行递归调用时，必须确保程序会终止，否则 MATLAB 会陷入死循环。

编辑器 - C:\Users\t430s\Documents\MATLAB\stats.m*

stats.m*

```
1
2  function [mean,stdev] = stats(x)
3  %[mean,stdev] = stats(x)计算输入向量的均值和均方差
4  %输入参数x是向量
5  %第一个输出参数mean是向量各元素的平均值
6  %第二个输出参数stdev是向量的均方差
7  %例如，取向量x=[1,2,3,4,5];
8  %调用[m,s]=stats(x)，计算可得
9  %均值m = 3
10 %均方差s = 1.4142
11 %程序完成时间：2014年05月16日
12 - n = length(x);%计算向量长度
13 - mean = avg(x,n);%求向量平均值
14 - stdev = sqrt(sum((x-avg(x,n)).^2)/n);%计算均方差
15
16 function mean = avg(x,n)
17 %子函数avg计算向量的平均值
18 - mean = sum(x)/n;
19
20 - end
```

图 1.2.7　例 1.2.10 输入的代码

【例 1.2.11】　函数的递归调用。

编写函数计算自然数 n 的阶乘。

```
function y = nj(n)
% y = nj(n)计算 n 的阶乘
% 输入参数 n 是自然数
% 输出参数 y 是 n 的阶乘
if (n<0)|(floor(n)~ = n)                    % 如果输入参数不是自然数
    error('输入参数必须是自然数')               % 则显示出错信息
end
if n == 0                                   % 如果输入参数是 0
    y = 1;                                  % 0 的阶乘是 1
elseif n == 1                               % 输入参数是 1
    y = 1;                                  % 1 的阶乘是 1
else                                        % 如果是大于 1 的自然数
    y = n * nj(n-1);                        % 递归调用
end
```

在这一函数中，输入参数是 1 时，输出参数为 1，确保程序终止。在输入参数为大于 1 的自然数时，进行递归调用。

经验分享：通常函数递归调用时，占用内存大，程序运行速度慢，因而尽可能不要用。

许多的递归程序，可以用递推的形式来完成，如例 1.2.11 所示。

【例 1.2.12】　利用函数的递推形式，编写计算自然数 n 的阶乘递推函数。

```
function y = nj1(n)
% y = nj1(n)计算 n 的阶乘
% 输入参数 n 是自然数
% 输出参数 y 是 n 的阶乘
```

```
if (n<0)|(floor(n)~=n)                    % 如果输入参数不是自然数
    error('输入参数必须是自然数')           % 则显示出错信息
end
if n==0                                   % 如果输入参数是 0
    y=1;                                  % 0 的阶乘是 1
elseif n==1                               % 输入参数是 1
    y=1;                                  % 1 的阶乘是 1
else                                      % 如果是大于 1 的自然数
    y=1;
    for k=1:n
        y=y*k;                            % 递推
    end
end
```

经验分享：在 MATLAB 中计算阶乘的函数是 factorial，也可以用 prod(1:n)计算阶乘。

3. M 脚本文件与 M 函数的对比

读者可通过以下例子，对 M 脚本文件和 M 函数有一个清晰地了解与认识。

【例 1.2.13】 分别建立命令文件和函数文件，将华氏温度 f 转换为摄氏温度 c。

① 采用 M 脚本文件形式

首先，建立命令文件并以文件名 f2c.m 存盘。

```
clear
f=input('Input Fahrenheit temperature:');
c=5*(f-32)/9
```

然后，在 MATLAB 的命令窗口中输入 f2c，将会执行该命令文件，执行情况为：

```
Input Fahrenheit temperature:73
c =
   22.7778
```

② 采用 M 函数形式

首先，建立函数文件 f2c.m。

```
function c=f2c(f)
c=5*(f-32)/9
```

然后，在 MATLAB 的命令窗口调用该函数文件。

```
clear;
y=input('Input Fahrenheit temperature:');
x=f2c(y)
```

输出情况为：

```
Input Fahrenheit temperature:70
c =
   21.1111
x =
   21.1111
```

1.2.4 函数句柄与匿名函数

变量不仅可以用来表示数值(如：1，0.2，－5)和字符串(如：'t')，也可以用来表示函数。将函数句柄赋值给变量要用到@符号，其语法如下：

变量名＝@函数名

此处的函数名可以是当前MATLAB中可以使用的任意函数，例如：mysin＝@sin，此后mysin就和sin同样地使用，mysin(pi)和sin(pi)的含义相同，运行效果如图1.2.8所示。

匿名函数是函数句柄的一种高级用法，其产生的函数句柄变量不指向特定的函数，而是一个函数表达式，其语法如下：

变量名＝@(输入参数列表)运算表达式

例如，定义f(x)＝x^2，可以写为f＝@(x)(x.^2)。其中，@(x)(x.^2)就是匿名函数，第一个括号里面是自变量，第二个括号里面是表达式，@是函数指针。f＝@(x)(x.^2)表示将匿名函数@(x)(x.^2)赋值给f，于是f就表示该函数，该匿名函数的运行效果如图1.2.9所示。

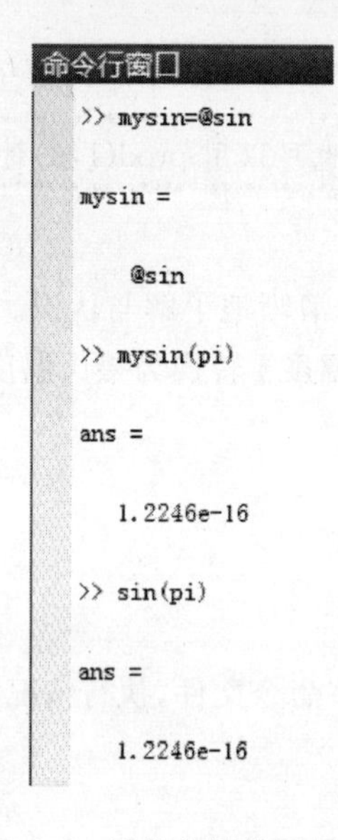

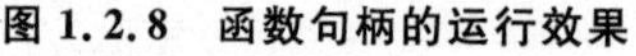

图1.2.8　函数句柄的运行效果

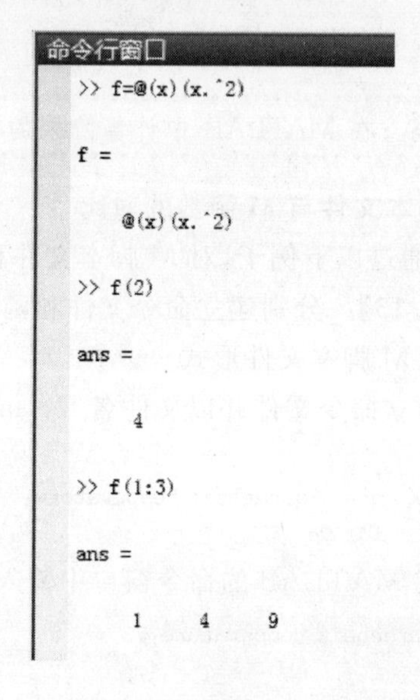

图1.2.9　匿名函数的运行效果

1.2.5　MATLAB编程技巧

第一，尽量避免使用循环。循环语句及循环体经常被认为是MATLAB编程的瓶颈问题。因而应尽量用向量化的运算来代替循环操作。我们将通过如下的例子来演示如何将一般的循环结构转换成向量化的语句。

【例1.2.14】 考虑下面无穷级数求和问题：

$$I=\sum_{n=1}^{\infty}\left(\frac{1}{2^n}+\frac{1}{3^n}\right)$$

如果只求出其中前有限项，比如100 000项之和，可以采用下面的常规语句进行计算：

```
tic
s = 0;
for i = 1:100000
s = s + (1/2^i + 1/3^i);
end
s
toc
```

如果采用向量化的方法，则可以大大提高运行效率。采用向量法进行编程的MATLAB代码如下：

```
tic
i = 1:100000;
s = sum(1./2.^i + 1./3.^i);
s
toc
```

经验分享：使用 tic 和 toc 命令可以计算程序的运行时间。

第二，在必须使用多重循环的情况下，如果两个循环执行的次数不同，则建议在循环的外环执行循环次数少的，内环执行循环次数多的。这样可以显著提高速度。

【例 1.2.15】 生成一个 5×10000 的 Hilbert 长方矩阵，该矩阵的定义是其第 i 行第 j 列元素为 h_{i,j}=1/(i+j−1)。

先进行行循环的程序：

```
tic
for i = 1:5
for j = 1:10000
H(i,j) = 1/(i + j - 1);
end
end
toc
```

后进行行循环的程序：

```
tic
for j = 1:10000
for i = 1:5
J(i,j) = 1/(i + j - 1);
end
end
toc
```

第三，大型矩阵的预先定维。给大型矩阵动态地定维是个很费时间的事。建议在定义大矩阵时，首先用 MATLAB 的内在函数，如 zeros()或 ones()对之先进行定维，然后再进行赋值处理，这样会显著减少所需的时间。

第四，优先考虑内在函数。矩阵运算应该尽量采用 MATLAB 的内在函数，因为内在函数是由更底层的编程语言 C 构造的，执行速度显然快于使用循环的矩阵运算。

第五，应用 Mex 技术。虽然采用了很多措施，但执行速度仍然很慢，比如说耗时的循环是不可避免的，这时就应该考虑用其他语言，如 C 或 Fortran 语言。按照 Mex 技术要求的格式编写相应部分的程序，然后通过编译联接，形成在 MATLAB 可以直接调用的动态链接库(DLL) 文件，从而可以显著地加快运算速度。

第六，使用节(cells)加快 M 文件的调试。如果 M 文件代码较多，里面有若干功能模块，可使用 MATLAB 中的节(cells)功能加快 M 文件的调试。

可采用如下方法对 M 文件中的程序进行节的划分：在某一程序模块前面添加“%%+空格”，并在空格之后加该程序模块的功能注解，以形成节的名称，如图 1.2.10 所示。

经验分享：对于 if 语句，必须将完整的控流语句 if…else…end 放在同一节中。

在对 M 文件的代码进行节划分之后，单击“编辑器”→“转至”，再单击节的名称(如图 1.2.11 所示)，便可直接跳转到相应的程序段。

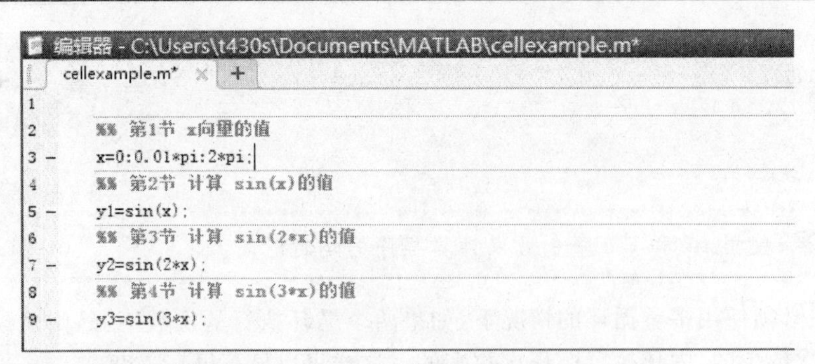

图 1.2.10　对 M 文件的代码进行节划分

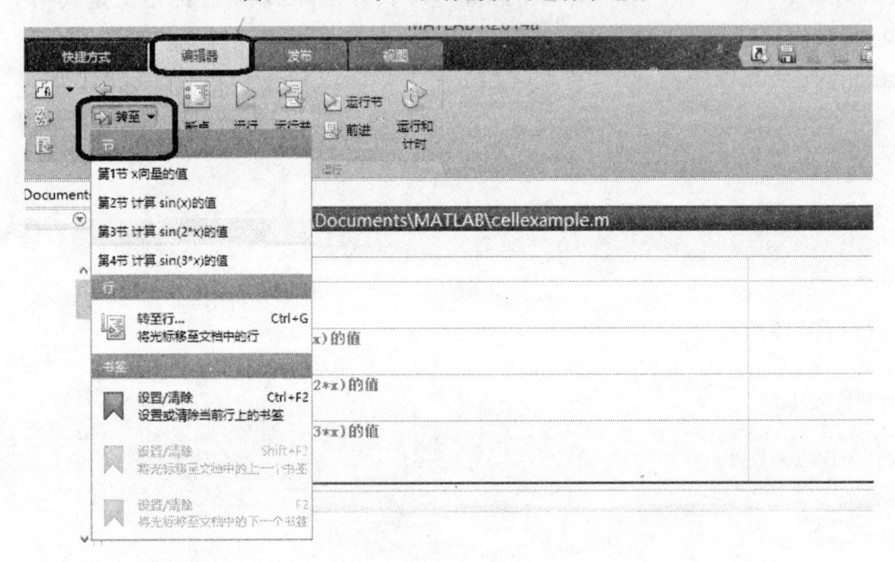

图 1.2.11　跳转到相应的程序段

单击"编辑器"→"运行并前进",可实现逐节运行程序,如图 1.2.12 所示。

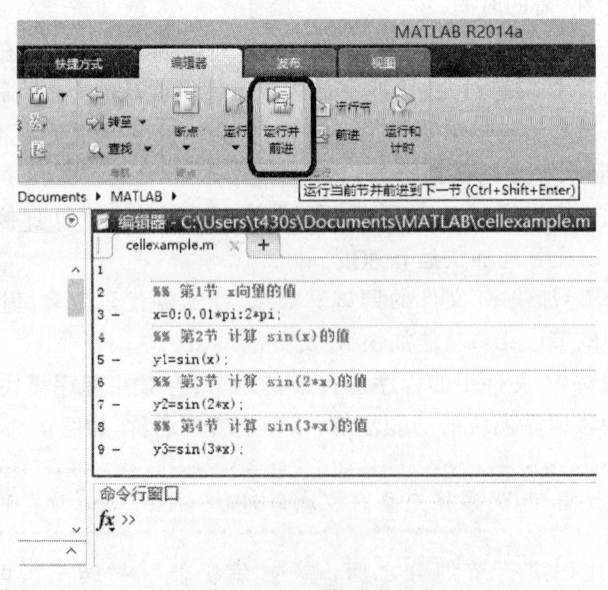

图 1.2.12　逐节运行程序

将鼠标指向已划分好的某一节，单击“编辑器”→“运行节”，如图 1.2.13 所示，可仅运行该节的代码。

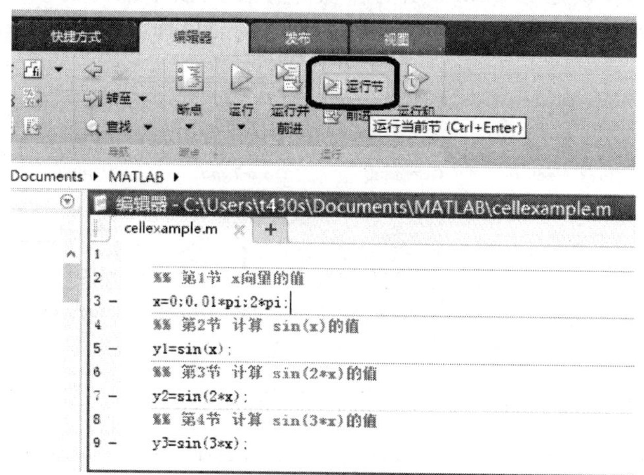

图 1.2.13　仅运行该节的代码

1.3　基于 Simulink 的仿真

1.3.1　什么是 Simulink

MATLAB 中的 Simulink 是专门用于仿真的软件包，是 Simulation（模拟仿真）和 Link（连接）的组合词。Simulink 可以提供研究对象的建模、仿真和分析，使用图形化的系统模块对研究对象进行描述，每个模块像实验室中的一台仪器，可以根据需要进行不同的组合以达到不同的研究目的。

在 Simulink 中，模块是仿真的基石。将这些模块相连接构成系统，可以进行仿真，运行结果可以用图形的形式显示出来。整个仿真过程非常简洁、方便、直观。

1.3.2　Simulink 模块库介绍

Simulink 模块库是建立模型的基础，囊括了大量的基本功能模块。只有熟练地掌握了模块库，才能快速高效地建立模型。

在 Simulink 模块库中包含的子模块库如表 1.3－1 所列。

表 1.3－1　模块库列表（首字母大写）

常用模块（Commonly Used Blocks）	连续模块（Continuous）
非连续模块（Discontinuous）	离散模块（Discrete）
逻辑和位操作模块（Logic and Bit Operations）	查找表模块（Lookup Tables）
数学运算模块（Math Operations）	模型验证模块（Model Verification）
模型实用模块（Model-wide Utilities）	端口与子系统模块（Ports & Subsystems）
信号属性模块（Signal Attributes）	信号路由模块（Signal Routing）
接收器模块（Sinks）	源模块（Sources）
用户自定义模块（User-defined Functions）	附加操作模块（Additional Math & Discrete）

1. 常用模块库

常用模块库中的模块是simulink所有模块库中使用频率最高的模块，目的是方便用户以最快的速度建立模型。常用模块包含如图1.3.1所示的模块，模块功能如表1.3-2所列。

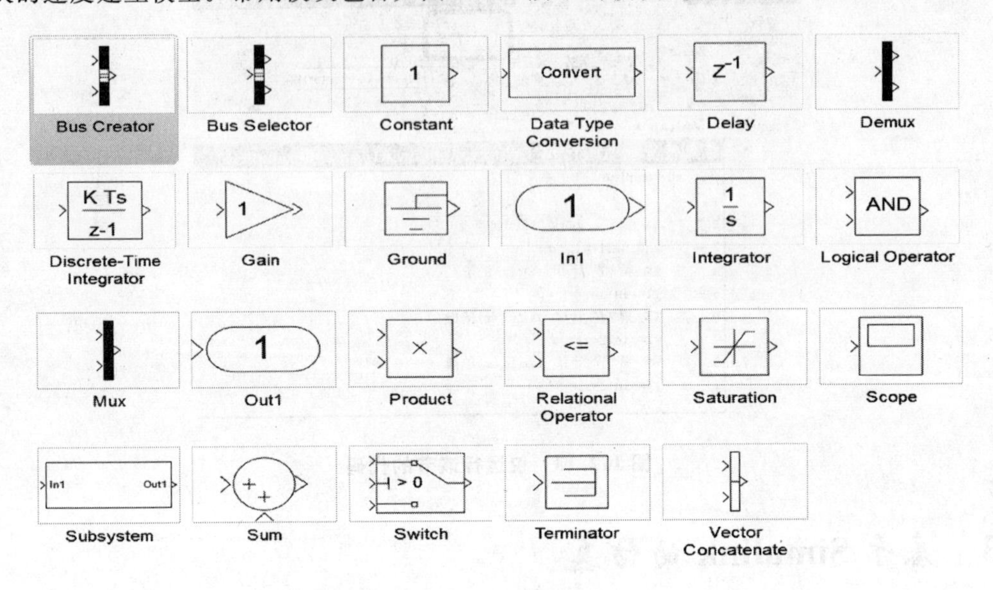

图1.3.1 常用模块库

表1.3-2 常用模块库列表

名称	功能	名称	功能
Bus Creator	生成总线	Bus Selector	分离总线
Constant	常量信号	Data Type Conversion	转换数据类型
Demux	抽取向量信号中的元素并输出	Discrete-Time Integrator	时间离散积分
Gain	放大器	Ground	接地
Inl	产生输入口	Integrator	信号积分
Logical Operator	逻辑运算	Mux	将输入信号合成为向量
Outl	产生输出口	Product	标量和非标量乘除或矩阵乘法和转置
Realational Operator	对输入做关系运算	Saturation	饱和
Scope	显示仿真信号	Subsystem	以子系统表示其他系统
Sum	加(可以设置为减)	Switch	通过第二个输入值来输出第一或第二个输入
Terminator	终止未连接的输出口	Delay	延迟一个采样周期
Vector Concatenate	向量链接		

2. 连续模块库

连续模块库中的模块如图1.3.2所示，包含搭建连续系统所涉及的绝大部分模块，这些模块的功能如表1.3-3所列。

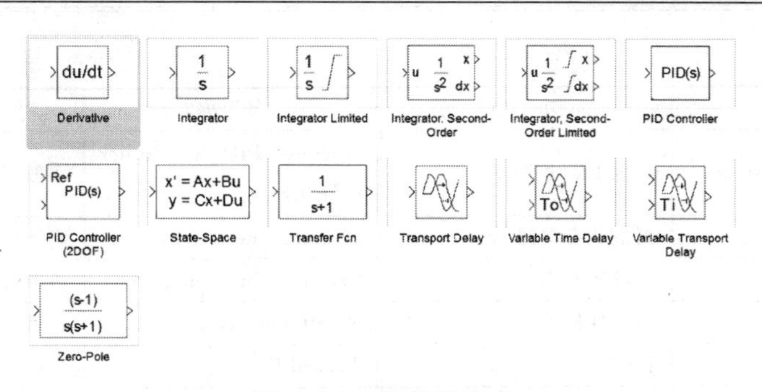

图 1.3.2 连续模块库

表 1.3-3 连续模块库列表

名 称	功 能	名 称	功 能
Derivative	微分	Integrator	积分
Integrator Limited	有限积分	Integrator Second-order	二阶积分
Integrator Second-order Limited	二阶有限积分	PID Controller	比例微积分控制器
PID Controller(2DOF)	双自由度比例微积分控制器	State-Space	状态空间
Transfer Fcn	传递函数	Transport Delay	时间延迟
Variable Time Delay	可变时间延迟	Variable Transport Delay	可变时间延迟
Zero-Pole	零极点		

3. 离散模块库

离散模块库中的模块和其功能如图 1.3.3 所示。其中常用模块的功能如表 1.3-4 所列。

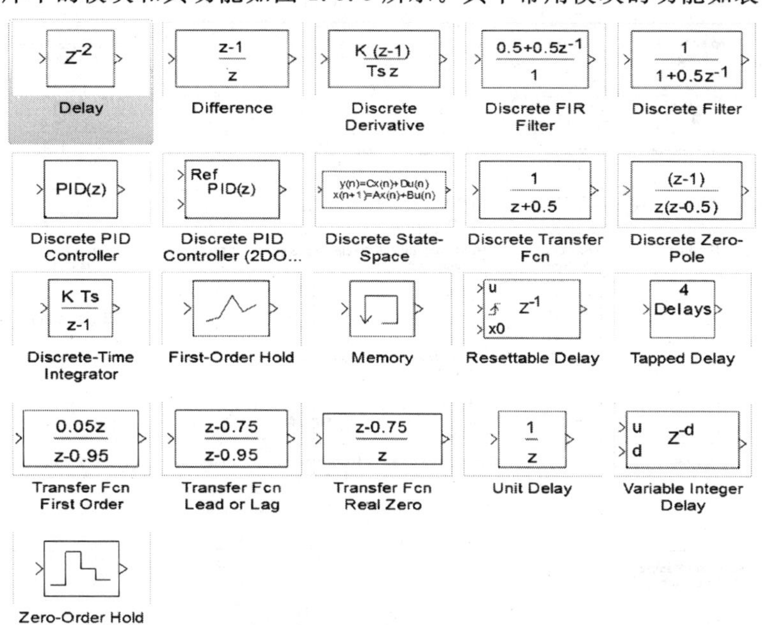

图 1.3.3 离散模块库

表 1.3-4 离散模块库列表

名 称	功 能	名 称	功 能
Difference	差分	Discrete Derivative	离散微分方程
Discrete FIR Filter	离散 FIR 滤波器	Discrete Filter	离散滤波器

续表 1.3-4

名 称	功 能	名 称	功 能
Discrete PID Controller	离散 PID 控制器	Discrete PID Controller (2DOF)	离散双自由度 PID 控制器
Discrete State-Space	离散状态空间	Discrete Transfer Fcn	离散传递函数
Discrete Zero-Pole	离散零极点	Discrete Time Integrator	离散时间积分
First-Order Hold	一阶保持器	Resettable Delay	可重调延迟
Memory	记忆	Tapped Delay	采样周期延迟
Transfer Fcn Frist-Order	一阶传递函数	Transfer Fcn Lead or Lag	传递函数(超前或延迟)
Transfer Fcn Real Zero	传递函数(有零点无极点)	Unit Delay	单位延迟
Zero-Order Hold	零阶保持器	Delay	延迟
Variable Integer Delay	可变整数延迟		

4. 数学运算模块库

数学运算模块将很多数学运算封装成模块的形式，使数学运算操作大大简化，减少了很多程序设计上的繁琐过程。此模块库所包含的模块如图 1.3.4 所示，其中常用模块的功能如表 1.3-5 所列。

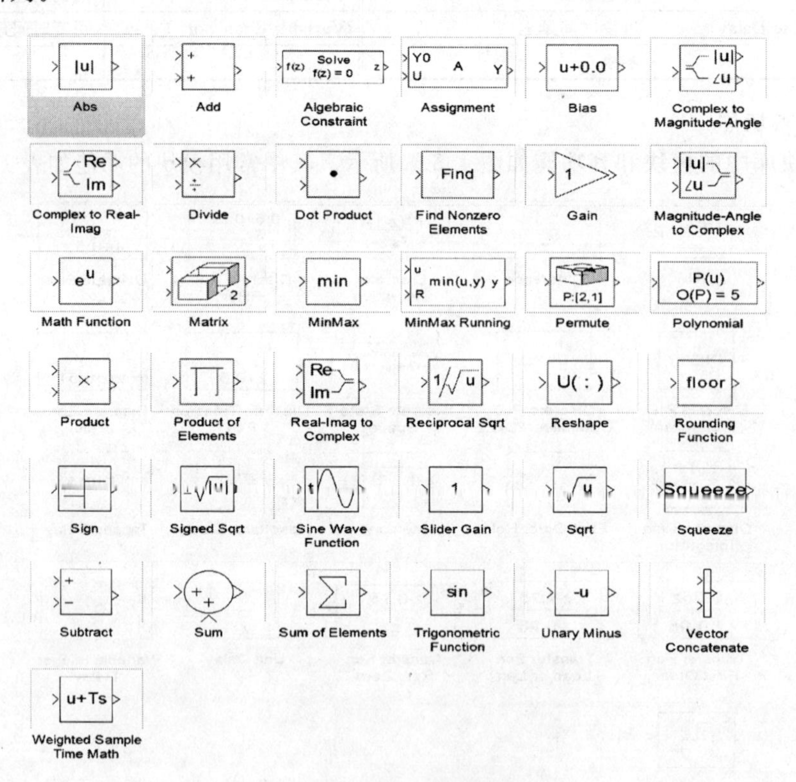

图 1.3.4 数学运算模块库

表 1.3-5 数学运算模块库列表

名 称	功 能	名 称	功 能
Sum	对输入求代数和	Rounding Function	取整
Gain	常量增益	MinMax	求最值

续表 1.3－5

名　称	功　能	名　称	功　能
Slider Gain	可用滑动条改变的增益	Trigonometric Function	三角函数
Product	对输入求积	Algebraic Constraint	强制输入信号为 0
Dot Product	点积	Complex to Magnitude-Angle	复数的幅值相角
Sign	符号函数，取输入的正负符号	Magnitude-Angle to Complex	根据幅值相角得到复数
Abs	绝对值(模)	Complex to Real-Imag	复数的实部虚部
Math Function	数学运算函数	Real-Imag to Complex	由实部虚部求复数
Add	相加	Divide	相除
Find Nonzero Elements	查找非零元素	Signed Sqrt	带有符号的开方
Sqrt	开方(取正数)	Subtract	相减

5. 信号源模块库

信号源模块库如图 1.3.5 所示，其中常用模块的功能如表 1.3－6 所列。

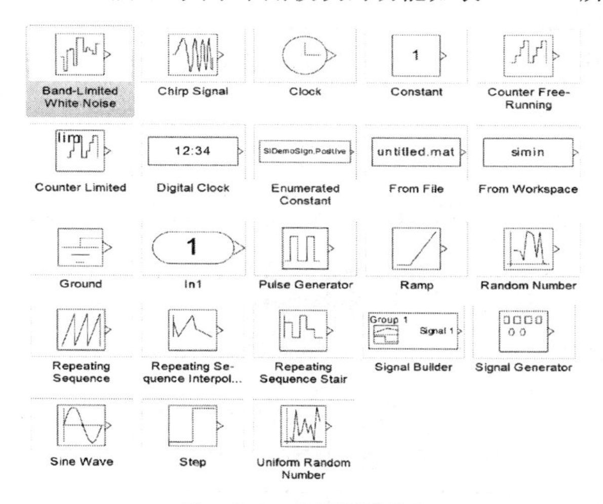

图 1.3.5　信号源模块库

表 1.3－6　信号源模块库列表

名　称	功　能	名　称	功　能
Band-Limited White Noise	限带白噪声	Chirp Signal	频率变化的正弦信号
Clock	时钟信号	Constant	常数
Counter Limited	受限计数器	Digital Clock	数字时钟
Enumerated Constant	枚举常数	From File	从文件读数据
From WorkSpace	从工作空间读数据	Ground	接地
Inl	输入接口	Pulse Generator	脉冲发生器
Ramp	线性增或减的信号	Random Number	随机数
Repeating Sequence	重复系列	Repeating Sequence Interpolated	重复序列插值
Repeating Sequence Stair	阶梯状重复序列	Signal Builder	产生分段线性的可交替信号
Signal Generator	信号发生器	Sine Wave	正弦信号
Step	阶跃信号	Uniform Random Number	平均分布的随机信号

6. 信号接收模块库

信号接收模块库如图 1.3.6 所示，其中常用模块的功能如表 1.3－7 所列。

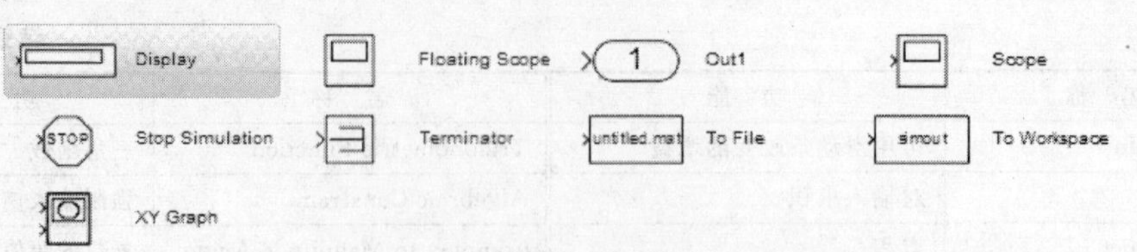

图 1.3.6　信号接收模块库

表 1.3-7　信号接收模块库列表

名　称	功　能	名　称	功　能
Display	显示输入值	Output	输出端口
Floating Scope	显示浮点仿真信号	Stop Simulation	非零时停止仿真
Terminator	终止输出信号	To File	输出到文件
To WorkSpace	输出到工作空间	XY Gragh	作图
Scope	显示输出信号		

7. 用户自定义模块库

用户自定义模块库如图 1.3.7 所示，其中常用模块的功能如表 1.3-8 所列。

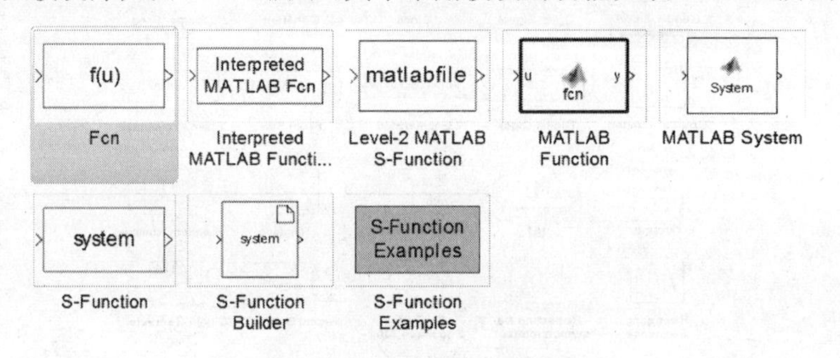

图 1.3.7　用户自定义模块库

表 1.3-8　用户自定义常用模块库列表

名　称	功　能	名　称	功　能
Level-2 M-File S-Function	二级 M 文件 S 函数	Fcn	各种函数组合
S-Function	S 函数	S-Function Builder	S 函数构造器

1.3.3　创建一个简单的 Simulink 示例

本小节通过一个简单的示例，向读者展示如何创建 Simulink 仿真模型、运行仿真模型、显示仿真结果和保存仿真模型。

【例 1.3.1】　创建一个产生正弦信号并对其进行观察的仿真模型。

步骤 1：在 MATLAB 的命令窗口运行 simulink 命令（注意：指令的首字母应小写），或单击工具栏中的 Simulink库 图标，就可以打开 Simulink 模块库浏览器（Simulink Library Browser）窗口，如图 1.3.8 所示。

步骤 2(a)：通过菜单"File"→"New"→"Model"，新建一个名为"untitled"的空白模型窗口，如图 1.3.9 所示。

步骤 2(b)：也可以通过单击"主页"上的"新建"菜单→"Simulink Model"建立，如图 1.3.10 所示。

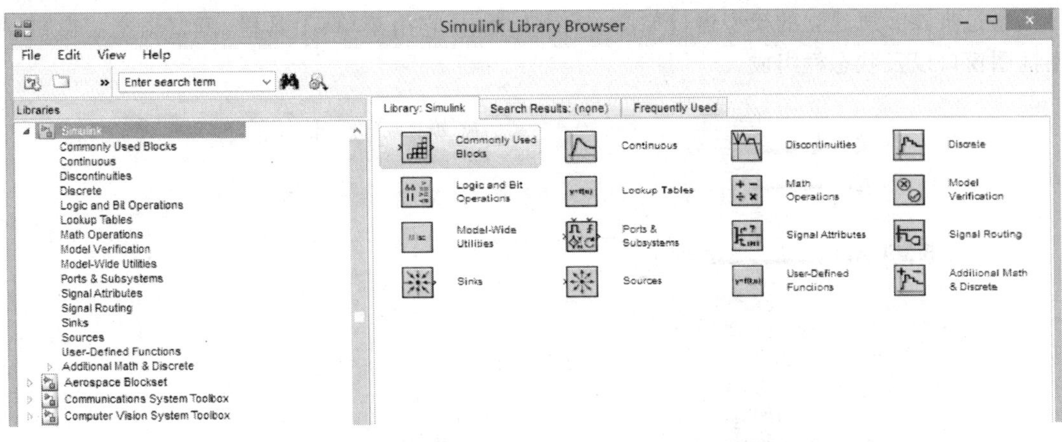

图 1.3.8 Simulink 模块库浏览器

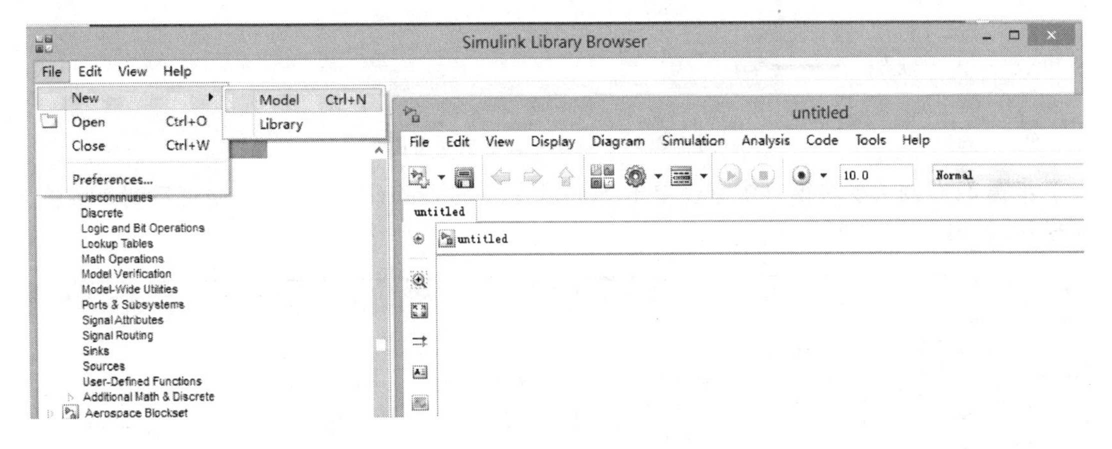

图 1.3.9 步骤 2(a)的实现过程

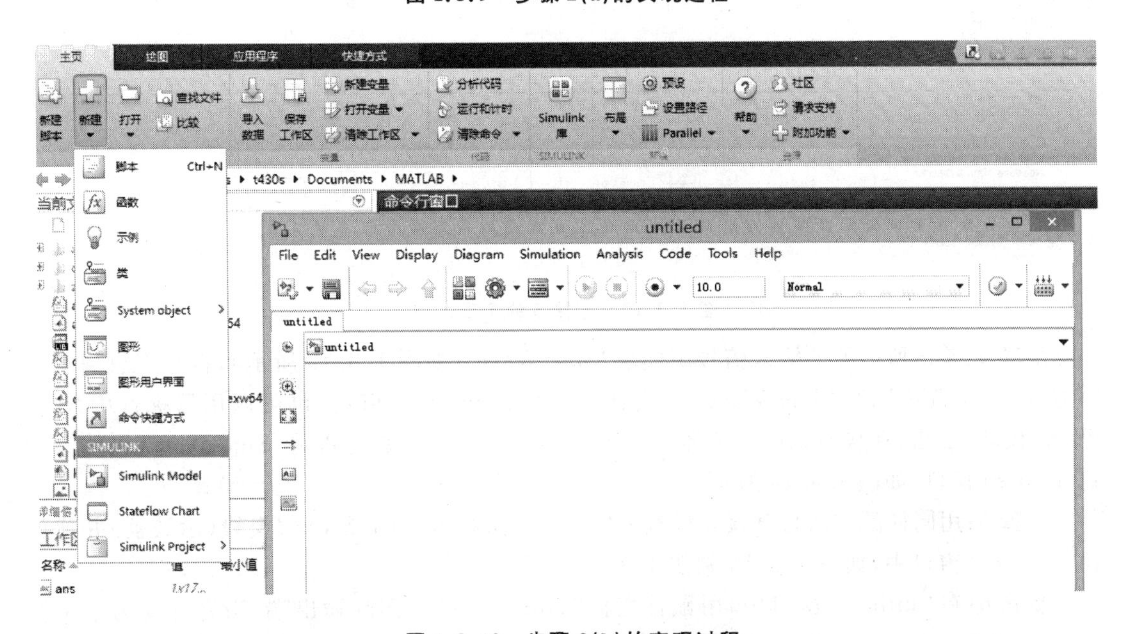

图 1.3.10 步骤 2(b)的实现过程

若您对此书内容有任何疑问，可以凭在线交流卡登录MATLAB中文论坛与作者交流。

通过步骤 2 所建立的模型窗口如图 1.3.11 所示，它由菜单、工具栏、模型浏览器窗口、模型框图窗口以及状态栏组成。

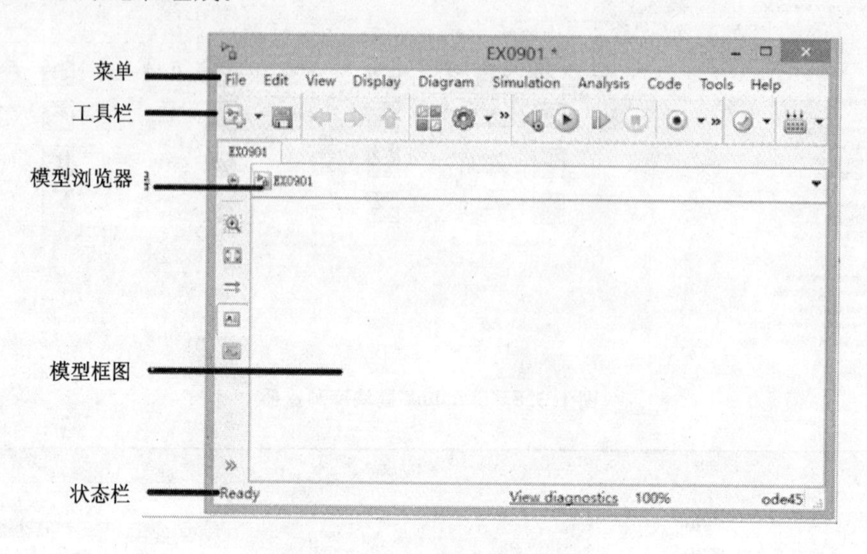

图 1.3.11 模型窗口组成示意图

步骤 3：右侧子模块窗口中直接单击 Simulink 下的 Source 子模块库，便可看到各种输入源模块，如图 1.3.12 所示。

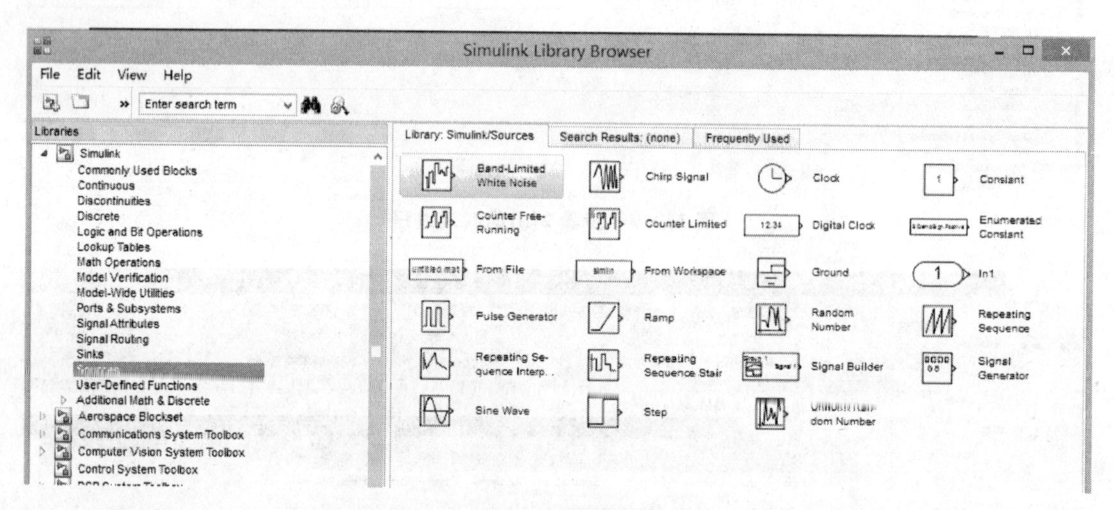

图 1.3.12 步骤 3 的实现过程

步骤 4：单击所需要的输入信号源模块“Sine Wave”（如图 1.3.13 所示），将其拖放到空白模型窗口“untitled”，则“Sine Wave”模块就被添加到 untitled 窗口；也可以用鼠标选中“Sine Wave”模块，右击，在快捷菜单中选择“add to 'untitled'”命令，就可以将“Sine Wave”模块添加到 untitled 窗口，如图 1.3.14 所示。

步骤 5：用同样的方法打开接收模块库“Sinks”，选择其中的“Scope”模块（示波器）并拖放到“untitled”窗口中，如图 1.3.15 和图 1.3.16 所示。

步骤 6：在“untitled”窗口中，用鼠标指向“Sine Wave”右侧的输出端，当光标变为十字符时，按住鼠标拖向“Scope”模块的输入端，松开鼠标按键，就完成了两个模块间的信号线连接。一个简单模型已经建成，如图 1.3.17 所示。

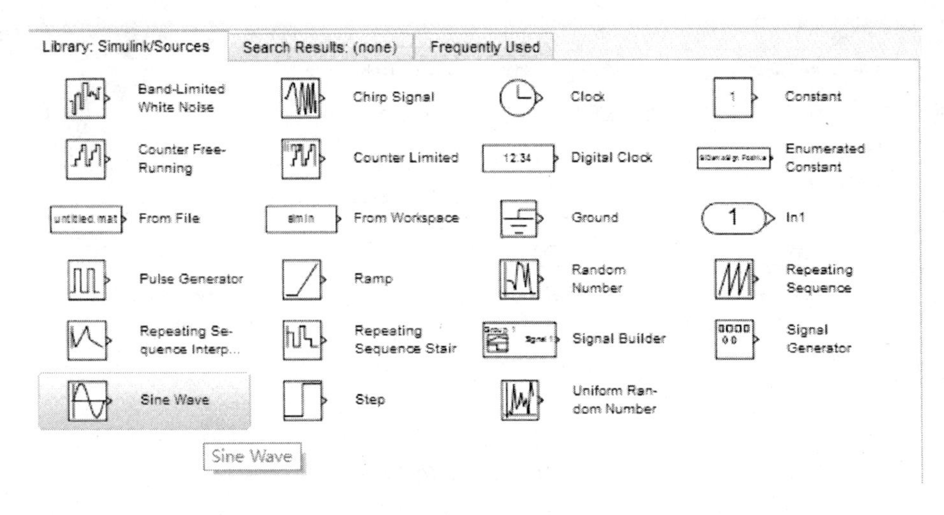

图 1.3.13　单击所需要的输入信号源模块“Sine Wave”

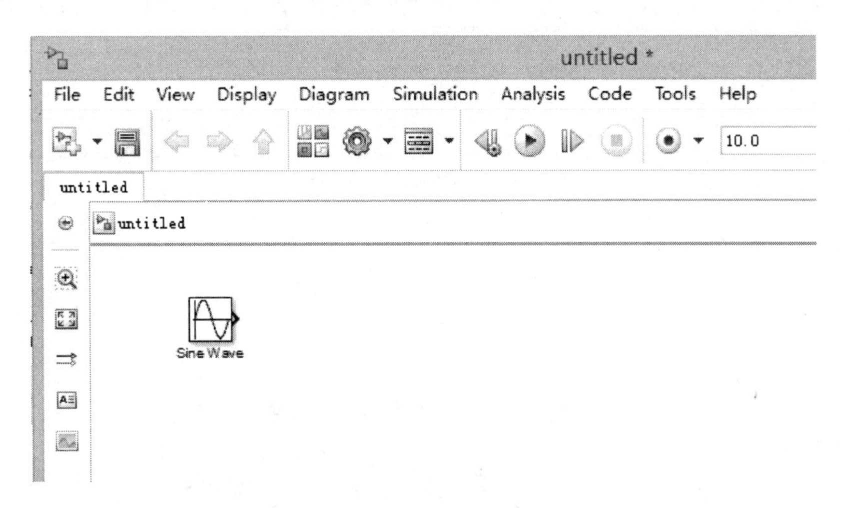

图 1.3.14　将“Sine Wave”模块添加到 untitled 窗口

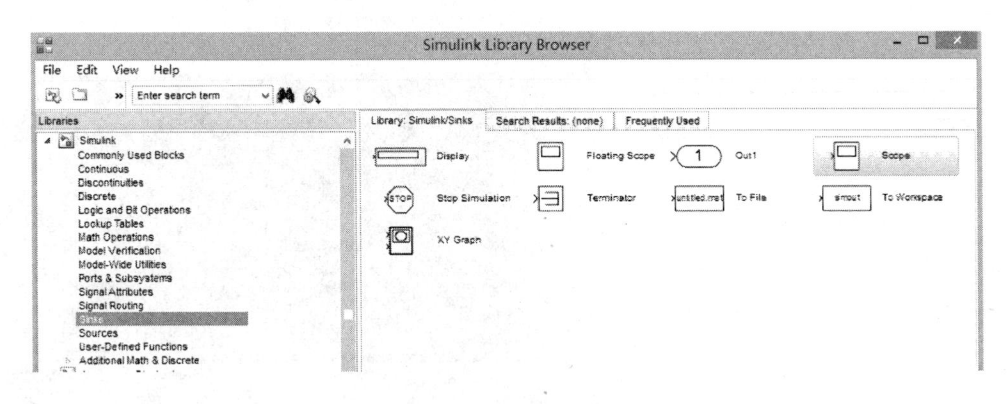

图 1.3.15　步骤 5 的实现过程

步骤 7：单击“untitled”模型窗口中“开始仿真”图标，或者选择菜单“Simulation”→“Run”，则仿真开始。双击“Scope”模块出现示波器显示屏，可以看到黄色的正弦波形，如图 1.3.18 所示。

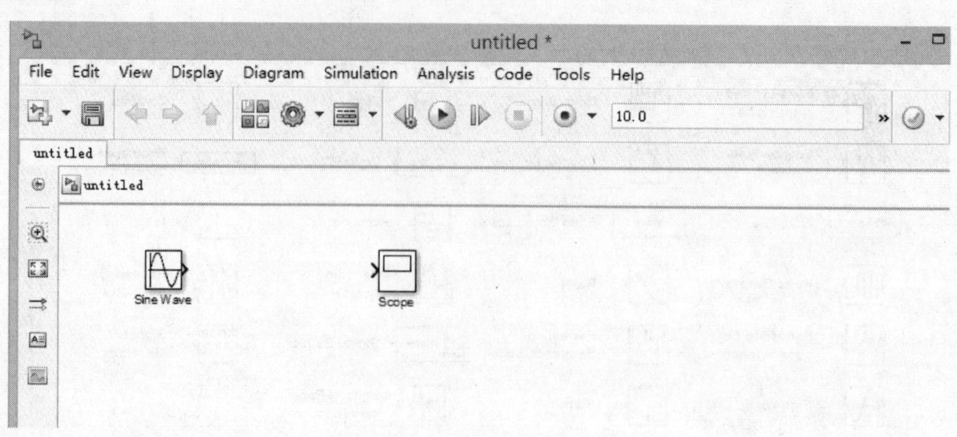

图 1.3.16　步骤 5 的实现效果

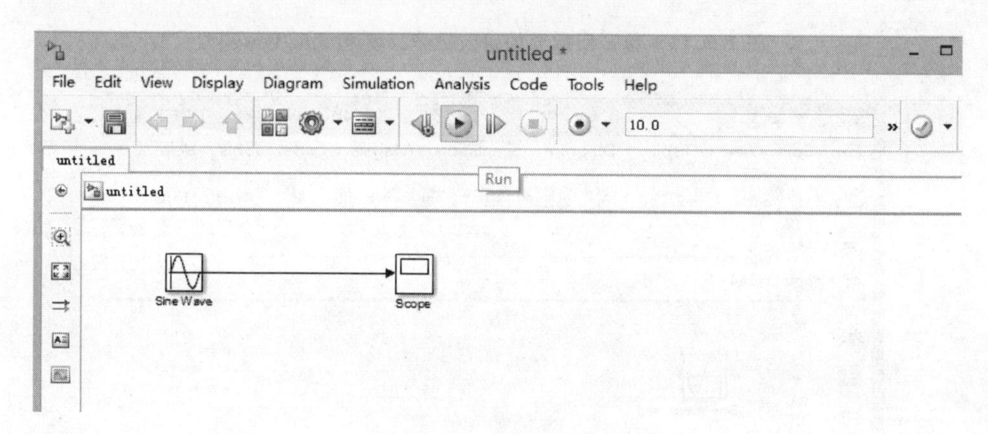

图 1.3.17　步骤 6 的实现过程

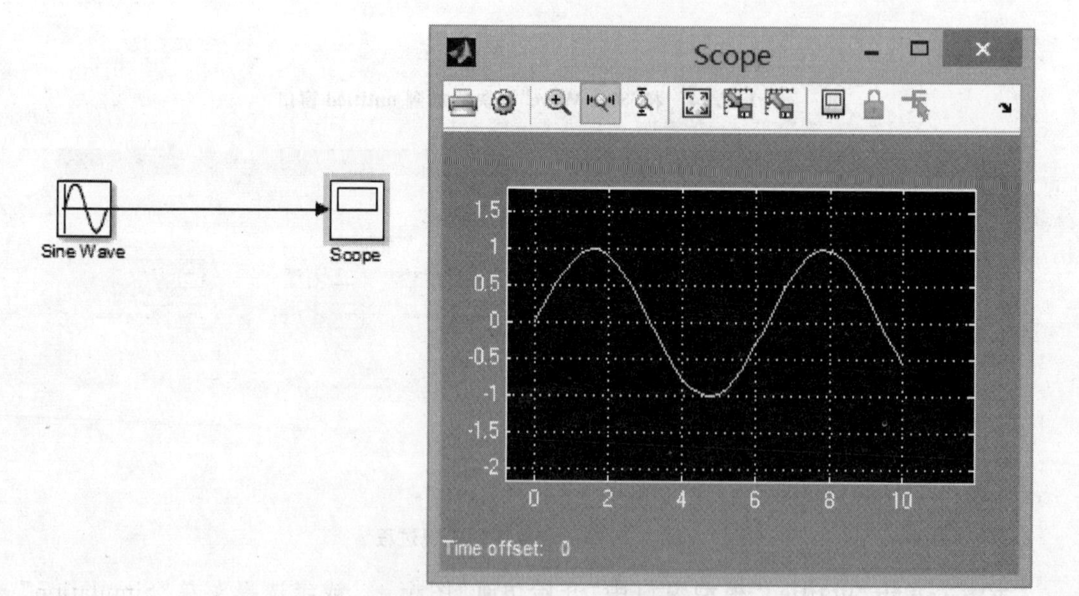

图 1.3.18　步骤 7 的实现效果

步骤8:保存模型,单击工具栏的图标,将该模型保存为"Ex0901.mdl"文件。

通过例1.3.1,我们可以了解如何建立、观察、运行Simulink的仿真模型。

1.3.4　对模块进行基本操作

(1) 对象的选定

只要在对象上单击就可选定对象,被选定的对象的四角处会出现小块编辑框,如图1.3.19所示。

如果选定多个对象,可以按下Shift键,然后再单击所需选定的模块;或者用鼠标拉出矩形虚线框,将所有待选模块框在其中,则矩形框中所有的对象均被选中,如图1.3.20所示。

图1.3.19　选定单个对象　　**图1.3.20　选定多个图像**

(2) 选定所有对象

如果要选定所有对象,可以选择菜单"Edit"→"Select all",如图1.3.21所示;也可以通过单击右键,选择"Select all",如图1.3.22所示;还可以通过快捷键"Ctrl+A"来实现。所有对象被选中后如图1.3.23所示。

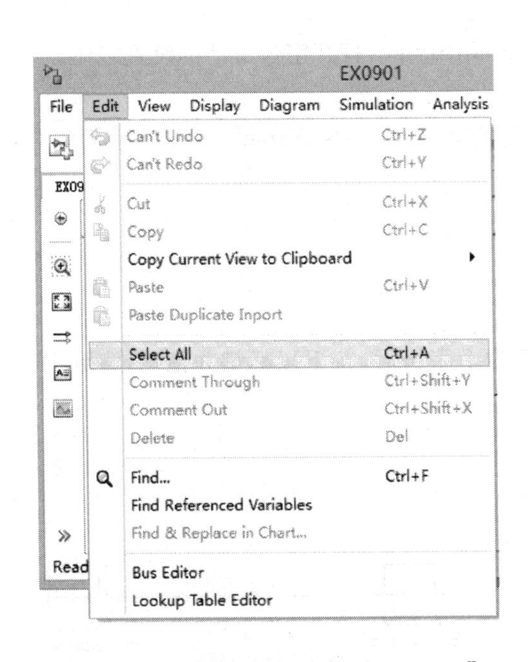

图1.3.21　选择菜单"Edit"→"Select All"

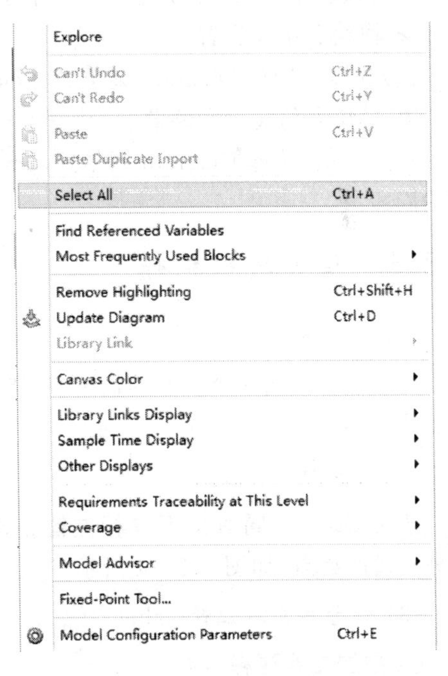

图1.3.22　单击右键选择"Select All"

(3) 模块的复制

不同模型窗口(包括模型库窗口)之间模块复制的方法如下:

方法1:选定模块,用鼠标将其拖到另一模型窗口。

方法 2:使用 Edit 菜单中的"Copy"和"Paste"命令。

方法 3:通过快捷键"Ctrl+V"、"Ctrl+C"来实现。

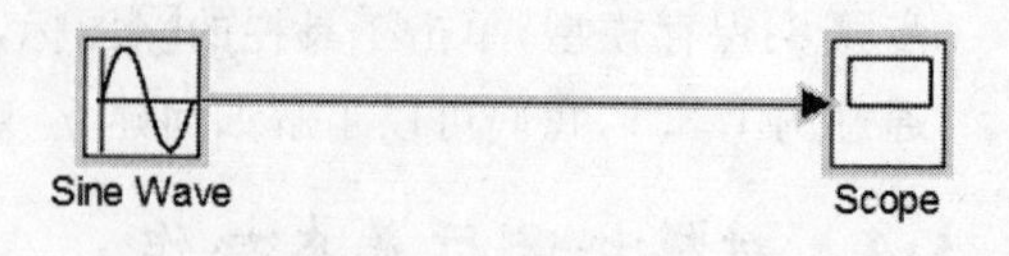

图 1.3.23 所有对象被选择后的效果

在同一模型窗口内复制模块的方法如下:

方法 1:选定模块,按下鼠标右键,拖动模块到合适的地方,释放鼠标。

方法 2:选定模块,按住 Ctrl 键,再用鼠标拖动对象到合适的地方,释放鼠标。

方法 3:使用 Edit 菜单中的"Copy"和"Paste"按钮。

方法 4:通过快捷键"Ctrl+C"、"Ctrl+V"来实现。

(4) 模块的移动

选定需要移动的模块,用鼠标将模块拖到合适的地方。

(5) 模块的删除

要删除模块,应选定待删除模块,按 Delete 键。

(6) 改变模块大小

选定需要改变大小的模块,出现编辑框后,用鼠标拖动编辑框,可以实现放大或缩小。

(7) 模块名的编辑

● 修改模块名

单击模块下面或旁边的模块名,可对模块名进行修改。

● 模块名字体设置

选定模块,选择 Diagram 菜单"Format"→"Font Style",打开字体对话框设置字体。

● 模块名的显示和隐藏

选定模块,选择 Diagram 菜单"Format"→勾选"Show Block Name",可以显示模块名,否则为隐藏。

1.3.5 信号线的操作

(1) 模块间连线

先将光标指向一个模块的输出端,待光标变为十字符后,按下鼠标键并拖动,直到另一模块的输入端。

(2) 信号线的分支

按住 Ctrl 键,同时按下鼠标左键拖动鼠标到分支线的终点,如图 1.3.24 所示。

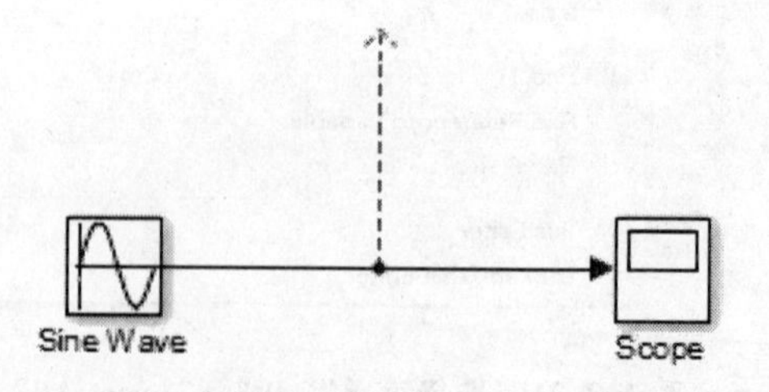

图 1.3.24 信号线分支操作示意图

(3) 信号线文本注释(label)

① 添加文本注释

双击需要添加文本注释的信号线,则出现一个空的文字填写框,在其中输入文本。

② 修改文本注释

单击需要修改的文本注释,出现虚线编辑框即可修改文本。

第 2 章 Visual Studio 2010 使用入门

2.1 Visual Studio 2010 简介

Visual Studio 2010(简称为 VS 2010)是一套完整的开发工具,用于生成 ASP. NET Web 应用程序、XML Web services、桌面应用程序和移动应用程序。Visual Basic、Visual C# 和 Visual C++都使用相同的集成开发环境(IDE),这样就能够进行工具共享,并能够轻松地创建混合语言解决方案。另外,这些语言使用. NET Framework 的功能,它提供了可简化 ASP Web 应用程序和 XML Web services 开发的关键技术。

1. 集成开发环境(IDE)

Visual Studio 产品系列共用一个集成开发环境(IDE),此环境由下面的若干元素组成:菜单栏、标准工具栏以及停靠或自动隐藏在左侧、右侧、底部和编辑器空间中的各种工具窗口。可用的工具窗口、菜单和工具栏取决于所处理的项目或文件类型。Visual Studio 2010 的开始界面如图 2.1.1 所示,Visual Studio2010 的编程界面如图 2.1.2 所示。

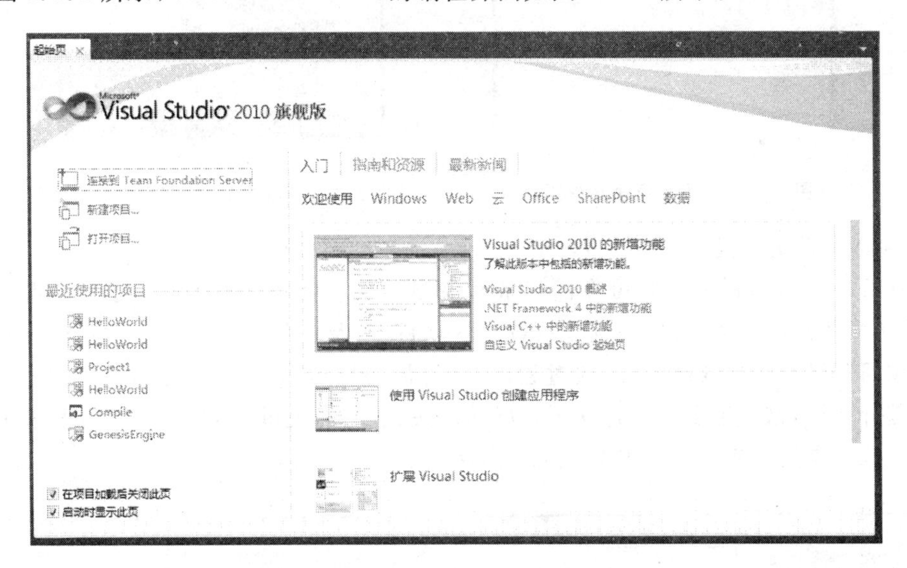

图 2.1.1 Visual Studio 2010 的开始界面

2. 项目系统

解决方案和项目包含一些项,这些项表示创建应用程序所需的引用、数据连接、文件夹和文件。解决方案容器可包含多个项目,而项目容器通常包含多个项。Solution Explorer 用于显示解决方案、解决方案的项目及这些项目中的项。通过"解决方案资源管理器",可以打开文件进行编辑,向项目中添加新文件,以及查看解决方案、项目和项属性。属性管理器界面如图 2.1.3 所示,解决方案资源管理器界面如图 2.1.4 所示。

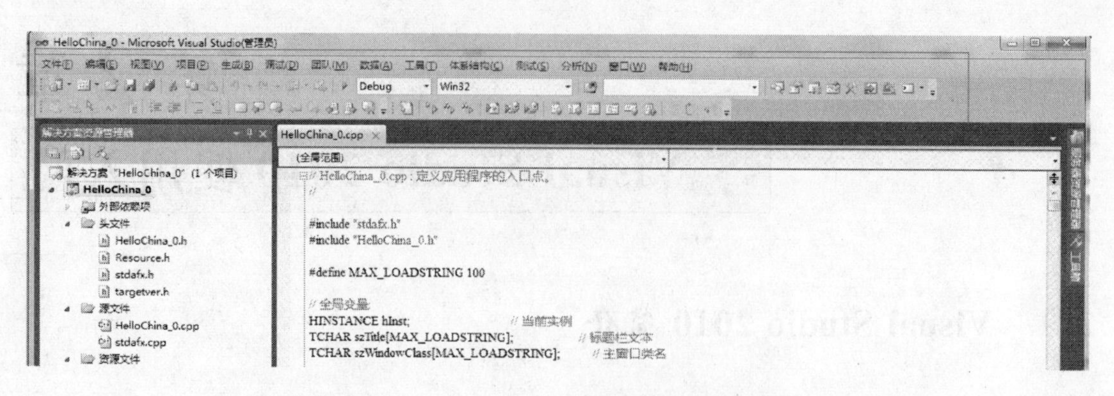

图 2.1.2 Visual Studio 2010 的编程界面

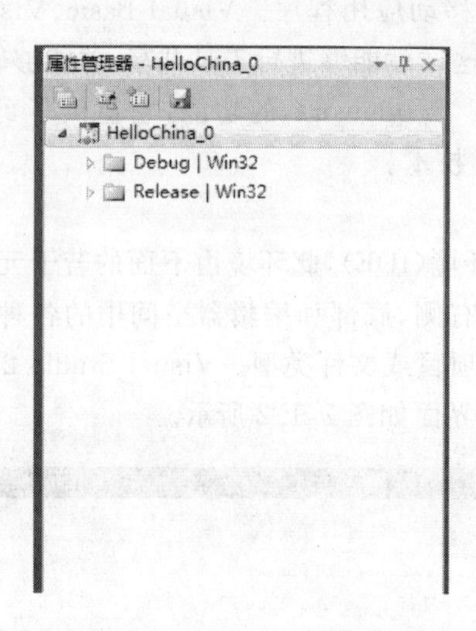

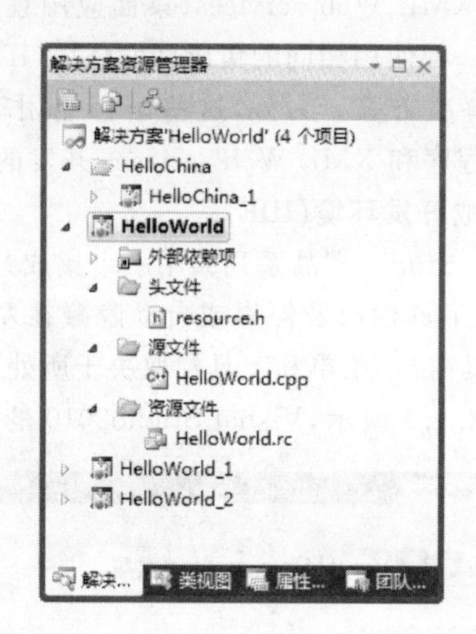

图 2.1.3 属性管理器界面图　　　　图 2.1.4 解决方案资源管理器界面图

3. 生成和调试工具

Visual Studio 提供了一套可靠的生成和调试工具。使用生成配置，可选择将生成的组件，排除不想生成的组件，确定如何生成选定的项目，以及在什么平台上生成这些项目。解决方案和项目都可具有生成配置，生成过程即是调试过程的开始，生成应用程序的过程可帮助您检测编译错误，这些错误可以包含不正确的语法、拼错的关键字和键入不匹配，输出窗口将显示这些错误类型。输出窗口如图 2.1.5 所示。

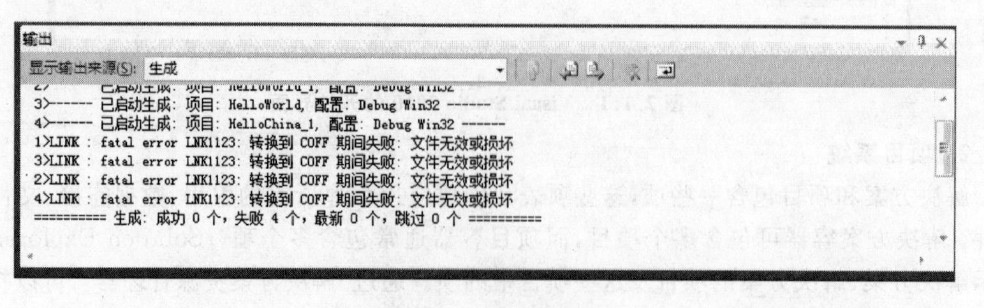

图 2.1.5 输出窗口图

2.2 安装流程

首先，下载 Visual Studio 的安装包。这里下载的是 VS2010UltimTrail_CHS. iso 安装包，如图 2.2.1 所示所示。

图 2.2.1 VS2010UltimTrail_CHS. iso 安装包

如果已经装了虚拟光驱，直接双击安装文件，就会显示自动播放(如图 2.2.2 所示)，然后单击"运行 autorun. exe"即可。

在余下的安装过程，不断单击 next 即可，过程中安装路径可以自己修改。安装完成后，在主菜单中可以显示 Visual Studio 2010 的启动方式，如图 2.2.3 所示。

图 2.2.2 自动播放界面

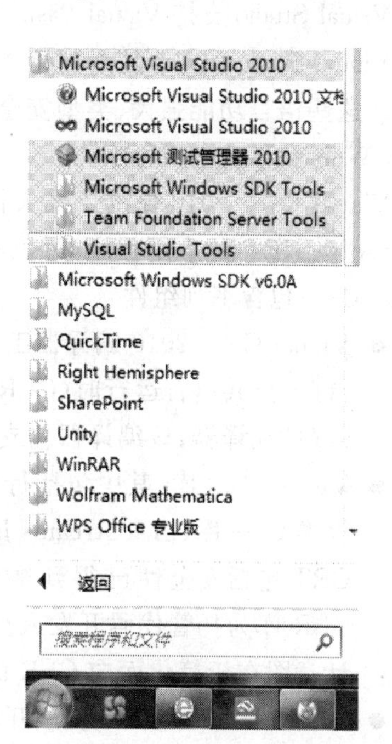

图 2.2.3 在主菜单中显示 Visual Studio 2010 的启动方式

单击运行按钮，运行 VS 2010 后的界面如图 2.2.4 所示。

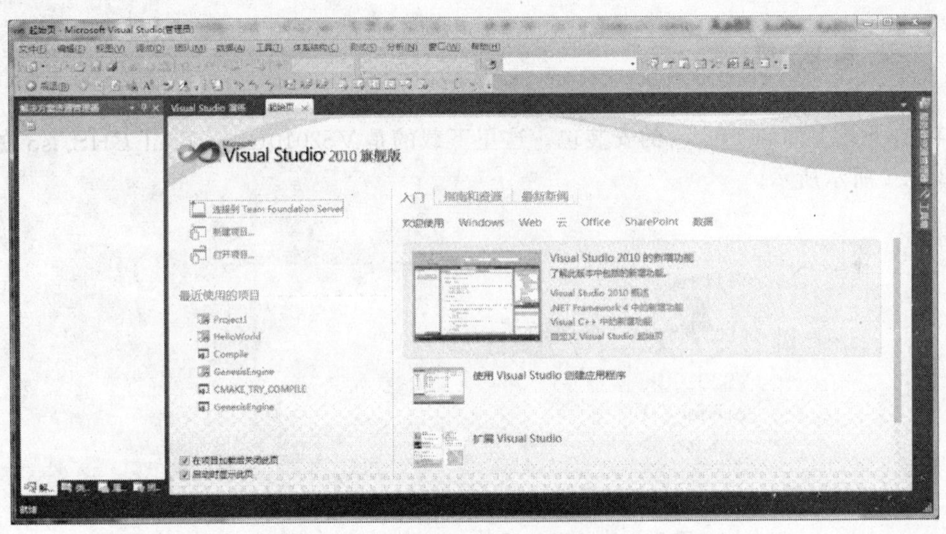

图 2.2.4 运行 VS 2010 后的界面

2.3 Visual Studio 语言

Visual Studio 支持 Visual Basic、Visual C#、Visual C++、Visual F#和 JScript 编程语言。

Visual Basic 和 C#是为创建在.NET Framework 上运行的各种应用程序而设计的编程语言。这些语言功能强大、类型安全，而且是面向对象的。开发人员可以利用它们创建 Windows、Web 和移动应用程序。

Visual C++ 2010 提供了强大而灵活的开发环境，用于创建基于 Microsoft Windows 和 Microsoft .NET 的应用程序，可以在集成开发系统中使用该工具，也可以使用独立的工具。Visual C++包含下列组件：

- Visual C++ 2010 编译器工具：该编译器支持传统本机代码开发人员和面向虚拟机平台(如公共语言运行时(CLR))的开发人员。Visual C++ 2010 包括面向 x64 和 Itanium 的编译器，该编译器仍支持直接面向 x86 计算机，并针对这两种平台优化了性能。
- Visual C++库：其中包括行业标准活动模板库(ATL)、Microsoft 基础类(MFC)库和标准 C++库(由 iostreams 库和标准模板库(STL)组成)和 C 运行库(CRT)等标准库。CRT 包括安全性已得到增强的替代函数，取代已知会引起安全问题的函数，STL/CLR 库为托管代码开发人员带来了 STL，具有数据封送新功能的 C++支持库，其设计意图在于简化面向 CLR 的程序。
- Visual C++开发环境：该开发环境为项目管理与配置(包括更好地支持大型项目)、源代码编辑、源代码浏览和调试工具提供强力支持，该环境还支持 IntelliSense，在编写代码时，该功能可以提供智能化且特定于上下文的建议。

Visual F#是一种程序语言，支持函数编程以及传统的面向对象的编程和命令性(过程)编程。Visual F#产品支持使用 F#代码开发 F#应用程序和扩展其他.NET Framework 应用程序，F#是.NET Framework 语言的第一类成员，但它保留了与函数语言 ML 系列很高的相似性。

JScript：JScript 10.0 是一种有着广泛应用的现代脚本语言，是一种真正面向对象的语言，不过仍保留其“脚本”特色，JScript 10.0 保持与 JScript 以前版本的完全向后兼容性，同时包含了强大的新功能并提供了对公共语言运行时和.NET Framework 的访问。

2.4 编写一个“HelloWorld”程序

(1) 新建一个工程项目。

单击菜单按钮中“文件”→“新建”→“项目”，新建一个工程项目，如图 2.4.1 所示。

图 2.4.1 新建一个项目

在新建项目对话框左侧栏中，出现编程模板，如图 2.4.2 所示，其中包括：Visual C++，Visual Basic，Visual C#，Visual F#。选择 Visual C++模板中“空项目”，并给项目命名为“HelloWorld”，位置可自行选定，单击“确定”按钮即可。

图 2.4.2 新建对话框中的编程模版

在源文件目录中右键添加C++文件，名称为“HelloWorld”，新建一个名为“HelloWorld”的cpp文件，如图2.4.3所示，接下来就在该文件中编写代码即可。

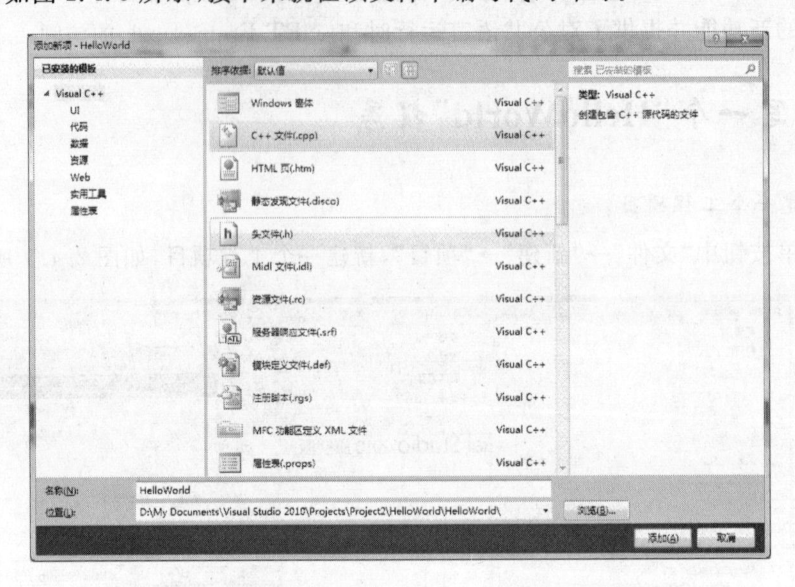

图2.4.3 新建一个名为“HelloWorld”的cpp文件

(2) 编写HelloWorld.cpp，实现打印”Hello World!!!”

先单击“生成”→“生成HelloWorld”编译，若无错误再单击“调试/开始执行(不调试)”，最后终端打印”Hello World!!!”，最终效果如图2.4.4所示。

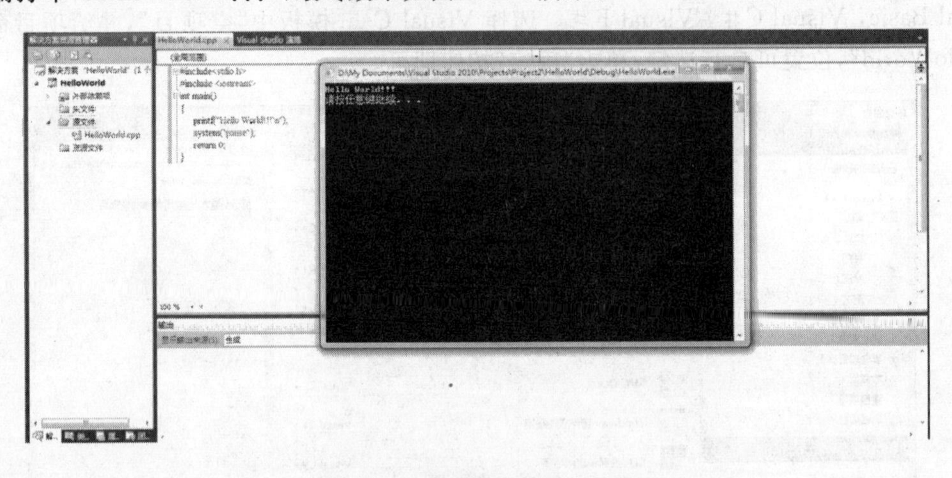

图2.4.4 最终程序的运行效果

2.5 访问MSDN论坛

通过Visual Studio可以用多种方式加入联机开发人员社区。例如，可以将问题张贴到论坛中或访问提供开发人员信息的网站，可以浏览位于MSDN Forums(MSDN论坛)网站上的论坛，也可以通过Visual Studio在论坛中搜索特定信息。在“帮助”菜单上，单击“MSDN论坛”(见图2.5.1)，在“输入关键字”中，键入搜索主题，然后单击“开始”，将显示与搜索匹配的

所有论坛线程，可单击某一结果进行查看，或者重新搜索。

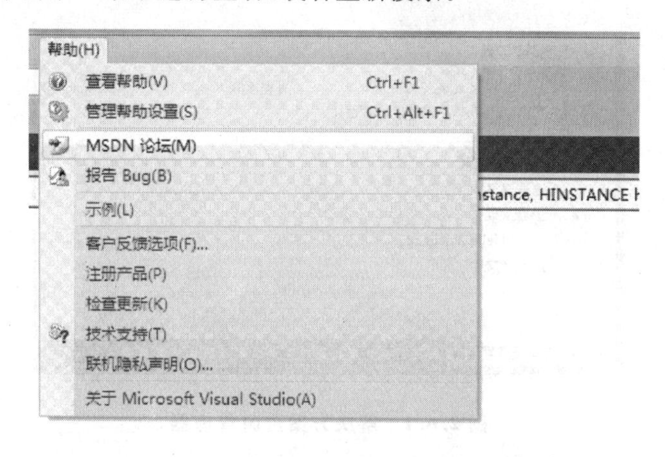

图 2.5.1 访问 MSDN 论坛

(1) 发送有关 Visual Studio 的反馈

Microsoft 提供了多种反馈方法，可以使用这些方法发送在使用本产品和帮助时的体验。例如，既可以报告 Bug，也可以提出功能建议。

(2) 发送反馈、报告错误、提供建议

如果想提供有关某个功能的具体反馈、报告可能的错误或提供功能建议，可以在 Visual Studio 中完成。若要以这种方式提供反馈，则必须有活动的 Internet 连接和 Passport 或 Windows Live 账户。在 Visual Studio 中的"帮助"菜单上单击"报告 Bug"(见图 2.5.2)，如果尚未这样做，请单击"登录"，然后输入您的 Microsoft Passport 或 Windows Live 信息，然后单击"Submit a Bug or Suggestion"(提交错误或建议)，或单击"submit feedback"(提交反馈)，按照其他说明搜索现有的错误或建议，然后提交信息。

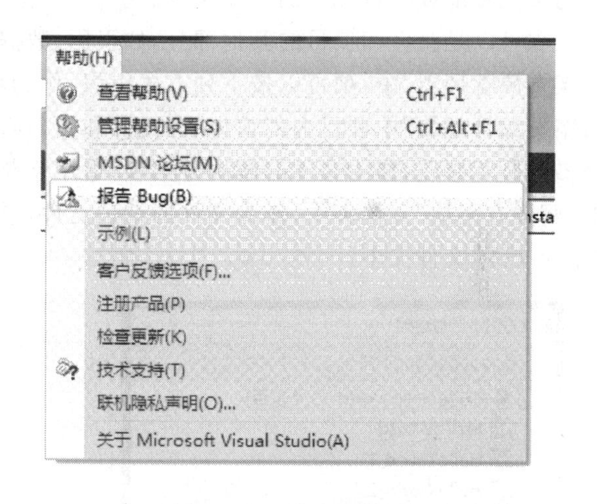

图 2.5.2 单击报告 Bug

2.6 Visual Studio 2010 中的应用程序开发

2.6.1 管理解决方案、项目和文件

Visual Studio 提供了两类容器，可有效地管理开发工作所需的项，如引用、数据连接、文件夹和文件。这两类容器分别叫做解决方案和项目。此外，Visual Studio 还提供解决方案文件夹，用于将相关的项目组织成项目组，然后对这些项目组执行操作。作为查看和管理这些容器及其关联项的界面，"解决方案资源管理器"是集成开发环境(IDE)的一部分，如图 2.6.1

所示。

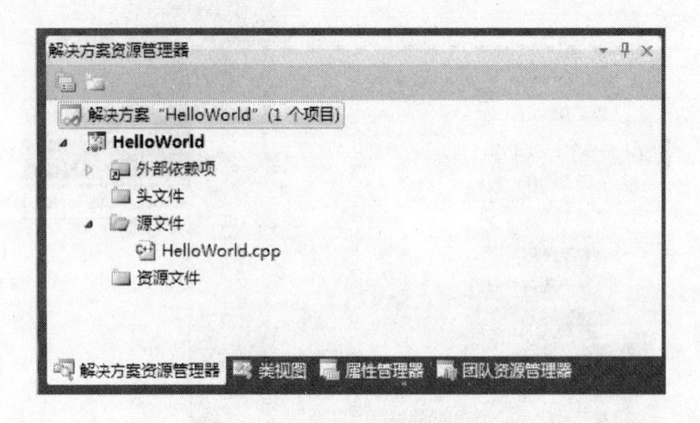

图 2.6.1　解决方案资源管理器

解决方案和项目包含一些项,这些项表示创建应用程序所需的引用、数据连接、文件夹和文件。一个解决方案可包含多个项目,如图 2.6.2 所示,而一个项目通常包含多个项。这些容器允许采用以下方式使用 IDE:作为一个整体管理解决方案的设置或管理各个项目的设置。在集中精力处理组成开发工作的项的同时,使用"解决方案资源管理器"处理文件管理细节,添加对解决方案中的多个项目有用或对该解决方案有用的项,而不必在每个项目中引用该项,处理与解决方案或项目独立的杂项文件。

项可以是文件和项目的其他部分,如引用、数据连接或文件夹,如图 2.6.3 所示。在"解决方案资源管理器"中,项可以按下列方式组织:作为项目项(项目项是构成项目的项),如"解决方案资源管理器"中项目内的窗体、源文件和类。组织和显示方式取决于所选的项目模板以及所做的所有修改,作为文件的解决方案项,适用于整个解决方案,位于"解决方案资源管理器"的"解决方案项"文件夹中,作为文件的杂项文件,它们与项目或解决方案都不关联,可显示在"杂项文件"文件夹中。

图 2.6.2　解决方案管理器包含多个项

图 2.6.3　项可以是文件和项目的其他部分

1. 项目属性

项目是在 Visual Studio 2010 中创作应用程序、组件和服务的起点,用作一种管理源代码、数据连接和引用的容器。项目作为解决方案的一部分进行组织,解决方案中可包含多个彼此相互依赖的项目。

Visual Studio 中的"项目设计器"是一个使用方便的用户界面,可用来设置项目属性,其中有些属性也可以通过"属性窗口"来设置。

项目的属性指定生成和调试项目的方式、项目引用的库、发布项目的方式和位置以及要使用的任何安全设置。可以使用项目设计器来设置项目的属性,若要访问单个文件的属性,请使用“属性”窗口。在“项目设计器”中可集中管理项目的属性、设置和资源，与其他设计器(如窗体设计器或类设计器)一样，“项目设计器”在 Visual Studio IDE 中作为单一窗口出现。项目设计器包含若干可通过左侧的选项卡访问的页。无论是从一页切换到另一页、生成项目还是关闭设计器，输入到“项目设计器”中的信息都将持久保存。在“编辑”菜单上有一个“撤消”命令，可用来回滚更改。

在“解决方案资源管理器”中，选择一个项目。对于不存在的项目，不能访问“项目设计器”。在“项目”菜单上，单击“项目名称属性”，如图 2.6.4 所示，通过单击要更改或查看的属性页的选项卡，以选择此属性页，或使用 Ctrl＋Page Down 和 Ctrl＋Page Up 在不同的页面之间移动，设置属性，如图 2.6.5 所示。

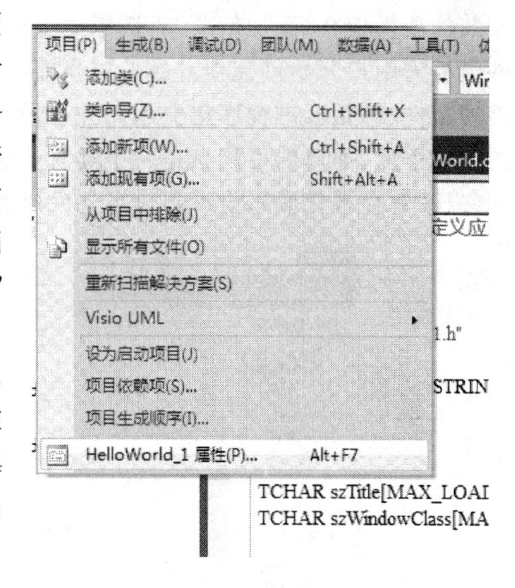

图 2.6.4　查看项目属性

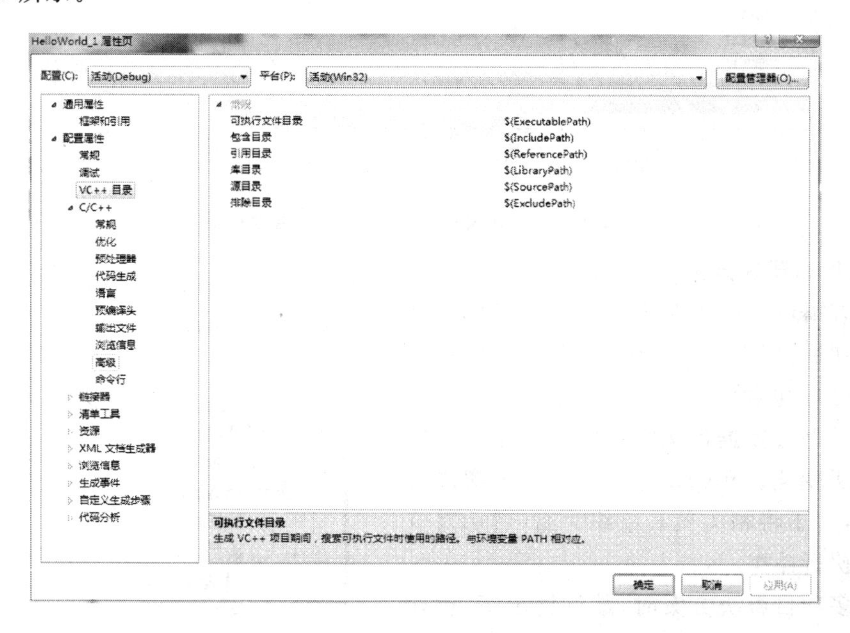

图 2.6.5　更改项目属性

2. Visual Studio 模板

在安装 Visual Studio 时会安装许多预定义的项目模板和项目项模板，如图 2.6.6 所示。可以使用众多项目模板中的一个创建基本项目容器及一组开发应用程序、类、控件或库可能需要的预备项，还可以使用众多项目项模板中的一个创建要在开发应用程序时自定义的 Windows 窗体应用程序或 Web 窗体页等。

Visual Studio 项目模板和项模板提供了可重复使用且可自定义的项目和项存根，因为用户不需要从头开始创建新项目和项，所以可以加速开发的过程。

在安装 Visual Studio 时会安装许多预定义的项目模板和项模板。“新建项目”对话框中提供的 Visual Basic 和 Visual C# Windows 窗体应用程序模板和类库模板都是项目模板，已安装的项模板在"添加新项"对话框中提供，其中包括XML文件、HTML页和样式表等项，这些模板为用户开始创建项目或扩展当前项目提供了一个起点，项目模板提供特定项目类型所需的文件(包括标准程序集引用)，并且设置默认项目属性和编译器选项，项模板可能具有不同的复杂程度，简单的可能只是一个具有正确文件扩展名的空文件，复杂的则可能是包含源代码文件(带有存根代码)、设计器信息文件以及嵌入资源等内容的多文件项。

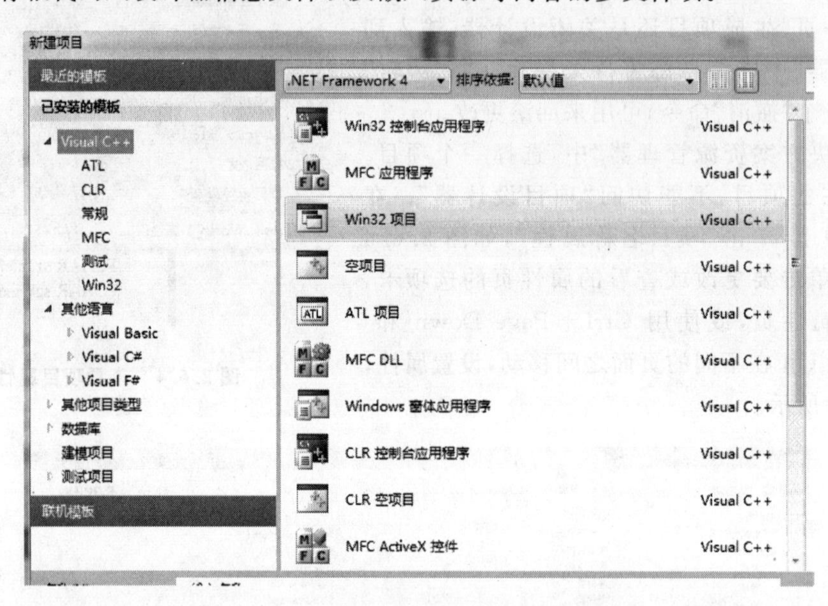

图 2.6.6 预定义的项目模板和项目项模板

3. 多项目解决方案

解决方案可以包含能够一起打开、关闭和保存的多个项目，如图2.6.7所示。解决方案中的每个项目可以包含多个文件或项。项目中所包含的项的类型会依据创建它们时所使用的开发语言而有所变化。Visual Studio 提供了解决方案文件夹，用于将相关项目组织为组，然后对这些项目组执行操作。

创建多项目解决方案时，默认情况下，创建的第一个项目成为启动项目。启动项目在"解决方案资源管理器"中以粗体字显示，当单击"调试"菜单上的"启动"时运行的项目，还可以同时开始调试解决方案中的所有项目，或通过选择该解决方案作为启动项目来调试该解决方案中的一个或多个项目，如图2.6.8所示。

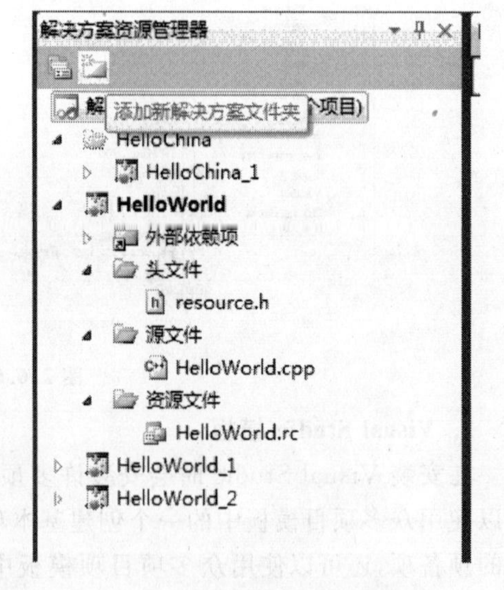

图 2.6.7 处理多个项目

4. 临时项目

通过使用临时项目，不用指定磁盘位置便可创建和试验项目。在创建项目时，只需在"新建项目"对话框中选择项目类型和模板并指定一个名称即可。在使用临时项目的同时，随时都可以保存项目，也可以丢弃项目。所有 Visual

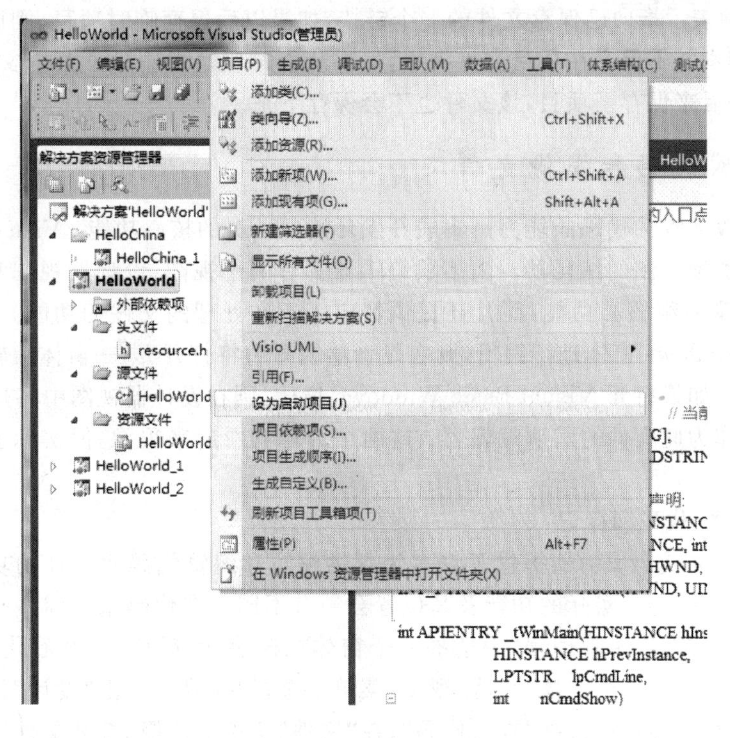

图 2.6.8　设置启动项目

Basic 和 Visual C# 项目都可以作为临时项目创建。如果要使用临时项目，请在“选项”对话框中清除“创建时保存新项目”，如图 2.6.9 所示。一个解决方案在任一时刻都只能包含一个临时项目，因此，如果想在已包含一个临时项目的解决方案中再添加一个新的临时项目，系统会先提示保存现有的临时项目，临时项目不能添加到现有解决方案中。在使用临时项目时，可以关闭并重新打开项目项，而无须保存它们。但是，在使用临时项目时，可以随时保存该项目中的

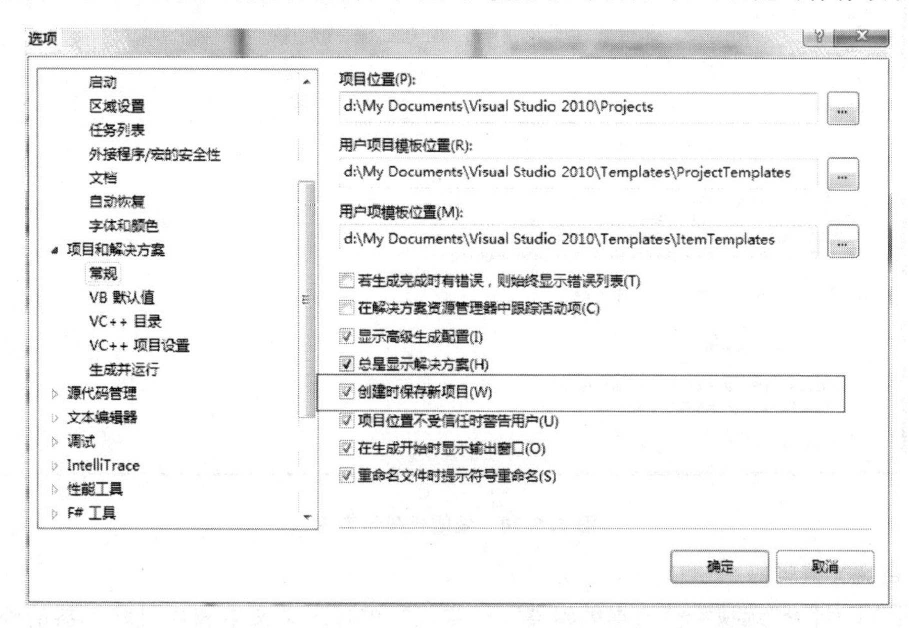

图 2.6.9　在“选项”对话框中清除“创建时保存新项目”

项目项。项目项表示指向已保存文件的一个链接，如果以后保存临时项目，则已保存的项始终是链接文件，副本并不保存在项目文件夹中，如果从临时项目中删除了某个文件，它就会被永久删除，即使您后来保存了项目，该文件也不会保存下来。

2.6.2 编辑代码和资源文件

编写并修改文本和代码的能力是集成开发环境(IDE) 的核心功能。Visual Studio 提供许多为特定文件类型定制的编辑器。大多数编辑器都有两个视图：设计器视图和代码视图。所有编辑器都共享一组核心功能，而且还提供特定于正在处理的文件的功能。例如，如果打开 Visual C++ Windows 窗体进行编辑，则在设计器视图中将打开 C++窗体编辑器作为此文件的默认编辑器。如果打开 Visual Basic Windows 窗体，则在设计器视图中将打开 Visual Basic 窗体编辑器作为此文件的默认编辑器。这两个编辑器看起来很像，但实际上它们是两个不同的编辑器。

1. 编辑文本、代码和标记

Visual Studio 代码编辑器提供了许多为帮助编写和编辑代码而设计的功能。根据开发语言和当前设置的不同，实际的功能及其位置会稍有不同。在代码编辑器中打开文件的方式有多种：在“解决方案资源管理器”中选择一个窗体或模块，然后单击“查看代码”按钮；在“设计”视图编辑器中打开一个窗体后，从“视图”菜单中选择“代码”；右击“设计”视图图面上的任何控件，然后从快捷菜单中选择“查看代码”；在“文件”菜单上选择“打开文件”或“新建文件”，然后打开源代码文件进行编辑，如图 2.6.10 所示。选择“添加”则可以加入“新建项”或“已有项”，如图 2.6.11 所示。

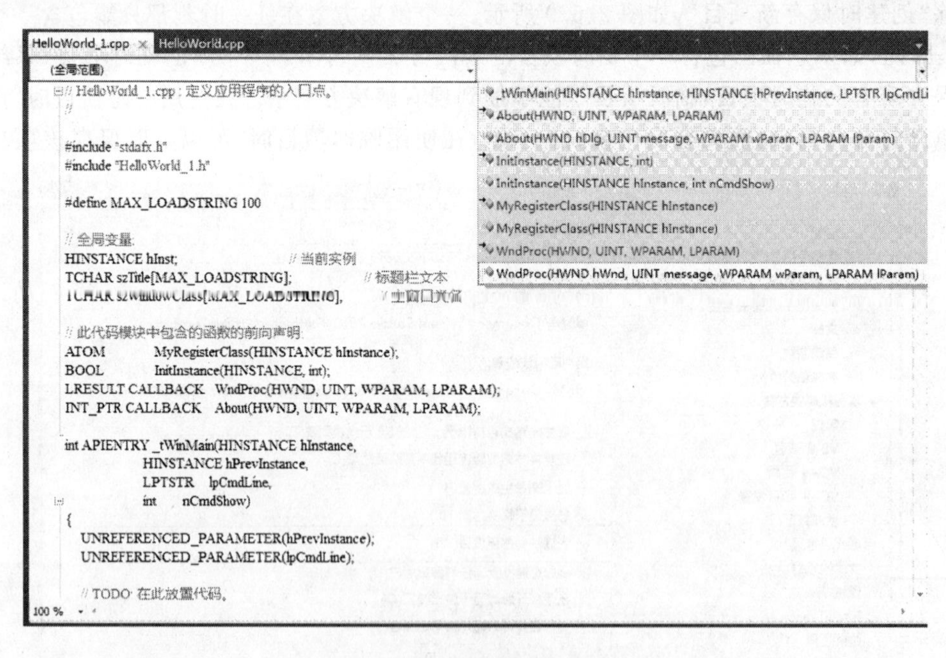

图 2.6.10 编辑代码示意图

2. 自定义编辑器

使用“工具”→“选项”→“文本编辑器”→“常规”，可自定义文本和代码编辑器的外观和功能，如图 2.6.12 所示。可以设置特定于具体编程语言的文本编辑器选项，并重置所有语言的

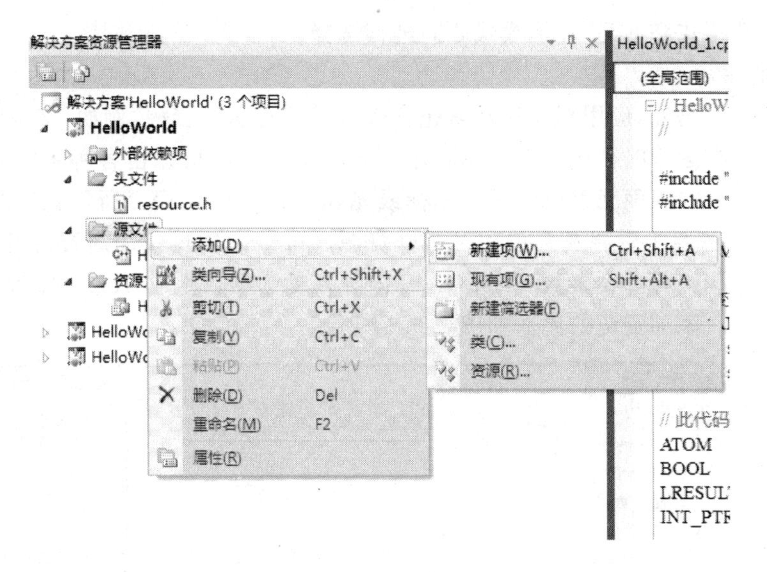

图 2.6.11　添加“新建项”

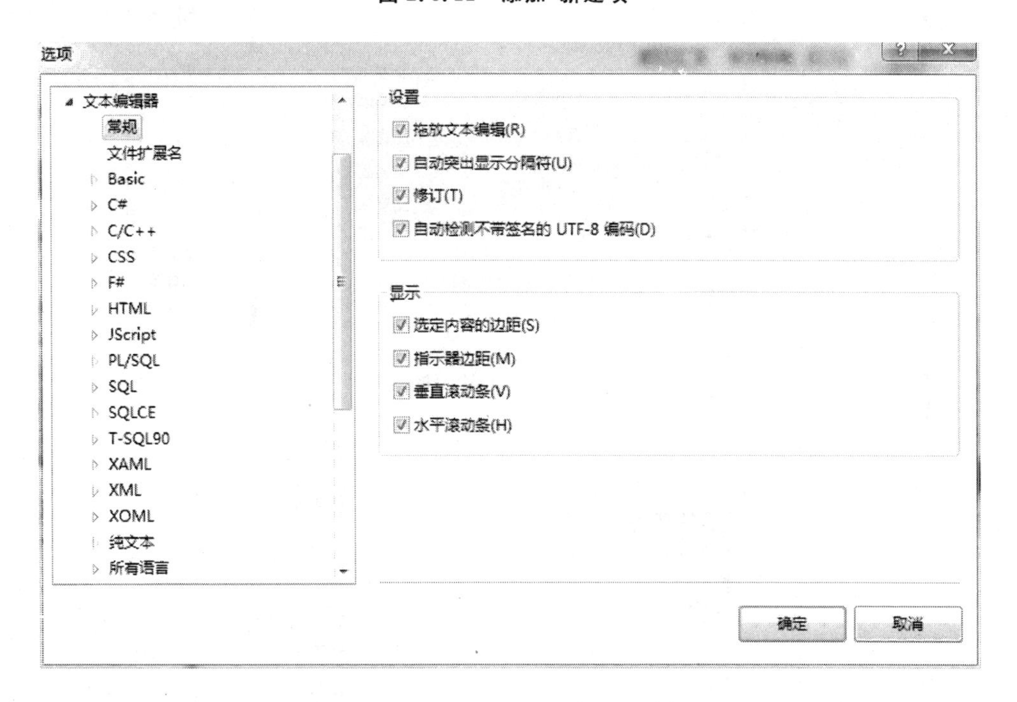

图 2.6.12　自定义编辑器示意图

选项，这些主题提供有关如何调整文本和代码编辑器的外观和行为的指导。设置编辑器选项：讨论如何设置针对所有语言的全局选项和针对特定语言的选项，并介绍自定义编辑器时可用的多个选项；如何更改编辑器中使用的字体及其大小和颜色：说明如何调整编辑器中使用的默认字体；如何在编辑器中管理自动换行：说明如何设置和清除“自动换行”选项；如何在编辑器中显示行号：说明如何设置和清除“行号”选项；如何在编辑器中更改文本大小写：说明如何操作代码中的字母大小写；如何将 URL 显示为链接：演示如何设置 URL 在编辑器中显示为活动链接还是显示为纯文本；如何在编辑器中指定缩进：说明如何设置制表符和缩进的默认度量。如何管理编辑器窗口，演示如何操作“代码编辑器”窗口；如何管理编辑器模式，说明如何在选项卡式文档模式和MDI环境模式之间进行选择。

3. 编辑资源

除了可执行代码外，应用程序还经常包含嵌入的不可执行资源，例如，字符串或图像，这些不可执行资源可在运行时被检索并显示在用户界面中。资源可以由各种各样的元素组成，包括向用户提供信息的界面元素（如位图、图标或光标），含有应用程序所需数据的自定义资源，由安装API使用的版本资源及菜单和对话框资源。可以向项目添加新资源并使用适当的资源编辑器修改这些资源。大多数Visual C++向导自动为项目生成.rc文件。添加资源的过程如图2.6.13所示，添加资源的界面如图2.6.14所示。

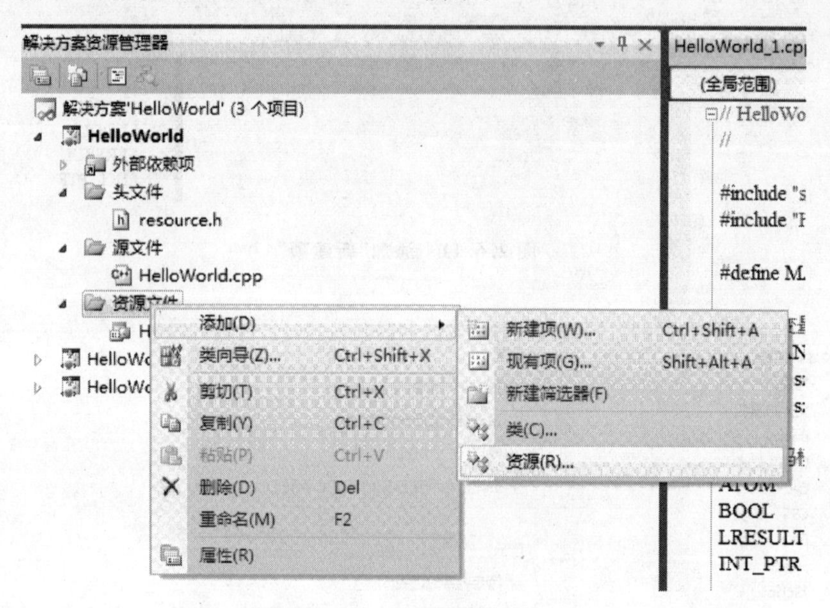

图2.6.13 添加资源的过程

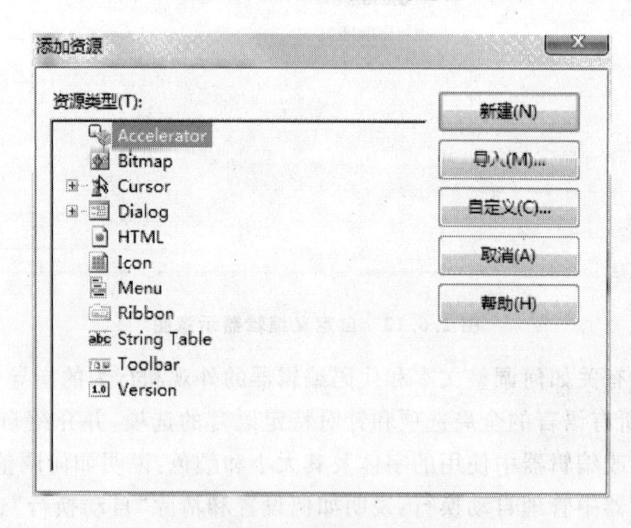

图2.6.14 添加资源的界面

4. 查看类、成员和符号

在“对象浏览器”中，可以展开可用对象（例如，命名空间、类型、接口、枚举和其他容器）以显示成员（例如，类、属性、方法、事件、常数、变量和其他包含项）的有序列表。在“类视图”中

(见图 2.6.15)，可为正在开发的项目中的对象和成员的符号显示一个分层视图。每个项链接到代码中出现该实例的行。

5. 使用工具箱

"工具箱"(见图 2.6.16)是一个浮动的树控件，它与 Windows 资源管理器的工作方式非常类似，但没有网格或连接线，可以同时展开"工具箱"的多个段(称为"选项卡")，整个目录树在"工具箱"窗口内部滚动。若要展开"工具箱"的任何选项卡，请单击它名称旁边的加号(＋)；若要折叠一个已展开的选项卡，请单击它名称旁边的减号(－)。

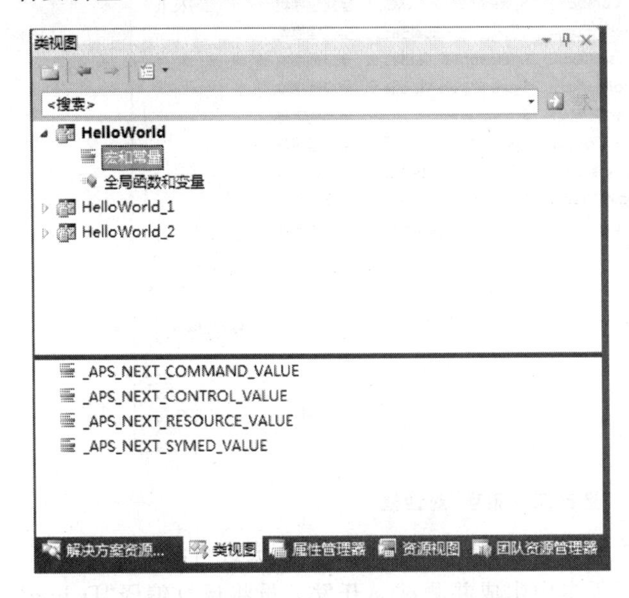

图 2.6.15　类视图

图 2.6.16　"工具箱"界面图

"工具箱"显示可以添加到项目中的项的图标。每次返回编辑器或设计器时，"工具箱"都会自动滚动到最近选择过的选项卡和项，当把焦点转移到其他编辑器、设计器或另一个项目时，"工具箱"中当前选定内容也相应转移。

"工具箱"只显示适用于正在使用的文件类型的项。例如，在 HTML 页中，仅有"HTML"和"常规"选项卡可用。在 Windows 窗体中，将显示 Windows 窗体控件的每个类别。在编辑控制台应用程序时，将不会显示"工具箱"中的任何项，因为这些程序的设计通常不会带有图形用户界面，并且会基于目标.NET Framework 版本。

"选择工具箱项"对话框(见图 2.6.17)显示的选项卡式窗格列出了本地计算机所识别的组件。您可以使用"选择工具箱项"对话框选择或移除组件，并可以在"工具箱"中添加或移除项。若要打开此对话框，请从"工具"菜单中选择"选择工具箱项"，或右击"工具箱"，并从其快捷菜单中选择"选择项"。若要对"选择工具箱项"对话框中某个选项卡上显示的项进行排序，可以单击任意一个列标头。若要向活动的"工具箱"选项卡中添加一个项，请选中该项旁边的复选框。若要从"工具箱"中移除项，请清除其复选框。选择"确定"后，任何尚未出现在"工具箱"中的选中项都会添加进去，而任何其复选框已被清除的项都会从"工具箱"中移除。

2.6.3　解决方案生成和调试

1. 在 VS 2010 中生成解决方案

生成和调试是开发可靠的应用程序、组件和服务的关键步骤。通过使用 Visual Studio 中

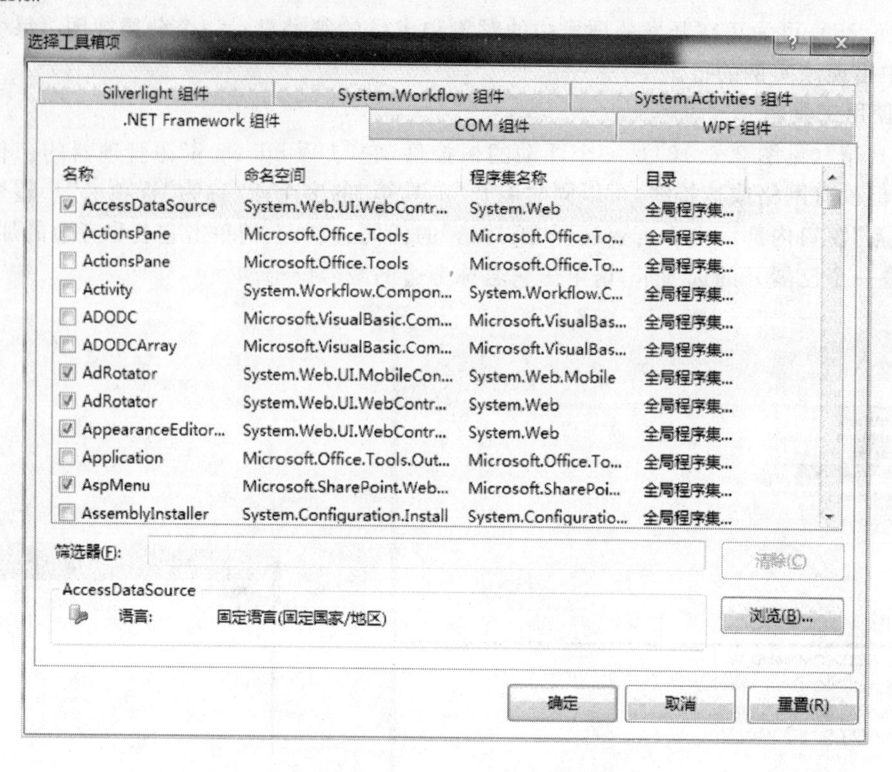

图 2.6.17 “选择工具箱项”对话框

的工具，能够控制生成，有效地发现和消除错误，以及通过多种方式对生成进行测试。

解决方案及其各个项目通常在“调试”版本中生成并测试。开发人员将反复编译“Debug”版本（在开发过程的每一步都将进行此操作），调试过程分为两步。首先，纠正编译时错误，这些错误可以包含不正确的语法、拼错的关键字和键入不匹配。接下来，使用调试器检测并纠正在运行时检测到的逻辑错误和语义错误等问题。在项目或解决方案完全开发并充分调试后，在“发布”版本中编译其组件。默认情况下，“Release”版本使用各种优化，经过优化的版本被设计为比未经优化的版本小且运行速度更快。生成解决方案的过程如图 2.6.18 所示。

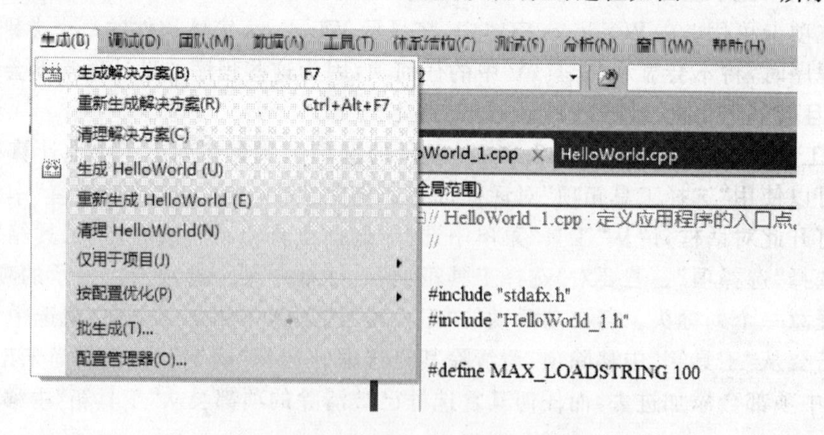

图 2.6.18 生成解决方案的过程

使用“解决方案属性页”对话框（见图 2.6.19）定义解决方案的属性。通用属性包含启动项目和项目依赖项的设置。配置属性包含列出各种可用的项目配置和平台的下拉菜单，以及用

于选择要生成和要部署(如果已启用)的那些项目的复选框。项目配置和所选平台的组合决定要使用的项目生成配置。

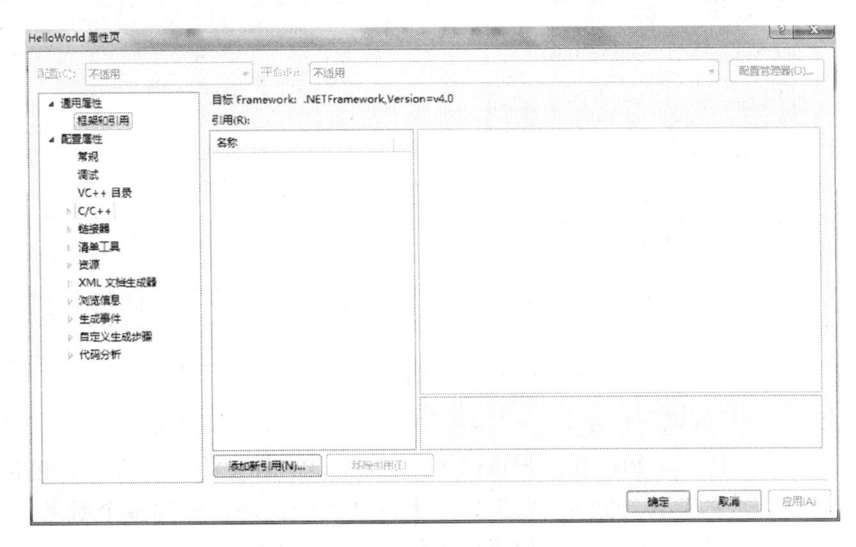

图 2.6.19　“解决方案属性页”对话框

使用“配置管理器”对话框定义项目配置，其打开方式如图 2.6.20 所示。项目配置是每个受支持的版本和平台(例如，Release Win32)组合的属性集。可以创建自己的特殊版本，如供测试人员使用的 QA 生成配置，或者用于试验某些初级代码的个人生成配置。然后，可以使用“项目设计器”修改每个版本和平台组合的设置。

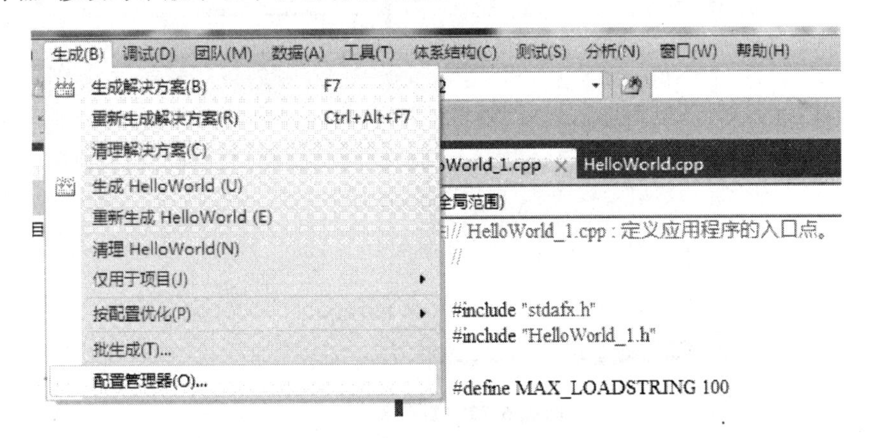

图 2.6.20　“配置管理器”的打开方式

使用“标准”工具栏中的“解决方案配置”下拉列表，选择活动的解决方案生成配置并打开“配置管理器”对话框，如图 2.6.21 所示；也可以通过从“生成”菜单中选择“配置管理器”来访问“配置管理器”。

2. 在 VS 2010 中调试

已经创建了应用程序并解决了生成错误，现在必须纠正那些使应用程序或存储过程无法正确运行的逻辑错误。可以用开发环境集成调试功能做到这一点。这些功能使您可以在某些过程位置停止执行，检查内存和寄存器值，更改变量，观察消息通信量，以及仔细查看代码的行为。

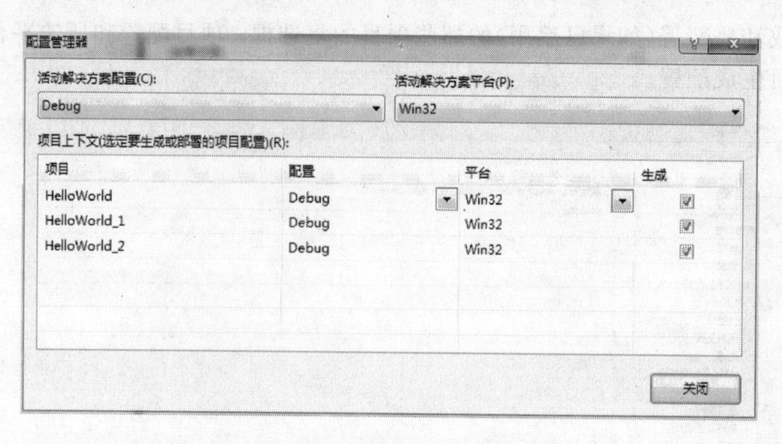

图 2.6.21 “配置管理器”对话框

可以通过窗口中“调试”→“窗口”→“断点”选项选择断点，如图 2.6.22 所示，有时候，一个代码行会包含多个可执行语句。在这种情况下，可在一行中设置多个断点。在包含当前所选断点的代码语句周围会显示一个框。此框可用于区分同一代码行中的多个断点。可以在“断点”窗口中选择断点，也可以通过单击源窗口中包含断点的语句来选择。

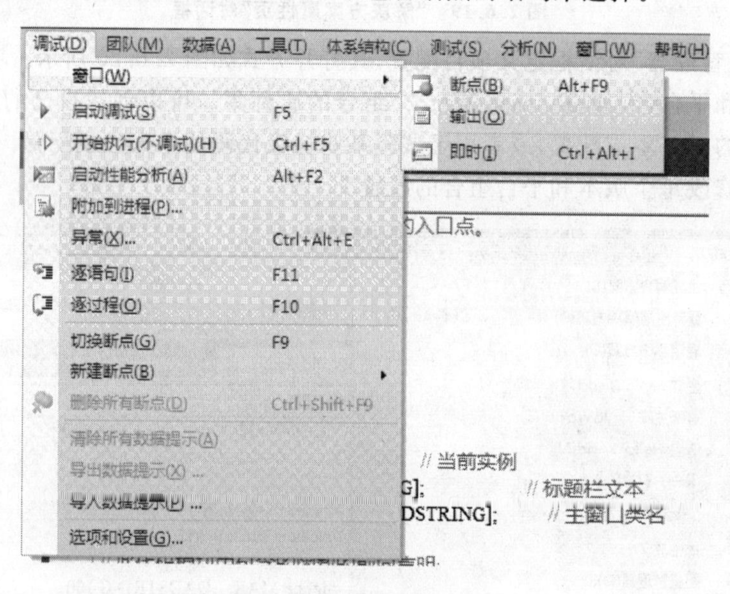

图 2.6.22 断点选择过程

第 3 章

基于 MATLAB Coder 的 M 代码转换成 C/C++代码

在 MATLAB 的产品族中，MATLAB Coder、Simulink Coder 可以直接将 MATLAB 代码、Simulink 仿真模型转换成高效优化的 C/C++语言程序代码，这些 C/C++代码可以脱离 MATLAB 环境独立运行，从而大大减轻了软件工程师的代码编写工作量，提高了软件编写的规范性，缩短了产品软件的研发周期。

3.1 启动 MATLAB Coder

单击“应用程序”菜单中的 MATLAB Coder 就可启动 MATLAB Coder，如图 3.1.1 所示。也可在命令行窗口中输入 coder 命令启动 MATLAB Coder，如图 3.1.2 所示。打开的 MATLAB Coder 交互界面如图 3.1.3 所示。

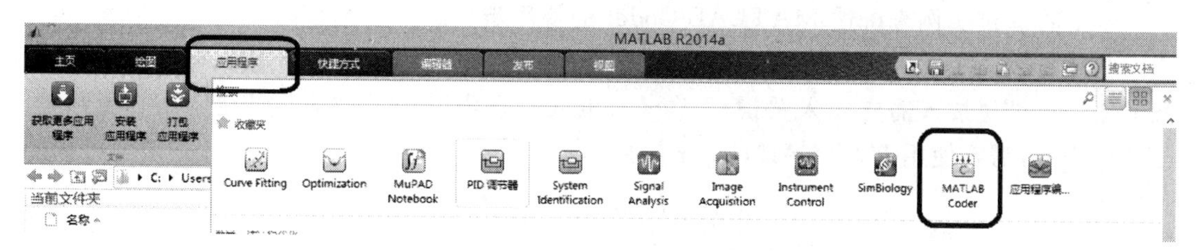

图 3.1.1 “应用程序”菜单中的 MATLAB Coder

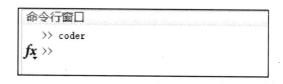

图 3.1.2 在命令行窗口中输入 coder 命令

图 3.1.3 打开的 MATLAB Coder 交互界面

MATLAB Coder所支持的转换类型如表3.1-1所列。

表3.1-1 MATLAB Coder所支持的转换类型

矩阵和数组	类和数据类型	编程结构	函数
矩阵运算	复数	数学运算	子函数和部分MATLAB函数
N维数组	整形数据匹配	逻辑关系操作符	可变长度参数列表
下标操作	单精度双精度	程序控制语句(if,for,while,switch)和结构	函数处理
帧	定点运算		支持的算法：
持续变量	字符		400个MATLAB运算符和函数
全局变量	结构体		200个系统对象(通信系统、DSP系统、计算机视觉)
	数值类		
	变长度数据		
	系统对象		

3.2 MATLAB Coder使用典型实例

3.2.1 把M文件转换为C程序代码

本节将通过实例来讲述MATLAB Coder的使用步骤。

步骤1:编写一个M函数foo.m,如图3.2.1所示,其功能是用于计算a与b相乘。在函数的第一行结尾加入需要加入关键词 %#codegen,它告诉MATLAB正在使用的函数是用于代码生成,需要使用MATLAB Coder工具。

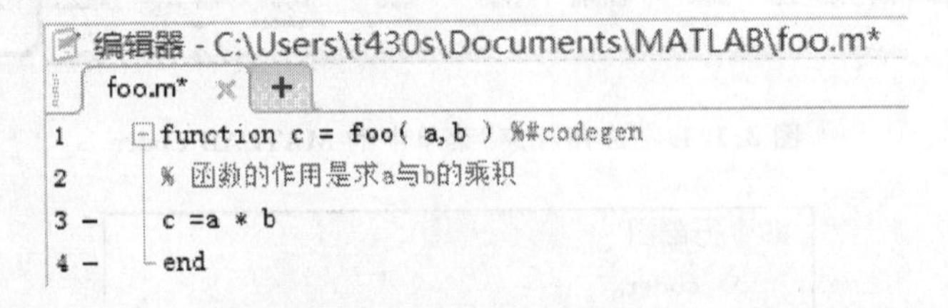

图3.2.1 编写的M函数foo.m

步骤2:在命令窗口输入coder(图形界面),弹出MATLAB Coder Project对话框;输入工程名为:foo.prj,如图3.2.2所示。

图3.2.2 新建一个工程名为foo.prj的工程

步骤 3：在新建完工程之后，单击 Build 菜单，将 Output type 设置为 C/C++ Static Library，如图 3.2.3 所示，用于生成静态的可独立运行的 C/C++代码库。单击 More settings，单击"所有设置"，在 Language 选项上通过下拉菜单，选择 C++，如图 3.2.4 所示。

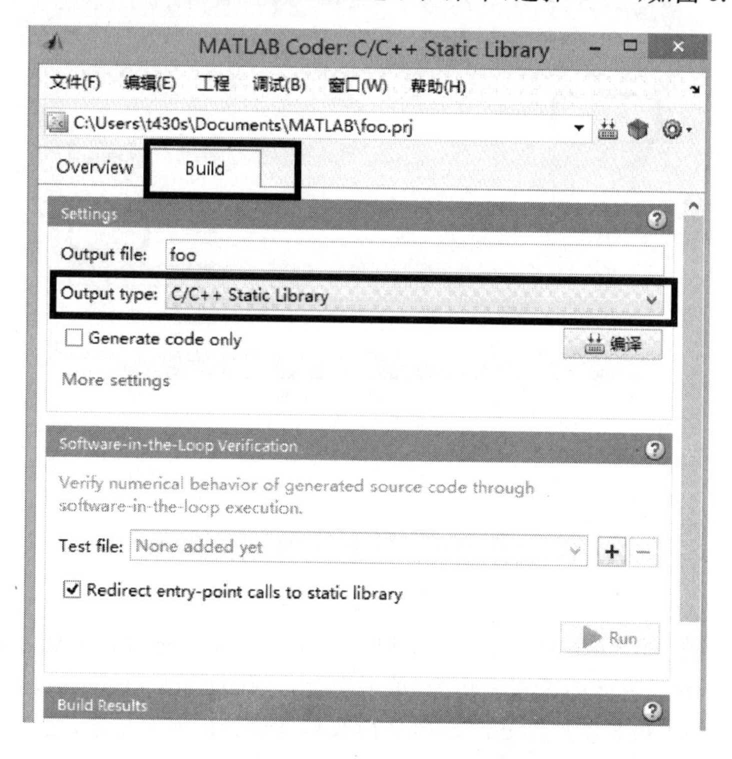

图 3.2.3　设置代码输出的类型

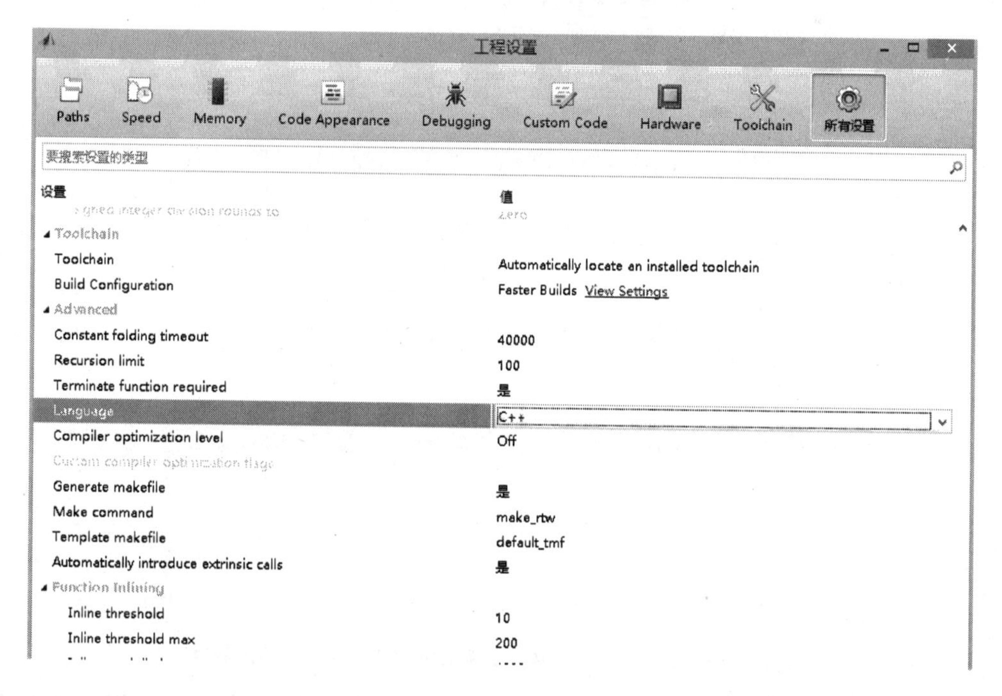

图 3.2.4　将输出语言类型设置为 C++

步骤4:单击 Overview 菜单,通过"添加文件"选项,将函数 foo.m 添加到新建的工程 foo.prj 中,如图3.2.5所示。

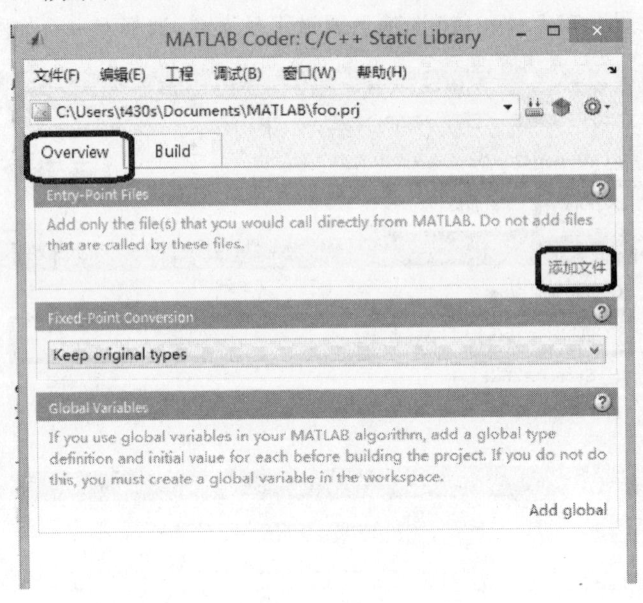

图3.2.5 步骤4的实现过程

步骤5:将函数 foo.m 添加到新建的工程 foo.prj 后,需要对输入变量 a 和 b 进行类型设置,如图3.2.6所示。具体的设置方法为,单击变量右侧的 Click to define,通过下拉菜单进行设置,在本例中,将 a 和 b 设置为 double(1×1)双精度单元素数组变量,如图3.2.7所示。

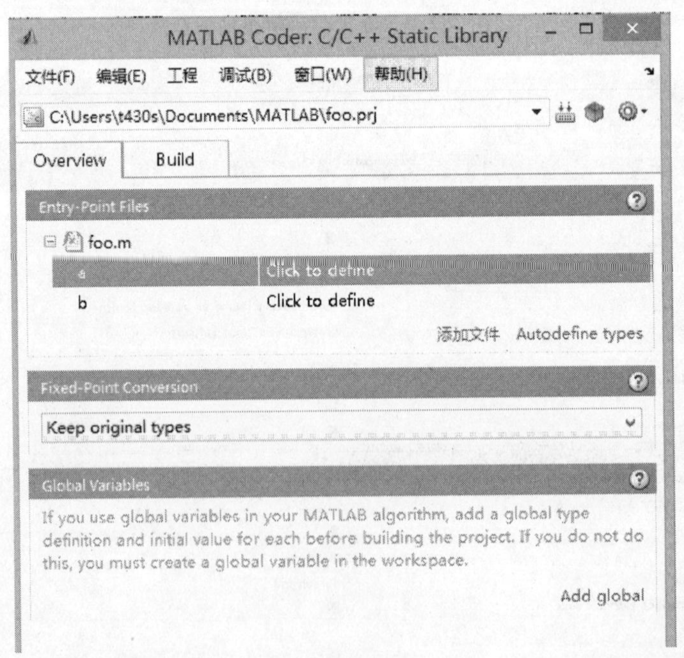

图3.2.6 将函数 foo.m 添加到新建的工程 foo.prj 后的界面

步骤6:设置完毕之后,单击菜单中的 Build,再单击界面中的编译按键,如图3.2.8所示,便可生成相应的C++代码。

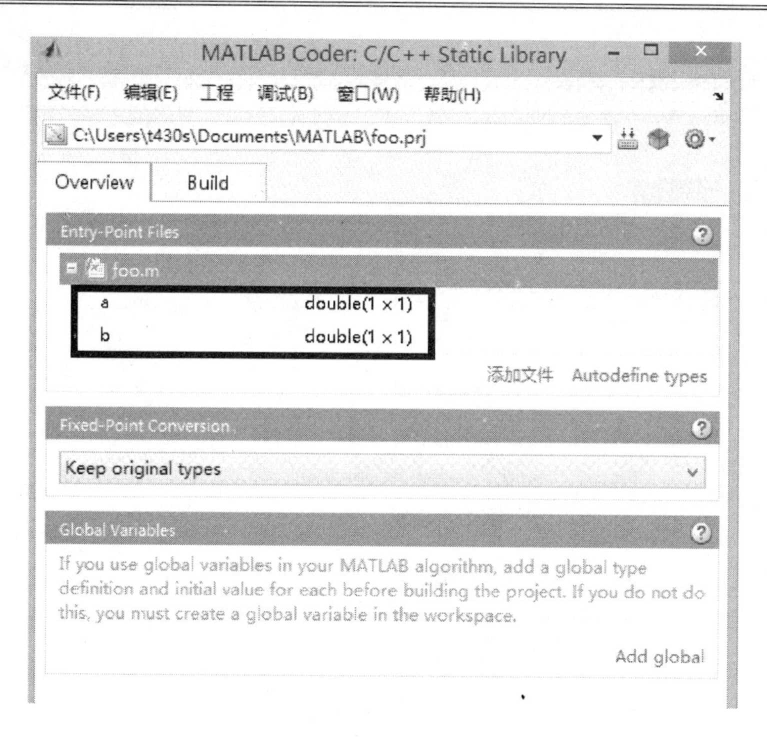

图 3.2.7　设置变量 a 和 b 的类型

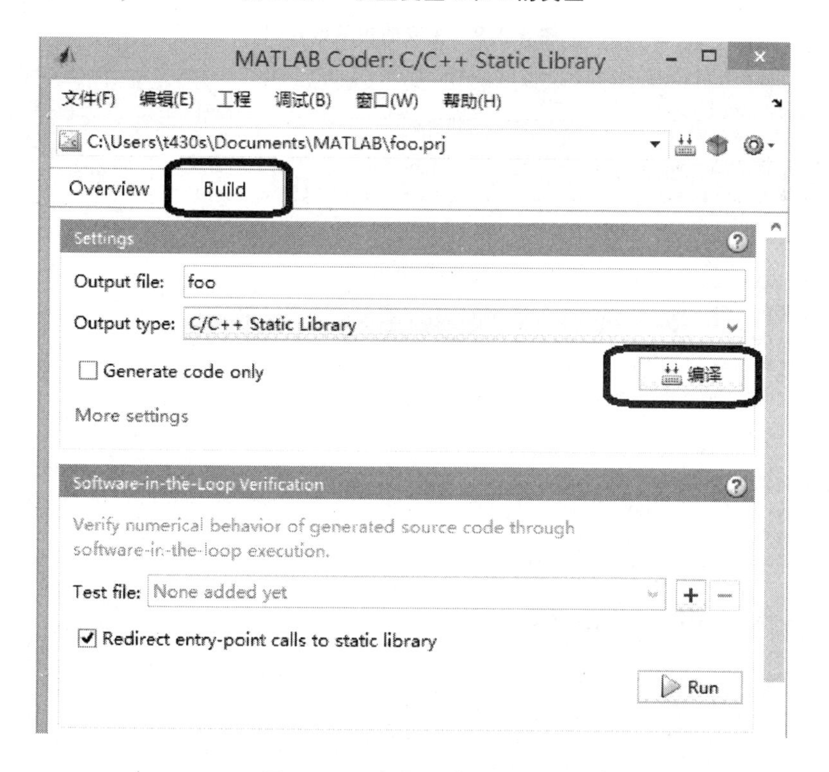

图 3.2.8　步骤 6 的实现过程

步骤 7:查看生成的代码。查看方式有两种，一种是通过当前文件夹的"codegen"→"lib"→"interface"→"foo. cpp "进行查看；另一种是单击菜单中的 Build，然后再单击界面中的 View Report 按键进行观察，生成的代码如图 3.2.9 所示。

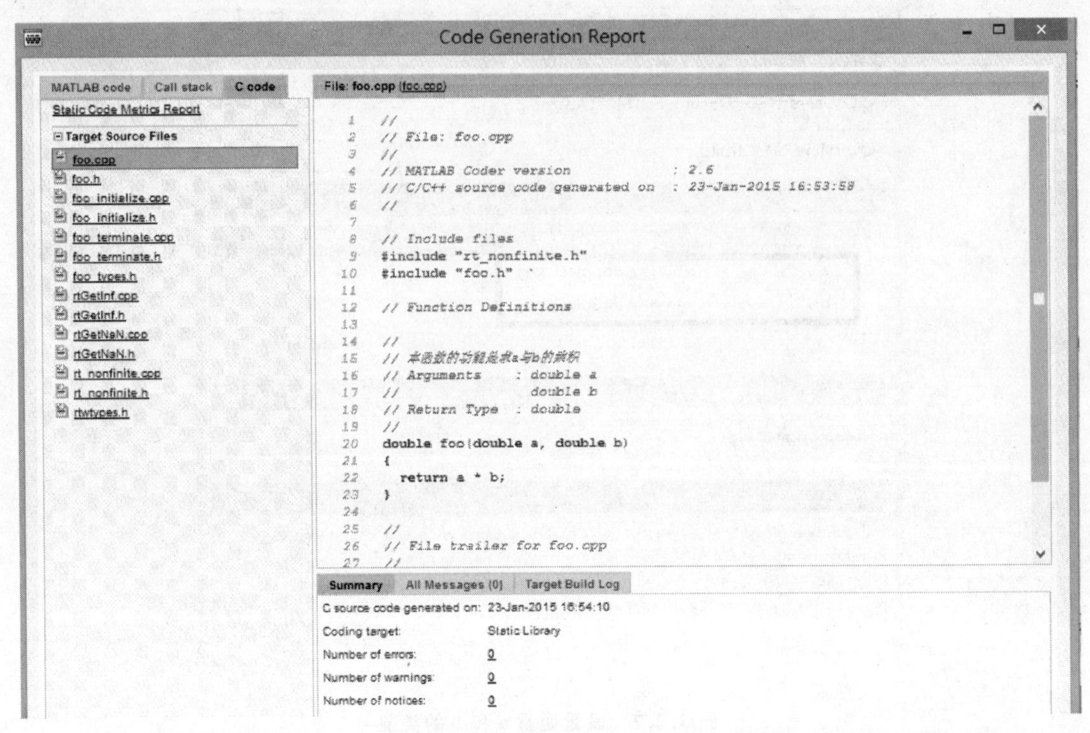

图3.2.9 生成的主函数代码

```
1   //
2   // File: foo.cpp
3   //
4   // MATLAB Coder version                : 2.6
5   // C/C++ source code generated on     : 23-Jan-2015 16:53:58
6   //
7
8   // Include files
9   #include "rt_nonfinite.h"
10  #include "foo.h"
11
12  // Function Definitions
13
14  //
15  // 本函数的功能是求a与b的乘积
16  // Arguments      : double a
17  //                  double b
18  // Return Type    : double
19  //
20  double foo(double a, double b)
21  {
22    return a * b;
23  }
24
25  //
26  // File trailer for foo.cpp
27  //
28  // [EOF]
29  //
30
```

通过查看代码的生成结果可知，所生成的 C 代码库包括头文件定义和引用、函数的 C 代码、宏定义数据结构、初始化函数等。

3.2.2　将生成的代码在 VS 2010 中实现

步骤 1：在 VS 2010 软件环境下新建一个名为“fooC”的工程，如图 3.2.10 所示。

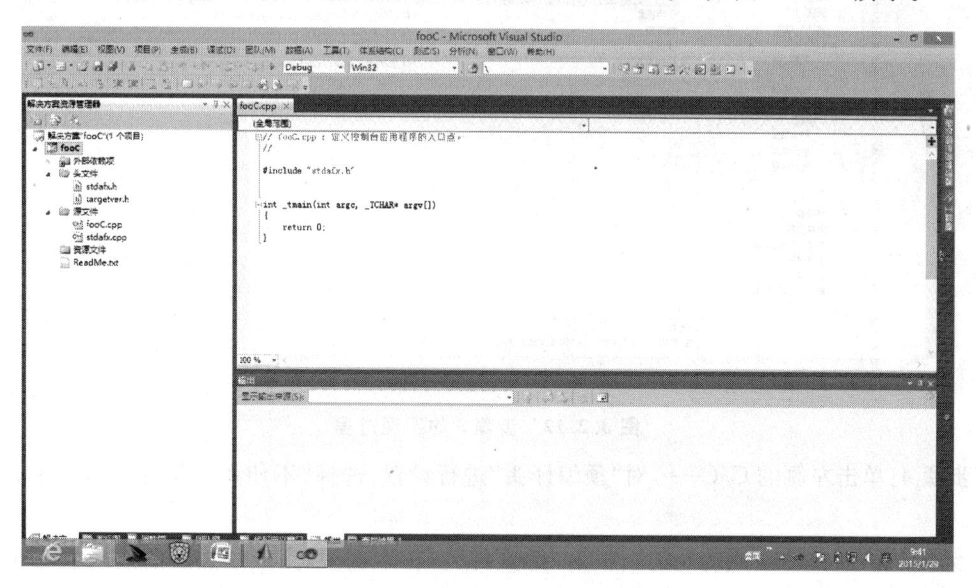

图 3.2.10　新建的工程

步骤 2：在所建立的工程左侧，单击右键，并选择属性，如图 3.2.11 所示。

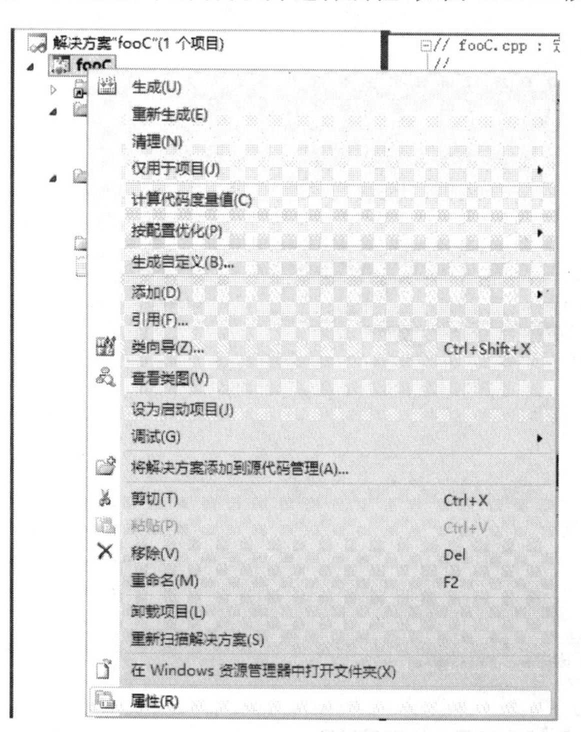

图 3.2.11　步骤 2 的实现过程

步骤3:单击VC++目录,对右侧的包含目录进行设置,将所生成代码的路径包含进去,如图3.2.12所示。

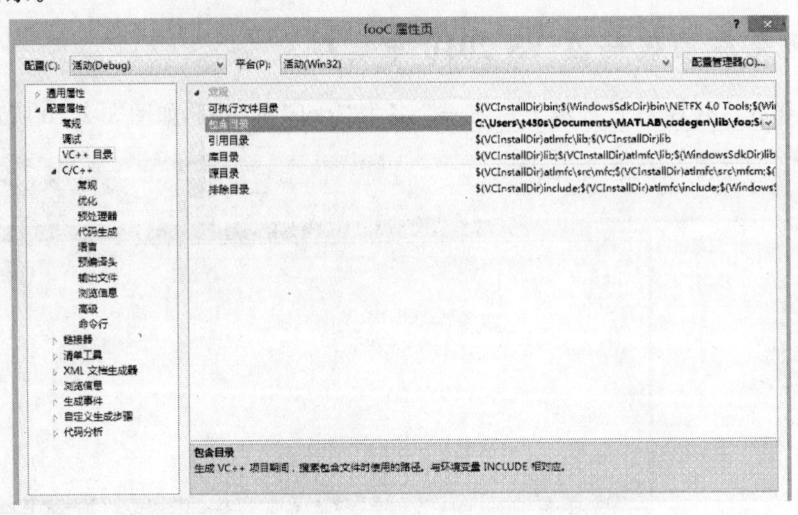

图3.2.12 步骤3的实现过程

步骤4:单击左侧的C/C++,对"预编译头"进行设置,选择"不使用预编译头",如图3.2.13所示。

步骤5:添加自动生成的"头文件"和"源文件"。在本例中,完成添加后的效果如图3.2.14所示。

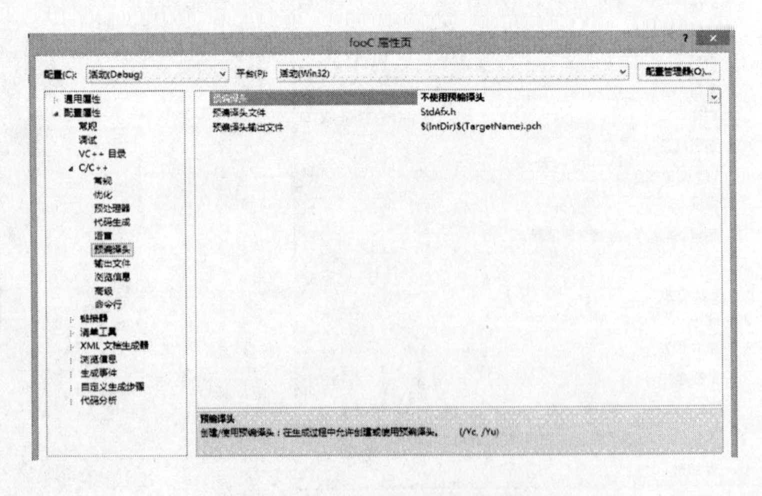

图3.2.13 步骤4的实现过程

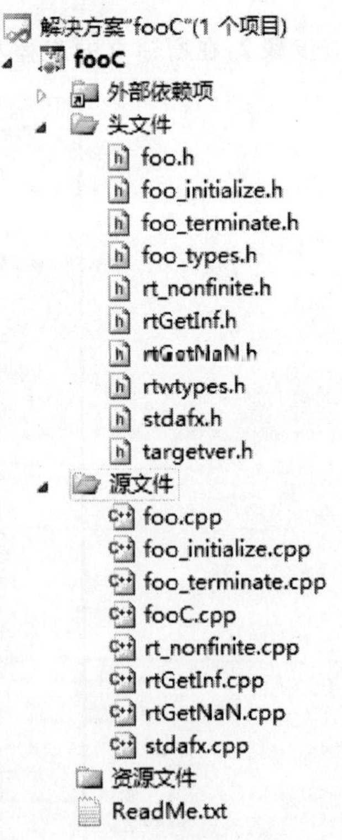

图3.2.14 添加"头文件"和"源文件"后的效果

步骤 6：输入如下程序，并进行编译，编译后的效果如图 3.2.15 所示，运行效果如图 3.2.16 所示。

```
#include "stdafx.h"
#include "foo.h"
#include "math.h"
#include <iostream>
using namespace std;

int _tmain(int argc, _TCHAR* argv[])
{
    double a = {1.0};
    double b = {2.0};
    double c = {0.0};

    c = foo (a,b);

    std::cout << c << std::endl;

    while(1)
    {
    }

    return 0;
}
```

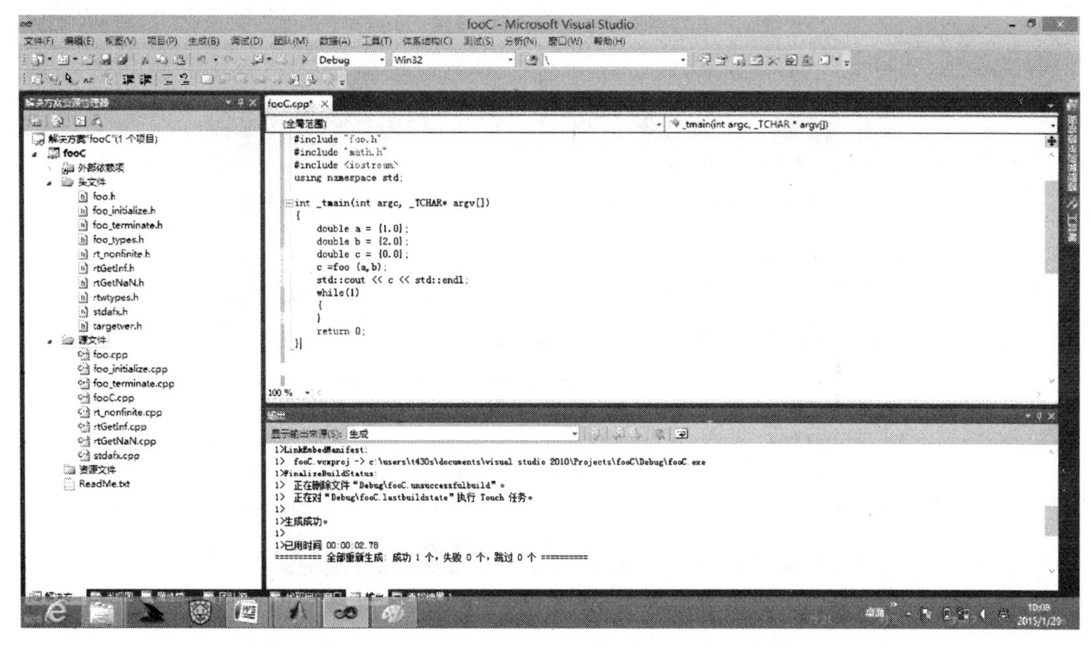

图 3.2.15　编译后的效果图

> **经验分享**：如果将 a 与 b 设置成为不同类型的变量，所生成的 C 代码是不同的。

如图 3.2.17 所示，将 a 和 b 设置成 5×5 的双精度型数组(double(5×5))，其生成的 C 代码如图 3.2.18 所示，该段 C 代码实现的是两个 5×5 的双精度型数组相乘，与两个双精度变量的相乘是不同的。

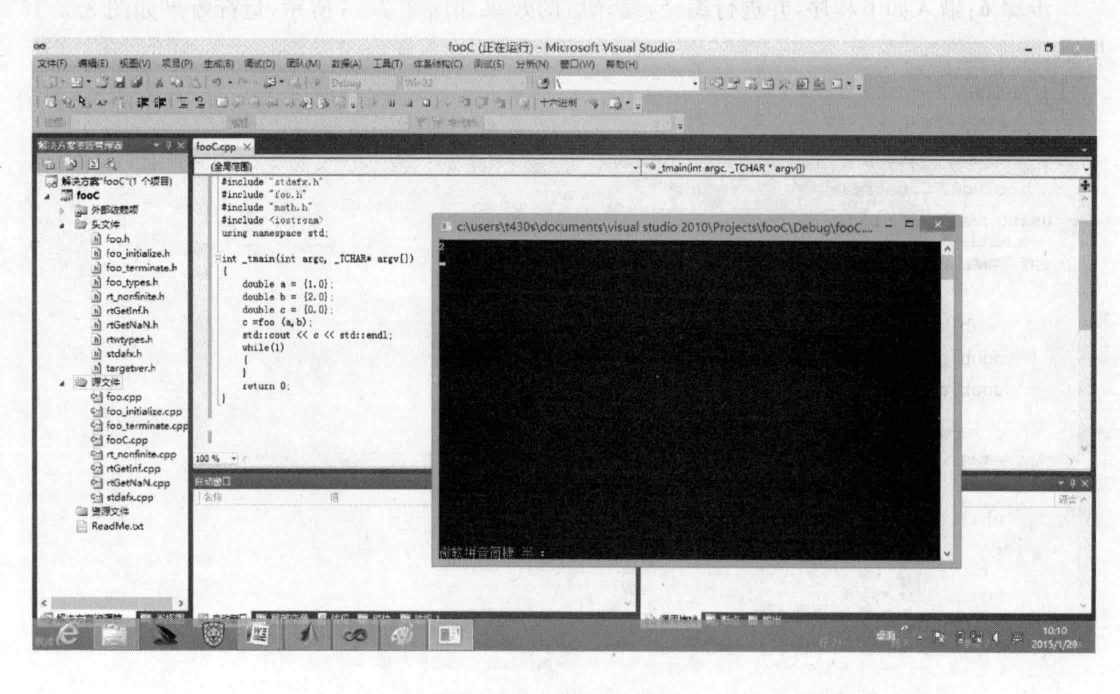

图 3.2.16　运行效果图

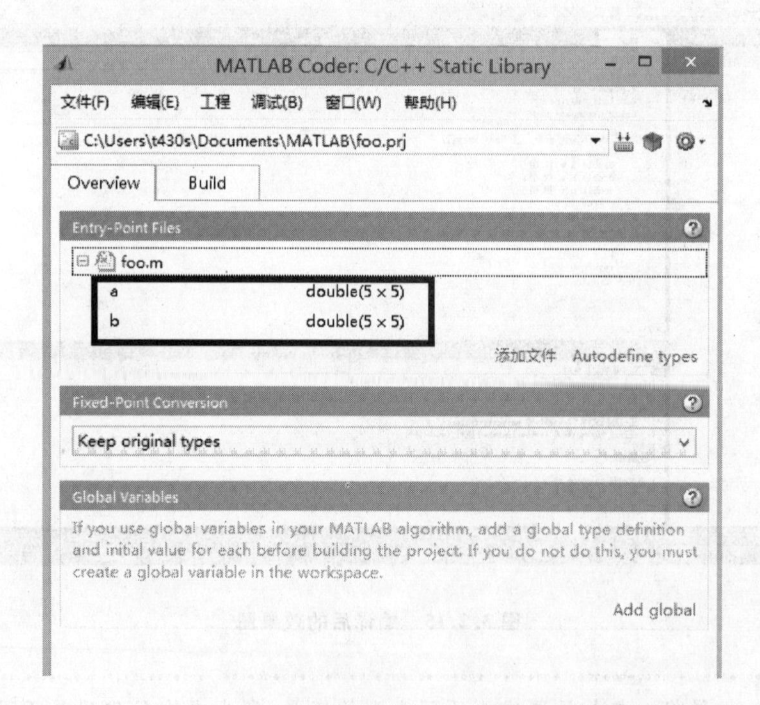

图 3.2.17　将 a 和 b 设置成 5×5 的双精度型数组

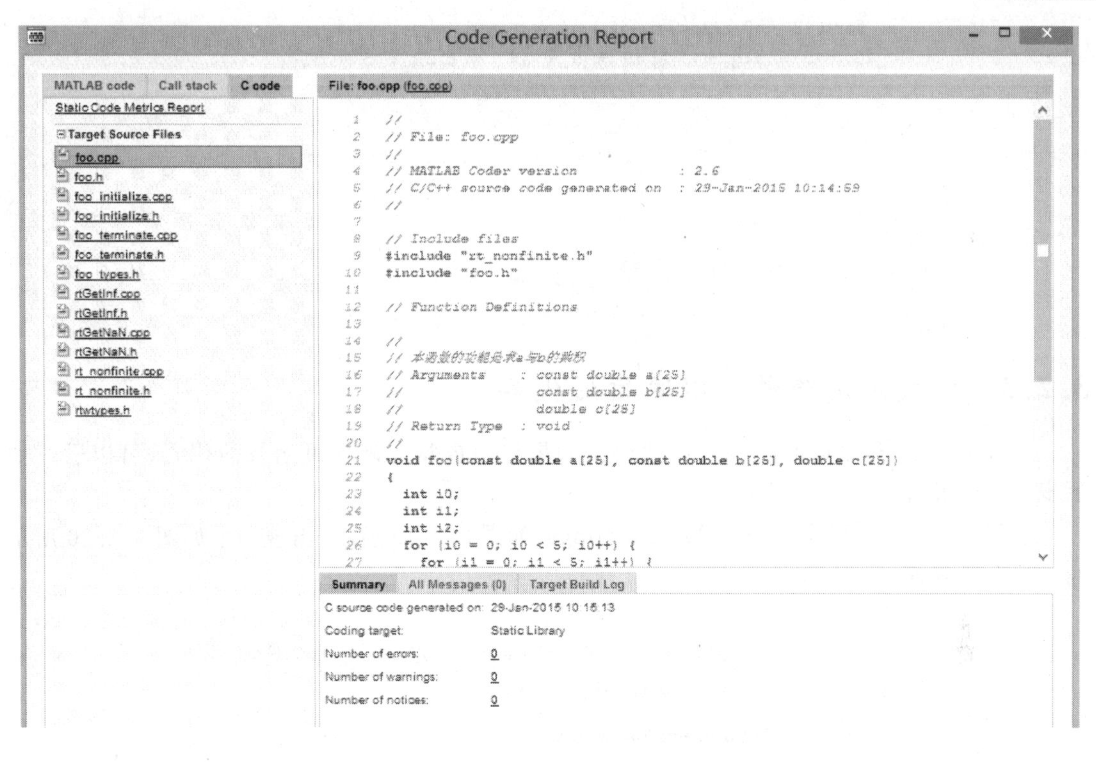

图 3.4.18　生成的 C 代码

```
1   //
2   // File: foo.cpp
3   //
4   // MATLAB Coder version            : 2.6
5   // C/C++ source code generated on  : 29-Jan-2015 10:14:59
6   //
7
8   // Include files
9   #include "rt_nonfinite.h"
10  #include "foo.h"
11
12  // Function Definitions
13
14  //
15  // 本函数的功能是求 a 与 b 的乘积
16  // Arguments    : const double a[25]
17  //                const double b[25]
18  //                double c[25]
19  // Return Type  : void
20  //
21  void foo(const double a[25], const double b[25], double c[25])
22  {
23    int i0;
24    int i1;
25    int i2;
26    for (i0 = 0; i0 < 5; i0++) {
27      for (i1 = 0; i1 < 5; i1++) {
28        c[i0 + 5 * i1] = 0.0;
```

```
29          for (i2 = 0; i2 < 5; i2 ++) {
30            c[i0 + 5 * i1] + = a[i0 + 5 * i2] * b[i2 + 5 * i1];
31          }
32        }
33      }
34    }
35
36    //
37    // File trailer for foo.cpp
38    //
39    // [EOF]
```

3.2.3 生成特定硬件可以运行的代码

通过上述步骤，生成的是通用C代码。如果要生成特定硬件可运行的代码，可以通过如下步骤进行设置。

步骤1：单击Build菜单下的More settings，如图3.2.19所示，出现一个如图3.2.20所示的工程设置界面。

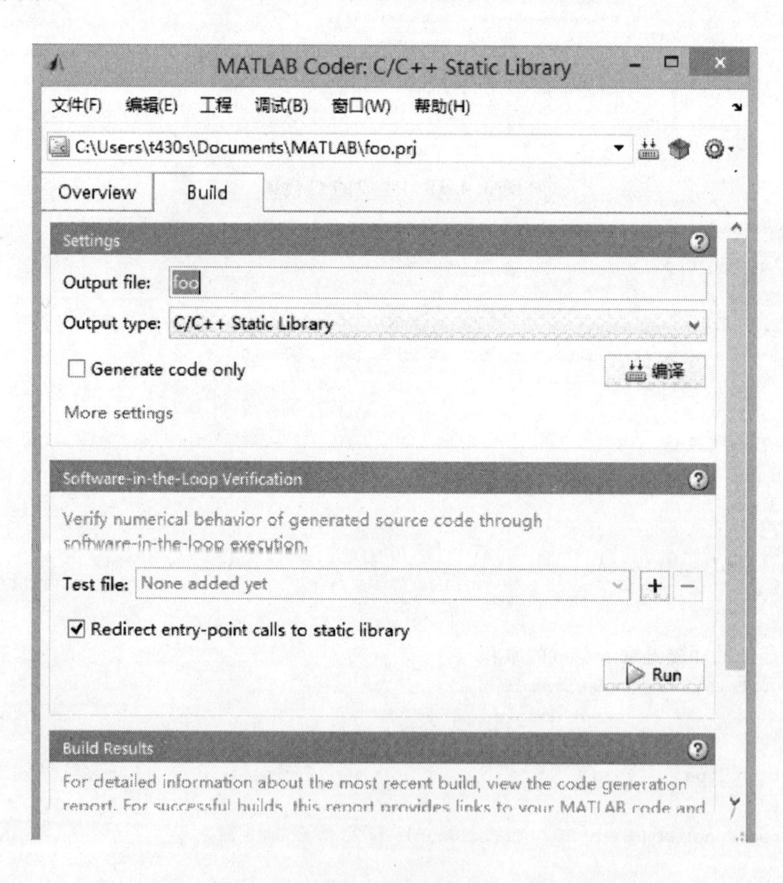

图3.2.19 单击Overview菜单下的More settings

步骤2：单击工程设置界面的“Hardware”，通过Code replacement library选择对应硬件即可，如图3.2.21所示。如果要在TI C28x DSP上运行，还需要在Hardware Settings对Device Vendor和Device Type进行设置。

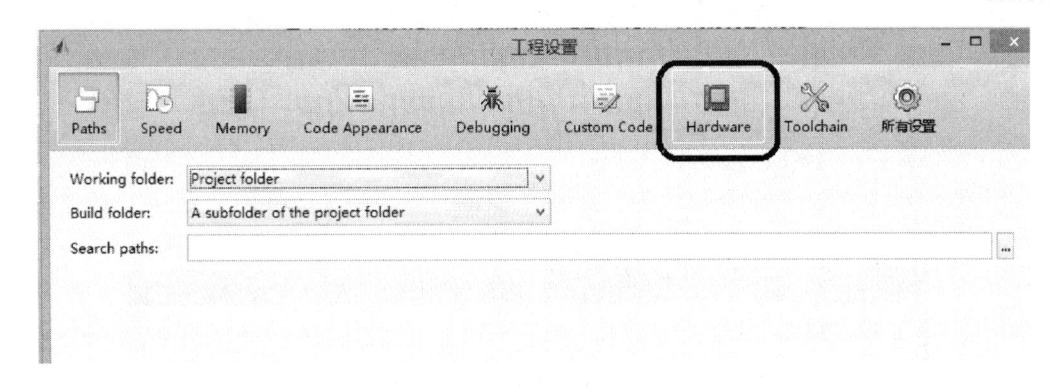

图 3.2.20　工程设置界面

图 3.2.21　生成的代码报告

3.2.4　通过命令实现 C 代码的生成

通过 codegen 命令可以将 M 函数的代码转换成可以执行的 C 语言函数代码。下面，我们就通过几个简单的例子进行说明。

1. 通过 codegen 命令生成 mex 文件

步骤 1：编写 M 函数。

```
function  y= helloworld % #codegen
y='helloworld'
```

步骤 2：在命令行窗口输入

```
codegen helloworld
```

整个过程的运行效果如图 3.2.22 所示。

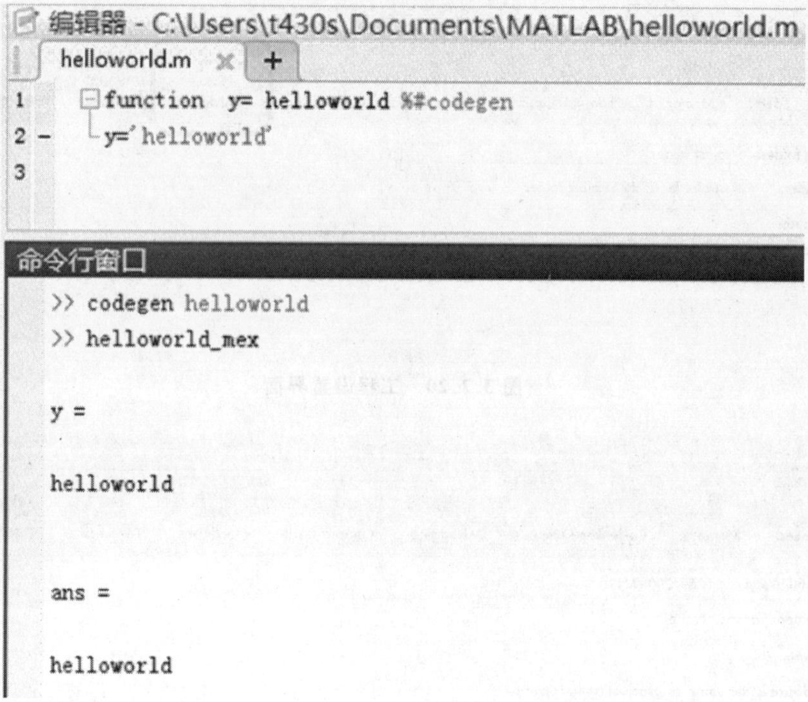

```
编辑器 - C:\Users\t430s\Documents\MATLAB\helloworld.m
helloworld.m  ×  +
1  function y= helloworld %#codegen
2 -  y='helloworld'
3
```

```
命令行窗口
>> codegen helloworld
>> helloworld_mex

y =

helloworld


ans =

helloworld
```

图 3.2.22　整个过程的运行效果

2. 通过 codegen 命令将 M 函数的代码转换成可以执行的 C 语言函数代码

步骤 1:编写 M 函数。

```
function y = averaging_filter(x) % #codegen
    buffer = zeros(16,1);
y = zeros(size(x), class(x));
for i = 1:numel(x)
    % Scroll the buffer
    buffer(2:end) = buffer(1:end-1);
    % Add a new sample value to the buffer
    buffer(1) = x(i);
    % Compute the current average value of the window and
    % write result
    y(i) = sum(buffer)/numel(buffer);
end
```

步骤 2:在命令行窗口输入

```
v = 0:0.00614:2 * pi;
x = sin(v) + 0.3 * rand(1,numel(v));
codegen -config coder.config('lib') averaging_filter -args {x}
```

其中,-config coder.config('lib') 表示生成 C/C++的静态库;-args {x}表示所要进行转换的函数的输入变量是 x。

整个过程的运行效果如图 3.2.23 所示。其中,生成的 averaging_filter.c 的代码内容如下:

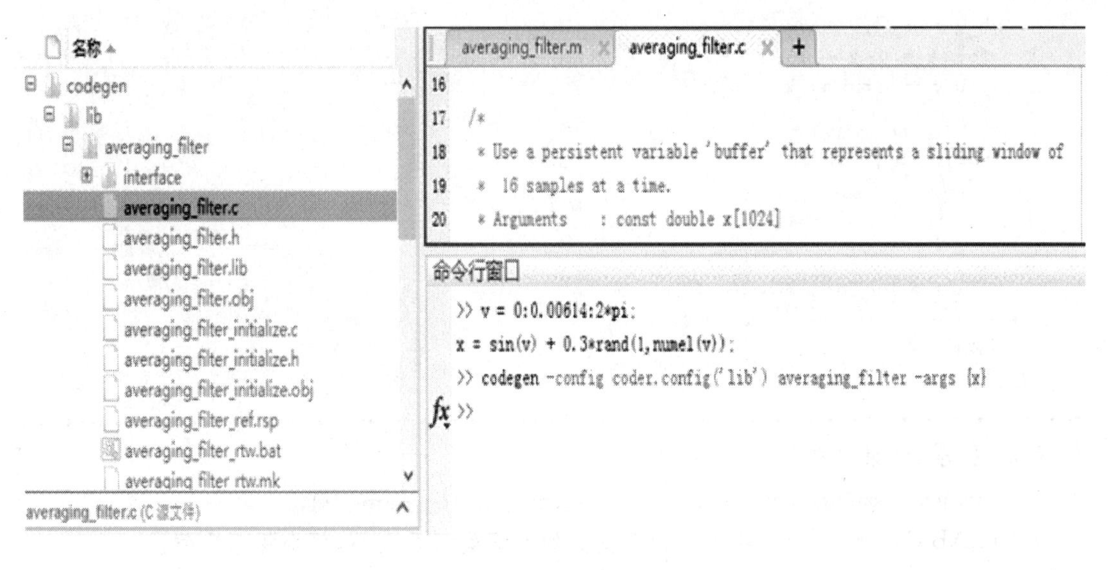

图 3.2.23　整个过程的运行效果

```
/*
 * File: averaging_filter.c
 *
 * MATLAB Coder version            : 2.6
 * C/C++ source code generated on  : 17-Jul-2014 16:23:01
 */

/* Include files */
#include "rt_nonfinite.h"
#include "averaging_filter.h"

/* Function Definitions */

/*
 * Arguments    : const double x[1024]
 *                double y[1024]
 * Return Type  : void
 */
void averaging_filter(const double x[1024], double y[1024])
{
  double buffer[16];
  int i;
  double b_buffer[15];
  double b_y;
  int k;
  memset(&buffer[0], 0, sizeof(double) << 4);
  for (i = 0; i < 1024; i++) {
    /*  Scroll the buffer */
    memcpy(&b_buffer[0], &buffer[0], 15U * sizeof(double));
    memcpy(&buffer[1], &b_buffer[0], 15U * sizeof(double));

    /*  Add a new sample value to the buffer */
    buffer[0] = x[i];

    /*  Compute the current average value of the window and */
    /*  write result */
```

```
      b_y = x[i];
      for (k = 0; k < 15; k++) {
        b_y += buffer[k + 1];
      }

      y[i] = b_y / 16.0;
    }
  }

/*
 * File trailer for averaging_filter.c
 *
 * [EOF]
 */
```

经验分享：如果仅在命令行窗口中输入

```
codegen -config coder.config('lib') averaging_filter -args {x}
```

MATLAB Coder不知道M函数输入变量的数据类型及大小，便会提示出错。

第4章 MATLAB计算机视觉工具箱

4.1 数字图像处理基础

4.1.1 什么是数字图像

不同领域的人对图像的概念有着不同的理解。从工程学角度上讲，“图”是物体透射或反射光的分布；“像”是人的视觉系统对“图”的接收在大脑中形成的印象或认识。因此，图像常与光照、视觉等概念联系在一起，光的强弱、光的波长以及物体的反射等特点决定了图像的客观属性，而人（动物）的大脑是图像的主观载体。

图像与图形是两个不同的概念。图像具有不规则性、自然性、复杂性。从数学的角度来讲，图像是一个复杂的数学函数，很难用解析式来表示；而图形很多时候可以用比较简单的数学函数来描述。

图像的种类有很多。根据人眼的视觉特性可将图像分为可见图像和不可见图像。可见图像包括单张图像、绘图、图像序列等，不可见图像包括不可见光成像和不可见量形成的图，如电磁波谱图、温度记压力等的分布图。图像按像素空间坐标和亮度（或色彩）的连续性可以分为模拟图像和数字图像。

图像处理是一门年轻的、充满活力的交叉学科，并随着计算机技术、认知心理学、神经网络技术以及数学理论的新成果（如数学形态学、小波分析、分形理论）而飞速发展着。当前，图像处理技术研究的对象是数字图像。

那么，什么是数字图像呢？数字图像是相对于模拟图像而言的。简言之，模拟图像就是物理图像，人眼能够看到的图像，它是连续的。计算机无法直接处理模拟图像，因此，数字图像应运而生。数字图像是模拟图像经过采样和量化使其在空间上和数值上都离散化，形成的一个数字点阵。

数字图像处理有如下特点：

① 数字图像处理的信息大多是二维信息，处理信息量很大。如一幅 256×256 低分辨率黑白图像，要求约 64 KB 的数据量；对高分辨率彩色 512×512 图像，则要求 768 KB 数据量；如果要处理 30 F/s 的电视图像序列，每秒要求 500 KB～22.5 MB 数据量。因此对计算机的计算速度、存储容量等要求较高。

② 数字图像处理占用的频带较宽。与语言信息相比，数字图像占用的频带要大几个数量级，如电视图像的带宽约 5.6 MHz，而语音带宽仅为 4 kHz 左右。所以在成像、传输、存储、处理、显示等各个环节的实现上，技术难度大、成本高，这就对频带压缩技术提出了更高的要求。

③ 数字图像中各个像素是不独立的，其相关性大。在图像画面上，经常有很多像素有相同或接近的灰度。就电视画面而言，同一行中相邻两个像素或相邻两行间的像素，其相关系数可达 0.9 以上，而相邻两帧之间的相关性比帧内相关性还要大些。因此，数字图像处理中信息

压缩的潜力很大。

数字图像处理对以往的图像处理方法而言无疑是一次新的革命，它彻底改变了以往人们处理图像时所采用的方法，具有如下优点：

① 再现性好。数字图像处理与模拟图像处理的根本不同在于：它不会因图像的存储、传输或复制等一系列变换操作而导致图像质量的退化；只要图像在数字化时准确地表现了原稿，则数字图像处理过程始终能保持图像的再现。

② 处理精度高。按目前的技术，几乎可将一幅模拟图像数字化为任意大小的二维数组，这主要取决于图像数字化设备的能力。现代扫描仪可以把每个像素的灰度等级量化为16位甚至更高，这意味着图像的数字化精度可以达到满足任何应用需求。对计算机而言，不论数组大小，也不论每个像素的位数多少，其处理程序几乎是一样的。换言之，从原理上讲不论图像的精度有多高，都能够处理，只要在处理时改变程序中的数组参数就可以了。

③ 适用面宽。图像可以来自多种信息源，可以是可见光图像，也可以是不可见的波谱图像(例如射线图像、超声波图像或红外图像等)。从图像反映的客观实体尺度看，可以小到电子显微镜图像，大到航空照片、遥感图像甚至天文望远镜图像。这些来自不同信息源的图像只要被变换为数字编码形式后，均是由二维数组表示的灰度图像(彩色图像也是由灰度图像组合成的，例如RGB图像由红、绿、蓝三个灰度图像组合而成)组合而成，因而都可用计算机来处理。即只要针对不同的图像信息源，采取相应的图像信息采集措施，图像的数字处理方法适用于任何一种图像。

④ 灵活性高。由于图像的光学处理从原理上讲只能进行线性运算，这极大地限制了光学图像处理能实现的目标。而数字图像处理不仅能完成线性运算，而且能实现非线性处理，即凡是可以用数学公式或逻辑关系来表达的一切运算均可用数字图像处理实现。

4.1.2 数字图像处理的基本概念

从理论上讲，图像是一种二维的连续函数，然而在计算机上对图像进行数字处理的时候，首先必须对其在空间和亮度上进行数字化，这就是图像的采样和量化的过程。空间坐标(x,y)的数字化称为图像采样，而幅值数字化称为灰度级量化。

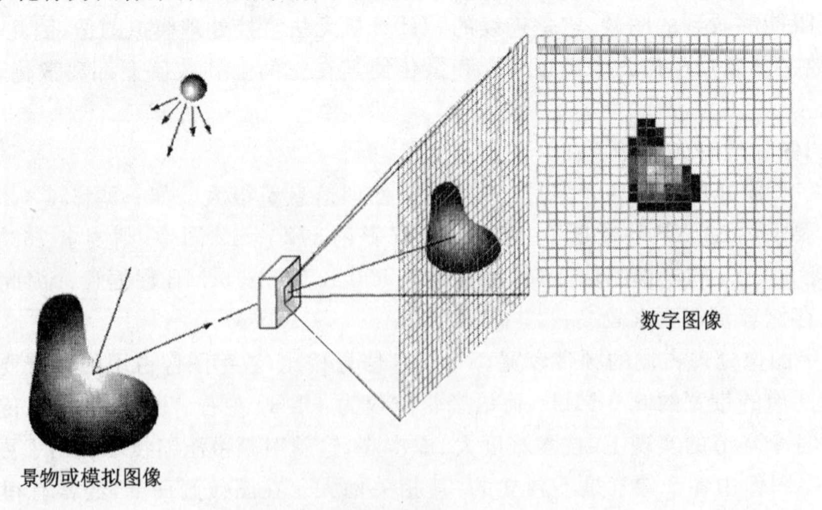

图4.1.1 物理图像数字化的过程

(1) 图像采样

图像采样是对图像空间坐标的离散化,它决定了图像的空间分辨率。采样可以形象地理解为:用一个方格把待处理的图像覆盖,然后把每一小格上模拟图像的亮度取平均值,作为该小方格中点的值,如图4.1.2所示。

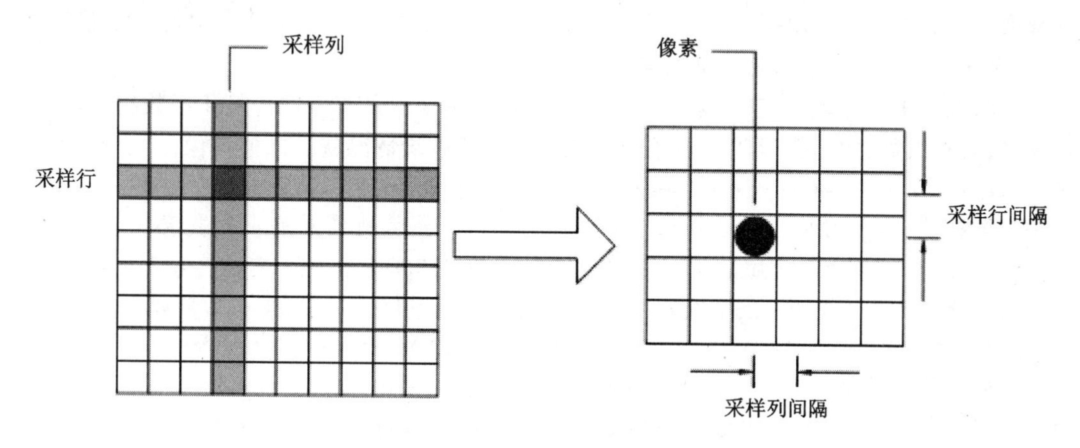

图4.1.2 图像采样过程示意图

对一幅图像采样时,若每行(横向)采样数为M,每列(纵向)采样数为N,则图像大小为$M\times N$个像素,$f(x,y)$表示点(x,y)处的灰度值,则$\boldsymbol{F}(x,y)$构成一个$M\times N$实数矩阵,即

$$\boldsymbol{F}(x,y)=\begin{bmatrix} f(0,0) & f(0,1) & \cdots & f(0,N-1) \\ f(1,0) & f(1,1) & \cdots & f(1,N-1) \\ \vdots & \vdots & & \vdots \\ f(M-1,0) & f(M-1,1) & \cdots & f(M-1,N-1) \end{bmatrix} \tag{4.1.1}$$

经验分享:像素的英文为pixel,它是picture和element的合成词,表示图像元素的意思。可以对像素进行如下理解:像素是一个面积概念,是构成数字图像的最小单位。

(a) 像素为320×240的图像

(b) 像素为80×60的图像

图4.1.3 像素不同的图像比较

像素的大小与图像的分辨率有关,分辨率越高,像素就越小,图像就越清晰。

(2) 灰度量化

把采样所得的各像素灰度值从模拟量到离散量的转换称为图像灰度的量化。量化是对图像幅度坐标的离散化，它决定了图像的幅度分辨率。

量化的方法包括：分层量化、均匀量化和非均匀量化。分层量化是把每一个离散样本的连续灰度值分成有限多的层次；均匀量化是把原图像灰度层次从最暗至最亮均匀分为有限个层次，如果采用不均匀分层就称为非均匀量化。

当图像的采样点数一定时，采用不同量化级数的图像质量不一样。量化级数越多，图像质量越好；量化级数越少，图像质量越差。量化级数小的极端情况就是二值图像。

经验分享：灰度可以认为是图像色彩亮度的深浅。图像所能够展现的灰度级越多，图像可以表现的色彩层次越强。如果把黑—灰—白连续变化的灰度值量化为256个灰度级，灰度值的范围为0～255，表示亮度从深到浅，对应图像中的颜色为从黑到白。

下面介绍几种常见的数字图像类型：

- 黑白图像：图像的每个像素只能是黑或白，没有中间的过渡，故又称为二值图像，如图4.1.4所示。二值图像的像素值为0和1。

$$I=\begin{bmatrix}1&0&0\\0&0&1\\1&1&0\end{bmatrix}$$

图4.1.4 黑白图像及其表示

- 灰度图像：灰度图像是指每个像素的信息由一个量化的灰度级来描述的图像，没有彩色信息，如图4.1.5所示。

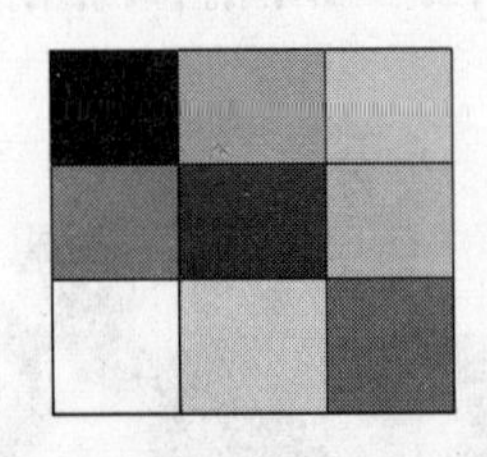

$$I=\begin{bmatrix}0&150&200\\120&50&180\\250&220&100\end{bmatrix}$$

图4.1.5 灰度图像及其表示

- 彩色图像：彩色图像是指每个像素的信息由RGB三原色构成的图像，其中RBG是由不同的灰度级来描述的，如图4.1.6所示。
- 序列图像：把具有一定联系的、具有时间先后关系的图像称为序列图像。电视剧或电影图像主要是由序列图像构成的。序列图像是数字多媒体的重要组成部分。序列图像是单幅数字图像在时间轴上的扩展，可以将视频的每一帧视为一幅静止的图像。由此可见，视频序列图像是由一帧一帧具有相互关联的图像构成，这种相互关联性为进行视频图像处理提供了便利。视频图像中所含的帧数、每帧图像的大小以及播放的速率是衡量视频图像的重要指标。

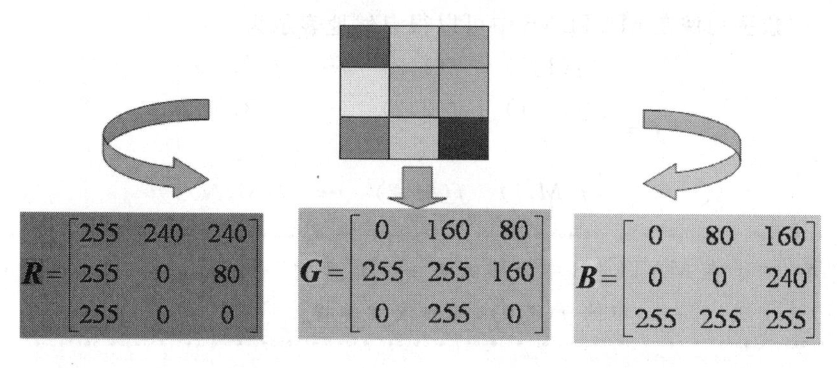

图 4.1.6　彩色图像及其表示

图 4.1.7　序列图像

4.1.3　数字图像的矩阵表示

二维图像进行均匀采样并进行灰度量化后，就可以得到一幅离散化成 $M \times N$ 样本的数字图像，该数字图像是一个整数阵列，因而可用矩阵来直观地描述该数字图像。如果采用如图 4.1.8所示的采样网络来对图像进行采样量化，则可得到如式(4.1.1)所示的数字化图像表示。

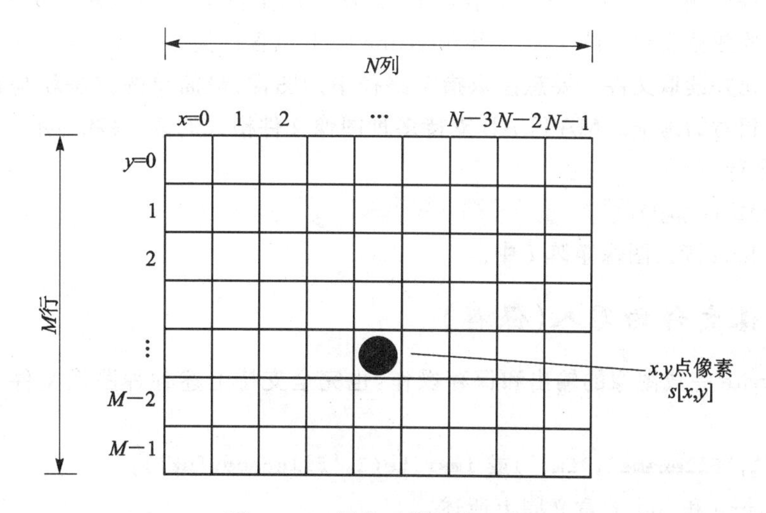

图 4.1.8　图像采样网格示意图

这样,一幅数字图像在MATLAB中可以很自然地表示为

$$f=\begin{bmatrix} f(1,1) & f(1,2) & \cdots & f(1,N) \\ f(2,1) & f(2,2) & \cdots & f(2,N) \\ \vdots & \vdots & & \vdots \\ f(M,1) & f(M,2) & \cdots & f(M,N) \end{bmatrix} \tag{4.1.2}$$

经验分享:由于在MATLAB中矩阵的第一个元素的下标为(1,1),因此在式(4.1.2)中$f(1,1)$等于式(4.1.1)中的$f(0,0)$,其余依次类推。

因此,对数字图像进行处理,也就是对特定的矩阵进行处理。在C语言中,对$M\times N$数字图像处理的核心代码如下:

```
for (j = 1;j<N + 1;j ++)
   for(i = 1;i<M + 1;i ++)
   { 对 I(i,j)的具体运算
};
```

在MATLAB中,对$M\times N$数字图像处理的核心代码如下:

```
for i = 1:N
    for j = 1:M
      对 I(i,j)的具体运算
    end
end
```

4.2 MATLAB数字图像处理基本操作

4.2.1 图像文件的读取

利用imread函数可以完成图像文件的读取操作。常用语法格式为:

I = imread('filename','fmt')或I = imread('filename.fmt');

其作用是将文件名用字符串filename表示的、扩展名用字符串fmt(表示图像文件格式)表示的图像文件中的数据读到矩阵$\boldsymbol{I}$中。当filename中不包含任何路径信息时,imread会从当前工作目录中寻找并读取文件。要想读取指定路径中的图像,最简单的方法就是在filename中输入完整的或相对的地址。MATLAB支持多种图像文件格式的读、写和显示。

例如,命令行

```
I = imread('lena.jpg');
```

将JPEG图像lena读入图像矩阵$\boldsymbol{I}$中。

4.2.2 图像文件的写入(保存)

利用imwrite完成图像的输出和保存操作,也完全支持上述各种图像文件的格式。其语法格式为:

imwrite(I,'filename','fmt')或imwrite(I,'filename.fmt');

其中的$\boldsymbol{I}$、filename和fmt的意义同上所述。

当利用imwrite函数保存图像时,MATLAB默认的保存方式是将其简化为uint8的数据类型。

4.2.3　图像文件的显示

图像的现实过程是将数字图像从一组离散数据还原为一幅可见图像的过程。

MATLAB 的图像处理工具箱提供了多种图像显示技术。例如 imshow 可以直接从文件显示多种图像，image 函数可以将矩阵作为图像，colorbar 函数可以用来显示颜色条，montage 函数可以动态显示图像序列。

(1) 图像的显示

imshow 函数是最常用的显示各种图像的函数，其调用格式如下：

imshow(I,N);

imshow(I,N)用于显示灰度图像，其中 ***I*** 为灰度图像的数据矩阵，*N* 为灰度级数目，默认值为 256。例如，下面的语句用于显示一幅灰度图像：

```
I = imread('lena.jpg');
imshow(I);
```

如果不希望在显示图像之前装载图像，那么可以使用以下格式直接进行图像文件的显示：

imshow　filename

其中，filename 为要显示的图像文件的文件名。

【例 4.2.1】　显示一幅在当前目录下的. bmp 格式的图像。

```
imshow lena.bmp
```

显示结果如图 4.2.1 所示。

图 4.2.1　显示一幅图像文件中的图像

需要注意的是，该文件名必须带有合法的扩展名(指明文件格式)且该图像文件必须保存在当前目录下或在 MATLAB 默认的目录下。

(2) 添加色带

colorbar 函数可以给一个坐标轴对象添加一条色带。如果该坐标轴对象包含一个图像对象，则添加的色带将指示出该图像中不同颜色的数据值。这对于了解被显示图像的灰度级特别有用。

【例 4.2.2】　读入图像并显示。

```
I = imread('lena.jpg');
imshow(I);
colorbar;
```

由图4.2.2可知，该图像是数据类型为uint8的灰度图像，其灰度级范围从0～255。

图4.2.2 显示图像并加入颜色条

(3) 显示多幅图像

显示多幅图像最简单的方法，就是在不同的图形窗口中显示它们。imshow总是在当前窗口中显示一幅图像，如果用户想连续显示两幅图像，那么第二幅图像就会替代第一幅图像。为了避免图像在当前窗口中的覆盖现象，在调用imshow函数显示下一幅图像之前可以使用figure命令来创建一个新的窗口。例如：

```
imshow(I1);
figure, imshow(I2);
figure, imshow(I3);
```

有时为了便于在多幅图像之间进行比较，需要将这些图像显示在一个图形窗口中。有两种方法：一种方法是联合使用imshow和subplot函数，但此方法在一个图形窗口只能有一个调色板；另一种方法是联合使用subimage和subplot函数，此方法可在一个图形窗口内使用多个调色板。

subplot函数将一个图形窗口划分为多个显示区域，其调用格式如下：

subplot(m,n,p)

subplot函数将图形窗口划分为m(行)×n(列)个显示区域，并选择第p个区域作为当前绘图区。

4.2.4 图像文件信息的查询

imfinfo函数用于查询图像文件的有关信息，详细显示图像文件的各种属性。其语法格式为：

info = imfinfo('filename','fmt')或 **info = imfinfo('filename.fmt')**

或 **imfinfo filename.fmt**

imfinfo函数获取的图像文件信息因文件类型的不同而不同，但至少应包含以下内容：

- 文件名。如果该文件不在当前目录下，还应包含该文件的完整路径。
- 文件格式。
- 文件格式的版本号。
- 文件最后一次修改的时间。
- 文件的大小，以字节为单位。
- 图像的宽度。
- 图像的高度。
- 每个像素所用的比特数，也叫像素深度。
- 图像类型，即该图像是真彩色图像、索引图像还是灰度图像。

4.2.5　MATLAB中的图像类型

(1) 灰度图像

MATLAB把灰度图像存储为一个数据矩阵，该矩阵中的元素的大小分别代表了图像中的像素的灰度值。矩阵中的元素可以是双精度的浮点型、8位或16位无符号的整数类型。

(2) RGB图像

RGB图像，即真彩图像，在MATLAB中存储为的数据矩阵。矩阵中的元素定义了图像中每一个像素的红、绿、蓝颜色值。像素的颜色由保存在像素位置上的红、绿、蓝的灰度值的组合来确定。

MATLAB的真彩图像矩阵可以是双精度的浮点型数、8位或16位无符号的整数类型。在真彩图像的双精度型数组中，每一种颜色是用0～1之间的数值表示。例如，颜色值是(0,0,0)的像素，显示的是黑色；颜色值(1,1,1)的像素，显示的是白色。每一像素的三个颜色值保存在数组的第三维中。例如，像素(10,5)的红、绿、蓝颜色值分别保存在元素RGB(10,5,1)、RGB(10,5,2)、RGB(10,5,3)中。

(3) 二值图像

与灰度图像相同，二值图像只需要一个数据矩阵，每个像素只取两个灰度值(0或1)。二值图像可以采用unit8或double类型存储。

(4) 索引图像

索引图像包括一个数据矩阵 ***X***，一个颜色映像矩阵Map。其中，Map是一个包含三列和若干行的数据阵列，其每一个元素的值均为[0,1]之间的双精度浮点型数据。Map矩阵的每一行分别为红色、绿色、蓝色的颜色值。在MATLAB中，索引图像是从像素值到颜色映射表值的直接映射。像素颜色由数据矩阵 ***X*** 作为索引指向矩阵Map进行索引。例如，值1指向矩阵Map中的第一行，2指向第二行，依次类推。

4.3　基于系统对象(System Object)编程

MATLAB的计算机视觉工具箱(Computer Vision System Toolbox)的一大特点就是采用系统对象(System Object)进行编程，它提供了视频显示、视频读写、特征检测、提取与匹配、目标检测、运动分析与跟踪、分析与增强、图像转换、滤波、几何变换、数学形态学操作、统计、添加文字和绘图、图像变换等方面的功能。

采用系统对象进行编程的主要步骤包括:创建系统对象;修改系统对象属性;运行系统对象。现通过实例说明采用系统对象进行编程的步骤。这是一个采用系统对象编程的形式实现快速傅里叶变换程序。

步骤1:创建系统对象。

```
H = vision.FFT    % 创建一个默认的系统 FFT 对象 H,H 实现的功能与 vision.FFT 相同;
```

输入上述指令后,命令窗口中会显示:

```
H =

  System: vision.FFT

  Properties:
    FFTImplementation: 'Auto'
    BitReversedOutput: false
            Normalize: false

  Show fixed-point properties
```

因此,其可以设置的属性包括 FFTImplementation、BitReversedOutput 和 Normalize。接着,在命令窗口中输入:

```
% 创建输入数据
Fs = 1000;              % 采样频率;
T = 1/Fs;               % 采样时间;
L = 1024;               % 信号程度;
t = (0:L-1)*T;          % 时间向量
% 生成待处理的数据向量
X = 0.7*sin(2*pi*50*t.') + sin(2*pi*120*t.');
```

步骤2:修改系统对象属性。

```
H.Normalize = true    % 将 Normalize 的属性,设置成 true
```

修改后,命令窗口会显示:

```
H =

  System: vision.FFT

  Properties:
    FFTImplementation: 'Auto'
    BitReversedOutput: false
            Normalize: true
```

由此可见,Normalize 的属性已经被设置成 true。

步骤3:运行系统对象。

```
Y = step(H,X);          % 运行系统对象
```

注意:在运行"Y = step(A,B);"时,A 为系统对象,B 为待处理的数据。在赋值时,也可以采用格式:系统对象名(属性名,值的形式)。因此,上述程序又可以写成:

```
H = vision.FFT('Normalize',true);
Fs = 1000;
T = 1/Fs;
L = 1024;
t = (0:L-1)*T;
X = 0.7*sin(2*pi*50*t.') + sin(2*pi*120*t.');
Y = step(H,X);
```

此外，还可以不创建 H，直接调用系统对象 vision. FFT 进行处理。因此，程序还可以写为：

```
Fs = 1000;
T = 1/Fs;
L = 1024;
t = (0:L-1) * T;
X = 0.7 * sin(2 * pi * 50 * t.') + sin(2 * pi * 120 * t.');
Y = step(vision.FFT('Normalize',true),X);
```

下面，我们通过例 4.3.1 和 4.3.2 来进一步体会基于系统对象 vision. X 的图像处理。

【例 4.3.1】　对输入图像进行二值化处理，并对二值化的图像取反，其运行结果如图 4.3.1 所示。

```
% 定义系统对象
himgcomp = vision.ImageComplementer;
hautoth = vision.Autothresholder;
% 读入图像
I = imread('coins.png');
% 将读入的图像转换为二值图像
bw = step(hautoth, I);
% 对转换后的二值图像取反
Ic = step(himgcomp, bw);
% 显示结果
figure;
subplot(2,1,1), imshow(bw), title('Original Binary image')
subplot(2,1,2), imshow(Ic), title('Complemented image')
```

Original Binary image

Complemented image

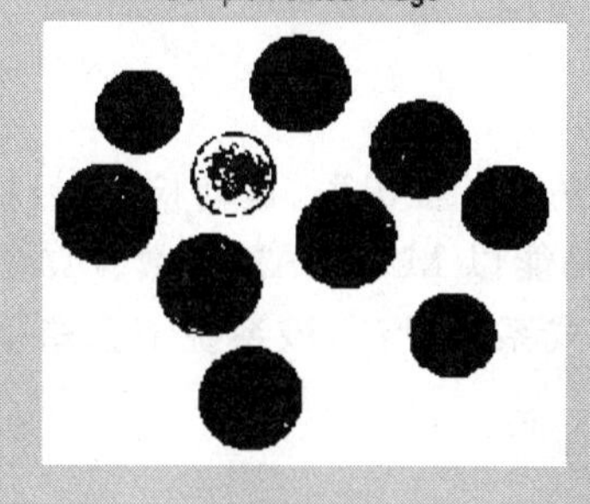

图 4.3.1　例 4.3.1 的运行结果

【例 4.3.2】　对输入的一段视频进行边缘检测，其运行结果如图 4.3.2 所示。

```
% 定义系统对象
hVideoSrc = vision.VideoFileReader('vipmen.avi','ImageColorSpace', 'Intensity');
hEdge =  vision.EdgeDetector('Method', 'Prewitt','ThresholdSource', 'Property','Threshold', 15/
        256, 'EdgeThinning', true);
% 创建显示窗口
WindowSize = [190 150];
hVideoOrig = vision.VideoPlayer('Name', 'Original');
hVideoOrig.Position = [10 hVideoOrig.Position(2) WindowSize];
hVideoEdges = vision.VideoPlayer('Name', 'Edges');
hVideoEdges.Position = [210 hVideoOrig.Position(2) WindowSize];
% 对视频的每一帧进行边缘检测,并显示
while ~isDone(hVideoSrc)
    frame     = step(hVideoSrc);                % 读入视频
    edges     = step(hEdge, frame);             % 对视频的每一帧进行边缘检测
    step(hVideoOrig, frame);                    % 显示输入视频的每一帧
    step(hVideoEdges, edges);                   % 显示边缘检测的结果
end
```

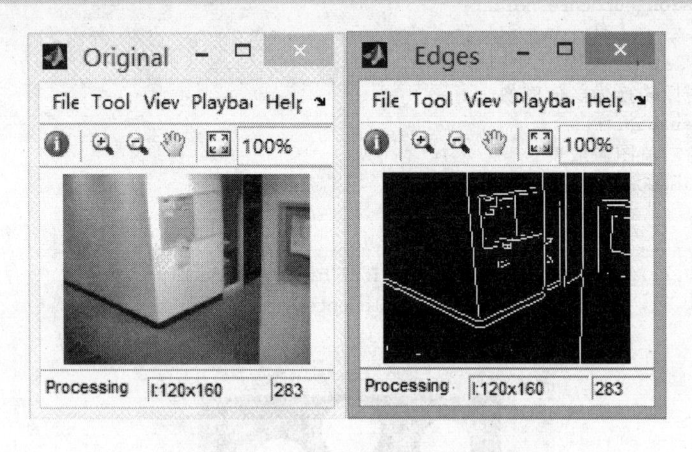

图 4.3.2　例程 4.3.2 的运行结果

与采用数字图像处理工具箱相比,采用基于系统对象 vision.X 的图像处理优势主要是:运行速度更快,绝大多数系统对象支持 MATLAB 的 C 代码转换功能,可以将其快速地转换为可以运行的 C 代码。

4.4　计算机视觉系统工具箱及其功能模块介绍

4.4.1　概　述

计算机视觉工具箱包括用于仿真特征提取、运动检测、目标检测、目标跟踪、立体视觉、视频处理、视频分析的算法。这些功能以 MATLAB 函数、MATLAB 系统对象、Simulink 块的形式提供。针对快速原型和嵌入式系统设计,该系统工具箱也支持定点算法和 C/C++代码产生。主要功能模块包括:

- 特征检测与提取;
- 图像配准和几何变换;
- 目标检测与识别;
- 跟踪和运动估计;
- 摄像机标定和三维视觉;

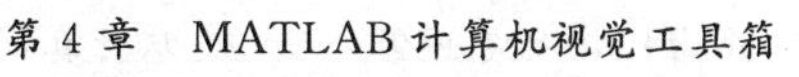

- 图像分析和图像增强；
- 输入、输出、图形学；
- C/C++代码生成。

4.4.2　各功能模块介绍

MATLAB 中的计算机视觉系统工具箱提供了视频和图像处理的各种模型，共计 11 个大类库，如图 4.4.1 所示。用户可以通过拖动、组合，构建视频和图像处理模型，进行视频和图像的仿真和分析。

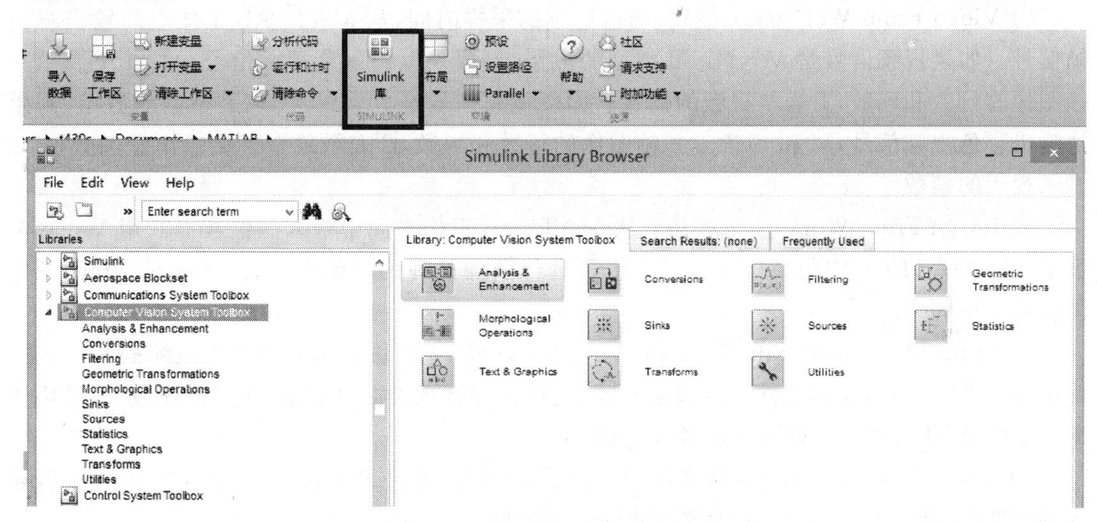

图 4.4.1　计算机视觉系统工具箱

启动 MATLAB，选择界面左下角的 Start，单击 Toolboxes→Computer Vision System→Block Library，系统就会载入视频和图像处理模块工具箱，如图 4.4.2 所示。视频和图像处理模块包含 Sources（输入模块）、Sinks（输出模块）、Analysis & Enhancement（分析和增强）、Conversions（转换）、Filtering（滤波）、Geometric Transformations（几何变换）、Morphological Operations（形态学运算）、Statics（统计）、Text & Graphics（文本和图像）、Transforms（变换）和 Utilies（自定义），几乎包含了图像处理中的所有操作和算法，并附带了文字标注子模块，为图像处理的模型建立和仿真提供了充足的模块。下面将分别介绍各个模块中的子模块。

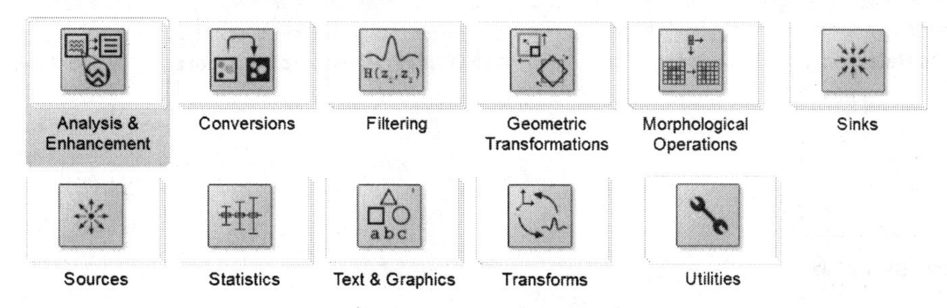

图 4.4.2　视频和图像处理模块

（1）输入模块（Sources）

双击图 4.4.2 中的 Sources 模块库，弹出一个新窗口，如图 4.4.3 所示。输入模块包含 Video From Workspace 模块、Image From Workspace 模块、From Multimedia File 模块、Image From File 模块、Read Binary File 模块。各个模块的功能如下所述。

图 4.4.3 Sources 模块库

① Video From Workspace 模块:通过连续的采样时间,从 MATLAB 工作空间输出视频帧信号。如果视频信号是 M×N×T 类型的数组,则模块输出灰度视频信号,M 和 N 表示一帧图像的行数和列数,T 表示视频的帧数。如果视频信号是 M×N×C×T 类型的数组,则模块输出彩色视频信号,M 和 N 表示一帧图像的行数和列数,C 表示每个模块输出量的数值,T 表示视频的帧数。

② Image From Workspace 模块:从 MATLAB 工作空间中输入图像数据。用 Value 参数来指定 MATLAB 中的变量或者用户想要进行图像处理的图像变量,用 Sample time 设定模块的采集周期。

③ From Multimedia File 模块:在 Windows 环境下,模块从压缩或者未压缩的多媒体文件中载入数据,该多媒体文件可以包含音频、视频或者音视频混合数据;在其他环境下,模块从未压缩的 AVI 文件中读取视频或者音频信号。

④ Image From File 模块:从文件中读取图像数据,通过 File name 参数指定用户所需导入的文件名,通过 Sample time 设置模块的采集周期。

⑤ Read Binary File 模块:从指定的格式文件中读取二进制视频数据。

(2) 输出模块(Sinks)

双击图 4.4.2 中的 Sinks 模块库,弹出一个新窗口,如图 4.4.4 所示。输出模块包含 Video Viewer 模块、Video To Workspace 模块、Write Binary File 模块、To Video Display 模块、To Multimedia File 模块、Frame Rate Display 模块。各个模块的功能如下。

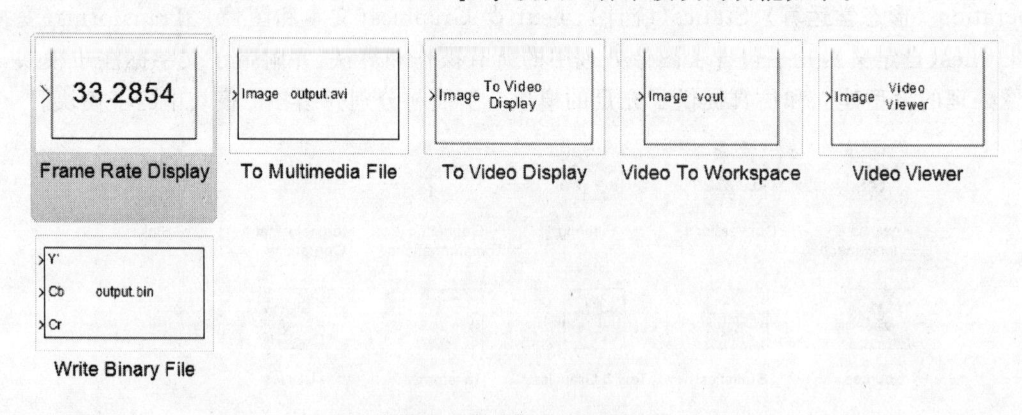

图 4.4.4 Sinks 模块库

① Video Viewer 模块:显示图像或者视频信号。

② Video To Workspace 模块:将模块输入以指定的数组形式写入 MATLAB 工作空间中。仿真结束时,数组信息有效。当视频信号为灰度信号时,输出到工作空间的信息为三维

M×N×T 数组，其中 M 和 N 分别是一帧视频信号的行数和列数，T 是视频信号的帧数。当视频信号为彩色信号时，输出到工作空间的信息为四维 M×N×C×T 数组，其中 M 和 N 分别是一帧视频信号的行数和列数，C 是每个模块输出量的数值，T 是视频信号的帧数。

③ Write Binary File 模块：以指定的格式将二进制视频数据写入文件中。

④ To Video Display 模块：将实时的视频信号输入到系统的视频驱动文件中，在 Windows 平台下，也可以在屏幕上监控视频信号。

⑤ To Multimedia File 模块：将视频、音频或音视频信号写入多媒体文件中。在 Windows 环境下，音频和视频压缩器可以压缩音频或视频信号到指定文件中，如果指定输出文件存在，指定文件将被覆盖。

⑥ Frame Rate Display 模块：计算和显示输入信号的帧频。使用 Calculate and display rate every 参数来控制显示模块的更新频率。当参数大于 1 时，模块显示指定数量帧信号的平均值。

(3) 分析和增强模块(Analysis & Enhancement)

双击图 4.4.2 中的 Analysis & Enhancement 模块库，弹出一个新窗口，如图 4.4.5 所示。分析和增强模块包含 Histogram Equalization 模块、Template Matching 模块、Edge Detection 模块、Trace Boundaries 模块、Block Matching 模块、Median Filter 模块、Contrast Adjustment 模块、Optical Flow 模块、Deinterlacing 模块和 Corner Detection 模块。各个模块的功能如下所述。

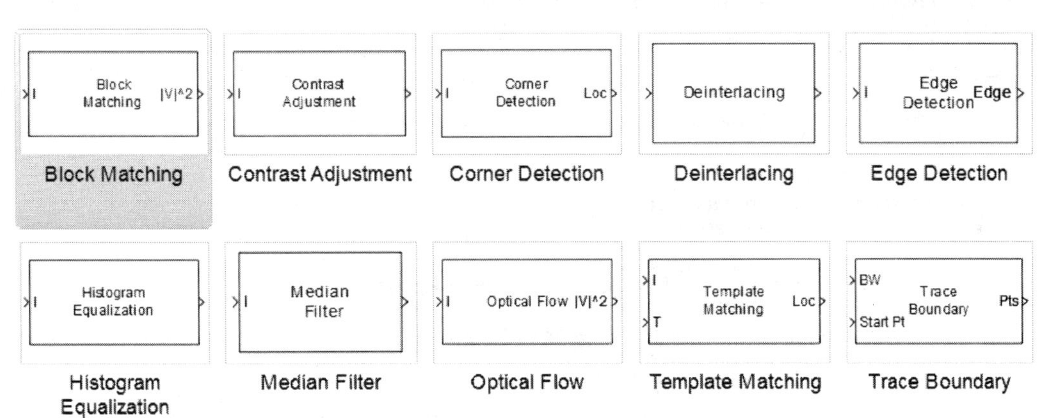

图 4.4.5　Analysis & Enhancement 模块库

① Histogram Equalization 模块：采用直方图均衡化方法提高图像的对比度。

② Template Matching 模块：通过将模板转换为单像素递增形式的内部图像，进行模板匹配。用户可以使用 ROI 端口来设定感兴趣区(region of interest，ROI)进行模板匹配。模块的输出值为 Metric port 的模板匹配度或者 Loc port 的零基最佳匹配位置。同时，模块可以通过 NMetric port 输出 N×N 矩阵的模板匹配值，该值以最佳匹配位置为中心。

③ Edge Detection 模块：用 Sobel、Prewitt、Roberts 或者 Canny 算法对输入图像进行边缘检测。模块输出为一个二进制图像，或者由布尔代数数据组成的矩阵，其中像素值为 1 的地方为边缘。对于前三种边缘检测算法，模块也可以输出两种灰度分量。

④ Trace Boundaries 模块：跟踪二值化图像 BW 的物体边界，其中非 0 为目标，0 为背景。

⑤ Block Matching 模块：采用该模块进行两幅图像或者两个视频帧的运动估计。

⑥ Median Filter 模块：对输入矩阵 I 进行中值滤波。用 Neighborhood size 参数设置中值滤波矩阵的大小。如果在 Output size 参数中选择 Same as input port I，模块输出大小尺寸相同的灰度图像；如果选择 Valid，模块输出和中值滤波矩阵大小匹配的图像，同时不填充剩余区域。

⑦ Contrast Adjustment 模块：通过线性比例调整像素上界和下界之间的像素值，进行图像对比度调整。

⑧ Optical Flow 模块：通过两个或者多个视频帧来评估光流场。

⑨ Deinterlacing 模块：通过该模块移除由于交错信号产生的运动假象。

⑩ Corner Detection 模块：使用该模块来寻找图像中的拐弯处。

(4) 图像转换模块(Conversions)

双击图 4.4.2 中的 Conversions 模块库，弹出一个新窗口，如图 4.4.6 所示。图像转换模块包含 Color Space Conversion 模块、Chroma Resampling 模块、Autothreshold 模块、Gamma Correction 模块、Image Complement 模块、Demosaic 模块、Image Data Type Conversion 模块。各个模块的功能如下所述。

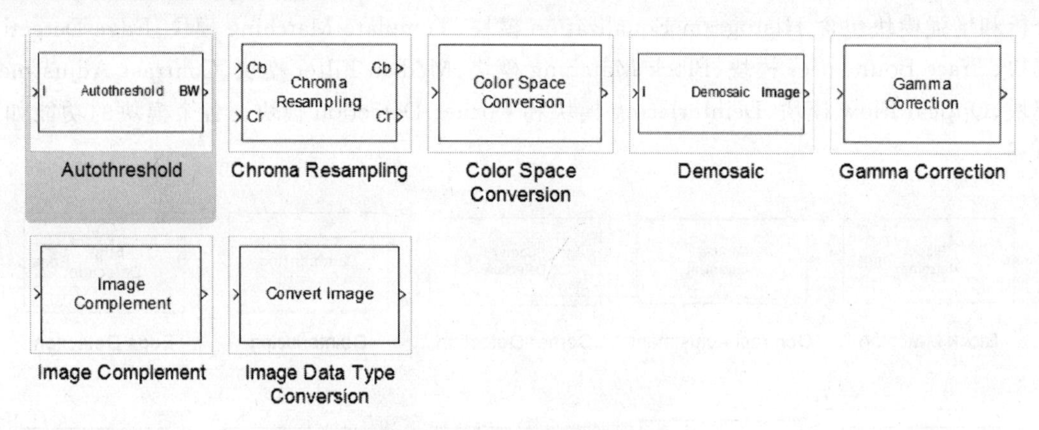

图 4.4.6 Conversions 模块库

① Color Space Conversion 模块：在色彩空间进行色彩转换。采用 Conversion 参数来指定转换的颜色空间。具体的参数有 R'G'B'转为 Y'CbCr、Y'CbCr 转为 R'G'D'、R'G'D'转为 intensity、R'G'B'转为 HSV、HSV 转为 R'G'B'、sR'G'B'转换为 XYZ、XYZ 转为 sR'G'B'、sR'G'B'转为 L*a*b*以及 L*a*b*转为 sR'G'B'。

② Chroma Resampling 模块：通过对 YCbCr 信号的色度信息进行提高或者降低采样，减少带宽和存贮空间。

③ Autothreshold 模块：通过自动阈值分割法将灰度图像转换为二值图像，并且使每个像素组的方差达到最小。模块也可以获得单灰度图像的下边界值，以及二值图像的上边界值。

④ Gamma Correction 模块：图像非线性灰度校正模块。

⑤ Image Complement 模块：图像反值处理模块。对于二进制图像，将图像中的 1 替代为 0，将图像中的 0 替代为 1；对于灰度图像，采用最大像素值减去每个像素值，获得输出图像各个位置的像素值。

⑥ Demosaic 模块：完成图像的去马赛克处理。

⑦ Image Data Type Conversion 模块：将输入图像转换或者同比例缩放为指定类型的

图像。

(5) 滤波模块(Filtering)

双击图 4.4.2 中的 Filtering 模块库，弹出一个新窗口，如图 4.4.7 所示。图像滤波模块包含 2-D FIR Filter 模块、2-D Conversion 模块、Median Filter 模块和 Kalman Filter 模块。各个模块的功能如下所述。

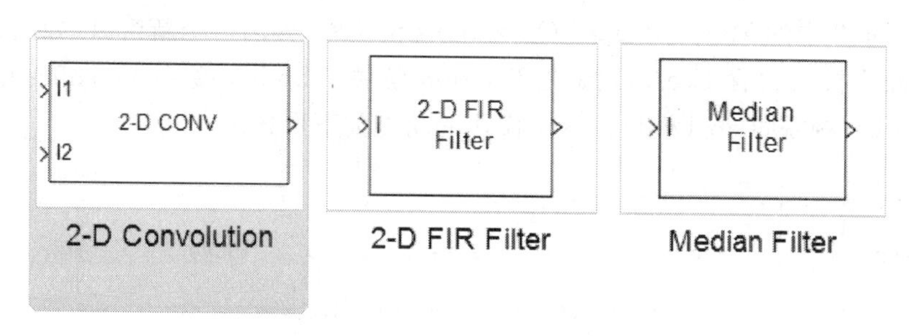

图 4.4.7　Filtering 模块库

① 2-D FIR Filter 模块：用滤波系数矩阵 H 对输入图像进行二维 FIR 滤波。通过使用 Filtering based on 参数来指定滤波的类型为 Convolution 或 Correlation。

② 2-D Convolution 模块：用该模块两个输入端口的信号进行二维卷积运算。

③ Median Filter 模块：对输入的图像矩阵 I 进行中值滤波。用 Neighborhood size 参数来指定进行中值滤波邻居矩阵的大小。

(6) 图像几何变换模块(Geometric Transformations)

双击图 4.4.2 中的 Geometric Transformations 模块库，弹出一个新窗口如图 4.4.8 所示。图像几何变换模块包含 Rotate 模块、Affine 模块、Rezise 模块、Estimate Geometric 模块、Translate 模块、Apply Geometric Transformation 模块、Shear 模块。各个模块的功能如下所述。

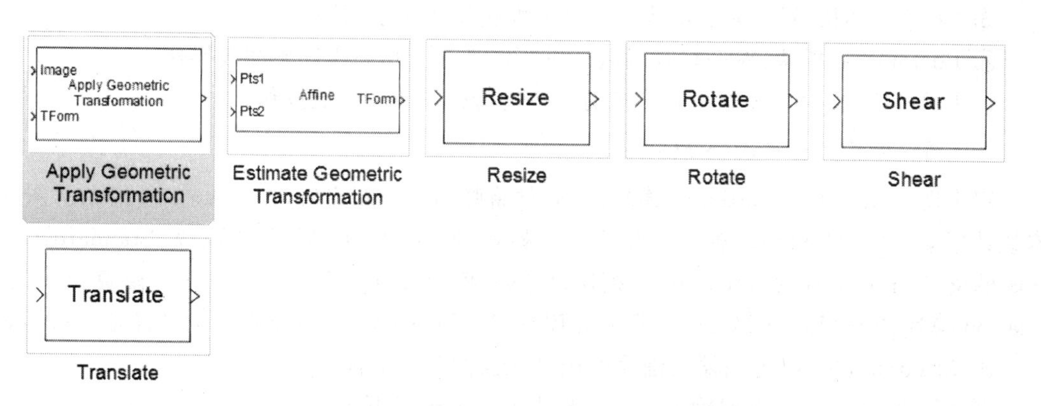

图 4.4.8　Geometric Transformations 模块库

① Rotate 模块：通过设置弧度角来进行图像的旋转。

② Affine 模块：对图像进行 2D 仿射变换。

③ Resize 模块：改变图像的大小。

④ Translate 模块：向上/下或者左/右移动图像。用户可以通过设置二元素补偿矩阵或者设置 Offset 端口参数来进行图像移动。第一个元素表示向上或者向下移动的图像像素数

量，如果是正数，表示图像向下移动；第二个元素表示向左或者向右移动的像素数量，如果是正数，表示图像向右移动。

⑤ Apply Geometric Transformation 模块：对图像进行几何变换。

⑥ Shear 模块：图像裁剪模块。通过线性增加或者减少距离来改变图像的每行和每列。

(7) 图像形态学操作模块(Morphological Operations)

双击图 4.4.2 中的 Morphological Operations 模块库，弹出一个新窗口，如图 4.4.9 所示。图像形态学操作模块包含 Erosion 模块、Dilation 模块、Top-hat 模块、Opening 模块、Closing 模块、Bottom-hat 模块、Label 模块。各个模块的功能如下所述。

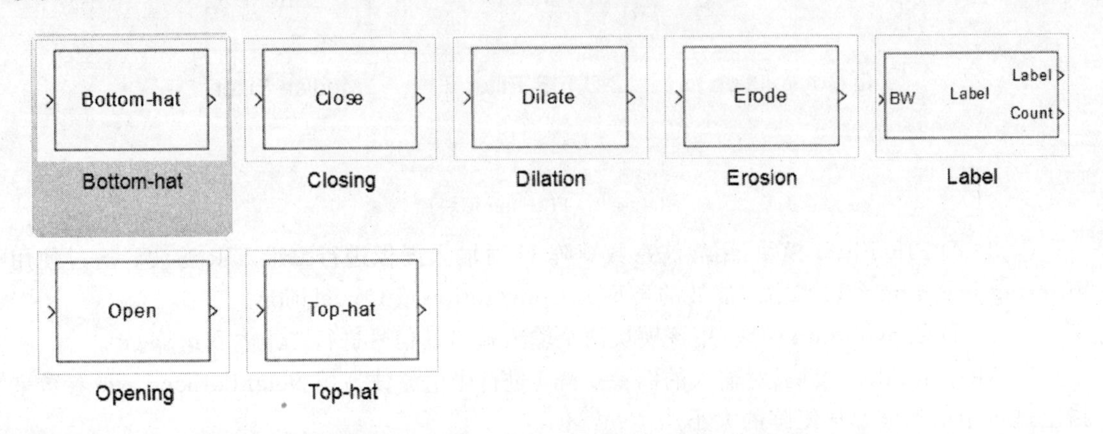

图 4.4.9 Morphological Operations 模块库

① Erosion 模块：对一幅灰度或二进制图像进行形态学腐蚀操作。

② Dilation 模块：对一幅灰度或二进制图像进行形态学膨胀操作。

③ Top-hat 模块：对一幅灰度或二进制图像进行形态学高帽滤波。

④ Opening 模块：对一幅灰度或二进制图像进行形态学开操作。

⑤ Closing 模块：对一幅灰度或二进制图像进行形态学闭操作。

⑥ Bottom-hat 模块：对一幅灰度或二进制图像进行形态学底帽滤波操作。

⑦ Label 模块：对二进制图像连接的组件进行标签或者计数操作。

(8) 图像像素统计模块(Statistics)

双击图 4.4.2 中的 Statistics 模块库，软件将弹出一个新窗口，如图 4.4.10 所示。图像像素统计模块包含 Minimum 模块、Maximum 模块、Mean 模块、Median 模块、Standard Deviation 模块、Variance 模块、Histogram 模块、PSNR 模块、2 - D Autocorrelation 模块、2 - DCorrelation 模块、Find Local Maxima 模块和 Blob Analysis 模块。各个模块的功能如下所述。

① Minimum 模块：返回输入信号的最小元素的值或下标。

② Maximum 模块：返回输入信号的最大元素的值或下标。

③ Mean 模块：对输入向量进行均值运算。

④ Median 模块：对输入向量进行中值运算。

⑤ Standard Deviation 模块：对输入向量进行标准差运算。

⑥ Variance 模块：对输入向量进行方差的运算。

⑦ Histogram 模块：对输入向量进行直方图操作。

⑧ PSNR 模块：计算两幅图像的信噪比峰值。

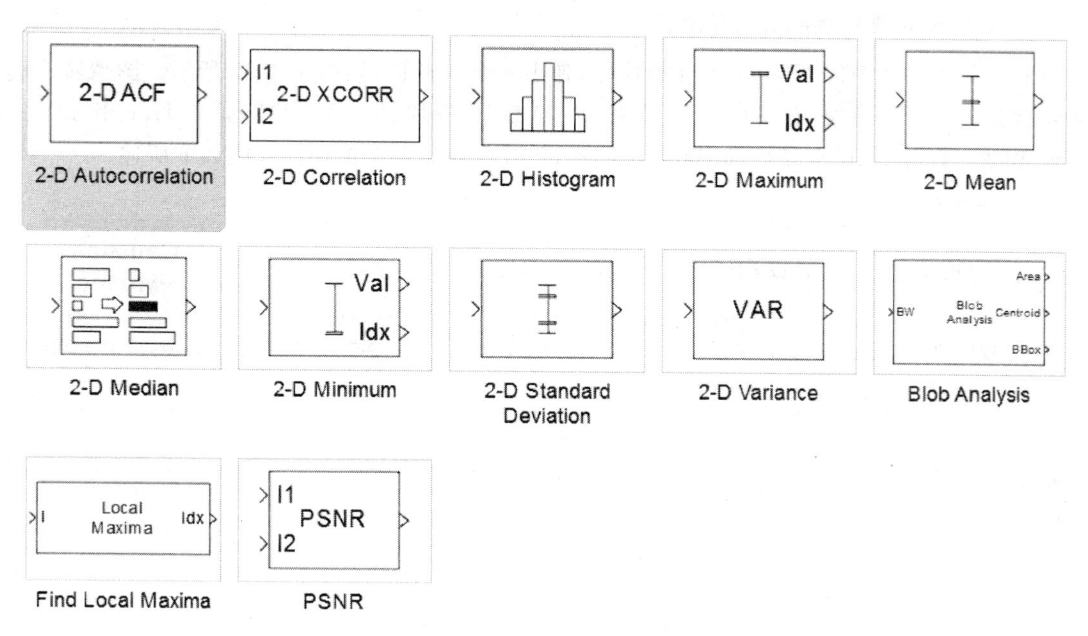

图 4.4.10 Statistics 模块库

⑨ 2－D Autocorrelation 模块：对输入矩阵进行二维自相关操作。

⑩ 2－D Correlation 模块：对输入矩阵进行二维互相关操作。

⑪ Find Local Maxima 模块：寻找输入矩阵的局部最大值。

⑫ Blob Analysis 模块：计算二进制图像的统计特征。

(9) 图像文本和图片模块(Text & Graphics)

双击图 4.4.2 中的 Text & Graphics 模块库，弹出一个新窗口，如图 4.4.11 所示。图像文本和图片模块包含 Draw Shapes 模块、Insert Text 模块、Draw Markers 模块、Compositing 模块。各个模块的功能如下所述。

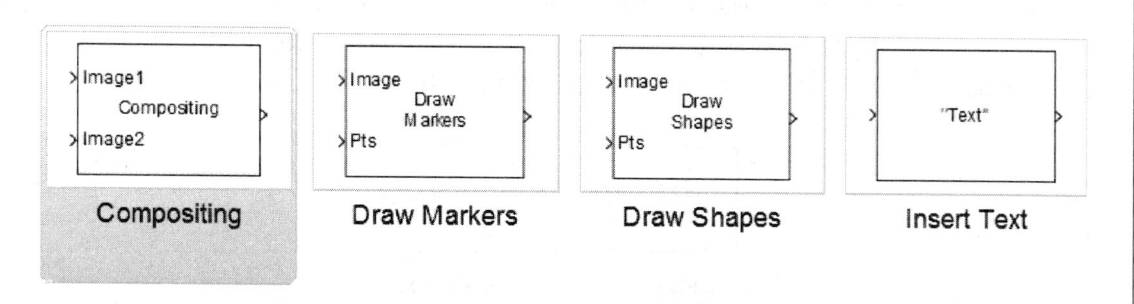

图 4.4.11 Text & Graphics 模块库

① Draw Shapes 模块：在图像上重画矩形、线形、多边形或圆圈。

② Insert Text 模块：在一幅图像或者视频流上画格式化文本。

③ Draw Markers 模块：通过圆圈、“x”标志、“＋”标志、星形标志、正方形标志，在图像上标记区域。

④ Compositing 模块：将两幅图像的像素合并。

(10) 图像转换模块(Transforms)

双击图 4.4.2 中的 Transforms 模块库,弹出一个新窗口,如图 4.4.12 所示。图像转换模块包含 2-D FFT 模块、2-D IFFT 模块、2-D DCT 模块、2-D IDCT 模块、Hough Transform 模块、Hough Lines 模块和 Gaussian Pyramid 模块。各个模块的功能如下所述。

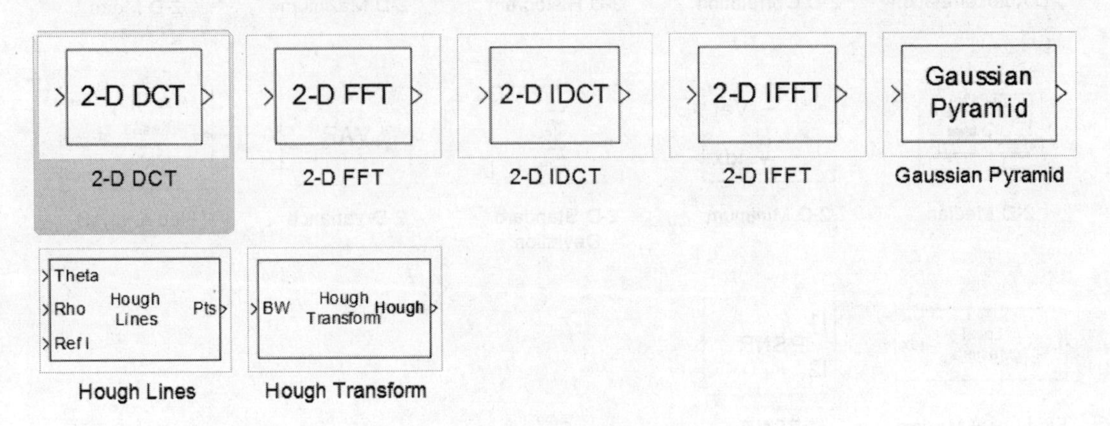

图 4.4.12 Transforms 模块库

① 2-D FFT 模块:对输入图像进行二维傅里叶变换。

② 2-D IFFT 模块:对输入图像进行二维傅里叶反变换。

③ 2-D DCT 模块:对输入图像进行二维离散余弦变换。

④ 2-D IDCT 模块:对输入图像进行二维离散余弦反变换。

⑤ Hough Transform 模块:对输入图像进行 Hough 变换,检测直线。

⑥ Hough Lines 模块:寻找笛卡尔坐标系下由弧长和角度所描述的直线。

⑦ Gaussian Pyramid 模块:模块用于计算高斯金字塔消去或扩张。

(11) 用户自定义模块(Utilities)

双击图 4.4.2 中的 Utilities 模块库,弹出一个新窗口,如图 4.4.13 所示。图像转换模块包含 Block Processing 模块、Image Pad 模块。各个模块的功能如下所述。

① Block Processing 模块:对输入矩阵的子矩阵进行用户自定义操作。

② Image Pad 模块:对二维图像进行填充或者修剪操作。

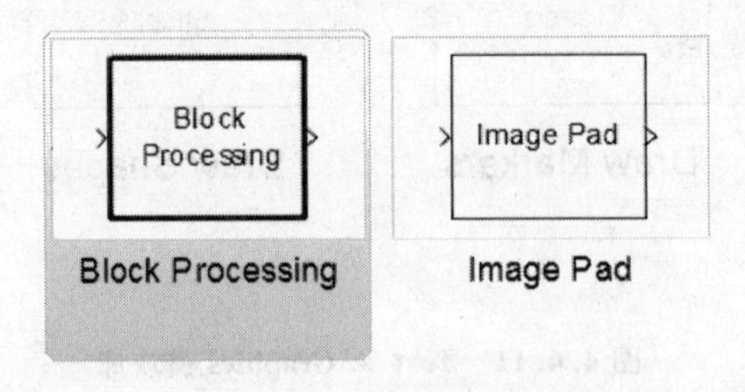

图 4.4.13 Utilities 模块库

第 5 章

图像变换的仿真及其 C/C++代码的自动生成

5.1 图像缩放变换

5.1.1 基本原理

通常情况下，数字图像的比例缩放是指给定的图像在 x 方向和 y 方向按相同的比例缩放 a 倍，从而获得一幅新的图像，又称为全比例缩放。如果 x 方向和 y 方向缩放的比例不同，则图像的比例缩放会改变原始图像像素间的相对位置，产生几何畸变。设原始图像中的点 $A_0(x_0, y_0)$ 比例缩放后，在新图像中的对应点为 $A_1(x_1, y_1)$，则 $A_0(x_0, y_0)$ 和 $A_1(x_1, y_1)$ 之间的坐标关系可表示为

$$\begin{bmatrix} x_1 \\ y_1 \\ 1 \end{bmatrix} \boldsymbol{T} = \begin{bmatrix} a & 0 & 0 \\ 0 & a & 0 \\ 0 & 0 & 1 \end{bmatrix} \begin{bmatrix} x_0 \\ y_0 \\ 1 \end{bmatrix} \tag{5.1.1}$$

即

$$\begin{cases} x_1 = a x_0 \\ y_1 = a y_0 \end{cases}$$

若比例缩放所产生的图像中的像素在原始图像中没有相对应的像素点时，就需要进行灰度值的插值运算。一般有两种插值处理方法：一种是直接赋值为与它最相近的像素灰度值，这种方法称为最邻近插值法，主要特点是简单、计算量很小，但可能会产生马赛克现象；另一种是通过其他数学插值算法来计算相应的像素点的灰度值，这类方法处理效果好，但运算量会有所增加。

在式(5.1.1)所表示的比例缩放中，若 $a>1$，则图像被放大；若 $a<1$，则图像被缩小。以 $a=1/2$ 为例，即图像缩小为原始图像的一半。图像被缩小一半以后，根据目标图像和原始图像像素之间的关系，有两种缩小方法。第一种方法是取原始图像的偶数行和偶数列组成新的图像，缩放前后图像间像素点的对应关系如下：

$$\text{缩小图像}\left\{\begin{matrix} (0,0) & \leftrightarrow & (0,0) \\ (0,1) & \leftrightarrow & (0,2) \\ (0,2) & \leftrightarrow & (0,4) \\ (0,3) & \leftrightarrow & (0,6) \\ (1,0) & \leftrightarrow & (2,0) \\ (2,0) & \leftrightarrow & (4,0) \\ \vdots & & \vdots \\ (3,0) & \leftrightarrow & (6,0) \\ (3,1) & \leftrightarrow & (6,2) \\ (3,2) & \leftrightarrow & (6,4) \\ (3,3) & \leftrightarrow & (6,6) \end{matrix}\right\}\text{原始图像}$$

依次类推，可以逐点计算缩小后图像的各像素点的值，图像缩小之后所承载的信息量为原始图像的50%，即在原始图像上，按行优先的原则，对所处理的行，每隔一个像素取一点，每隔一行进行一次操作。另一种方法是取原始图像的奇数行和奇数列组成新的图像。

如果图像按任意比例缩小，则以类似的方式按比例选择行和列上的像素点。若x方向与y方向缩放的比例不同，则这种变换将会使缩放以后的图像产生几何畸变。图像x方向与y方向的不同比例缩放的变换公式如下：

$$\begin{bmatrix} x_1 \\ y_1 \\ 1 \end{bmatrix} \boldsymbol{T} = \begin{bmatrix} a & 0 & 0 \\ 0 & b & 0 \\ 0 & 0 & 1 \end{bmatrix} \begin{bmatrix} x_0 \\ y_0 \\ 1 \end{bmatrix} \quad a \neq b \tag{5.1.2}$$

图像缩小变换是在已知图像信息中，以某种方式选择需要保留的信息。反之，图像的放大变换则需要对图像尺寸经放大后所多出来的像素点，填入适当的像素值，这些像素点在原始图像中没有直接对应点，需要以某种方式进行估计。以$a=b=2$为例，即原始图像按全比例放大2倍。实际上，这是将原始图像每行中各像素点重复取一遍值，然后每行重复一次。根据理论计算，放大以后图像中的像素点(0,0)对应于原始图像中的像素点(0,0)，(0,2)对应于原始图像中的像素点(0,1)，但放大后图像的像素点(0,1)对应于原始图像中的像素点(0,0.5)，(1,0)对应于原始图像中的(0.5,0)，可是原始图像中不存在这些像素点，那么放大后的图像如何处理这些问题呢？这时可以采用以下两种方法和原始图像对应，其余点依此逐点类推。

① 将原始图像中的像素点(0,0.5)近似为原始图像的像素点(0,0)。

② 将原始图像中的像素点(0,0.5)近似为原始图像的像素点(0,1)。

若采用第1种方法，则原始图像和放大图像的像素点对应关系如下：

$$\text{放大图像}\left\{\begin{matrix} (0,0) & \leftrightarrow & (0,0) \\ (0,1) & \leftrightarrow & (0,0) \\ (1,0) & \leftrightarrow & (0,0) \\ (1,1) & \leftrightarrow & (0,0) \\ (2,2) & \leftrightarrow & (1,1) \\ (2,3) & \leftrightarrow & (1,1) \\ (3,2) & \leftrightarrow & (1,1) \\ (3,3) & \leftrightarrow & (1,1) \\ (4,4) & \leftrightarrow & (2,2) \\ (4,5) & \leftrightarrow & (2,2) \\ (5,4) & \leftrightarrow & (2,2) \\ (5,5) & \leftrightarrow & (2,2) \end{matrix}\right\}\text{原始图像}$$

若采用第2种方法，则原始图像和放大图像的像素点对应关系如下：

$$
\text{放大图像}\left\{\begin{array}{ccc}
(0,0) & \leftrightarrow & (0,0) \\
(0,1) & \leftrightarrow & (0,1) \\
(1,0) & \leftrightarrow & (1,0) \\
(1,1) & \leftrightarrow & (1,1) \\
(1,2) & \leftrightarrow & (1,1) \\
(2,1) & \leftrightarrow & (1,1) \\
(2,2) & \leftrightarrow & (1,1) \\
(2,3) & \leftrightarrow & (1,1) \\
(3,2) & \leftrightarrow & (1,1) \\
(3,3) & \leftrightarrow & (1,1) \\
(3,4) & \leftrightarrow & (2,2) \\
(4,3) & \leftrightarrow & (2,2) \\
(4,4) & \leftrightarrow & (2,2) \\
(5,5) & \leftrightarrow & (3,3) \\
(5,6) & \leftrightarrow & (3,3) \\
(6,3) & \leftrightarrow & (3,3) \\
(6,6) & \leftrightarrow & (3,3)
\end{array}\right\}\text{原始图像}
$$

一般地，按比例将原始图像放大 a 倍时，如果按照最近邻域法，则需要将一个像素值添到新图像的 $a\times a$ 的方块中。因此，如果放大倍数过大，则按照这种方法填充灰度值会出现马赛克效应。为了避免马赛克效应，提高几何变换后的图像质量，可以采用不同复杂程度的线性插值法填充放大后所多出来的相关像素点的灰度值。

5.1.2　基于 System Object 的仿真

在 MATLAB 中，调用计算机视觉工具箱中的 vision. GeometricScaler 可实现对输入图像的缩放变换。vision. GeometricScaler 的具体使用方法如下：

vision.GeometricScaler

功能：对图像进行几何尺寸的放缩；

语法：A = step(vision.GeometricScaler, Img)

其中：Img 为原始图像；A 是旋转后的图像。

属性：

SizeMethod：图像尺寸放缩的方法。'Output size as a percentage of input size'，对输入的图像按照一定比例放缩；'Number of output columns and preserve aspect ratio'，按照输出图像的列数以及由其确定的比例进行放缩；'Number of output rows and preserve aspect ratio'，按照输出图像行数以及由其确定的比例进行放缩；'Number of output rows and columns' 按照输出图像的行数和列数进行放缩。

ResizeFactor：行列缩放比例。只有将 SizeMethod 设置为 'Output size as a percentage of input size' 时，ResizeFactor 属性才有效。可用一个数组[a,b]对 ResizeFactor 进行设置，a 为图像行的缩放系数，b 为图像列的缩放系数，默认值为[200,150]。

NumOutputColumns：输出图像列的值。只有将 SizeMethod 设置为 'Number of output columns and preserve aspect ratio' 时，NumOutputColumns 属性才有效。其默认值为 25。

NumOutputRows：输出图像行的值。只有将 SizeMethod 设置为 'Number of output rows and preserve aspect ratio' 时，NumOutputRows 属性才有效。其默认值为 25。

Size：输出图像的大小。只有将 SizeMethod 设置为 'Number of output rows and columns' 时，Size 属性才有效。可用一个数组[a,b]对 size 进行设置，a 为输出图像的行数，b 为输出图像的列数，默认值为[25,35]。

InterpolationMethod：插值方法选择。'Nearest neighbor'，最邻近插值；'Bilinear'，双线性插值；'Bicubic'，立方插值；'Lanczos2'，16 邻域插值；'Lanczos3'：36 邻域插值。

Antialiasing：当缩放图像时低通滤波器使能。当 Antialiasing 被设置为 true 时，在缩放图像之前，采用低通滤波器对图像进行滤波。

【例 5.1.1】 调用系统对象 vision.GeometricScaler 对图像进行放缩的程序，运行结果如图 5.1.1 所示。

(a) 输入的原始图像

(b) 放大后的结果

图 5.1.1 例 5.1.1 的运行结果

程序如下：

```
% 读入图像
I = imread('cameraman.tif');
% 创建系统对象
hgs = vision.GeometricScaler;
% 设置系统对象属性
hgs.SizeMethod = ...
    'Output size as a percentage of input size';  % 对输入的图像按照一定比例放缩
hgs.InterpolationMethod = 'Bilinear';            % 采用双线性插值
% 运行系统对象
```

```
J = step(hgs,I);
% 显示原始图像与处理后的结果
imshow(I); title('Original Image');
figure,imshow(J);title('Resized Image');
```

5.1.3　基于 Blocks - Simulink 的仿真

在 MATLAB 中,还可以通过 Blocks - Simulink 来实现对图像的缩放,其模块连接如图 5.1.2所示。其中,各功能模块及其路径如表 5.1 - 1 所列。双击 Resize 模块,可见其属性设置,如图 5.1.3 所示。运行结果如图 5.1.4 所示。

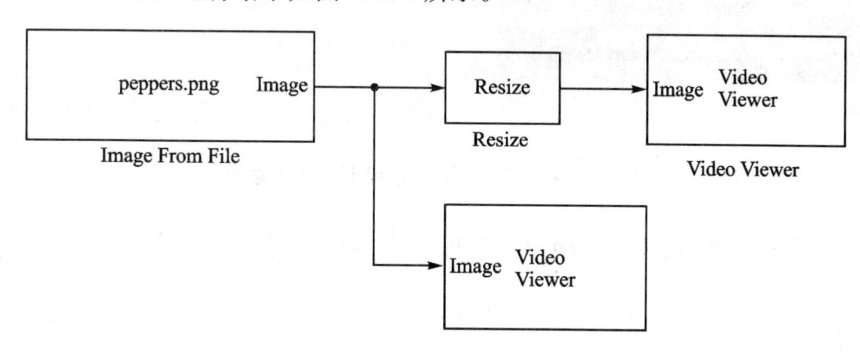

图 5.1.2　通过 Blocks - Simulink 来实现对图像放缩的原理

表 5.1 - 1　各功能模块及其路径

功　能	名　称	路　径
读入图像	Image From File	Computer Vision System Toolbox/Sources
图像尺度放缩	Resize	Computer Vision System Toolbox/Geometric Transformations
观察图像输出结果	Video Viewer	Computer Vision System Toolbox/Sinks

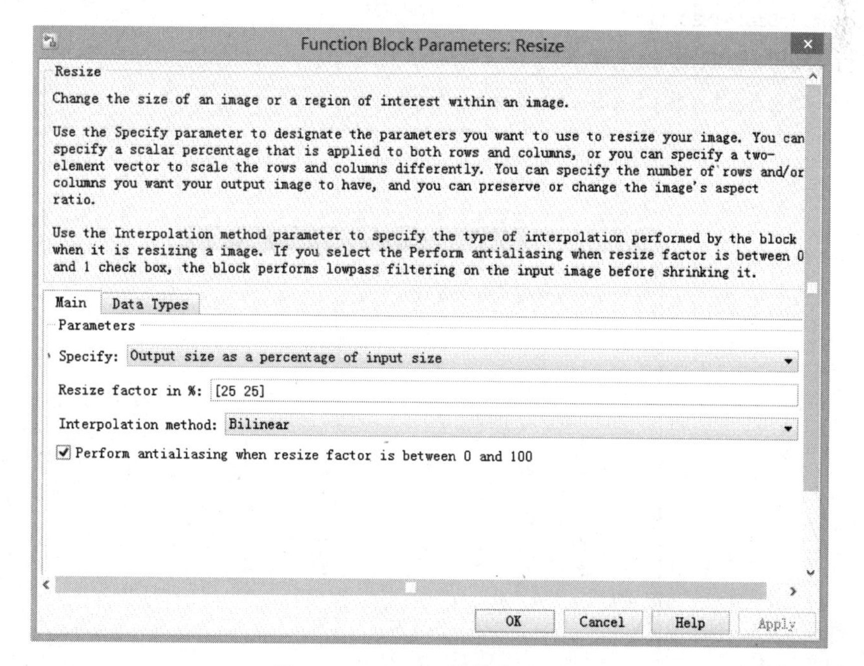

图 5.1.3　Resize 模块参数设置

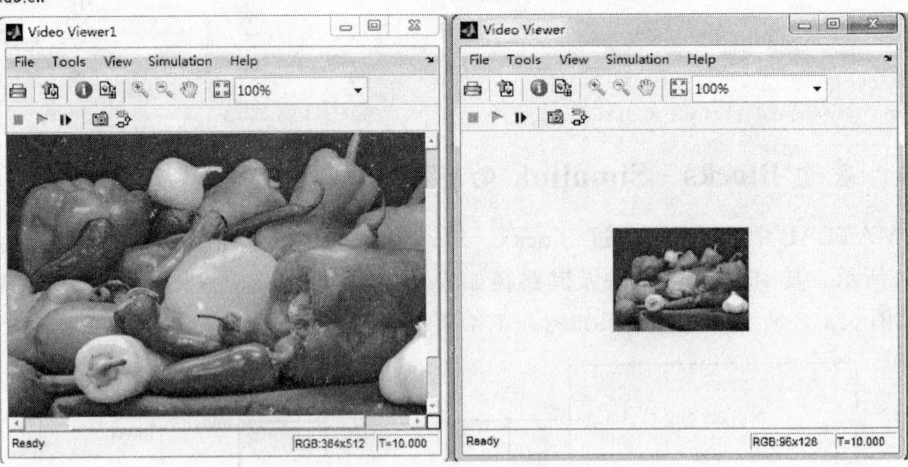

图 5.1.4　图 5.1.2 所示模型的运行结果

5.1.4　C/C++代码的自动生成及其运行效果

可将基于系统对象 vision. x 的 MATLAB 程序转换成 C/C++程序，并在 VS 2010 环境下运行，步骤如下。

步骤 1：新建一个 M 函数，其输入为待处理的图像矩阵 ***I***，输出为缩放后的图像矩阵 ***J***。在编辑器窗口输入如下内容，并保存：

```
function J = GeometricScalerM2C(I)
h= vision.GeometricScaler; % #codegen
J = step(h, I);
```

在命令行窗口输入如下内容：

```
I = 2 * ones(4,4);
J = GeometricScalerM2C(I)
```

其运行效果如图 5.1.5 所示。

```
GeometricScalerM2C.m
1    function J =GeometricScalerM2C(I)
2 -    h= vision.GeometricScaler; %#codegen
3 -    J = step(h, I);
```

```
命令行窗口
>> I=2*ones(4,4);
>> J=GeometricScalerM2C(I)

J =

     2     2     2     2     2     2
     2     2     2     2     2     2
     2     2     2     2     2     2
     2     2     2     2     2     2
     2     2     2     2     2     2
     2     2     2     2     2     2
     2     2     2     2     2     2
     2     2     2     2     2     2

fx >>
```

图 5.1.5　所编写的 M 函数的运行效果

步骤2:在命令行窗口输入coder,建立一个名为GeometricScalerM2C的工程文件,单击"添加文件"按钮,如图5.1.6所示,将GeometricScalerM2C.m函数导入。

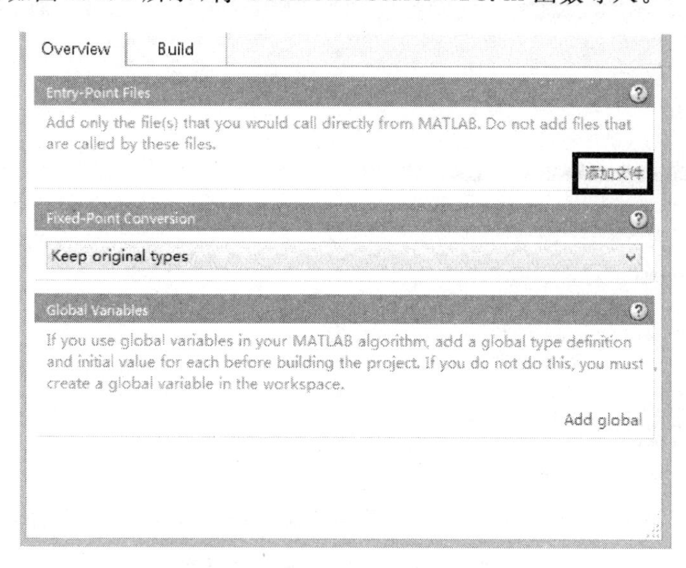

图5.1.6　通过"添加文件"按钮导入相应的M函数

步骤3:单击界面上的"Build"按钮,在Output type选项中选择C/C++ Static Library,如图5.1.7所示。

图5.1.7　步骤3的运行效果

步骤4:在该页面单击"More settings",将Language设置成为"C++",如图5.1.8所示。

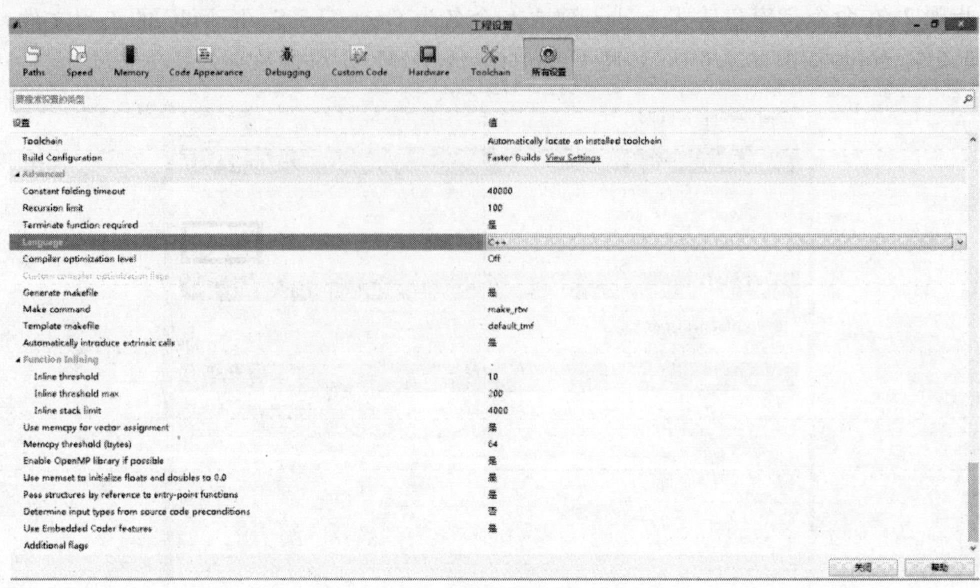

图 5.1.8　设置生成代码的类型

步骤 5:设置函数的输入类型。在本例中,将函数的输入类型设置为双精度的 4×4 矩阵,如图 5.1.9 所示。

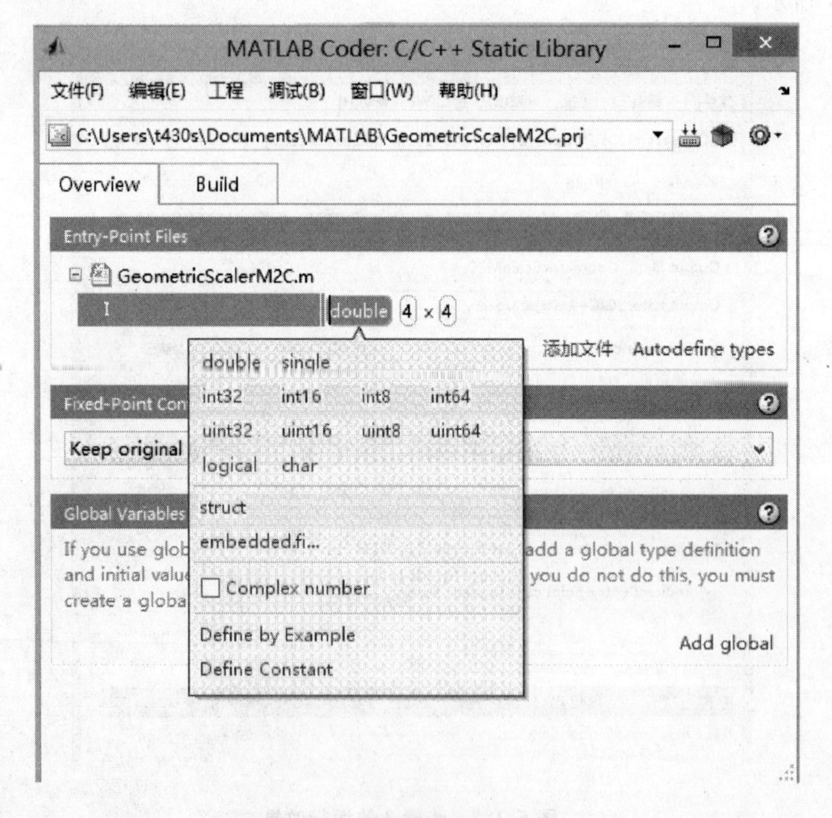

图 5.1.9　设置函数的输入类型

步骤 6:单击“编译”按钮,如图 5.1.10 所示,便可进行编译并生成可执行代码,结果如

图 5.1.11 所示。

图 5.1.10　单击"编译"按钮进行编译

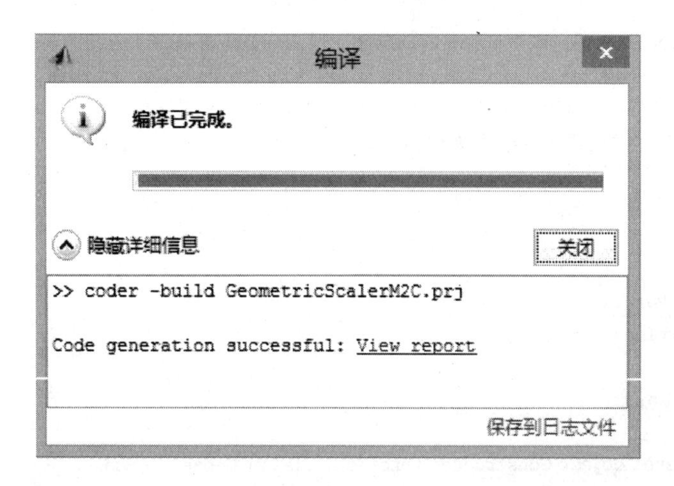

图 5.1.11　完成编译后的效果

步骤 7:单击图 5.1.11 界面上的"View report",便可以观察代码生成报告,如图 5.1.12 所示。

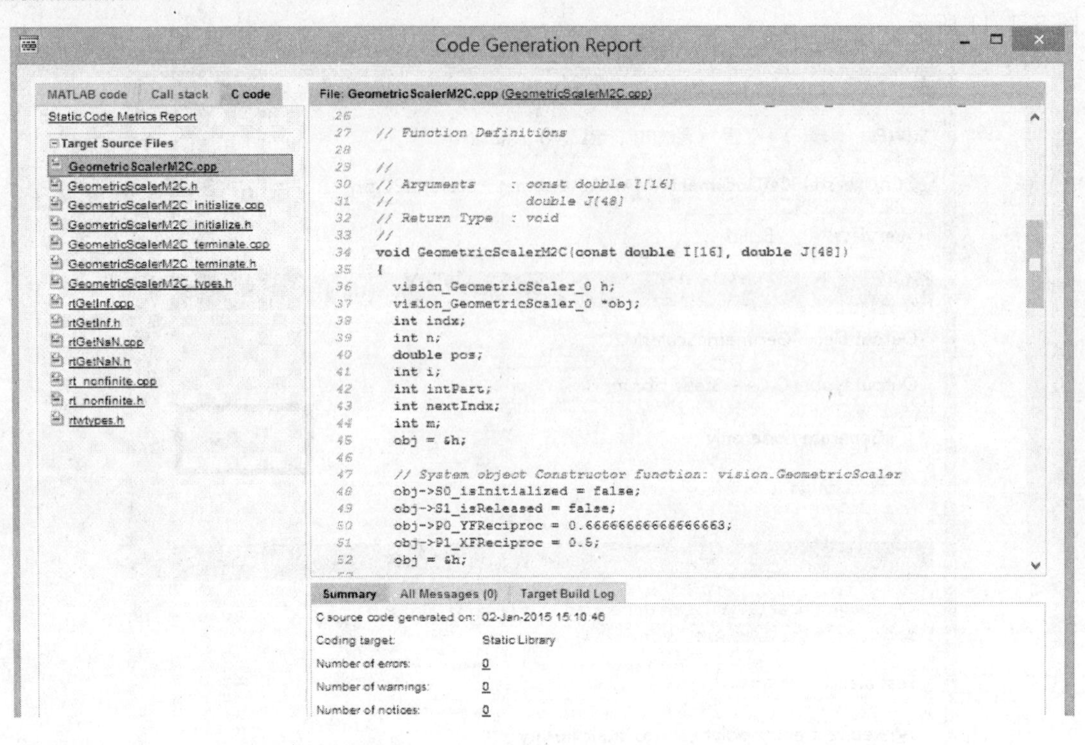

图 5.1.12　代码生成报告

所生成程序的核心代码为：

```
34    /* Function Definitions */
35
36    /*
37     * Arguments      : const double I[16]
38     *                  double J[48]
39     * Return Type    : void
40     */
41    void GeometricScalerM2C(const double I[16], double J[48])
42    {
43      vision_GeometricScaler_0 h;
44      vision_GeometricScaler_0 *obj;
45      int indx;
46      int n;
47      double pos;
48      int i;
49      int intPart;
50      int nextIndx;
51      int m;
52      obj = &h;
53
54      /* System object Constructor function: vision.GeometricScaler */
55      obj->S0_isInitialized = false;
56      obj->S1_isReleased = false;
57      obj->P0_YFReciproc = 0.66666666666666663;
58      obj->P1_XFReciproc = 0.5;
```

```
59      obj = &h;
60
61      /* System object Outputs function: vision.GeometricScaler */
62      indx = 0;
63
64      /* resize along X-axis direction. */
65      for (n = 0; n < 6; n++) {
66        pos = ((double)n + 0.5) * 0.6666666666666663 - 0.5;
67        i = (int)floor(pos);
68        intPart = i << 2;
69        if (i < 3) {
70          nextIndx = intPart + 4;
71        } else {
72          nextIndx = intPart;
73        }
74
75        pos -= (double)i;
76
77        /* bilinear interpolation */
78        if (intPart < 0) {
79          intPart = 0;
80          nextIndx = 0;
81        }
82
83        for (m = 0; m < 4; m++) {
84       J[indx + m] = I[m + intPart] * (1.0 - pos) + I[nextIndx + m] * pos;
85        }
86
87        indx + = 8;
88      }
89
90      /* resize along Y-axis direction. */
91      indx = 0;
92      for (n = 0; n < 6; n++) {
93        /* copy portion of the data to a line buffer */
94        for (i = 0; i < 4; i++) {
95          obj->W0_LineBuffer[i] = J[(n << 3) + i];
96        }
97
98        i = indx;
99        for (m = 0; m < 8; m++) {
100         pos = ((double)m + 0.5) * 0.5 - 0.5;
101         intPart = (int)floor(pos);
102         pos -= (double)intPart;
103         if (intPart < 0) {
104           intPart = 0;
105           nextIndx = 0;
106         } else if (intPart < 3) {
107           nextIndx = intPart + 1;
108         } else {
109           nextIndx = intPart;
```

```
110           }
111
112           J[i] = obj->W0_LineBuffer[intPart] * (1.0 - pos) + obj->
113             W0_LineBuffer[nextIndx] * pos;
114           i++;
115         }
116
117         indx += 8;
118       }
119     }
120
121     /*
122      * File trailer for GeometricScalerM2C.c
123      *
124      * [EOF]
125      */
```

通过分析上述代码,可以搞清楚函数的输入、输出类型,以方便在后续调用。

步骤 8:在 VS 2010 软件环境下新建一个名为"GeometricScaleC"的工程,如图 5.1.13 所示。

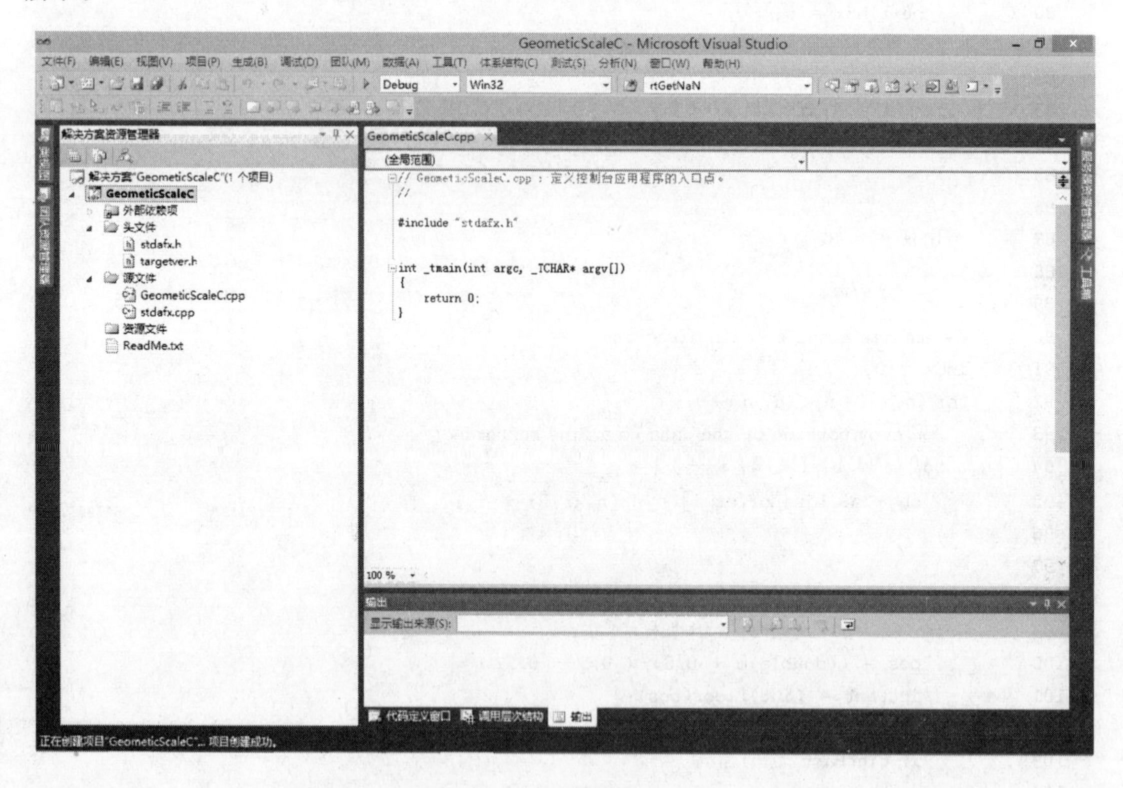

图 5.1.13　新建的工程

步骤 9:在所建立的工程左侧,单击右键,并选择属性,如图 5.1.14 所示。

步骤 10:单击 VC++目录,对右侧的包含目录进行设置,将所生成代码的路径包含进去,如图 5.1.15 所示。

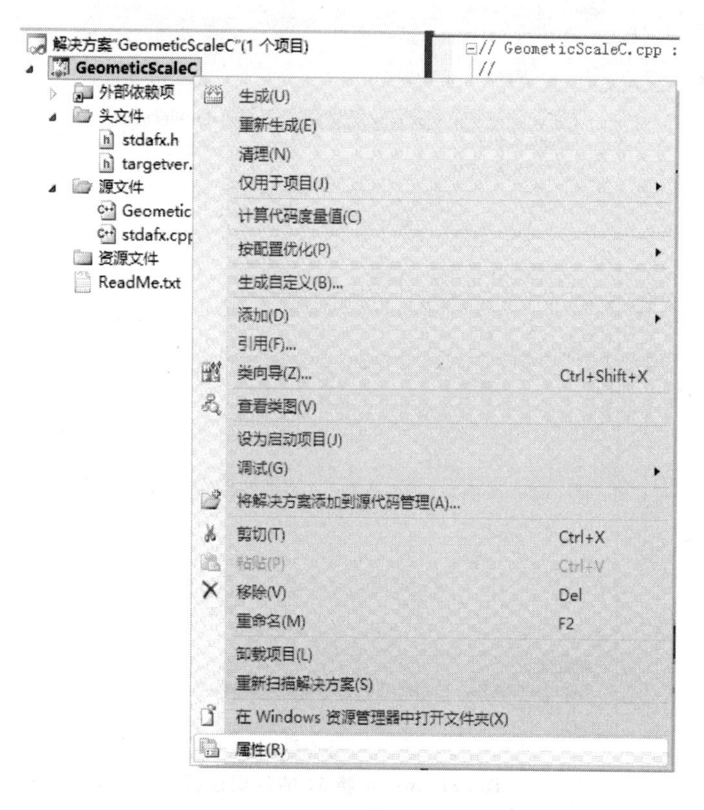

图 5.1.14　步骤 9 的实现过程

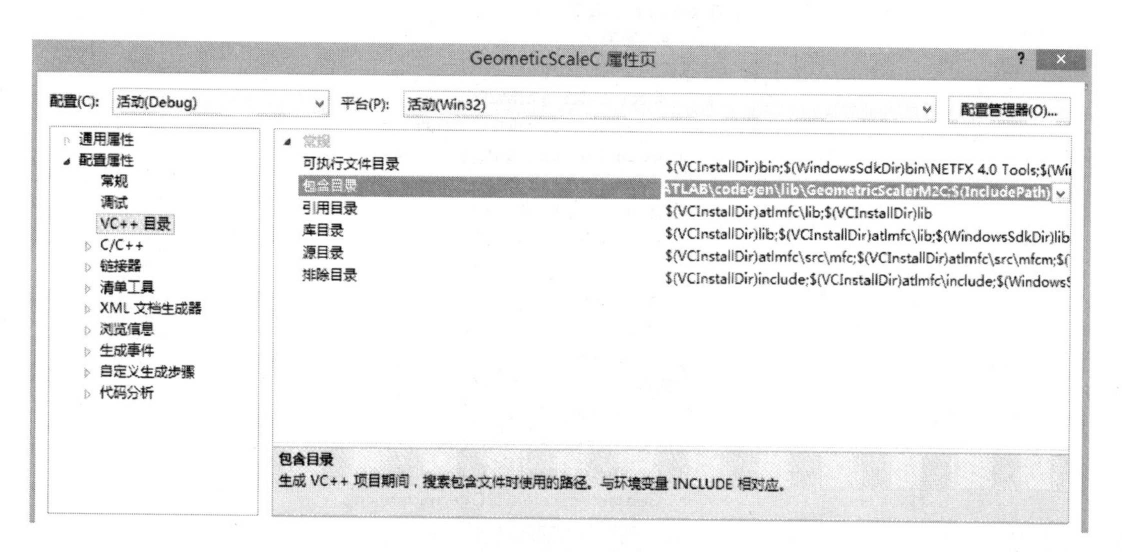

图 5.1.15　步骤 10 的实现过程

步骤 11：单击左侧的 C/C++，对"预编译头"进行设置，选择"不使用预编译头"，如图 5.1.16 所示。

步骤 12：添加自动生成的"头文件"和"源文件"。在本例中，完成添加后的效果如图 5.1.17 所示。

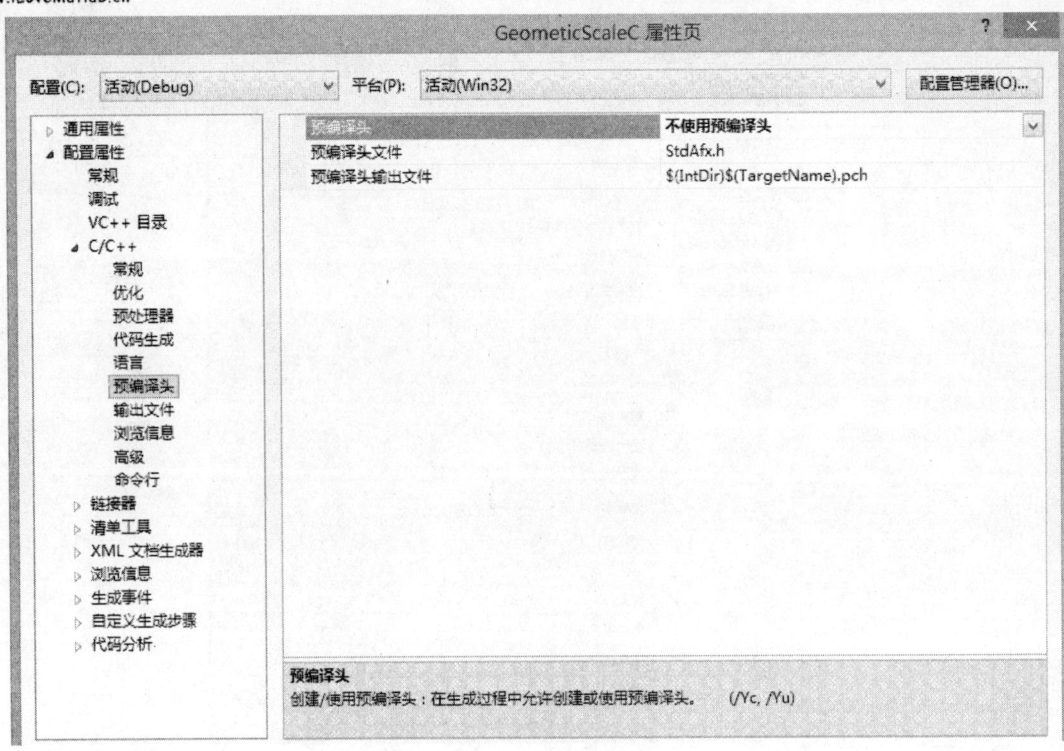

图 5.1.16　步骤 11 的实现过程

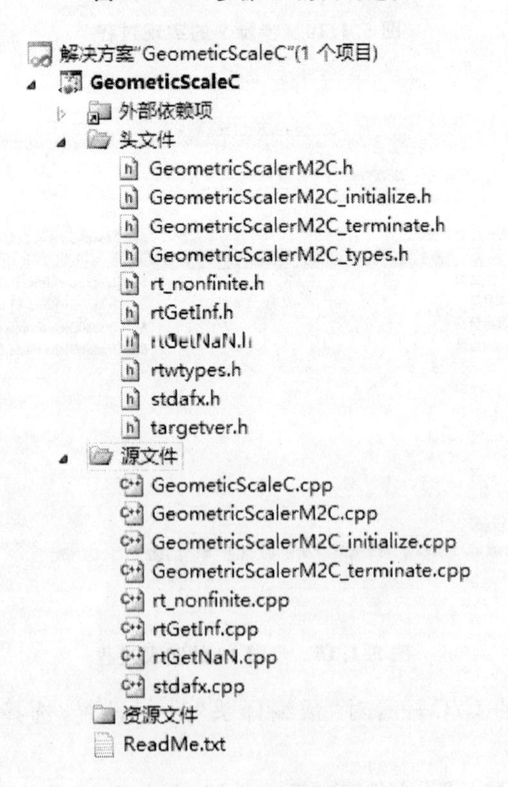

图 5.1.17　添加"头文件"和"源文件"后的效果

步骤 13：输入如下程序，并进行编译，编译后的效果如图 5.1.18 所示，运行效果如图 5.1.19 所示。

```
#include "stdafx.h"
#include "GeometricScalerM2C.h"
#include "math.h"
#include <iostream>
using namespace std;
int _tmain(int argc, _TCHAR* argv[])
{
    double a[16] = {2.0,2.0, 2.0, 2.0, 2.0, 2.0, 2.0, 2.0, 2.0, 2.0, 2.0, 2.0, 2.0, 2.0, 2.0, 2.0 };
    double b[48] = {0.0};
    GeometricScalerM2C(a,b);
    for(int i = 0; i < 48; i++)
        std::cout << b[i] << std::endl;
    while(1)
    {
    }
    return 0;
}
```

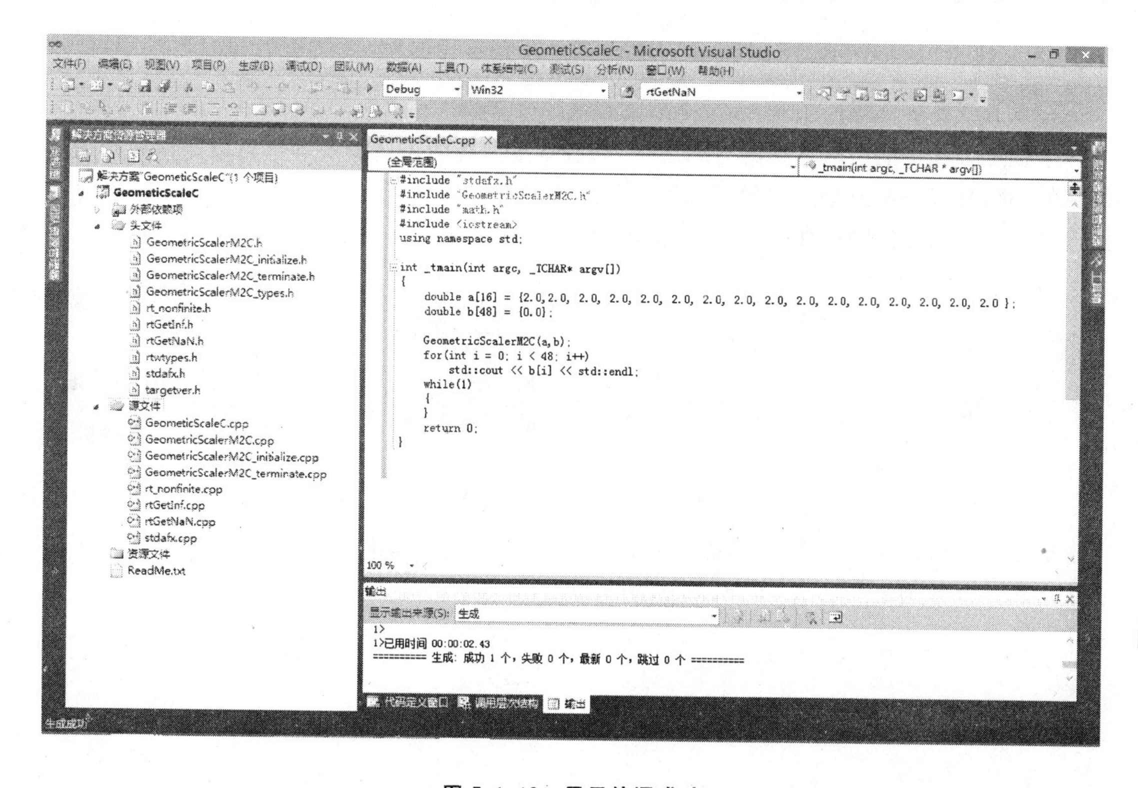

图 5.1.18　显示编译成功

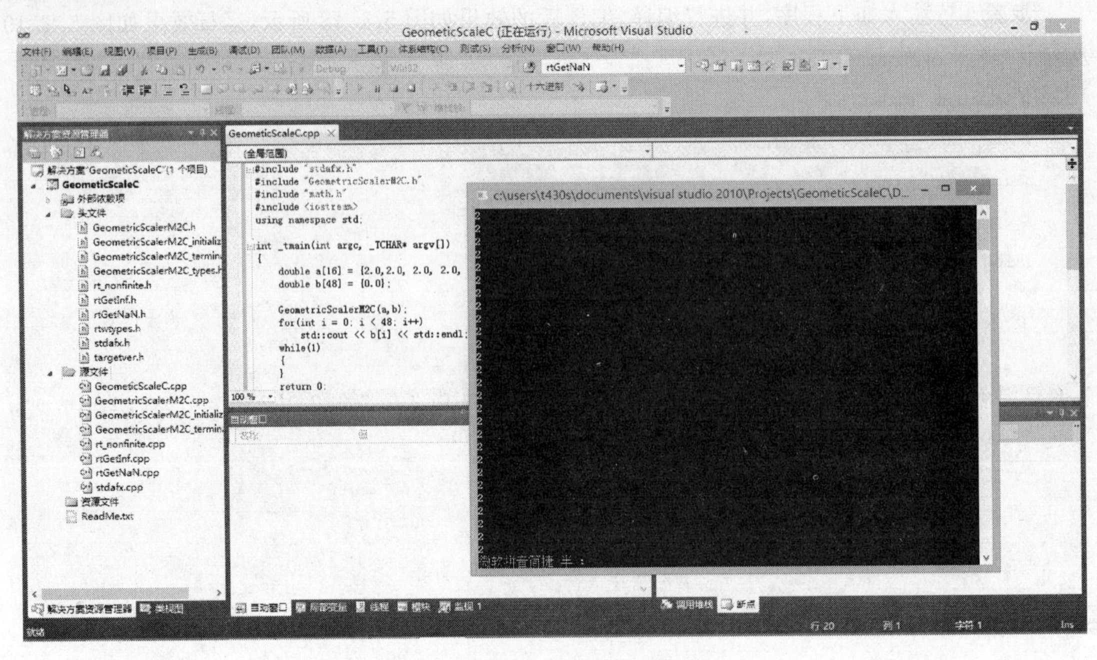

图 5.1.19　程序运行效果

5.2　图像的平移变换

5.2.1　基本原理

平移是日常生活中最常见的方式之一，如教室里课桌的重新摆放等都可以视为平移运动。图像的平移是将一幅图像上的所有像素点都按给定的偏移量沿 x 方向和 y 方向进行移动，如图 5.2.1 所示。图像的平移变换是图像几何变换中最简单的变换之一。

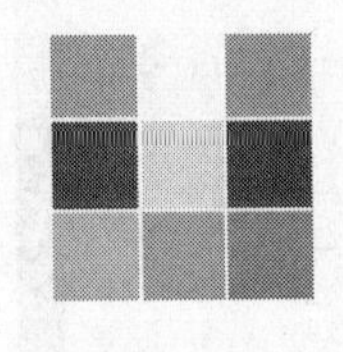

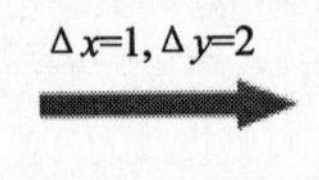

图 5.2.1　图像平移示意图

若点 $A_0(x_0, y_0)$ 进行平移后，被移动到 $A(x, y)$ 的位置，其中，x 方向上的平移量为 Δx，y 方向上的平移量为 Δy，那么，点 $A(x, y)$ 的坐标为：

$$\begin{cases} x = x_0 + \Delta x \\ y = y_0 + \Delta y \end{cases}$$

利用齐次坐标，点 $A(x, y)$ 的坐标可以表示如下：

$$\begin{pmatrix} x \\ y \end{pmatrix} = \begin{pmatrix} 1 & 0 & \Delta x \\ 0 & 1 & \Delta y \end{pmatrix} \begin{pmatrix} x_0 \\ y_0 \\ 1 \end{pmatrix}$$

相应地,也可以根据点 $A(x,y)$ 求解原始点 $A_0(x_0,y_0)$ 的坐标,即

$$\begin{pmatrix} x_0 \\ y_0 \\ 1 \end{pmatrix} = \begin{pmatrix} 1 & 0 & -\Delta x \\ 0 & 1 & -\Delta y \\ 0 & 0 & 1 \end{pmatrix} \begin{pmatrix} x \\ y \\ 1 \end{pmatrix}$$

显然,以上两个变换矩阵互为逆矩阵。

图像平移变换的特点是:平移后的图像与原图像完全相同,平移后新图像上的每一点都可以在原图像中找到对应的点。对于不在原始图像中的点,可以直接按它们的像素值统一设置为 0 或 255,对于灰度图像则为黑色或白色。反之,若某像素点不在新图像中,同样说明原始图像中有某些像素点被移出了显示区域。图像经平移后,原始图像的一些像素点被移出了显示区域,若想保留全部图像,则应扩大新图像的显示区域。

5.2.2　基于 System Object 的仿真

在 MATLAB 中,调用计算机视觉工具箱中的 vision. GeometricTranslator 可实现对输入图像的缩放变换。

vision. GeometricTranslator 的具体使用方法如下:

vision. GeometricTranslator

功能:将输入图像进行平移

语法:A = step(vision. GeometricTranslator, Img)

其中:Img 为原始图像;A 是平移后的图像。

属性:

OutputSize:输出图像的尺寸。当该属性设置为 'Full' 时,输出的图像比输入图像尺寸大,保证会将平移后的图像显示完整;当该属性设置为 'Same as input image' 时,输出图像的尺寸和输入图像的尺寸相同,但只能显示图像的一部分,该属性的默认值为 'Full';

OffsetSource:平移值通过何种方式输入。当设置为 'Property' 时,通过设置属性 Offset 的值确定平移量;当设置为 'Input port' 时,通过输入接口进行平移量设置;

Offset:平移量。可以用数组[a,b]对其进行设置,a 为竖直偏移量(以向下移动为正),b 为水平偏移量(以向右移动为正)。默认值为[1.5 2.3]。

MaximumOffset:最大偏移量。可以用数组[a,b]对其进行设置,a 为最大竖直偏移量,b 为最大水平偏移量。默认值为[8 10]。只有 OutputSize 设置为 'Full' 且 OffsetSource 设置为 'Input port' 时此属性才有效。默认值为[8 10]。

BackgroundFillValue:背景图像填充值。默认值为 0。

InterpolationMethod:插值方法设置。'Nearest neighbor',最邻近插值;'Bilinear',双线性插值;'Bicubic',立方插值。默认值为 'Bilinear'

【例 5.2.1】　调用系统对象 vision. GeometricTranslator 对图像进行平移,运行结果如图 5.2.2 所示。

程序如下:

```
% 创建系统对象
htranslate = vision.GeometricTranslator;
% 设置系统对象属性
htranslate.OutputSize = 'Same as input image'; % 输出图像的大小与输入相同
htranslate.Offset = [30 30]; % 在 X、Y 轴上的偏移量各为 30 个像素
```

```
% 读入图像,并转换成单精度性
Img = imread('cameraman.tif');
I = im2single(Img);
% 运行系统对象
Y = step(htranslate,I);
% 显示结果
subplot(1,2,1),imshow(Img);
subplot(1,2,2),imshow(Y);
```

图 5.2.2 例 5.2.1 的运行结果

5.2.3 基于 Blocks - Simulink 的仿真

在 MATLAB 中,还可以通过 Blocks - Simulink 来实现对图像的缩放,连接关系如图 5.2.3 所示。其中,各功能模块及其路径如表 5.2-1 所列。双击 Translate 模块,可见其属性设置,如图 5.2.4 所示,其运行结果如图 5.2.5 所示。

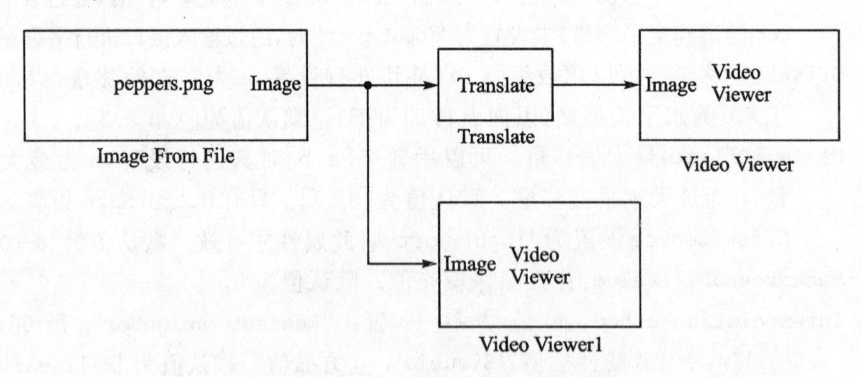

图 5.2.3 通过 Blocks - Simulink 来实现对图像放缩的原理

表 5.2-1 各功能模块及其路径

功 能	名 称	路 径
读入图像	Image From File	Computer Vision System Toolbox/Sources
图像平移	Translate	Computer Vision System Toolbox/Geometric Transformations
观察图像输出结果	Video Viewer	Computer Vision System Toolbox/Sinks

Function Block Parameters: Translate

Translate

Move an image up or down and/or left or right. You can specify your two-element offset vector using the dialog box or the Offset port. The first element represents how many pixels up or down to shift your image. If you enter a positive value, the block moves the image downward. The second element represents how many pixels left or right to shift your image. If you enter a positive value, the block moves the image to the right.

Main | Data Types

Parameters

Output size after translation: Full

Offset source: Specify via dialog

Offset: [15 23]

Background fill value: 0

Interpolation method: Bilinear

OK | Cancel | Help | Apply

图 5.2.4　Translate 模块参数设置

图 5.2.5　图 5.2.3 所示模型的运行结果

5.2.4　C/C++代码自动生成及运行效果

可将基于系统对象 vision. x 的 MATLAB 程序转换成 C/C++程序，并在 VS 2010 环境下运行，步骤如下。

步骤 1：新建一个 M 函数，其输入为待处理的图像矩阵 ***I***，输出为平移后的图像矩阵 ***J***。

在编辑器窗口输入如下内容，并保存：

```
function J = GeometricTranslatorM2C(I)
h= vision. GeometricTranslator; % #codegen
J = step(h, I);
```

在命令行窗口输入如下内容：

```
I = 2 * ones(4,4);
J = GeometricTranslatorM2C (I)
```

运行效果如图 5.2.6 所示。

步骤 2：在命令行窗口输入 coder，建立一个名为 GeometricTranslatorM2C 的工程文件，

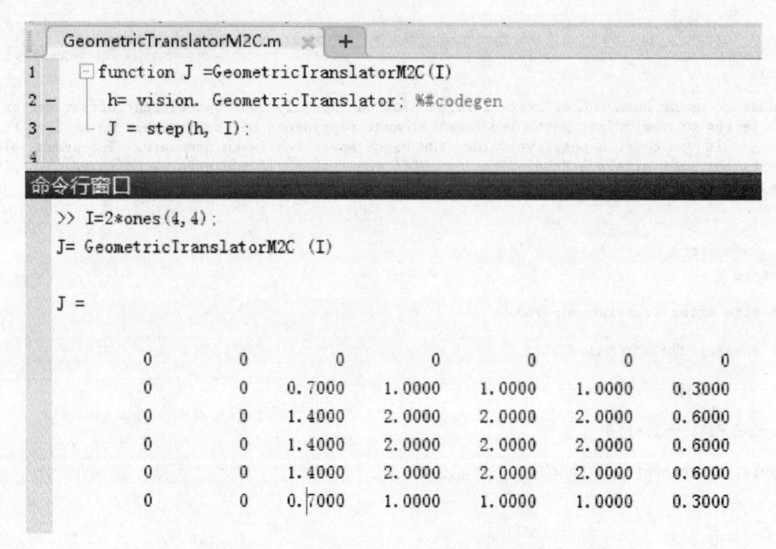

图 5.2.6　所编写的 M 函数的运行效果

单击“添加文件”按钮，如图 5.2.7 所示，将 GeometricTranslatorM2C. m 函数导入。

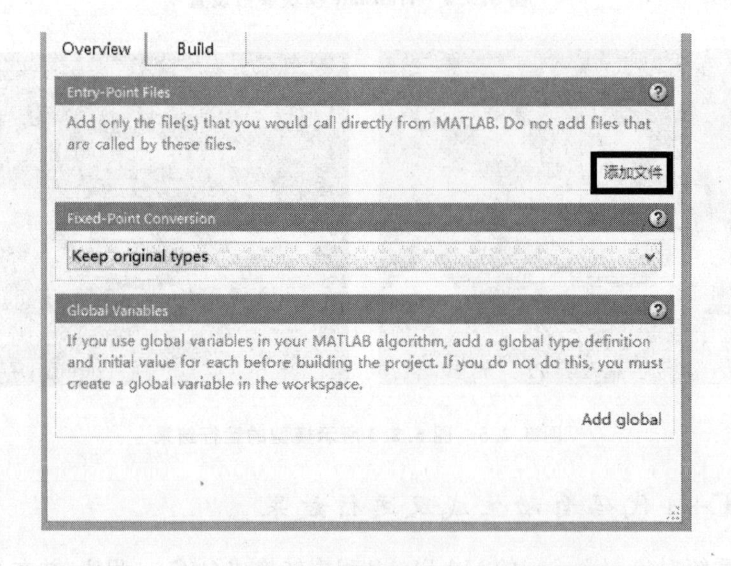

图 5.2.7　通过“添加文件”按钮导入相应的 M 函数

步骤 3:单击界面上的“Build”按钮，在 Output type 选项中选择 C/C++ Static Library，如图 5.2.8 所示。

步骤 4:在该页面单击“More settings”，将 Language 设置成为“C++”，如图 5.2.9 所示。

步骤 5:设置函数的输入类型。在本例中，将函数的输入类型设置为双精度的 4×4 矩阵，如图 5.2.10 所示。

步骤 6:单击“编译”按钮，如图 5.2.11 所示，便可进行编译并生成可执行代码。

步骤 7:单击图 5.2.12 界面上的“View report”，便可以观察代码生成报告，如图 5.2.13 所示。

自动生成的核心代码如下：

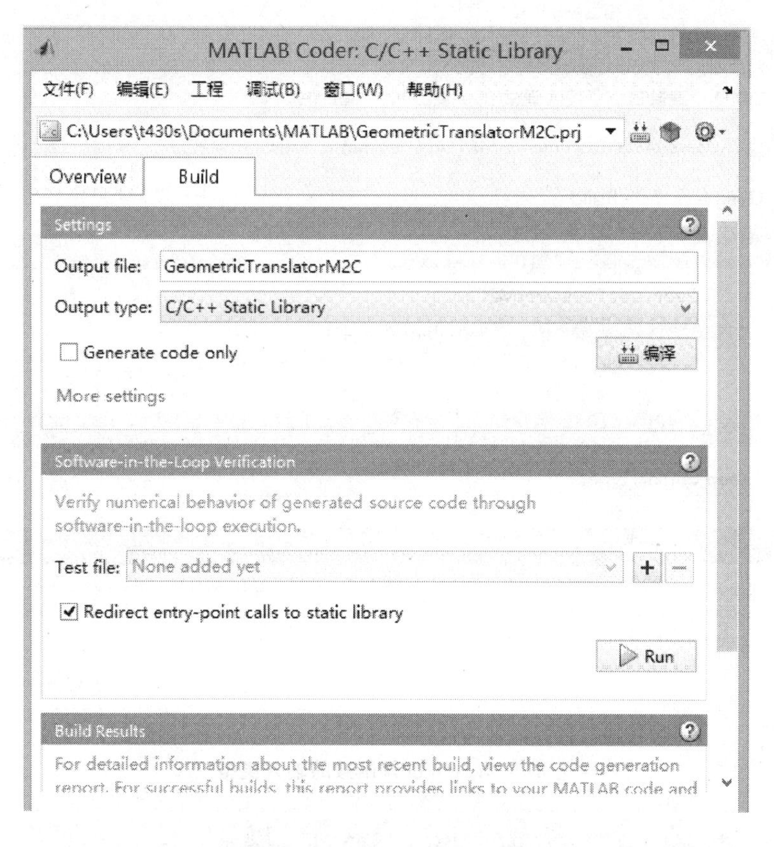

图 5.2.8　步骤 3 的运行效果

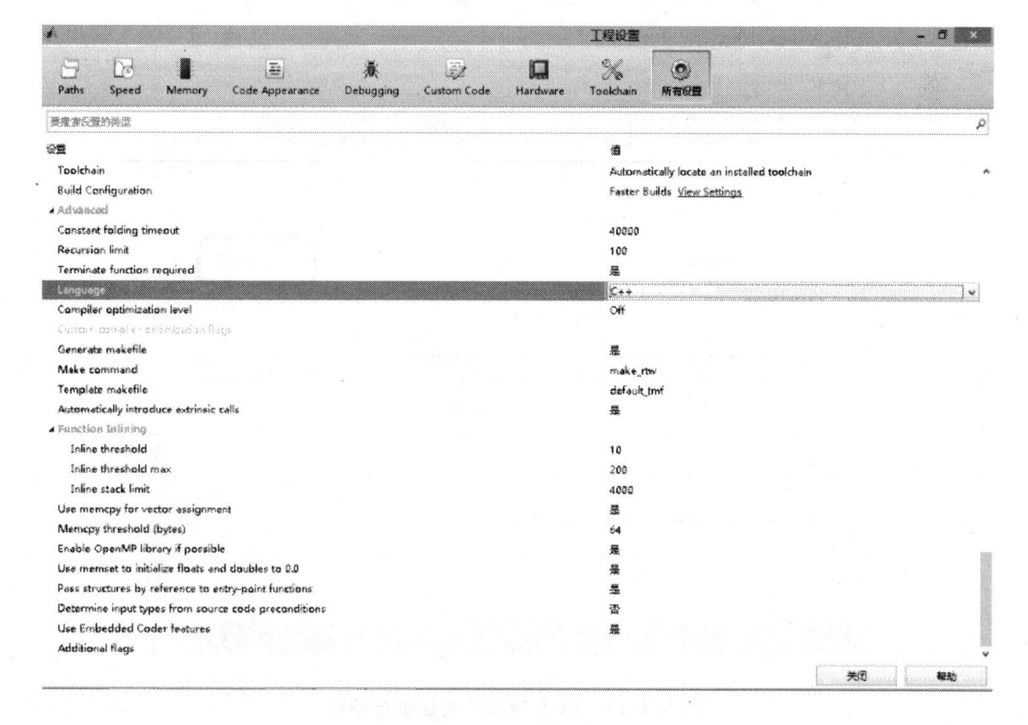

图 5.2.9　设置生成代码的类型

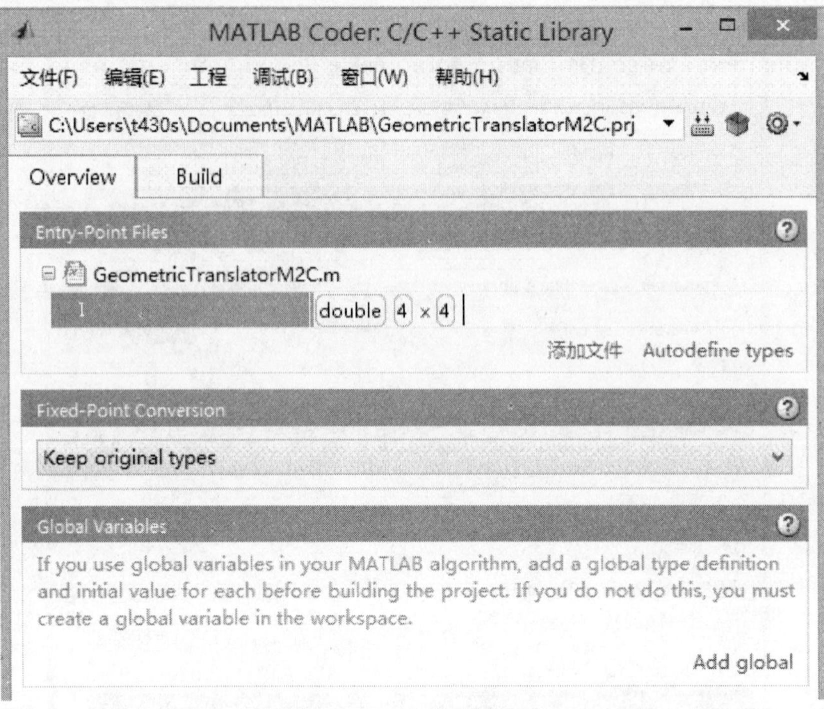

图 5.2.10 设置函数的输入类型

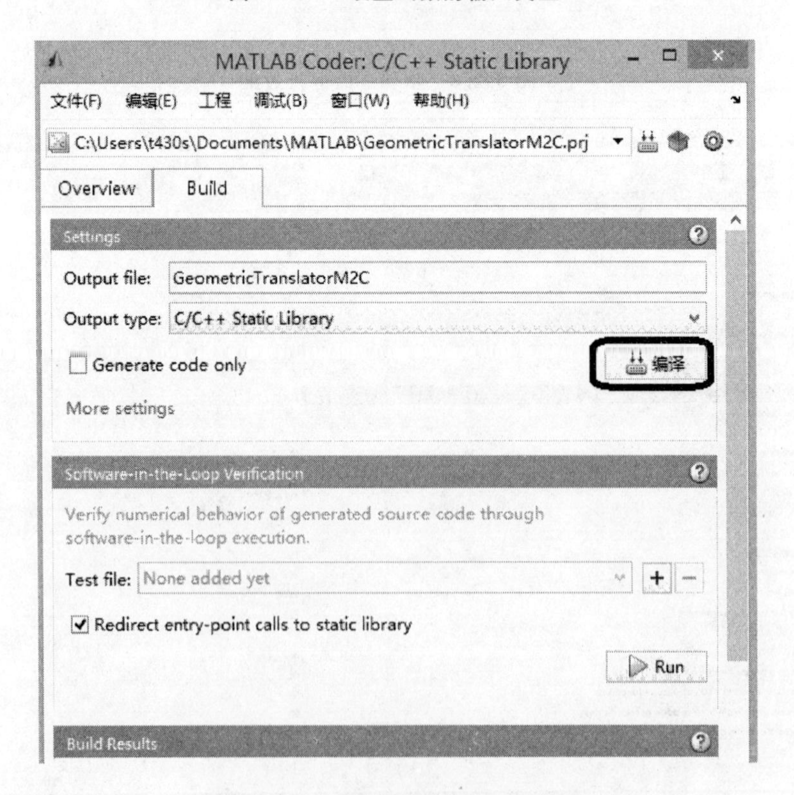

图 5.2.11 单击“编译”按钮进行编译

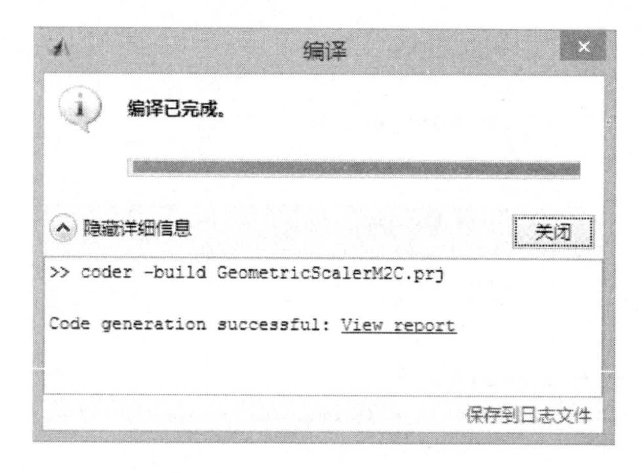

图 5.2.12　完成编译后的效果

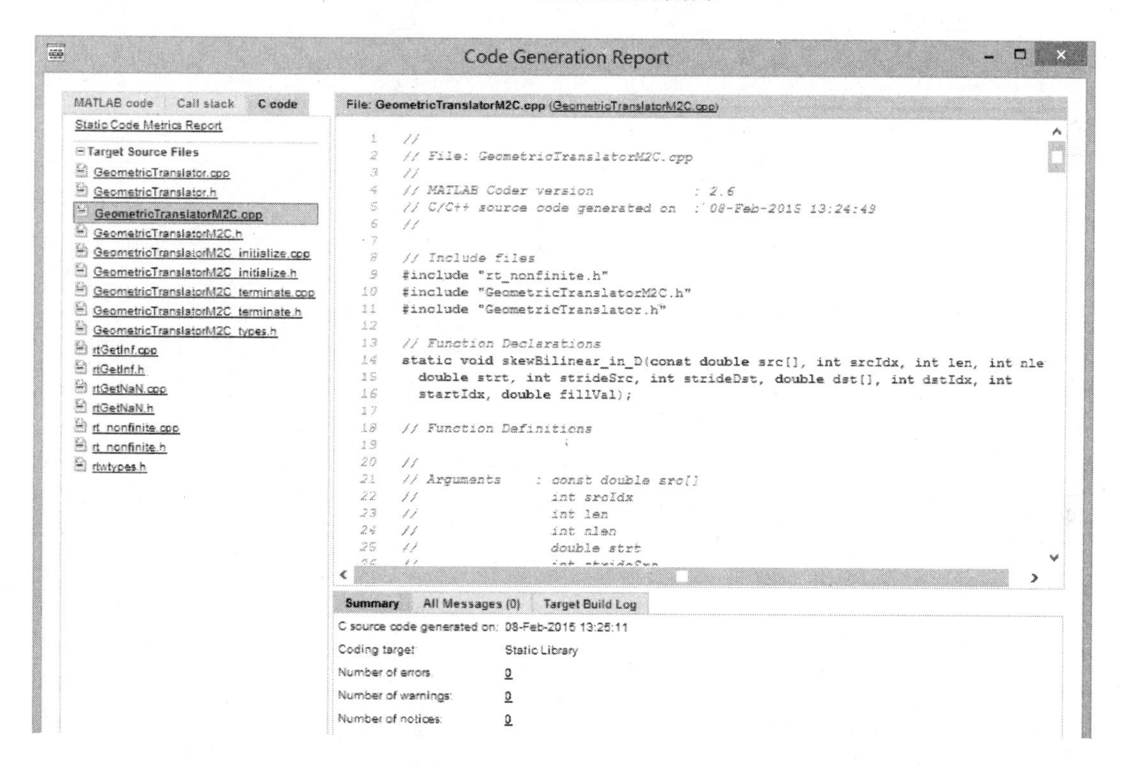

图 5.2.13　代码生成报告

```
170   // Arguments      : const double I[16]
171   //                  double J[42]
172   // Return Type    : void
173   //
174   void GeometricTranslatorM2C(const double I[16], double J[42])
175   {
176     c_visioncodegen_GeometricTransl h;
177     c_visioncodegen_GeometricTransl *obj;
178     vision_GeometricTranslator_1 *b_obj;
179     double offsetTemp;
180     double d0;
181     int acc1;
```

```
182       int startIdx;
183       int indx;
184       int j;
185       c_GeometricTranslator_Geometric(&h);
186       obj = &h;
187       if (!obj->isInitialized) {
188         obj->isInitialized = true;
189         obj->c_NoTuningBeforeLockingCodeGenE = true;
190         obj->TunablePropsChanged = false;
191       }
192
193       if (obj->TunablePropsChanged) {
194         obj->TunablePropsChanged = false;
195         obj->tunablePropertyChanged = false;
196       }
197
198       b_obj = &obj->cSFunObject;
199
200       // System object Outputs function: vision.GeometricTranslator
201       offsetTemp = b_obj->P1_Offset[1U];
202       d0 = floor(offsetTemp);
203       if (d0 < 2.147483648E+9) {
204         if (d0 >= -2.147483648E+9) {
205           acc1 = (int)d0;
206         } else {
207           acc1 = MIN_int32_T;
208         }
209       } else if (d0 >= 2.147483648E+9) {
210         acc1 = MAX_int32_T;
211       } else {
212         acc1 = 0;
213       }
214
215       if (offsetTemp > 0.0) {
216         startIdx = acc1 - 1;
217       } else {
218         startIdx = 0;
219       }
220
221       if (startIdx < 0) {
222         startIdx = 0;
223       }
224
225       // Interpolation is separable. In the first pass interpolate horizontally.
226       if (offsetTemp < 0.0) {
227         d0 = floor(0.0 - offsetTemp);
228         if (d0 < 2.147483648E+9) {
229           acc1 = (int)d0;
230         } else {
231           acc1 = MAX_int32_T;
232         }
233
234         if (0.0 - offsetTemp == acc1) {
235           offsetTemp = 0.0;
```

```
236         } else {
237           offsetTemp = 1.0 - ((0.0 - offsetTemp) - (double)acc1);
238         }
239       }
240
241       for (acc1 = 0; acc1 < 42; acc1 ++ ) {
242         J[acc1] = b_obj->P0_FillValue;
243       }
244
245       for (acc1 = 0; acc1 < 4; acc1 ++ ) {
246         indx = acc1;
247         for (j = 0; j < 4; j ++ ) {
248           b_obj->W0_LineBuffer[j] = I[indx];
249           indx + = 4;
250         }
251
252         skewBilinear_in_D(&b_obj->W0_LineBuffer[0U], 0, 4, 7, offsetTemp, 1, 6,
253                           (double *)&J[0U], acc1, 0, b_obj->P0_FillValue);
254       }
255
256       // In the second pass interpolate vertically.
257       offsetTemp = b_obj->P1_Offset[0U];
258       if (offsetTemp < 0.0) {
259         d0 = floor(0.0 - offsetTemp);
260         if (d0 < 2.147483648E + 9) {
261           acc1 = (int)d0;
262         } else {
263           acc1 = MAX_int32_T;
264         }
265
266         if (0.0 - offsetTemp == acc1) {
267           offsetTemp = 0.0;
268         } else {
269           offsetTemp = 1.0 - ((0.0 - offsetTemp) - (double)acc1);
270         }
271       }
272
273       for (acc1 = startIdx; acc1 < 7; acc1 ++ ) {
274         indx = acc1 * 6;
275         skewBilinear_in_D(&J[0U], indx, 4, 6, offsetTemp, 1, 1, (double *)
276                           &b_obj->W0_LineBuffer[0U], 0, 0, b_obj->P0_FillValue);
277         for (j = 0; j < 6; j ++ ) {
278           J[indx] = b_obj->W0_LineBuffer[j];
279           indx ++ ;
280         }
281       }
282     }
283
284     //
285     // File trailer for GeometricTranslatorM2C.cpp
286     //
287     // [EOF]
```

通过分析上述代码,可以搞清楚函数的输入、输出类型,以方便在后续调用。

步骤 8:在 VS 2010 软件环境下新建一个名为“GeometricTranslatorM2C”的工程。

步骤 9:在所建立的工程左侧,单击右键,并选择属性。

步骤 10:单击 VC++目录,对右侧的包含目录进行设置,将所生成代码的路径包含进去,如图 5.2.14 所示。

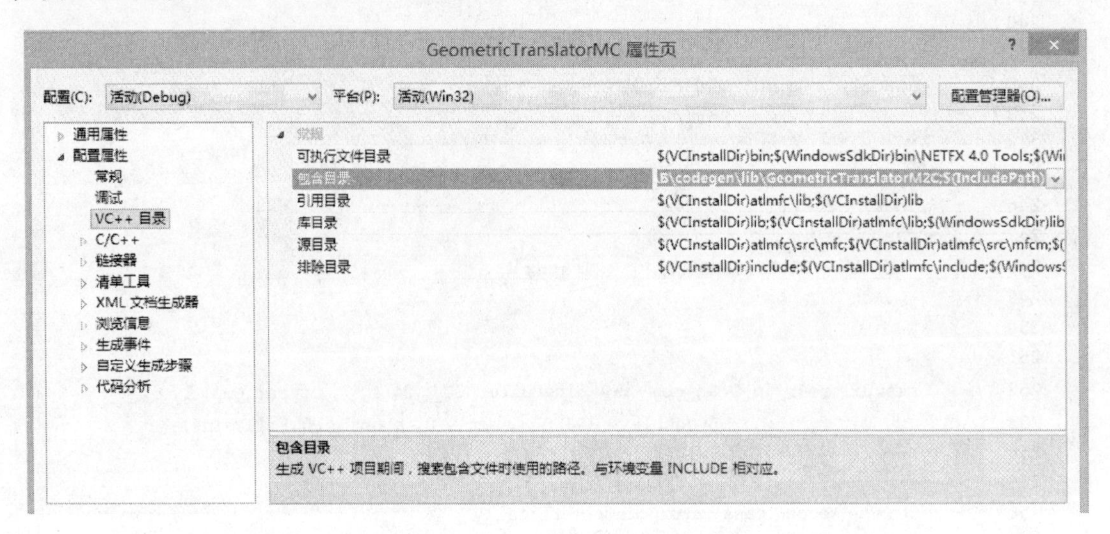

图 5.2.14 步骤 10 的实现过程

步骤 11:单击左侧的 C/C++,对"预编译头"进行设置,选择"不使用预编译头",如图 5.2.15 所示。

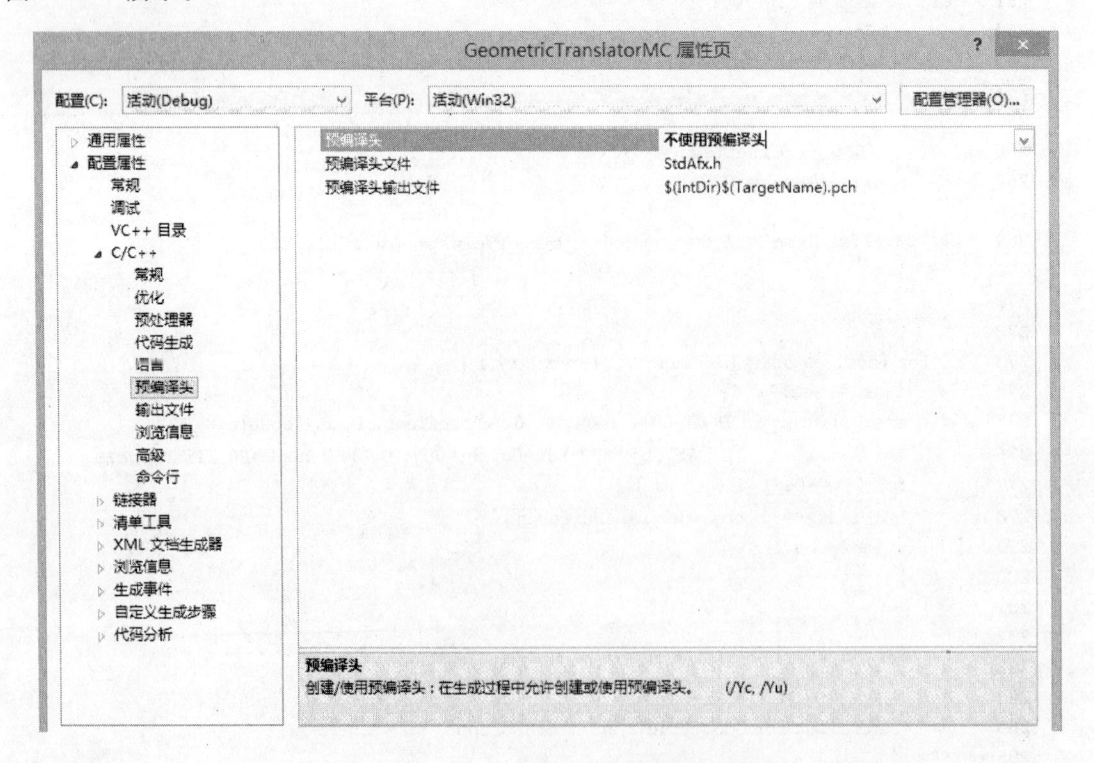

图 5.2.15 步骤 11 的实现过程

步骤 12:添加自动生成的"头文件"和"源文件"。在本例中,完成添加后的效果如图 5.2.16 所示。

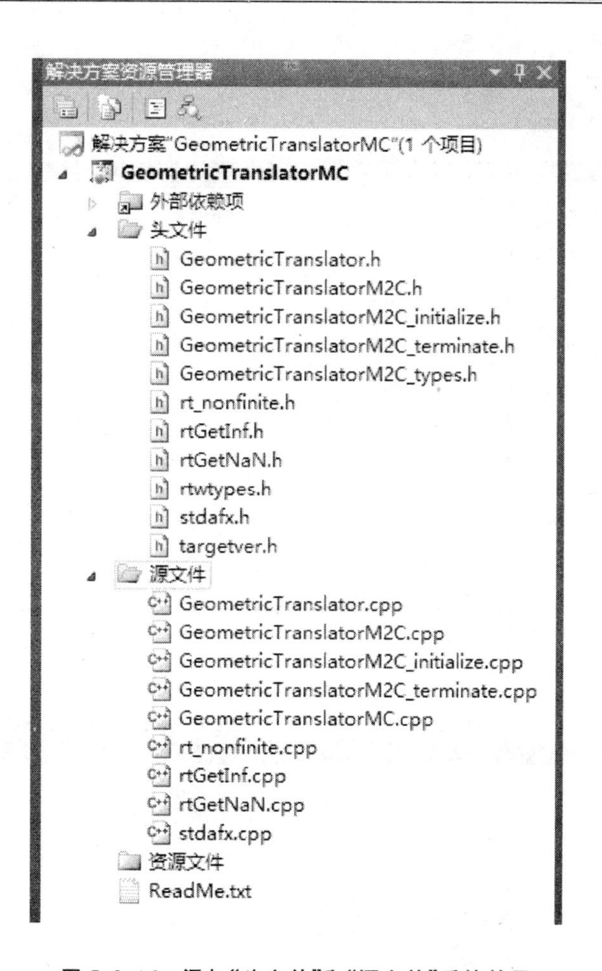

图 5.2.16　添加"头文件"和"源文件"后的效果

步骤 13：输入如下程序，并进行编译，编译后的效果如图 5.2.17 所示，运行效果如图 5.2.18 所示。

```
#include "stdafx.h"
#include "GeometricTranslatorM2C.h"
#include "math.h"
#include <iostream>
using namespace std;

int _tmain(int argc, _TCHAR * argv[])
{
    double a[16] = {2.0,2.0, 2.0, 2.0, 2.0, 2.0, 2.0, 2.0, 2.0, 2.0, 2.0, 2.0, 2.0, 2.0, 2.0, 2.0};
    double b[42] = {0.0};
    GeometricTranslatorM2C(a,b);
    for(int i = 0; i < 48; i++)
        std::cout << b[i] << std::endl;
    while(1)
    {
    }
    return 0;
}
```

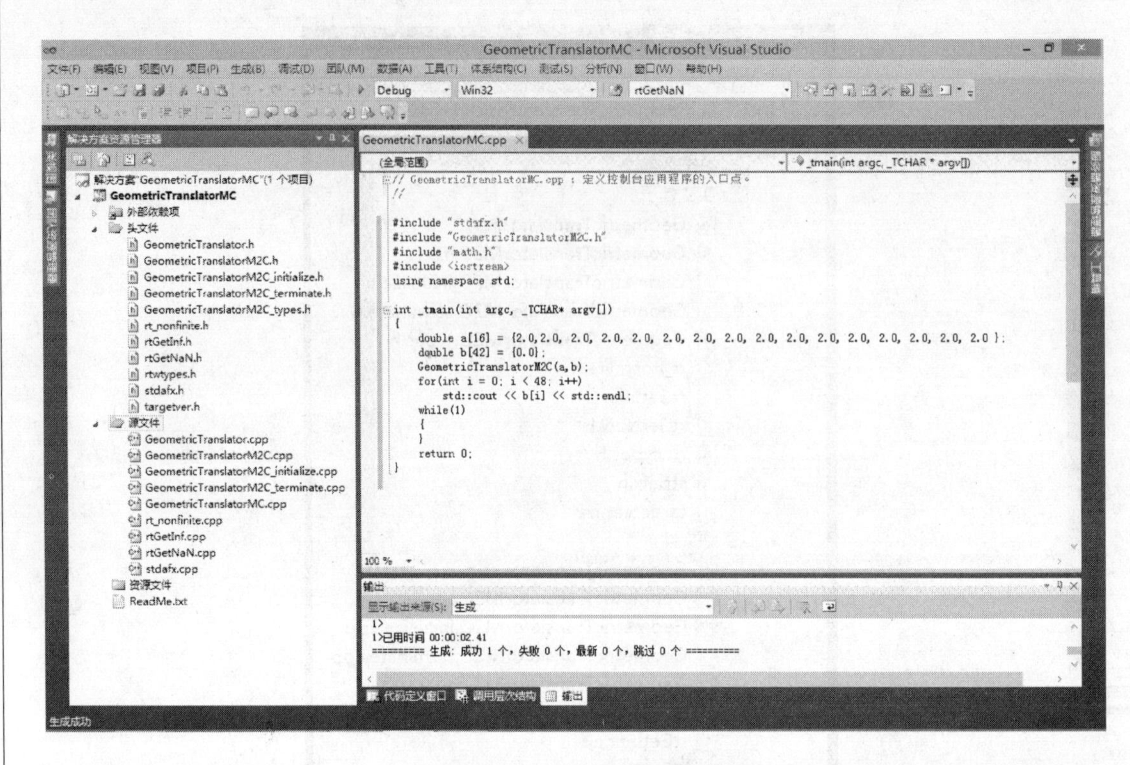

图 5.2.17 显示编译成功

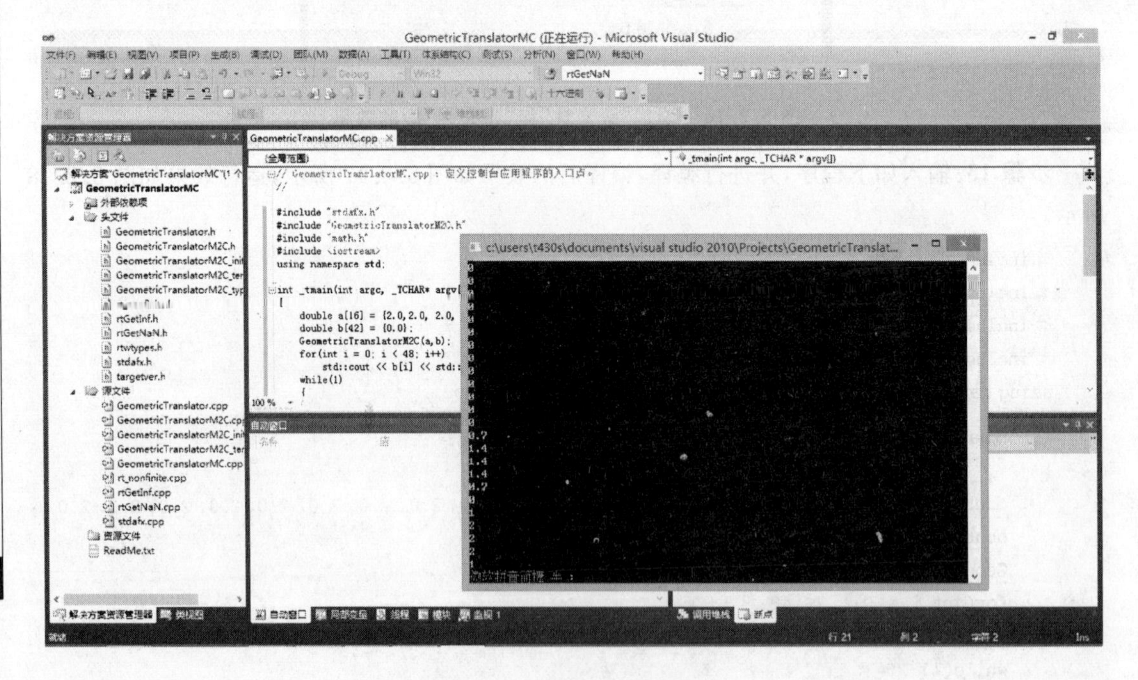

图 5.2.18 程序运行效果

5.3　图像的旋转变换

5.3.1　基本原理

提到旋转，首先要解决“绕着什么转”的问题。通常的做法是，以图像的中心为圆心旋转，将图像上所有像素都旋转一个相同的角度。图像的旋转变换是位置变换，但旋转后，图像的大小一般会改变。和平移变换一样，在图像旋转变换中，可以把转出显示区域的图像截去，旋转后也可以扩大图像范围以显示所有的图像。

若采用不裁掉转出、部分旋转后图像放大的做法，则首先需要给出变换矩阵。在坐标系中，将一个点顺时针旋转 a 角，r 为该点到原点的距离，b 为 r 与 x 轴之间的夹角。在旋转过程中，r 保持不变。

设旋转前 x_0，y_0 的坐标分别为 $x_0=r\cos b$；$y_0=r\sin b$。当旋转 a 角度后，坐标 x_1，y_1 的值分别为

$$\begin{aligned} x_1 &= r\cos(b-a) = r\cos b\cos a + r\sin b\sin a = x_0\cos a + y_0\sin a \\ y_1 &= r\sin(b-a) = r\sin b\cos a - r\cos b\sin a = -x_0\sin a + y_0\cos a \end{aligned} \tag{5.3.1}$$

以矩阵的形式表示为

$$(x_1 \quad y_1 \quad 1) = (x_0 \quad y_0 \quad 1)\begin{pmatrix} \cos a & -\sin a & 0 \\ \sin a & \cos a & 0 \\ 0 & 0 & 1 \end{pmatrix} \tag{5.3.2}$$

在式(5.3.2)中，坐标系 xOy 是以图像的中心为原点，以右为 x 轴正方向，以上为 y 轴正方向。

设图像的宽带为 w，高度为 h，容易得到

$$(x \quad y \quad 1) = (x' \quad y' \quad 1)\begin{pmatrix} 1 & 0 & 0 \\ 0 & -1 & 0 \\ -0.5w & 0.5h & 1 \end{pmatrix} \tag{5.3.3}$$

逆变换为

$$(x' \quad y \quad 1) = (x \quad y \quad 1)\begin{pmatrix} 1 & 0 & 0 \\ 0 & -1 & 0 \\ 0.5w & 0.5h & 1 \end{pmatrix} \tag{5.3.4}$$

由式(5.3.1)～式(5.3.4)可知，可以将旋转变换分成 3 个步骤来完成：

① 将坐标系 $x'O'y'$ 变成 xOy；

② 将该点顺时针旋转 a 角；

③ 将坐标系 xOy 变回 $x'O'y'$。

这样，就得到了如下的变换矩阵，即上面 3 个矩阵的级联

$$\begin{aligned} (x_1 \quad y_1 \quad 1) &= (x_0 \quad y_0 \quad 1)\begin{pmatrix} 1 & 0 & 0 \\ 0 & -1 & 0 \\ -0.5w_{\text{old}} & 0.5h_{\text{old}} & 1 \end{pmatrix}\begin{pmatrix} \cos a & -\sin a & 0 \\ \sin a & \cos a & 0 \\ 0 & 0 & 1 \end{pmatrix}\begin{pmatrix} 1 & 0 & 0 \\ 0 & -1 & 0 \\ 0.5w_{\text{new}} & 0.5h_{\text{new}} & 1 \end{pmatrix} \\ &= (x_0 \quad y_0 \quad 1)\begin{pmatrix} \cos a & \sin a & 0 \\ -\sin a & \cos a & 0 \\ \begin{matrix} -0.5w_{\text{old}}\cos a + \\ 0.5h_{\text{old}}\sin a + 0.5w_{\text{new}} \end{matrix} & \begin{matrix} -0.5w_{\text{old}}\sin a - \\ 0.5h_{\text{old}}\cos a + 0.5h_{\text{new}} \end{matrix} & 1 \end{pmatrix} \end{aligned} \tag{5.3.5}$$

式中，w_{old}，h_{old}，w_{new}，h_{new}分别表示原图像的宽、高和新图像的宽、高。式(5.3.5)的逆变换为

$$(x_0 \quad y_0 \quad 1)=(x_1 \quad y_1 \quad 1)\begin{bmatrix}1 & 0 & 0\\ 0 & -1 & 0\\ -0.5w_{new} & 0.5h_{new} & 1\end{bmatrix}\begin{bmatrix}\cos a & \sin a & 0\\ -\sin a & \cos a & 0\\ 0 & 0 & 1\end{bmatrix}\begin{bmatrix}1 & 0 & 0\\ 0 & -1 & 0\\ 0.5w_{old} & 0.5h_{old} & 1\end{bmatrix}$$

$$=(x_1 \quad y_1 \quad 1)\begin{bmatrix}\cos a & -\sin a & 0\\ \sin a & \cos a & 0\\ -0.5w_{new}\cos a- & 0.5w_{new}\sin a- & \\ 0.5h_{new}\sin a+0.5w_{old} & 0.5h_{new}\cos a+0.5h_{old} & 1\end{bmatrix} \tag{5.3.6}$$

这样，对于新图像中的每一点，就可以根据式(5.3.6)求出原图像中的对应点，并可得到它的灰度。如果超出原图像范围，则填成白色。要注意的是，由于有浮点运算，计算出来的点的坐标可能不是整数，需要取整处理，即找到最接近的点，这样便会带来一些误差，图像可能会出现锯齿。

5.3.2 基于System Object的仿真

在MATLAB中，调用计算机视觉工具箱中的vision.GeometricRotator可实现对输入图像的缩放变换。

vision.GeometricRotator的具体使用方法如下：

vision.GeometricRotator

功能：按照指定的角度旋转图像；

语法：A = step(vision.GeometricRotator, Img)

其中：Img为原始图像；A是旋转后的图像。

属性：

OutputSize：输出图像的尺寸。若设置 'Expanded to fit rotated input image'，则将图像进行扩充；若设置为 'Same as input image'，则旋转后输出图像的尺寸与原输入图像相同，默认值为 'Expanded to fit rotated input image'。

AngleSource：旋转角度来源。若选择 'Property'，则旋转角度来源于该系统对象的性质Angle，此时，通过Y = step(vision.GeometricRotator, IMG)来运行该系统对象；若选择 'Input port'，则通过在输入接口中Angle值来旋转图像，则通过Y = step(HROTATE, IMG, ANGLE)来运行该系统对象。

Angle：图像旋转角度，默认值为pi/6。

MaximumAngle：最大旋转角度，默认值是pi。

RotatedImageLocation：如何旋转，若设定为 'Top-left corner'，则以左上角的顶点为旋转点进行旋转；若设定为 'Center'，则以该图像的中心点为旋转点进行旋转。默认值为 'Center'。

SineComputation：如何计算旋转，若设定为 'Trigonometric function' 则为计算法；若设定为 'Table lookup'，则为查表法。

BackgroundFillValue：背景填充值，默认值为0(黑色)。

InterpolationMethod：插值方式。可设置为最邻近插值 'Nearest neighbor'、双线性插值 'Bilinear'、三次插值 'Bicubic'。

【例5.3.1】和【例5.3.2】 调用系统函数vision.GeometricRotator对图像进行旋转。

例 5.3.1 程序如下：

```
% 读入图像并转换成为双精度型
img = im2double(imread('peppers.png'));
% 创建系统对象
hrotate = vision.GeometricRotator;
% 设定旋转角度为 pi / 6
hrotate.Angle = pi / 6;
% 执行系统对象
rotimg = step(hrotate,img);
% 显示旋转后的图像
imshow(rotimg);
```

运行结果如图 5.3.1 所示。

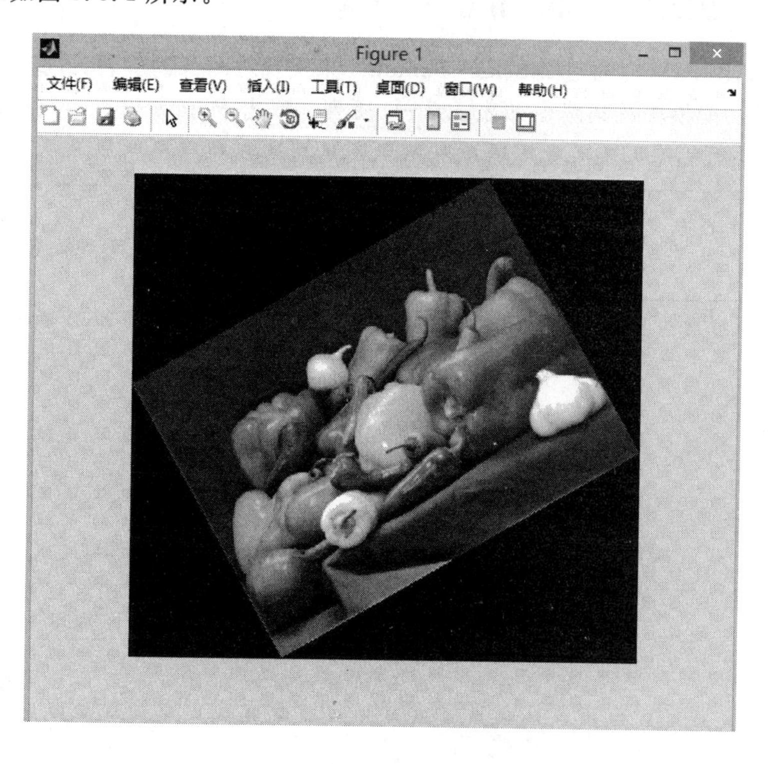

图 5.3.1　例 5.3.1 的运行结果

例 5.3.2 程序如下：

```
% 创建系统对象
hrotate2 = vision.GeometricRotator;
% 设定系统对象的属性
hrotate2.AngleSource = 'Input port';     % 从输入接口中输入旋转角度
hrotate2. OutputSize = 'Same as input image'; % 设定旋转后的图像大小与输入相同
% 读入 RGB 图像并将其转换成为双精度灰度图像
img2 = im2double(rgb2gray(imread('onion.png')));
% 显示
figure, imshow(img2)
% 运行系统对象
rotimg2 = step(hrotate2, img2, pi/4);
figure,imshow(rotimg2);
```

运行结果如图 5.3.2 所示。

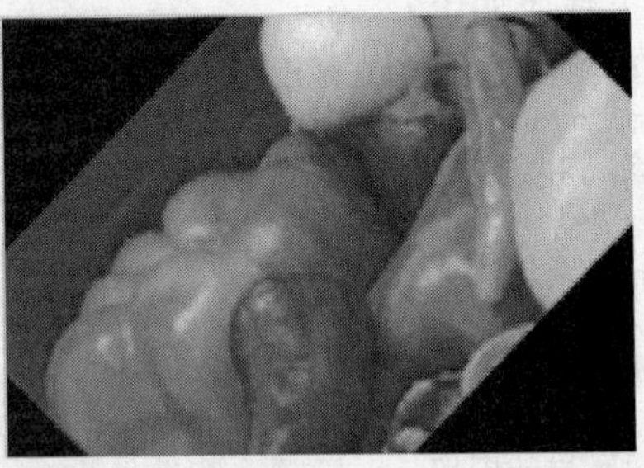

图 5.3.2 例 5.3.2 的运行结果

5.3.3 基于 Blocks - Simulink 的仿真

在 MATLAB 中，可以通过 Blocks - Simulink 来实现对图像的旋转，连接关系如图 5.3.3 所示。其中，各功能模块及其路径如表 5.3-1 所列。双击 Rotate 模块，可见属性设置，如图 5.3.4 所示，其运行结果如图 5.3.5 所示。

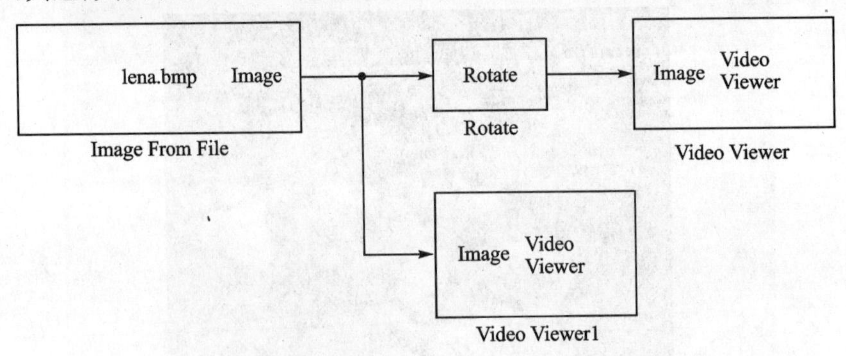

图 5.3.3 通过 Blocks - Simulink 来实现对图像放缩的原理

Function Block Parameters: Rotate

Rotate

Rotates an image by an angle in radians. You can specify this angle using the block parameters dialog box or input port Angle.

Use the Output size parameter to determine the size of the output. If you select Expanded to fit rotated input image, the block outputs a matrix that contains all the rotated image values and zeros elsewhere. If you select Same as input image, the block outputs a matrix that contains the middle part of the rotated image and zeros elsewhere. As a result, the edges of the rotated image might be cropped.

When specifying the rotation angle using the Angle port, the maximum angle value should be greater than 0 but less than or equal to pi radians.

Main | Data Types

Parameters

Output size: Expanded to fit rotated input image

Rotation angle source: Specify via dialog

Angle (radians): pi/6

Sine value computation method: Table lookup

Background fill value: 0

Interpolation method: Bilinear

OK Cancel Help Apply

图 5.3.4 Rotate 模块参数设置

表 5.3-1　各功能模块及其路径

功　能	名　称	路　径
读入图像	Image From File	Computer Vision System Toolbox/Sources
图像平移	Rotate	Computer Vision System Toolbox/Geometric Transformations
观察图像输出结果	Video Viewer	Computer Vision System Toolbox/Sinks

图 5.3.5　图 5.3.3 所示模型的运行结果

5.3.4　C/C++代码自动生成及运行效果

可将基于系统对象 vision. x 的 MATLAB 程序转换成 C/C++程序，并在 VS 2010 环境下运行，其步骤如下。

步骤 1：新建一个 M 函数，其输入为待处理的图像矩阵 ***I***，输出为旋转后的图像矩阵 ***J***。在编辑器窗口输入如下内容，并保存：

```
function J = GeometricRotatorM2C(I)
h= vision.GeometricRotator; % #codegen
J = step(h, I);
```

在命令行窗口输入如下内容：

```
I = ones(4,4);
J = GeometricRotatorM2C(I)
```

其运行效果如图 5.3.6 所示。

```
GeometricRotatorM2C.m
1      function J = GeometricRotatorM2C(I)
2 -      h= vision.GeometricRotator; %#codegen
3 -      J = step(h, I);
4

命令行窗口
  >> I=ones(4,4);
  >> J = GeometricRotatorM2C(I)

  J =

          0         0    0.1675    0.3830    0.1481         0
     0.1005    0.4510    0.8505    0.9192    0.4913    0.0200
     0.3950    1.0000    1.0000    0.9955    0.8639    0.1740
     0.1740    0.8639    0.9955    1.0000    1.0000    0.3950
     0.0200    0.4913    0.9192    0.8505    0.4510    0.1005
          0    0.1481    0.3830    0.1675         0         0
```

图 5.3.6　所编写的 M 函数的运行效果

步骤2:在命令行窗口输入coder,建立一个名为GeometricRotatorM2C的工程文件,并单击"添加文件"按钮,如图5.3.7所示,将GeometricRotatorM2C.m函数导入。

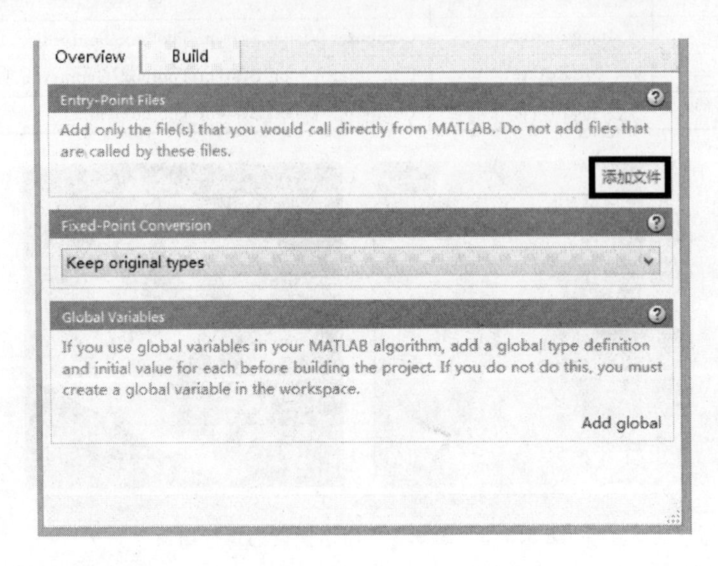

图5.3.7　通过"添加文件"按钮导入相应的M函数

步骤3:单击界面上的"Build"按钮,在Output type选项中选择C/C++ Static Library,如图5.3.8所示。

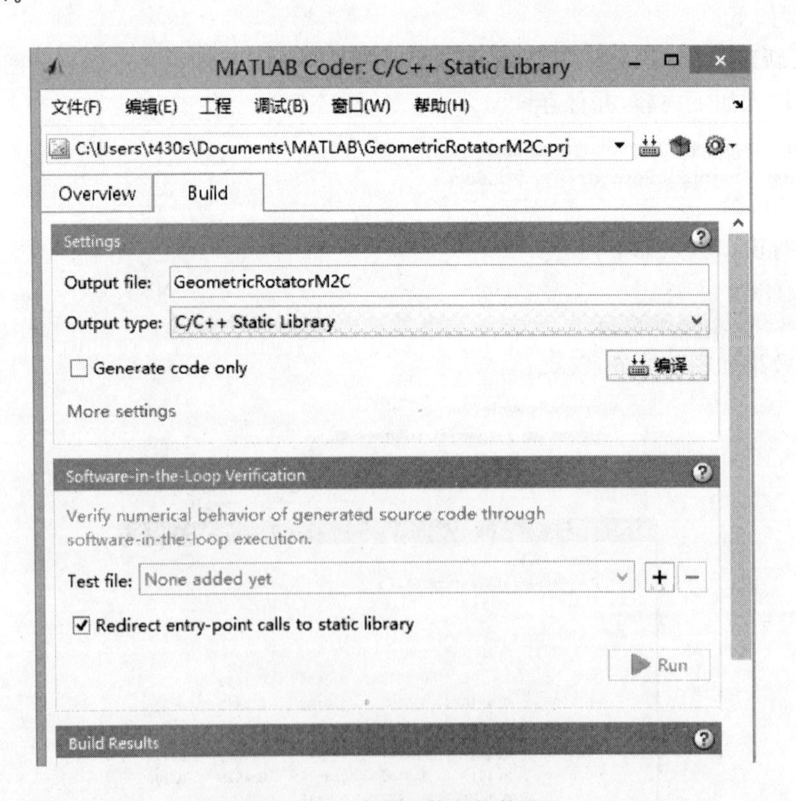

图5.3.8　步骤3的运行效果

步骤4:在该页面单击"More settings",将Language设置成为"C++",如图5.3.9所示。

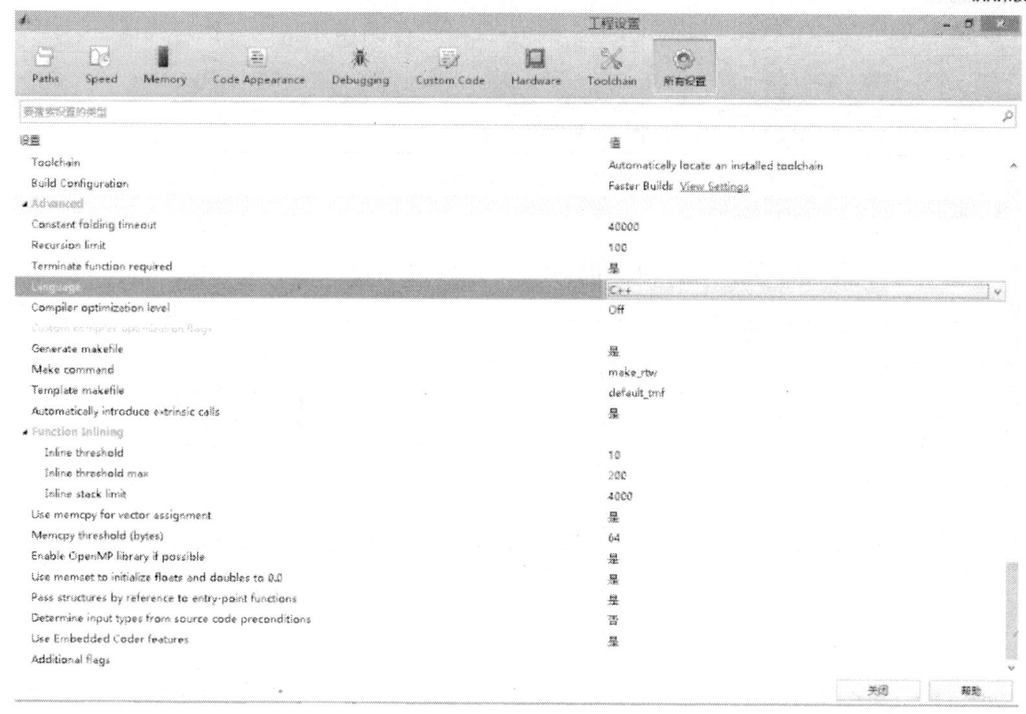

图 5.3.9　设置生成代码的类型

步骤 5:设置函数的输入类型。在本例中,将函数的输入类型设置为双精度的 4×4 矩阵,如图 5.3.10 所示。

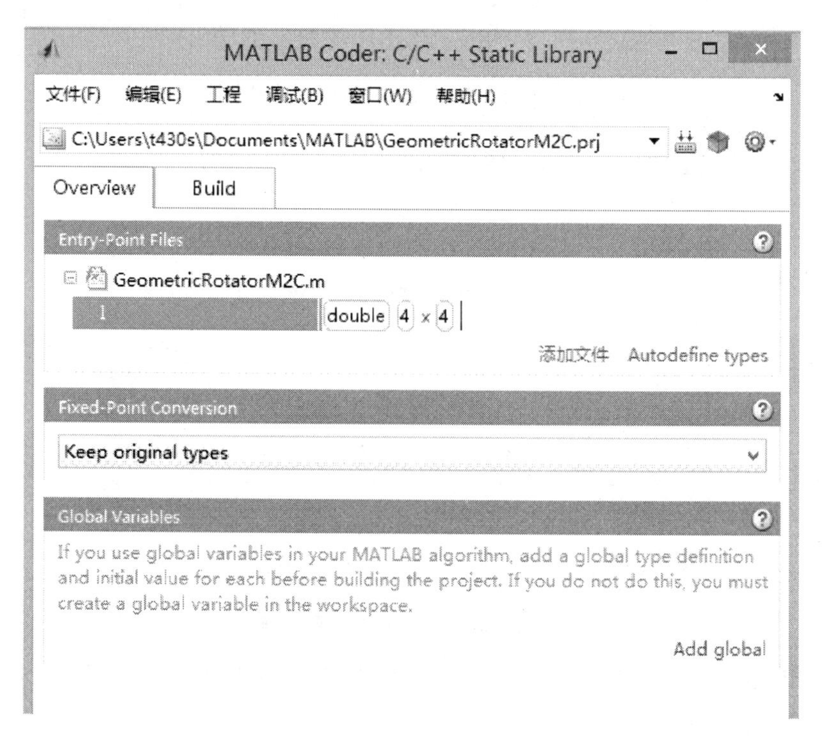

图 5.3.10　设置函数的输入类型

步骤 6：单击"编译"按钮，如图 5.3.11 所示，便可进行编译并生成可执行代码。

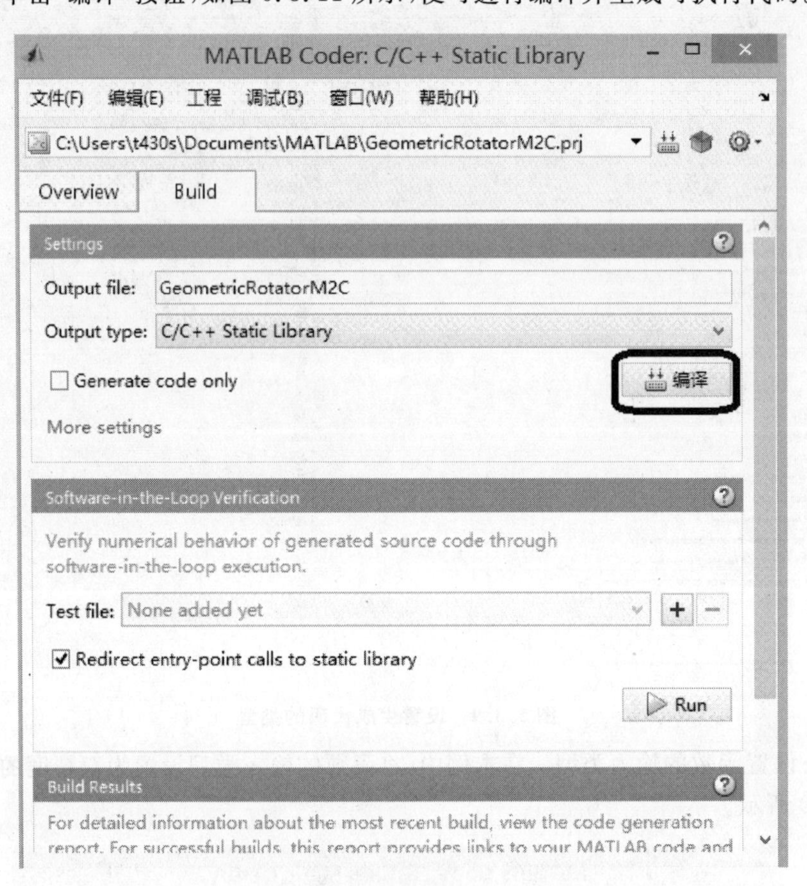

图 5.3.11 单击"编译"按钮进行编译

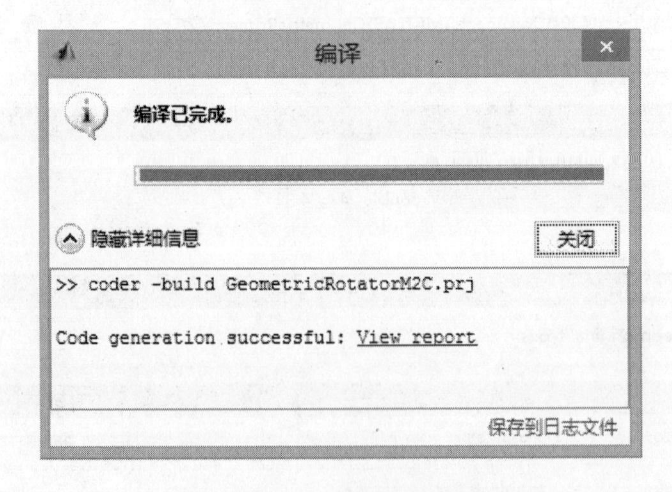

图 5.3.12 完成编译后的效果

步骤 7：单击图 5.3.12 界面上的"View report"，便可以观察代码生成报告，如图 5.3.13 所示。

所生成程序的核心代码为：

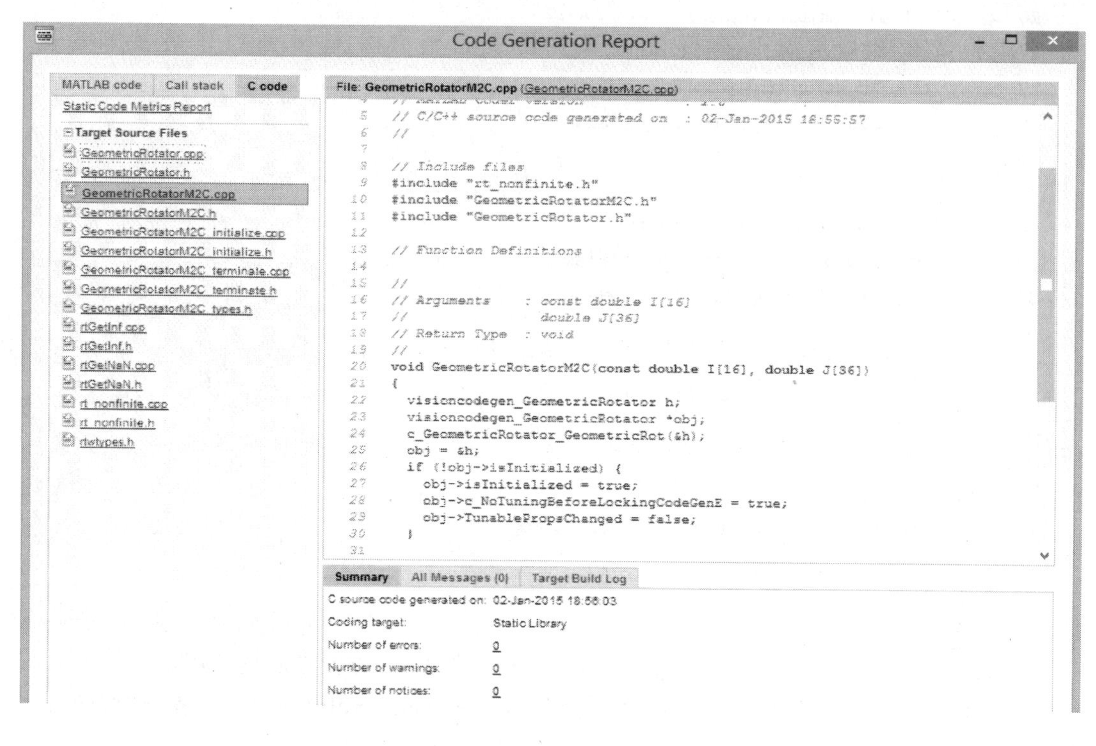

图 5.3.13　代码生成报告

```
1   //
2   // File: GeometricRotatorM2C.cpp
3   //
4   // MATLAB Coder version                  : 2.6
5   // C/C++ source code generated on        : 02-Jan-2015 18:55:57
6   //
7
8   // Include files
9   #include "rt_nonfinite.h"
10  #include "GeometricRotatorM2C.h"
11  #include "GeometricRotator.h"
12
13  // Function Definitions
14
15  //
16  // Arguments      : const double I[16]
17  //                  double J[36]
18  // Return Type    : void
19  //
20  void GeometricRotatorM2C(const double I[16], double J[36])
21  {
22    visioncodegen_GeometricRotator h;
23    visioncodegen_GeometricRotator *obj;
24    c_GeometricRotator_GeometricRot(&h);
25    obj = &h;
```

若您对此书内容有任何疑问，可以凭在线交流卡登录MATLAB中文论坛与作者交流。

```
26      if (!obj->isInitialized) {
27        obj->isInitialized = true;
28        obj->c_NoTuningBeforeLockingCodeGenE = true;
29        obj->TunablePropsChanged = false;
30      }
31
32      if (obj->TunablePropsChanged) {
33        obj->TunablePropsChanged = false;
34        obj->tunablePropertyChanged = false;
35      }
36
37      GeometricRotator_outputImpl(obj, I, J);
38    }
39
40    //
41    // File trailer for GeometricRotatorM2C.cpp
42    //
43    // [EOF]
44    //
```

通过分析上述代码,可以搞清楚函数的输入、输出类型,以方便在后续调用。

步骤8:在VS 2010软件环境下新建一个名为“GeometricRotatorC”的工程,如图5.3.14所示。

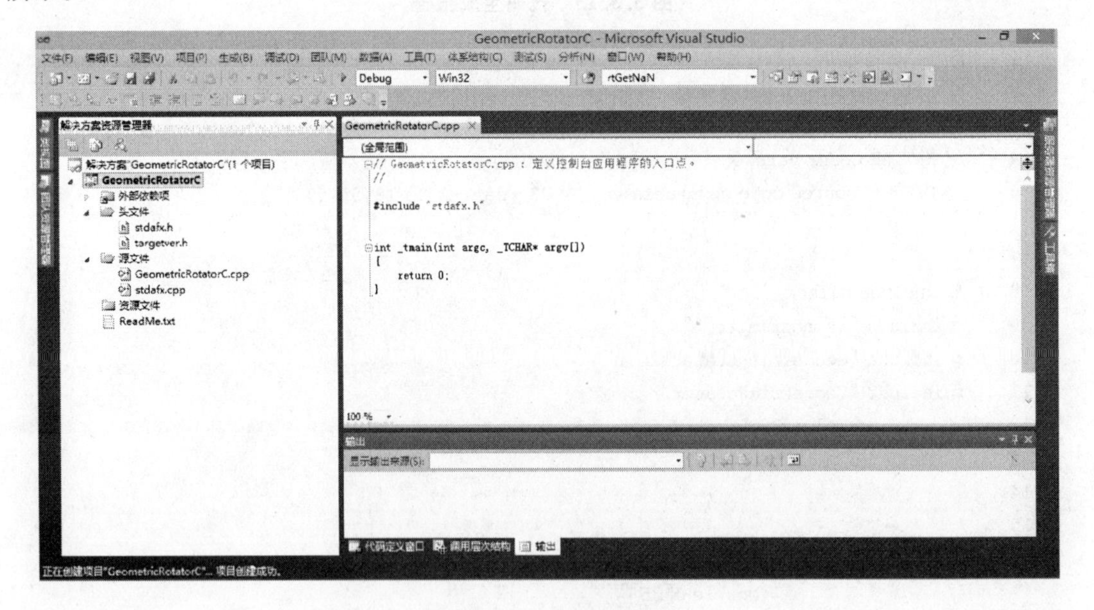

图5.3.14　新建的工程

步骤9:在所建立的工程左侧,单击右键,并选择属性,如图5.3.15所示。

步骤10:单击VC++目录,对右侧的包含目录进行设置,将所生成代码的路径包含进去,如图5.3.16所示。

步骤11:单击左侧的C/C++,对“预编译头”进行设置,选择“不使用预编译头”,如图5.3.17所示。

图 5.3.15　步骤 9 的实现过程

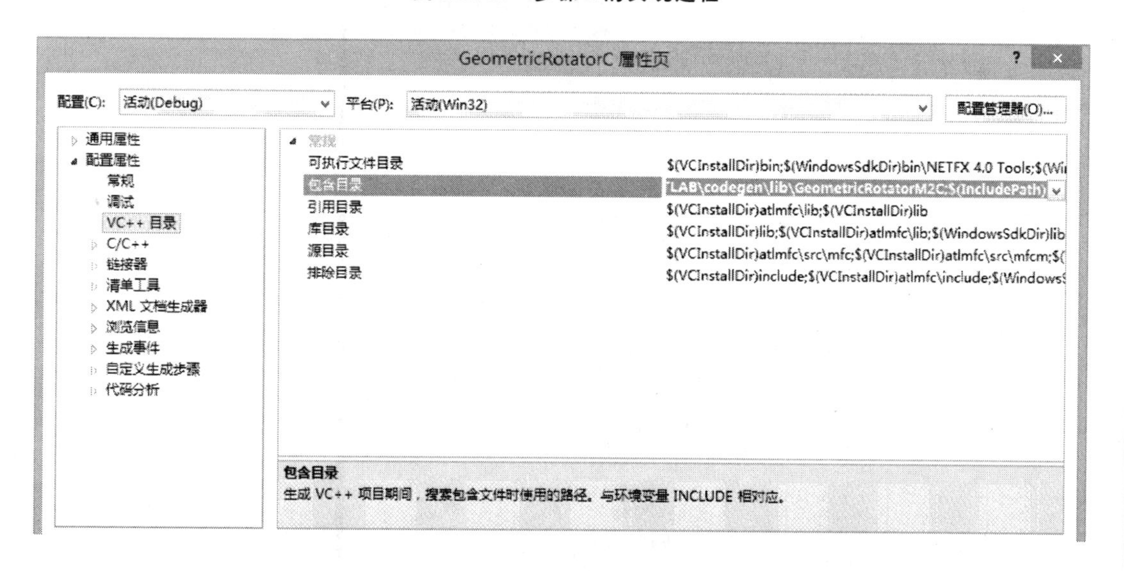

图 5.3.16　步骤 10 的实现过程

步骤 12:添加自动生成的"头文件"和"源文件"。在本例中,完成添加后的效果如图 5.3.18 所示。

步骤 13:输入如下程序,并进行编译,编译后的效果如图 5.3.19 所示,运行效果如图 5.3.20 所示。

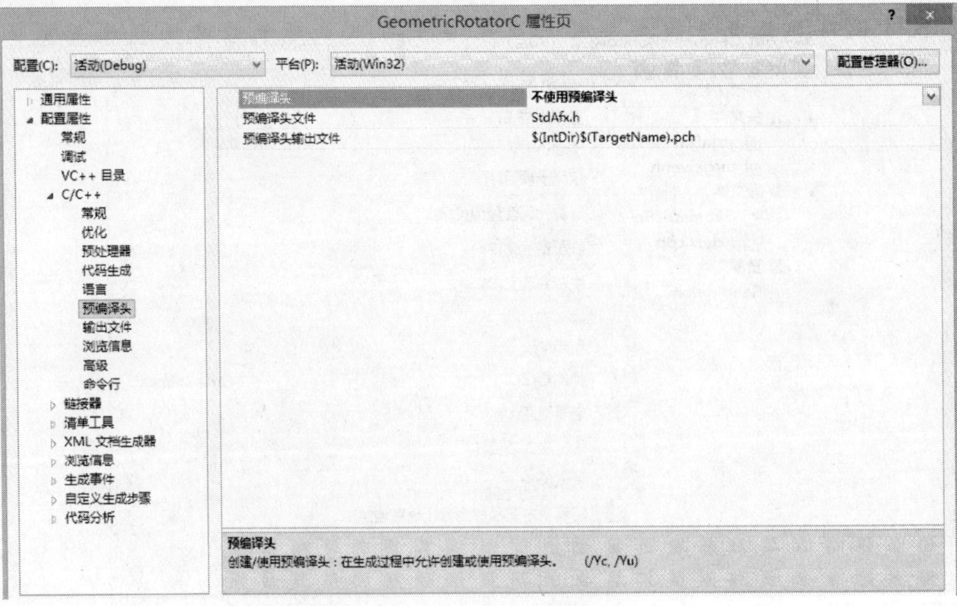

图 5.3.17 步骤 11 的实现过程

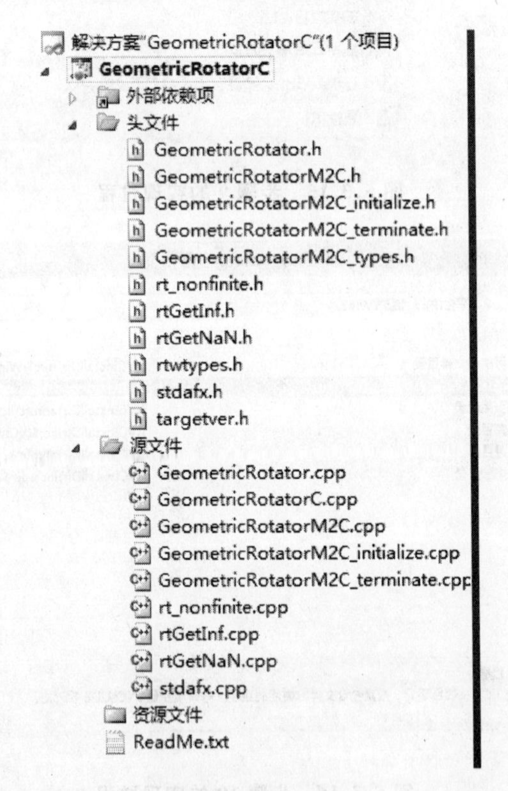

图 5.3.18 添加"头文件"和"源文件"后的效果

```
#include "stdafx.h"
#include "GeometricRotatorM2C.h"
#include "math.h"
#include <iostream>
using namespace std;
```

```
int _tmain(int argc, _TCHAR * argv[])
{
    double a[16] = {1.0,1.0, 1.0, 1.0, 1.0, 1.0, 1.0, 1.0, 1.0, 1.0, 1.0, 1.0, 1.0, 1.0, 1.0, 1.0 };
    double b[36] = {0.0};
    GeometricRotatorM2C(a,b);
    for(int i = 0; i < 36; i++ )
        std::cout << b[i] << std::endl;
    while(1)
    {
    }
    return 0;
}
```


图 5.3.19　显示编译成功

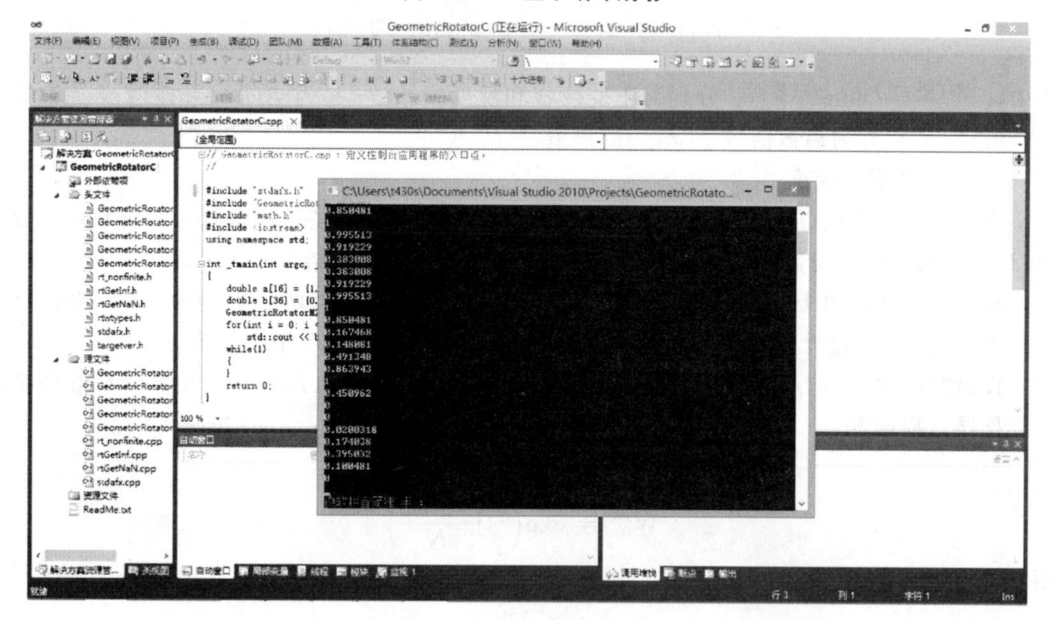

图 5.3.20　程序运行效果

5.4 图像的傅里叶变换

从纯粹的数学意义上看，傅里叶变换是将一个函数转换为一系列周期函数来处理的过程。从物理效果上看，傅里叶变换是将图像从空间域转换到频率域，其逆变换是将图像从频率域转换到空间域。换句话说，傅里叶变换的物理意义就是将图像的灰度分布函数变换为图像的频率分布函数，傅里叶逆变换是将图像的频率分布函数变换为灰度分布函数。

图像的频率是表征图像中灰度变化剧烈程度的指标，是灰度在平面空间上的梯度。例如，大面积的沙漠在图像中是一片灰度变化缓慢的区域，对应的频率值很低；而对于地表属性变换剧烈的边缘区域，它在图像中是一片灰度变化剧烈的区域，对应的频率值较高。因此，将一幅图像进行傅里叶变换后，就将图像中的高频信息和低频信息在频率域中分开了，方便对图像进行各种处理，如图像平滑、边缘提取等操作。

5.4.1 基本原理

1. 离散傅里叶变换

离散傅里叶变换(discrete fourier transform, DFT)是图像处理最为常用的变换手段。利用傅里叶变换，把图像的信号从空域转到频域，使信号处理中常用的频域处理技术可应用到图像处理上，这无疑大大拓宽了图像处理的思想和方法。傅里叶变换在图像滤波、噪声滤波、选择性滤波、压缩和增强中都有着广泛的应用。

假设 $f(m,n)(m=0,1,\cdots,M-1;n=0,1,\cdots,N-1)$是一幅 $M\times N$ 图像，其二维离散傅里叶变换的定义如下

$$F(k,l)=\sum_{m=0}^{M-1}\sum_{n=0}^{N-1}f(m,n)\mathrm{e}^{-\mathrm{j}2\pi\left(\frac{mk}{M}+\frac{nl}{N}\right)} \tag{5.4.1}$$

其反变换为

$$f(m,n)=\sum_{k=0}^{M-1}\sum_{l=0}^{N-1}F(k,l)\mathrm{e}^{\mathrm{j}2\pi\left(\frac{mk}{M}+\frac{nl}{N}\right)} \tag{5.4.2}$$

式中，$\mathrm{e}^{-\mathrm{j}2\pi\left(\frac{mk}{M}+\frac{nl}{N}\right)}$和$\mathrm{e}^{\mathrm{j}2\pi\left(\frac{mk}{M}+\frac{nl}{N}\right)}$分别为正变换核和反变换核；$m,n$ 为空间域采样值；k,l 为频率采样值；$F(u,v)$称为离散信号 $f(x,y)$的频谱。

2. 快速傅里叶变换

快速傅里叶变换(fast fourier transform, FFT)的主要思想是将原函数分为奇数项和偶数项，通过不断将一个奇数项和一个偶数项相加(减)，得到需要的结果。也就是说，FFT 是将复杂的乘法运算变成两个数相加(减)的简单重复运算，即通过计算两个单点的 DFT，来计算一个双点的 DFT；通过计算两个双点的 DFT，来计算四个点的 DFT，依次类推。

设离散函数 $f(m,n)$在有限区域$(0\leqslant m\leqslant M-1,0\leqslant n\leqslant N-1)$非零，则快速傅里叶变换的主要推导过程如下

令

$$W_N^{pm}=\exp\left(-\mathrm{j}\,\frac{2\pi pm}{N}\right)$$

则有

$$F(p)=\frac{1}{N}\sum_{m=0}^{N-1}f(m)W_N^{pm}$$

$$= \frac{1}{2}\left[\frac{2}{N}\sum_{n=0}^{\frac{N}{2}-1} f(2m)W_N^{2pm} + \frac{2}{N}\sum_{n=0}^{\frac{N}{2}-1} f(2m+1)W_N^{p(2m+1)}\right]$$

$$= \frac{1}{2}\left[\frac{1}{M}\sum_{m=0}^{M-1} f(2m)W_N^{2pm} + \frac{1}{M}\sum_{n=0}^{M-1} f(2m+1)W_N^{2pm}W_N^{p}\right]$$

$$= \frac{1}{2}[F_e(p) + W_N^p F_o(p)]$$

同理

$$F(p+M) = \frac{1}{2}[F_e(p+M) + W_N^{p+M}F_o(p+M)]$$

$$= \frac{1}{2}[F_e(p) + W_N^{p+M}F_o(p)]$$

又因为

$$W_N^{p+M} = W_N^p W_N^M = W_N^p \exp(-\mathrm{j}\frac{2\pi pm}{N}) = W_N^p \exp(-\mathrm{j}\pi) = -W_N^p$$

所以

$$F(p+M) = \frac{1}{2}[F_e(p) - W_N^p F_o(p)]$$

由上述推导可得，FFT 的定义式为

$$F(p,q) = \sum_{m=0}^{M-1}\sum_{n=0}^{N-1} f(m,n)\mathrm{e}^{-\mathrm{j}\frac{2\pi}{M}pm}\,\mathrm{e}^{-\mathrm{j}\frac{2\pi}{N}qn} \quad \begin{aligned} p &= 0,1,\ldots,M-1 \\ q &= 0,1,\ldots,N-1 \end{aligned}$$

其逆变换为

$$f(m,n) = \frac{1}{MN}\sum_{p=0}^{M-1}\sum_{q=0}^{N-1} F(p,q)\mathrm{e}^{\mathrm{j}\frac{2\pi}{M}pm}\,\mathrm{e}^{\mathrm{j}\frac{2\pi}{N}qn} \quad \begin{aligned} m &= 0,1,\ldots,M-1 \\ n &= 0,1,\ldots,N-1 \end{aligned}$$

3. 主要性质

设阵列 $f(m,n)$ 与 $g(m,n)$ 的离散傅里叶变换为

$$[f(m,n)]_{M\times N} \Leftrightarrow [F(k,l)]_{M\times N},\ [g(m,n)]_{M\times N} \Leftrightarrow [G(k,l)]_{M\times N}$$

则有以下性质。

① 延拓周期性

$$f(m,n) = f(m+aM, n+bN)$$
$$F(k,l) = F(k+aM, l+bN)$$

式中，$m,k=0,1,\cdots,M-1$；$n,l=0,1,\cdots,N-1$；a,b 为整数。这是因为 $\mathrm{e}^{\pm\mathrm{j}2\pi\frac{mk}{M}}$ 和 $\mathrm{e}^{\pm\mathrm{j}2\pi\frac{nl}{N}}$ 是 m,n 或 k,l 的周期函数，周期分别为 M 和 N。

② 可分性

变换是可分的，即

$$\mathrm{e}^{\pm\mathrm{j}2\pi\left(\frac{mk}{M}+\frac{nl}{N}\right)} = \mathrm{e}^{\pm\mathrm{j}2\pi\frac{mk}{M}}\,\mathrm{e}^{\pm\mathrm{j}2\pi\frac{nl}{N}}$$

这个性质可使二维离散傅里叶变换依次用两次一维变换来实现。

③ 线性

离散傅里叶变换和反变换都是线性变换，即

$$F[af(m,n) + bg(m,n)] = aF[f(m,n)] + bF[g(m,n)]$$
$$F^{-1}[\alpha F(k,l) + \beta G(k,l)] = \alpha F^{-1}[F(k,l)] + \beta F^{-1}[G(k,l)]$$

④ 尺度缩放性

$$f(am,bn)\Leftrightarrow \frac{1}{|ab|}F(-k,-l)$$

特别地，当 $a,b=-1$ 时，有

$$f(-m,-n)\Leftrightarrow F(-k,-l)$$

即离散傅里叶变换具有符号改变对应性。

⑤ 平移性质

$$f(m-m_0,n-n_0)\Leftrightarrow F(k,l)\mathrm{e}^{-\mathrm{j}2\pi\left(\frac{m_0k}{M}+\frac{n_0l}{N}\right)}$$

$$F(k-k_0,l-l_0)\Leftrightarrow f(m,n)\mathrm{e}^{\mathrm{j}2\pi\left(\frac{m_0k}{M}+\frac{n_0l}{N}\right)}$$

式中，m_0，n_0 分别表示横纵方向的平移量。

在阵列阵元有限的概念下，这种位移是循环位移。循环位移相当于原阵列周期延拓后的普通位移。这个性质表明，一个阵列发生平移，它的傅里叶变换阵列只改变相位，而幅值不变。

⑥ 差分

令

$$\Delta_x f(m,n)=f(m,n)-f(m-1,n)$$

$$\Delta_y f(m,n)=f(m,n)-f(m,n-1)$$

则

$$\Delta_x f(m,n)\Leftrightarrow F(k,l)(1-\mathrm{e}^{-\mathrm{j}2\pi\frac{k}{M}})$$

$$\Delta_y f(m,n)\Leftrightarrow F(k,l)(1-\mathrm{e}^{-\mathrm{j}2\pi\frac{l}{N}})$$

由该性质可知，在空间域中对图像进行差分运算相当于对图像进行高通滤波。

⑦ 和分

$$f(m,n)+f(m-1,n)\Leftrightarrow F(k,l)(1+\mathrm{e}^{-\mathrm{j}2\pi\frac{k}{M}})$$

$$f(m,n)-f(m,n-1)\Leftrightarrow F(k,l)(1+\mathrm{e}^{-\mathrm{j}2\pi\frac{l}{N}})$$

此性质表明，在空间域中对图像像素作和相当于对图像信号进行低通滤波。

⑧ 卷积

两幅图像的卷积等于其傅里叶变换的乘积，即

$$f(m,n)*g(m,n)\Leftrightarrow F(k,l)G(k,l)$$

$$f(m,n)g(m,n)\Leftrightarrow \frac{1}{MN}F(k,l)*G(k,l)$$

其中，$f(m,n)*g(m,n)=\sum_{i=0}^{M-1}\sum_{j=0}^{N-1}f_e(i,j)g_e(m-i,n-j)$。

5.4.2 基于 System Object 的仿真

在 MATLAB 中，可以调用计算机视觉工具箱中的 vision.FFT 来实现对输入图像的快速傅里叶变换。

vision.FFT 的具体使用方法如下：

vision.FFT

功能：对输入的灰度图像进行快速傅里叶变换。

语法：A = step(vision.FFT,Img)

其中：Img 为原始图像；A 是傅里叶变换后的图像。

属性：

FFTImplementation：FFT 的执行方式。可设置为 'Auto'、'Radix-2'、'FFTW'；默认值为 'Auto'。若将其设置为 'Radix-2'，则输入图像矩阵的行、列数必须为 2^n。

BitReversedOutput：可以将其设置为 false 或 true，其默认值为 false。

Normalize：是否对输出图像进行归一化处理，可以将其设置为 false 或 true，默认值为 false。

【例 5.4.1】 调用 vision.FFT 进行二维图像傅里叶变换，其运行结果如图 5.4.1 所示。程序如下：

```
% 定义系统对象
hfft2d = vision.FFT;    % 用于进行傅里叶变换
hcsc = vision.ColorSpaceConverter('Conversion', 'RGB to intensity');  % 用于色彩空间转换
hgs = vision.GeometricScaler('SizeMethod', 'Number of output rows and columns', 'Size', [512
    512]); % 用于改变图像的大小
% 读入 RGB 图像
  x = imread('saturn.png');
  imshow(x)
% 将读入的图像转变为 512×512 大小的图像
  x1 = step(hgs,x);
% 将 RGB 图像转换为灰度图像
  ycs = step(hcsc, x1);
% 对图像进行傅里叶变换
  y = step(hfft2d, ycs);
% 使变换后的零频率分量位于中心
  y1 = fftshift(double(y));
  figure
% 显示结果
  imshow(log(max(abs(y1), 1e-6)),[]);
  colormap(jet(64));
```

(a) 输入图像

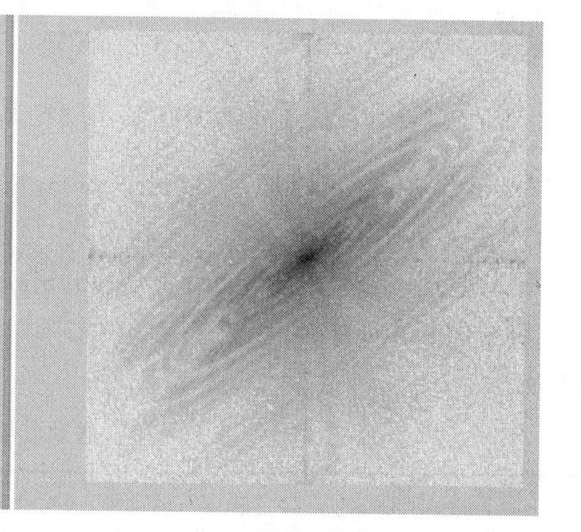

(b) 傅里叶频谱

图 5.4.1　例 5.4.1 的运行结果

在 MATLAB 中，可以调用计算机视觉工具箱中的 vision.IFFT 来实现对输入图像的快速傅里叶变换。

vision.IFFT的具体使用方法如下：

vision.IFFT

功能：对输入的频域图像进行傅里叶逆变换。

语法：A = step(vision.IFFT,Img)

其中：Img为原始图像；A是傅里叶变换后的图像。

属性：

FFTImplementation：FFT的执行方式。可设置为'Auto'、'Radix - 2'、'FFTW'；默认值为'Auto'。若将其设置为'Radix - 2'，则输入图像矩阵的行、列数必须为2^n。

BitReversedOutput：可以将其设置为false或true，其默认值为false。

ConjugateSymmetricInput：Indicates whether input is conjugate symmetric；可以将其设置为false或true，其默认值为true。

Normalize：是否对输出图像进行归一化处理，可以将其设置为false或true，默认值为false.

【例5.4.2】 调用vision.IFFT进行二维图像傅里叶变换，其运行结果如图5.4.2所示。程序如下：

```
% 定义系统对象
hfft2d = vision.FFT;                    % 用于进行傅里叶变换
hifft2d = vision.IFFT;                  % 用于进行傅里叶逆变换
% 读入图像,并转换成单精度型
  xorig = single(imread('cameraman.tif'));
% 将时域图像转换到频域
  Y = step(hfft2d, xorig) ;             % 运行系统对象 hfft2d
  imshow(Y)
% 将频域图像转换到时域
  xtran = step(hifft2d, Y) ;            % 运行系统对象 hifft2d
% 显示结果
  figure
  imshow(abs(xtran), []);
```

5.4.3 基于Blocks - Simulink的仿真

在MATLAB中，还可以通过Blocks - Simulink来实现对图像的快速傅里叶变换及傅里叶逆变换，连接关系如图5.4.3所示。其中，各功能模块及其路径如表5.4 - 1所列，双击Image From File模块，将其数据类型设置成double型，如图5.4.4所示。将Color Space Conversion模块中的Conversion参数设置为R'G'B' to Intensity，如图5.4.5所示，其运行结果如图5.5.6所示。

表5.4 - 1 各功能模块及其路径

功 能	名 称	路 径
读入图像	Image From File	Computer Vision System Toolbox/Sources
将RGB图像转化为灰度图像	Color Space Convention	Computer Vision System Toolbox/Conventions
二维傅里叶变换	2 - D FFT	Computer Vision System Toolbox/Transforms
二维傅里叶逆变换	2 - D IFFT	Computer Vision System Toolbox/Transforms
取输出信号的幅值	Abs	Simulink/Math Operations
观察图像输出结果	Video Viewer	Computer Vision System Toolbox/Sinks

图 5.4.2　例 5.4.2 的运行结果

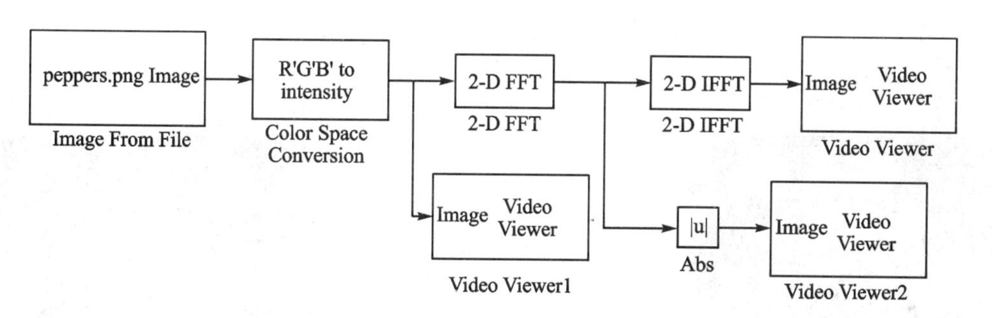

图 5.4.3　通过 Blocks－Simulink 来实现对图像的快速傅里叶变换及傅里叶逆变换的原理图

Source Block Parameters: Image From File

Image From File

Reads an image from a file.

Use the File name parameter to specify the image file you want to import into your model. Use the Sample time parameter to set the sample period of the block.

Main　Data Types

Parameters

Output data type: double

OK　Cancel　Help　Apply

图 5.4.4　Image From File 模块数据类型设置

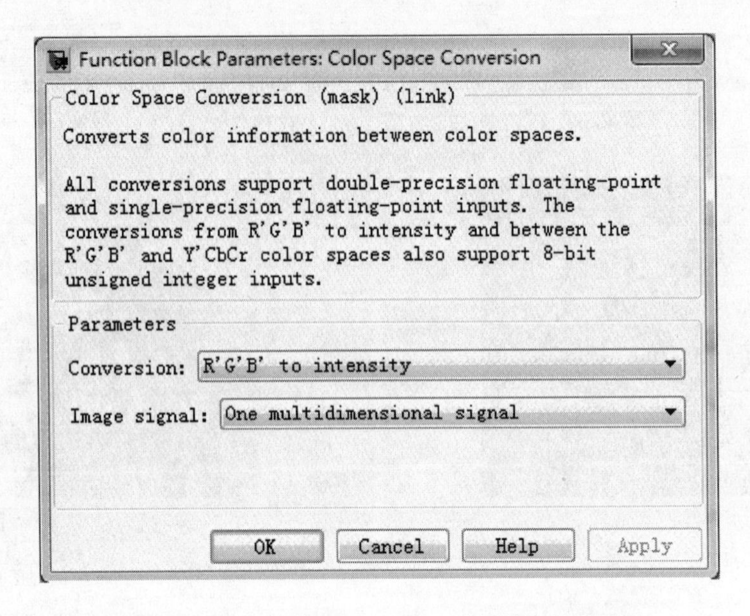

图 5.4.5 Color Space Conversion 模块转换类型设置

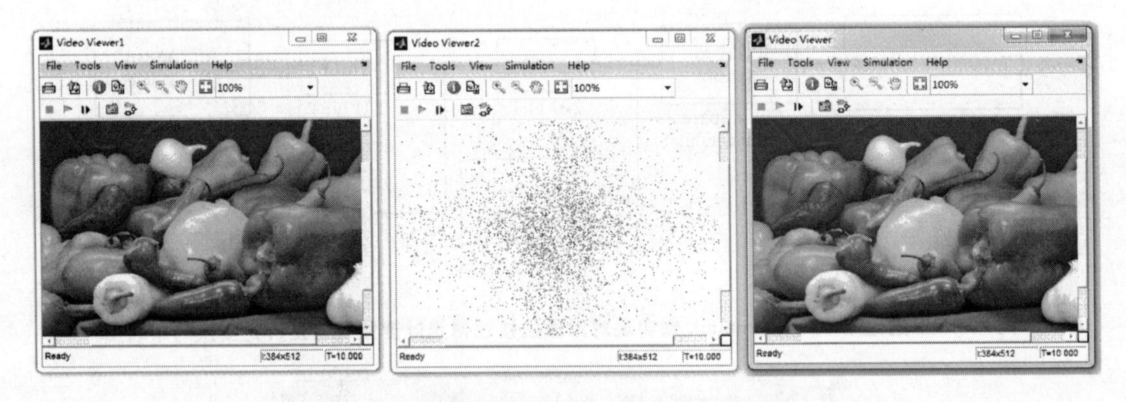

图 5.4.6 图 5.4.3 所示模型运行结果

5.4.4 C/C++代码自动生成及运行效果

可将基于系统对象 vision. x 的 MATLAB 程序转换成 C/C++程序，并在 VS 2010 环境下运行，其步骤如下。

步骤 1：新建一个 M 函数，其输入为待处理的图像矩阵 $\boldsymbol{I}$，输出为傅里叶变换系数矩阵 $\boldsymbol{J}$。在编辑器窗口输入如下内容，并保存：

```
function J = FFTM2C(I)
 hfft2d = vision.FFT; % #codegen
 J = step(hfft2d, I);
```

在命令行窗口输入如下内容：

```
I = 2 * ones(4,4);
J = FFTM2C(I)
```

其运行效果如图 5.4.7 所示。

步骤 2：在命令行窗口输入 coder，建立一个名为 FFTM2C 的工程文件，单击“添加文件”按钮，如图 5.4.8 所示，将 FFTM2C.m 函数导入。

```
编辑器 - C:\Users\t430s\Documents\MATLAB\FFTM2C.m
FFTM2C.m
1      function J = FFIM2C(I)
2 -      hfft2d = vision.FFT; %#codegen
3 -      J = step(hfft2d, I);
4
命令行窗口
>> I=2*ones(4,4);
J=FFIM2C(I)

J =

  32.0000 + 0.0000i   0.0000 + 0.0000i   0.0000 + 0.0000i   0.0000 + 0.0000i
   0.0000 + 0.0000i   0.0000 + 0.0000i   0.0000 + 0.0000i   0.0000 + 0.0000i
   0.0000 + 0.0000i   0.0000 + 0.0000i   0.0000 + 0.0000i   0.0000 + 0.0000i
   0.0000 + 0.0000i   0.0000 + 0.0000i   0.0000 + 0.0000i   0.0000 + 0.0000i
```

图 5.4.7　所编写的 M 函数的运行效果

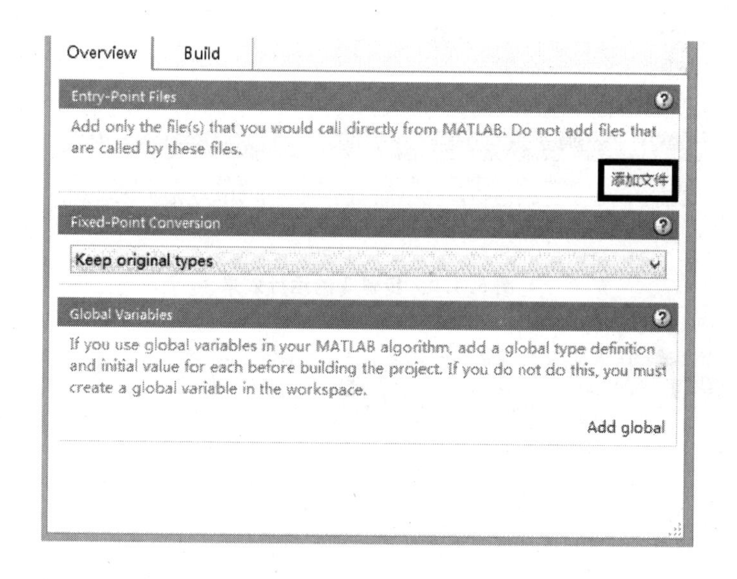

图 5.4.8　通过"添加文件"按钮导入相应的 M 函数

步骤 3:单击界面上的"Build"按钮,在 Output type 选项中选择 C/C++ Static Library,如图 5.4.9 所示。

步骤 4:在该页面单击"More settings",将 Language 设置成为"C++",如图 5.4.10 所示。

步骤 5:设置函数的输入类型。在本例中,将函数的输入类型设置为双精度的 4×4 矩阵,如图 5.4.11 所示。

步骤 6:单击"编译"按钮,如图 5.4.12 所示,便可进行编译并生成可执行代码,如图 5.4.13 所示。

步骤 7:单击 5.4.13 界面上的"View report",便可以观察代码生成报告,如图 5.4.14 所示。

所生成程序的核心代码为:

图 5.4.9 步骤 3 的运行效果

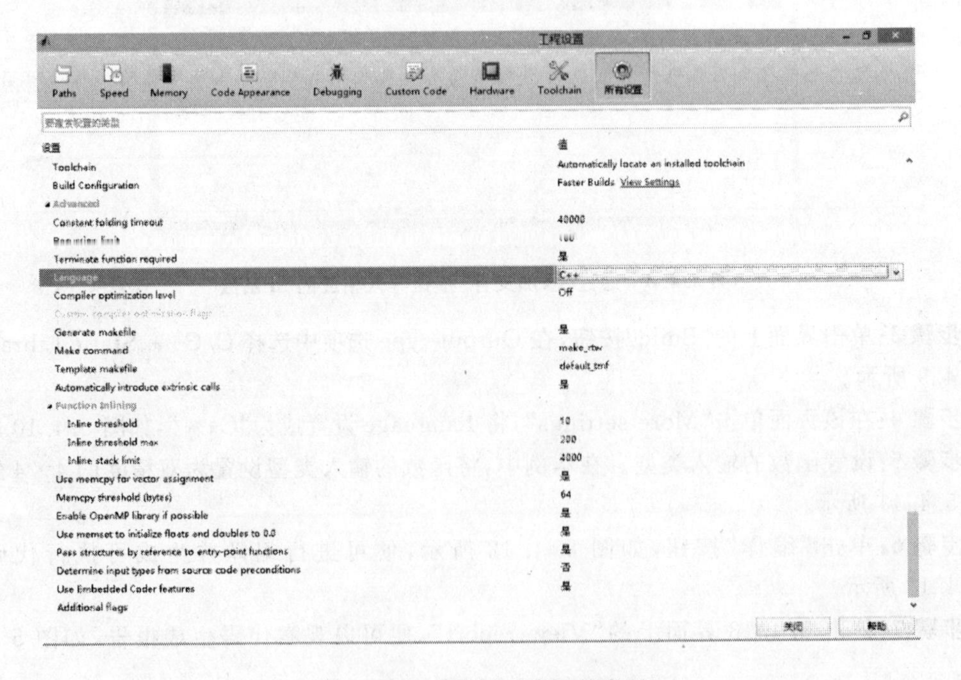

图 5.4.10 设置生成代码的类型

图 5.4.11　设置函数的输入类型

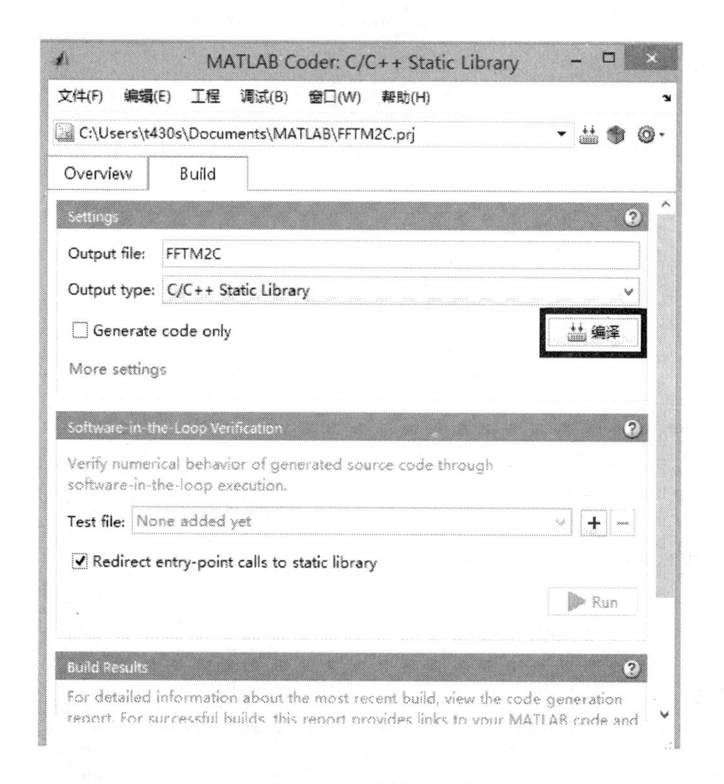

图 5.4.12　单击"编译"按钮进行编译

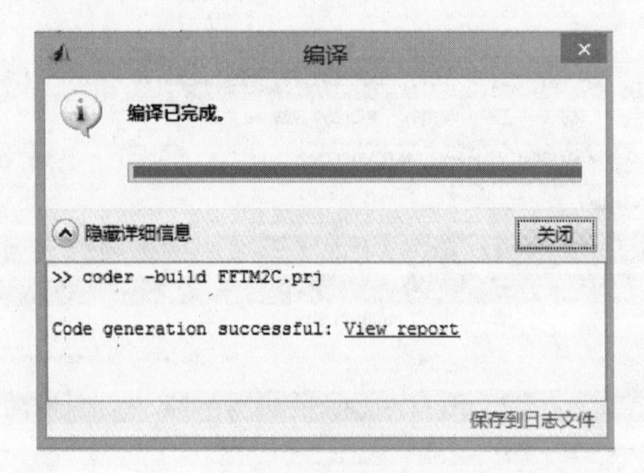

图 5.4.13　完成编译后的效果

图 5.4.14　代码生成报告

```
185    // Arguments      : const double I[16]
186    //                  creal_T J[16]
187    // Return Type    : void
188    //
189    void FFTM2C(const double I[16], creal_T J[16])
190    {
191      vision_FFT_0 hfft2d;
192      vision_FFT_0 * obj;
193      int i;
194      static const double dv0[3] = { 1.0, 6.123233995736766E-17, -1.0 };
195
196      double U0[16];
197      int rowIdx;
198      int indx;
199      int j;
```

```
200      int bit;
201      obj = &hfft2d;
202
203      // System object Constructor function: vision.FFT
204      obj ->S0_isInitialized = false;
205      obj ->S1_isReleased = false;
206      for (i = 0; i < 3; i++) {
207        obj ->P0_TwiddleTable[i] = dv0[i];
208      }
209
210      obj = &hfft2d;
211      memcpy(&U0[0], &I[0], sizeof(double) << 4);
212
213      // System object Outputs function: vision.FFT
214      MWDSPCG_R2BRScramble_OutPlace_Z((creal_T *)&J[0U], (double *)&U0[0U], 4, 4);
215      MWDSPCG_R2DIT_TBLS_Z((creal_T *)&J[0U], 4, 4, 4, 0, (double *)
216                           &obj ->P0_TwiddleTable[0U], 1, false);
217      for (rowIdx = 0; rowIdx < 4; rowIdx++) {
218        indx = rowIdx;
219        j = 0;
220        for (i = 0; i < 3; i++) {
221          obj ->W0_TRANSFORM_WK[j] = J[indx];
222          bit = 4;
223          do {
224            bit >>= 1;
225            j ^= bit;
226          } while (!((j & bit) != 0));
227
228          indx += 4;
229        }
230
231        obj ->W0_TRANSFORM_WK[j] = J[indx];
232        MWDSPCG_R2DIT_TBLS_Z((creal_T *)&obj ->W0_TRANSFORM_WK[0U], 1, 4, 4, 0,
233                             (double *)&obj ->P0_TwiddleTable[0U], 1, false);
234        i = rowIdx;
235        for (indx = 0; indx < 4; indx++) {
236          J[i] = obj ->W0_TRANSFORM_WK[indx];
237          i += 4;
238        }
239      }
240    }
241
242    //
243    // File trailer for FFTM2C.cpp
244    //
245    // [EOF]
```

通过分析上述代码，可以搞清楚函数的输入、输出类型，以方便后续调用。

步骤8:在VS 2010软件环境下新建一个名为“FFTC++”的工程，如图5.4.15所示。

步骤9:在所建立的工程左侧，单击右键，并选择属性，如图5.4.16所示。

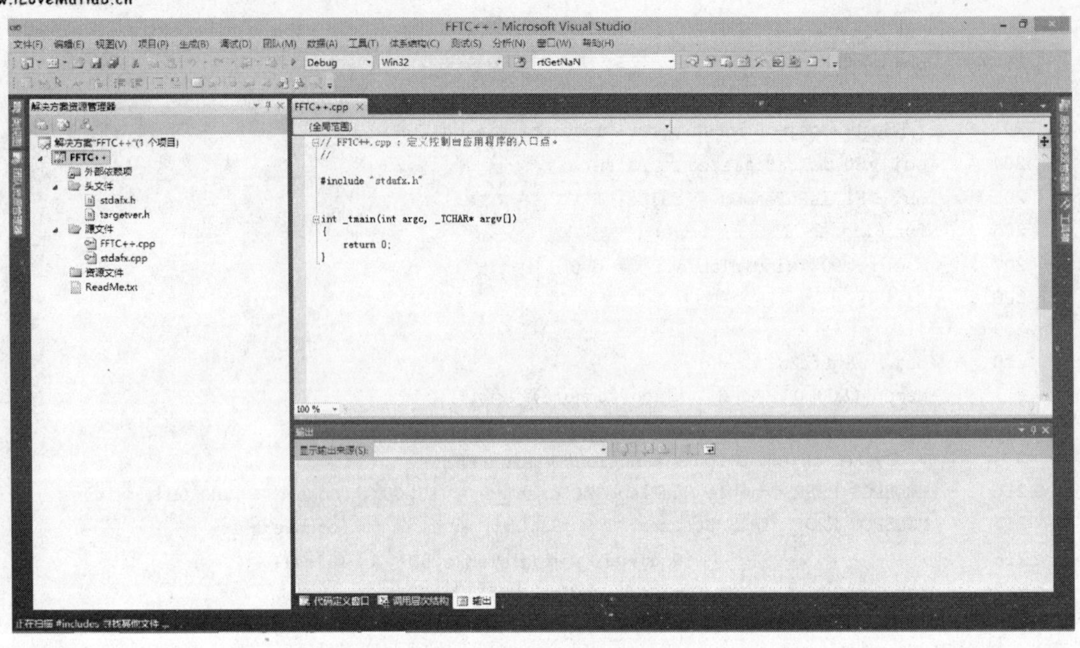

图 5.4.15　步骤 8 的实现效果

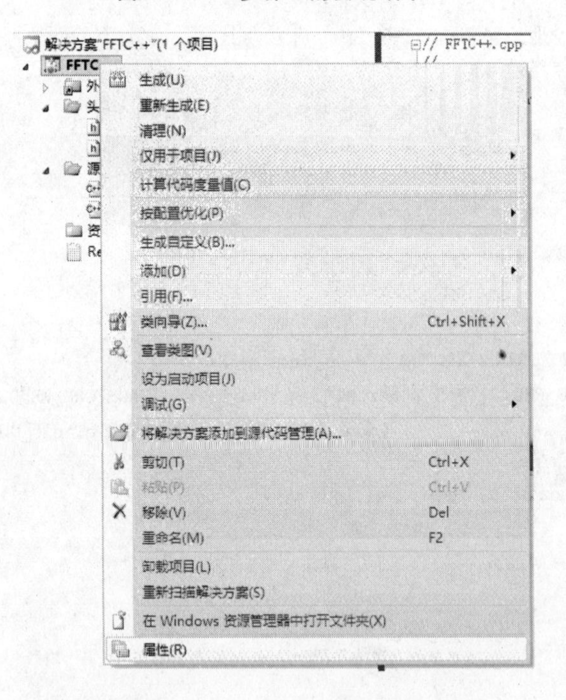

图 5.4.16　步骤 9 的实现过程

步骤 10:单击 VC++目录,对右侧的包含目录进行设置,将所生成代码的路径包含进去,如图 5.4.17 所示。

步骤 11:单击左侧的 C/C++,对“预编译头”进行设置,选择“不使用预编译头”,如图 5.4.18 所示。

步骤 12:添加自动生成的“头文件”和“源文件”。在本例中,完成添加后的效果如图 5.4.19 所示。

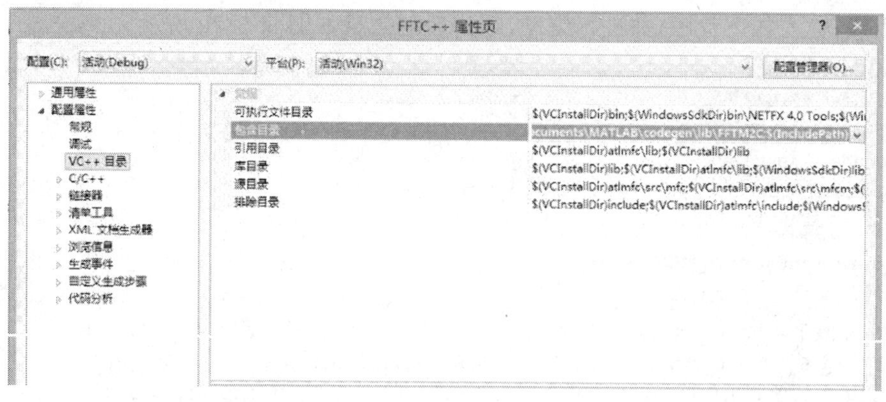

图 5.4.17　步骤 10 的实现过程

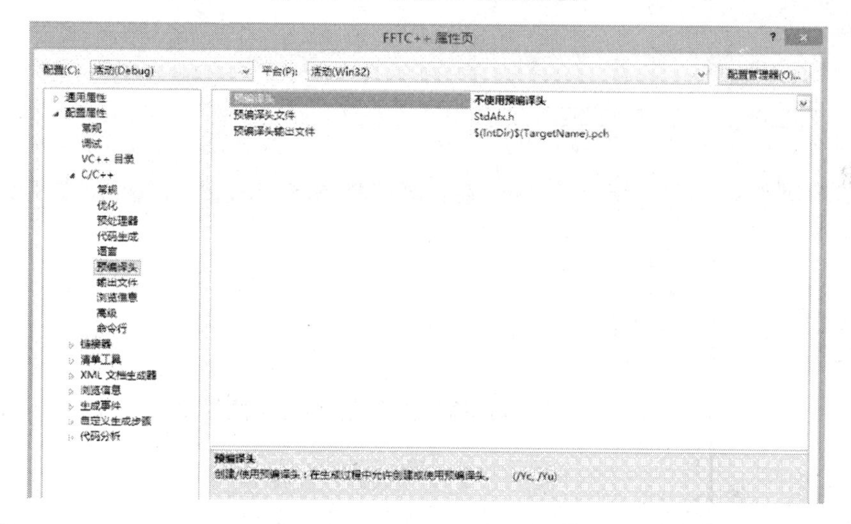

图 5.4.18　步骤 11 的实现过程

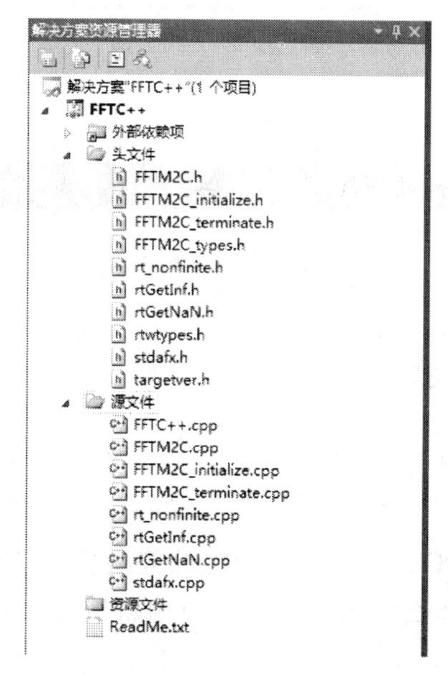

图 5.4.19　添加“头文件”和“源文件”后的效果

步骤 13：输入如下程序，并进行编译，编译后的效果如图 5.5.20 所示。

```
#include "stdafx.h"
#include "FFTM2C.h"
#include "math.h"
#include <iostream>
using namespace std;
#define CREAL_T

int _tmain(int argc, _TCHAR* argv[])
{

double a[16] = {1.0,1.0, 1.0, 1.0, 1.0, 1.0, 1.0, 1.0, 1.0, 1.0, 1.0, 1.0, 1.0, 1.0, 1.0, 1.0 };
creal_T b[16] = {{0.0,0.0},{0.0,0.0},{0.0,0.0},{0.0,0.0},{0.0,0.0},{0.0,0.0},{0.0,0.0},
{0.0,0.0},{0.0,0.0},{0.0,0.0},{0.0,0.0},{0.0,0.0},{0.0,0.0},{0.0,0.0},{0.0,0.0},{0.0,0.0}};

    FFTM2C(a,b);

    return 0;
}
```

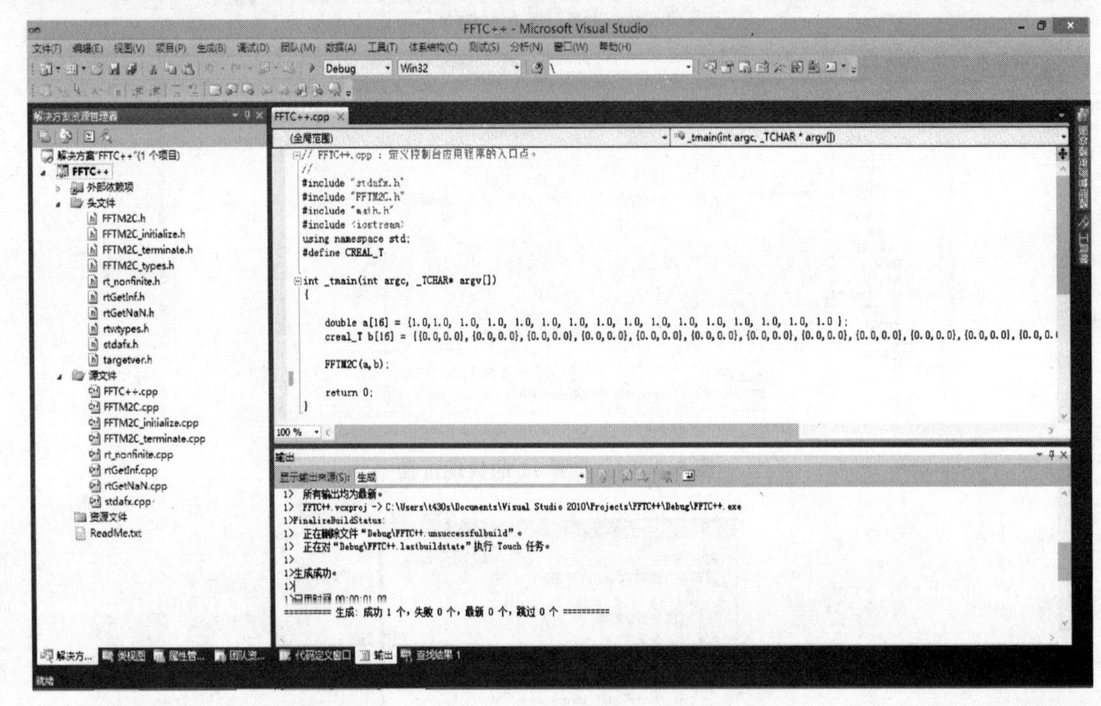

图 5.4.20 显示编译成功

5.5 图像的余弦变换

5.5.1 基本原理

事实上，离散余弦变换(DCT)是从离散傅里叶变换(DFT)变换发展而来的。我们知道，若周期函数是实的偶函数，那么它的傅里叶变换中将只含余弦项，这对离散的情况也是适用的。

设 $f(i)(i=0,1,\cdots,N-1)$为一给定的序列，按下式将其延拓成偶对称序列

$$f_e(i)=\begin{cases}f(i) & i=0,1,\cdots,N-1\\ f(-i-1) & i=-1,\cdots,-N\end{cases}$$

令 $i_1=i+1/2$,新序列 $f_T(i_1)=f_e(i+1/2)$以 $i_1=0$ 为对称中心,对其做离散傅里叶变换,可得

$$\begin{aligned}F_T(k)&=\frac{1}{\sqrt{2N}}\sum_{i=-N}^{N-1}f_T(i_1)\mathrm{e}^{-\mathrm{j}2\pi i_1 k/2N}\\ &=\sqrt{\frac{2}{N}}\sum_{i=0}^{N-1}f_e(i)\cos[(2i+1)k\pi/2N] \quad k=-N,\cdots,0,\cdots,N-1\end{aligned}$$

式中,$F_T(k)$表示对应的傅里叶变换。

由 DFT 的性质可知,$F_T(k)$是对称序列。取其一般作为序列 $f_e(i)$的一半 $f(i)$的离散余弦变换得

$$F_T(k)=\sqrt{\frac{2}{N}}\sum_{i=0}^{N-1}f_e(i)\cos[(2i+1)k\pi/2N] \quad k=0,\cdots,N-1$$

对变换核归一化后的结果如下

$$g(i,k)=\sqrt{\frac{2}{N}}A(k)\cos[(2i+1)k\pi/2N]$$

$$A(k)=\begin{cases}\frac{1}{\sqrt{2}} & k=0\\ 1 & k=1,\cdots,N-1\end{cases}$$

其矢量形式为

$$\boldsymbol{F}=\boldsymbol{C}_{N\times N}\boldsymbol{f}$$

其中

$$\boldsymbol{C}_{N\times N}=\sqrt{\frac{2}{N}}\begin{pmatrix}\frac{1}{\sqrt{2}} & \frac{1}{\sqrt{2}} & \cdots & \frac{1}{\sqrt{2}}\\ \cos\frac{\pi}{2N} & \cos\frac{3\pi}{2N} & \cdots & \cos\frac{(2N-1)\pi}{2N}\\ \vdots & \vdots & & \vdots\\ \cos\frac{(N-1)\pi}{2N} & \cos\frac{3(N-1)\pi}{2N} & \cdots & \cos\frac{(2N-1)(N-1)\pi}{2N}\end{pmatrix}$$

矩阵 $\boldsymbol{C}_{N\times N}$显然是正交矩阵,据此很容易写出其逆变换为

$$\boldsymbol{f}=\boldsymbol{C}_{N\times N}^{-1}\boldsymbol{F}=\boldsymbol{C}'_{N\times N}\boldsymbol{F}$$

其二维 DCT 形式是一维 DCT 的扩展。我们知道,对二维 DFT,可以首先对行进行一维变换,然后再对列进行一维变换,这同样适用于二维 DCT。据此可以写出二维 DCT 变换的表达式为

$$F(k,l)=\frac{2}{\sqrt{MN}}\sum_{k=0}^{M-1}\sum_{l=0}^{N-1}f(i,j)A(k)A(l)\cos[(2i+1)k\pi/2M]\cos[(2j+1)l\pi/2N]$$

$$A(k)=\begin{cases}\frac{1}{\sqrt{2}} & k=0\\ 1 & k=1,\cdots,M-1\end{cases}$$

$$A(l)=\begin{cases}\frac{1}{\sqrt{2}} & l=0\\ 1 & l=1,\cdots,N-1\end{cases}$$

写成矩阵的形式为

$$[\boldsymbol{F}]=\boldsymbol{C}_{M\times M}[f]\boldsymbol{C}'_{N\times N} \tag{5.5.1}$$

其逆变换为

$$[\boldsymbol{f}]=\boldsymbol{C}'_{M\times M}[\boldsymbol{F}]\boldsymbol{C}_{N\times N}$$

其中

$$\boldsymbol{C}_{M\times M}=\sqrt{\frac{2}{M}}\begin{bmatrix} 1/\sqrt{2} & 1/\sqrt{2} & \cdots & 1/\sqrt{2} \\ \cos(\pi/2M) & \cos(3\pi/2M) & \cdots & \cos((2M-1)\pi/2M) \\ \cos(2\pi/2M) & \cos(6\pi/2M) & \cdots & \cos((2M-1)2\pi/2M) \\ \vdots & \vdots & & \vdots \\ \cos((M-1)\pi/2M) & \cos(3(M-1)\pi/2M) & \cdots & \cos((2M-1)(M-1)\pi/2M) \end{bmatrix}$$

$$\boldsymbol{C}_{N\times N}=\sqrt{\frac{2}{N}}\begin{bmatrix} 1/\sqrt{2} & 1/\sqrt{2} & \cdots & 1/\sqrt{2} \\ \cos(\pi/2N) & \cos(3\pi/2N) & \cdots & \cos((2N-1)\pi/2N) \\ \cos(2\pi/2N) & \cos(6\pi/2N) & \cdots & \cos((2N-1)2\pi/2N) \\ \vdots & \vdots & & \vdots \\ \cos((N-1)\pi/2N) & \cos(3(N-1)\pi/2N) & \cdots & \cos((2N-1)(N-1)\pi/2N) \end{bmatrix}$$

5.5.2 基于 System Object 的仿真

在 MATLAB 中，调用计算机视觉工具箱中的 vision.DCT 可实现对输入图像的离散余弦变换；调用 vision.IDCT 可实现离散余弦逆变换。

vision.DCT 的具体使用方法如下：

vision.DCT

功能：对输入的灰度图像进行离散余弦变换。

语法：A = step(vision.DCT,Img)

其中：Img 为原始图像；A 是离散余弦变换后的图像。

属性：

SineComputation：如何计算正弦、余弦值。若设定为 'Trigonometric function'，则为计算法；若设定为 'Table lookup'，则为查表法。

vision.IDCT 的具体使用方法如下：

vision.IDCT

功能：对输入的灰度图像进行离散余弦逆变换。

语法：A = step(vision.IDCT,Img)

其中：Img 为原始图像；A 是离散余弦逆变换后的图像。

属性：

SineComputation：如何计算正弦、余弦值。若设定为 'Trigonometric function'，则为计算法；若设定为 'Table lookup'，则为查表法；默认值为 'Table lookup' 查表法。

【例 5.5.1】 调用系统函数对图像进行离散余弦变换及重构，其运行结果如图 5.5.1 所示。

程序如下：

```
% 创建系统对象
  hdct2d = vision.DCT;
% 读入图像并转换成双精度型
```

```
    I = double(imread('cameraman.tif'));
% 运行系统对象,将输入图像进行离散余弦变换
    J = step(hdct2d, I);
% 显示原始图像及变换后的余弦系数
    subplot(1,3,1), imshow(I, [0 255]), title('原始图像')
    subplot(1,3,2),imshow(log(abs(J)),[]), colormap(jet(64)), colorbar, title('离散余弦系数')
% 创建系统对象
    hidct2d = vision.IDCT;
% 将小于 10 的部分置零
    J(abs(J) < 10) = 0;
% 进行余弦逆变换(重构)
    It = step(hidct2d, J);
% 显示重构后的图像
    subplot(1,3,3), imshow(It,[0 255]), title('重构后的图像')
```

图 5.5.1　例 5.5.1 的运行结果

5.5.3　基于 Blocks - Simulink 的仿真

在 MATLAB 中,还可以通过 Blocks - Simulink 来实现对图像的离散余弦变换及离散余弦逆变换,连接关系如图 5.5.2 所示。其中,各功能模块及其路径如表 5.5 - 1 所列,双击 Image From File 模块,将其数据类型设置成 double 型,如图 5.5.3 所示;将其 Filename 参数设置为图像 lena. bmp 所在的路径,如图 5.5.4 所示,从而将输入图像设置为 256×256 的灰度图像(注意:2 - D DCT 模块只能对输入的长、宽为 2^n 的图像进行处理),其运行结果如图 5.5.5 所示。

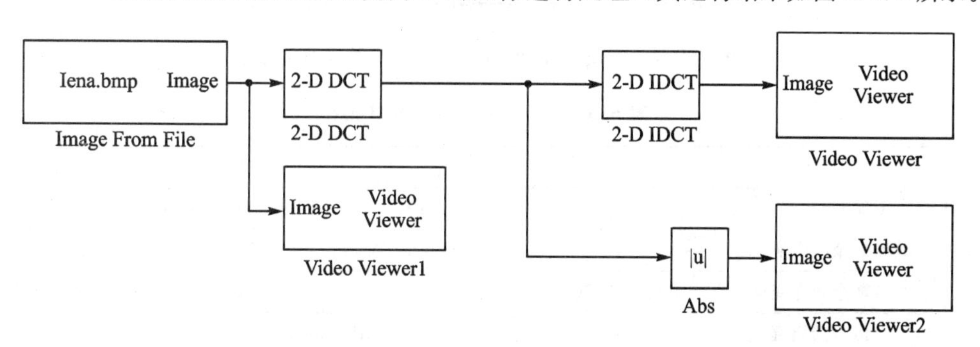

图 5.5.2　通过 Blocks - Simulink 来实现对图像的余弦变换及余弦逆变换的原理图

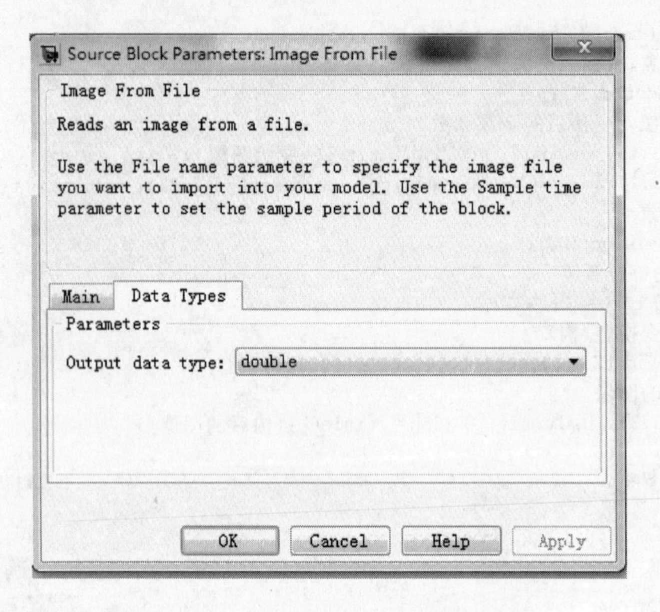

图 5.5.3 Image From File 模块数据类型设置

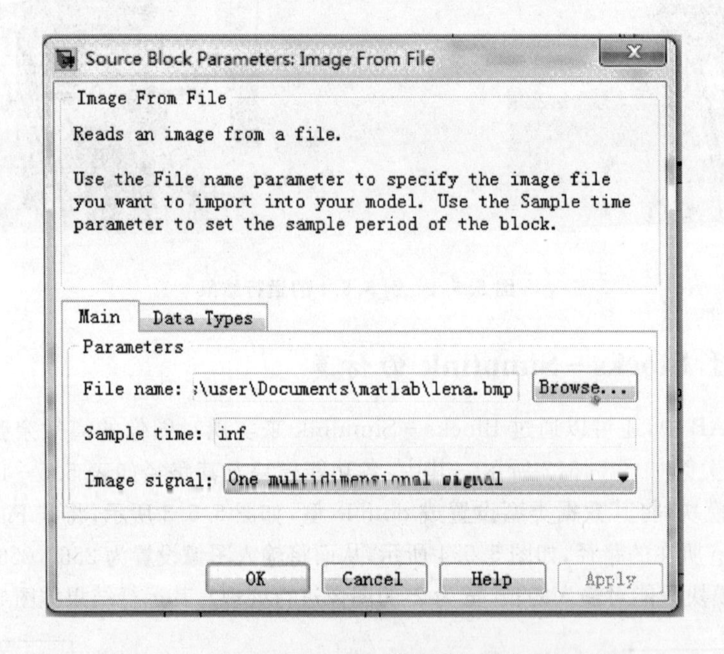

图 5.5.4 Image From File 模块输入图像路径设置

表 5.5-1 各功能模块及其路径

功 能	名 称	路 径
读入图像	Image From File	Computer Vision System Toolbox/Sources
二维离散余弦变换	2-D DCT	Computer Vision System Toolbox/Transforms
二维离散余弦逆变换	2-D IDCT	Computer Vision System Toolbox/Transforms
取输出信号的幅值	Abs	Simulink/Math Operations
观察图像输出结果	Video Viewer	Computer Vision System Toolbox/Sinks

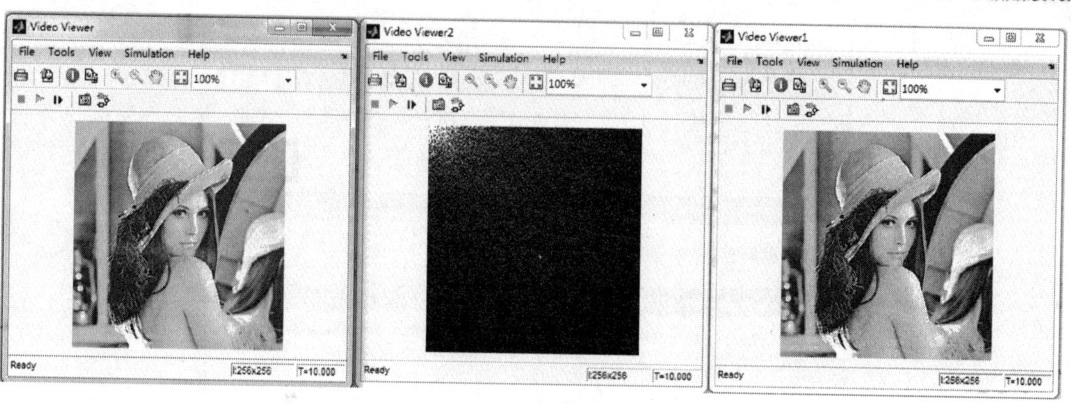

图 5.5.5　图 5.5.2 所示模型运行结果

5.5.4　C/C++代码自动生成及运行效果

可将基于系统对象 vision. x 的 MATLAB 程序转换成 C/C++程序，并在 VS 2010 环境下运行，其步骤如下。

步骤 1：新建一个 M 函数，其输入为待处理的图像矩阵 ***I***，输出为傅里叶变换系数矩阵 ***J***。在编辑器窗口输入如下内容，并保存：

```
function J = DCTM2C(I)
 h =   vision.DCT; % #codegen
 J = step(h, I);
```

在命令行窗口输入如下内容：

```
I = 2 * ones(4,4);
J = DCT2C(I)
```

其运行效果如图 5.5.6 所示。

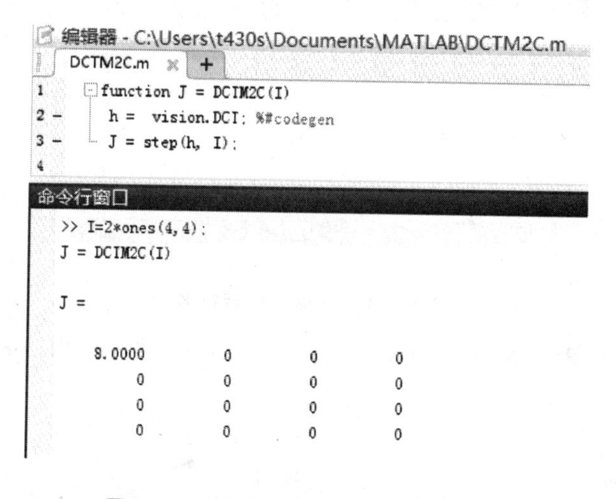

图 5.5.6　所编写的 M 函数的运行效果

步骤 2：在命令行窗口输入 coder，建立一个名为 DCTM2C 的工程文件，单击“添加文件”按钮，如图 5.5.7 所示，将 DCTM2C. m 函数导入。

步骤 3：单击界面上的“Build”按钮，在 Output type 选项中选择 C/C++ Static Library，如图 5.5.8 所示。

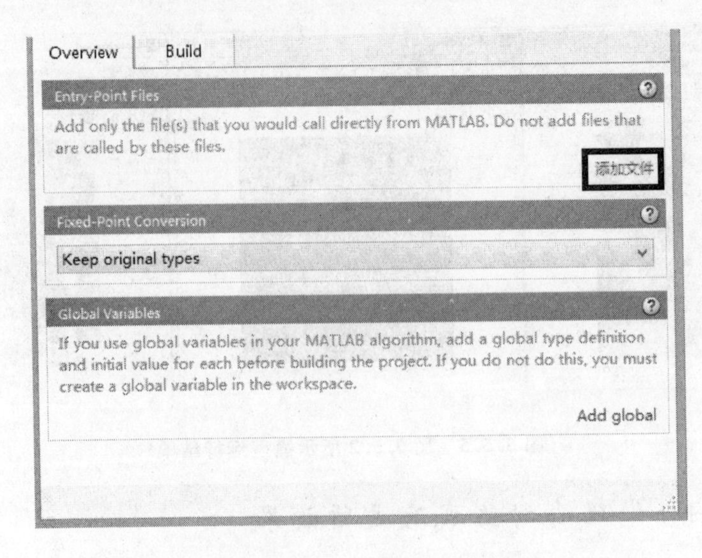

图 5.5.7　通过"添加文件"按钮导入相应的 M 函数

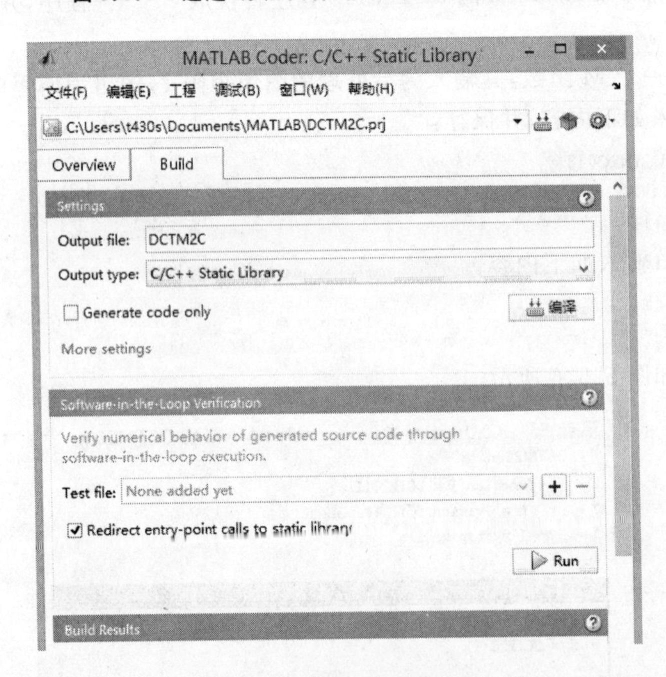

图 5.5.8　步骤 3 的运行效果

步骤 4:在该页面单击"More settings",将 Language 设置成为"C++",如图 5.5.9 所示。

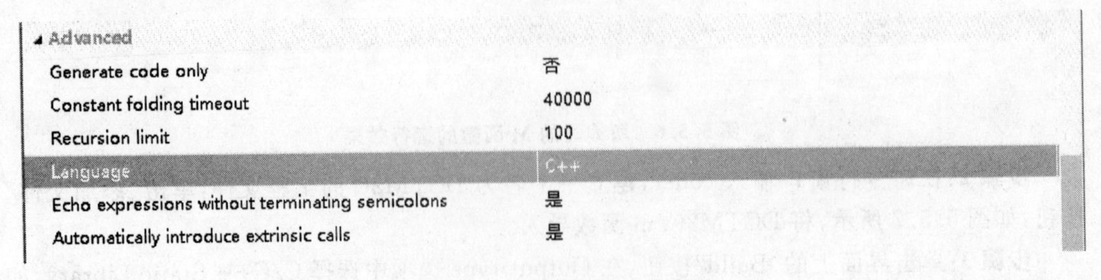

图 5.5.9　设置生成代码的类型

步骤 5:设置函数的输入类型。在本例中,将函数的输入类型设置为双精度的 4×4 矩阵,如图 5.5.10 所示。

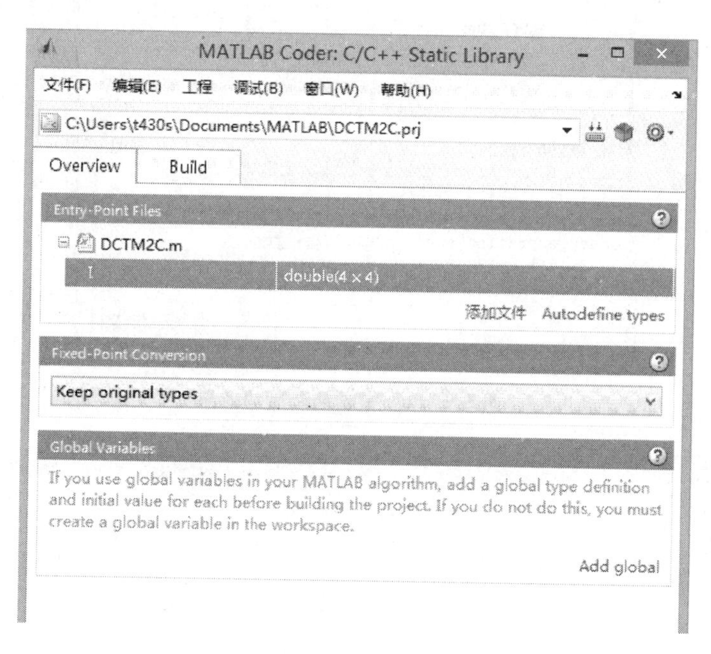

图 5.5.10　设置函数的输入类型

步骤 6:单击"编译"按钮,如图 5.5.11 所示,便可进行编译并生成可执行代码。

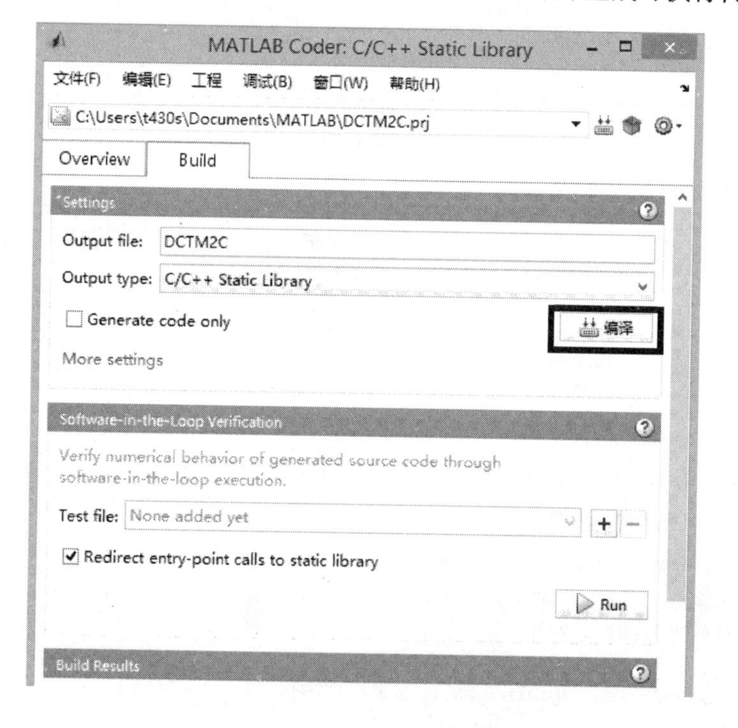

图 5.5.11　单击"编译"按钮进行编译

步骤 7:单击 5.5.12 界面上的"View report",便可以观察代码生成报告,如图 5.5.13 所示。

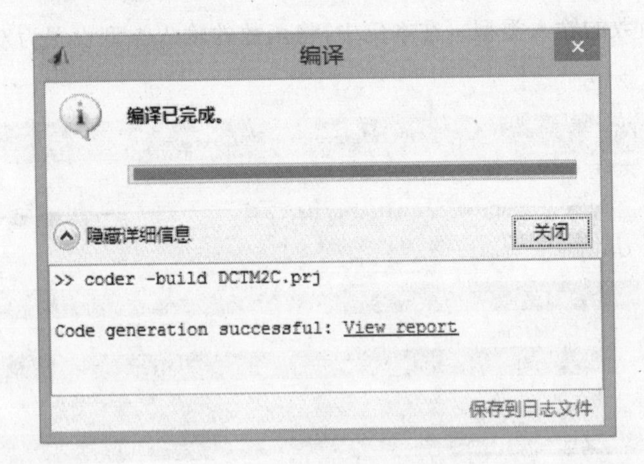

图 5.5.12　完成编译后的效果

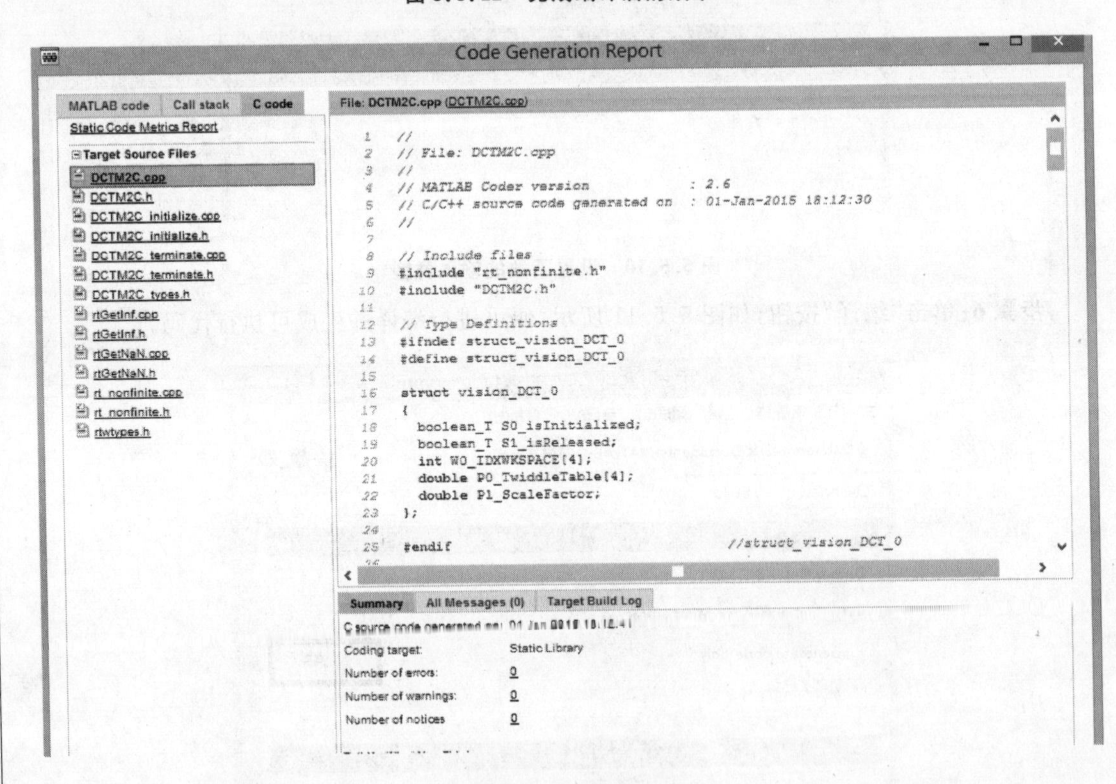

图 5.5.13　代码生成报告

所生成程序的核心代码为：

```
155   // Arguments      : const double I[16]
156   //                   double J[16]
157   // Return Type    : void
158   //
159   void DCTM2C(const double I[16], double J[16])
160   {
161     visioncodegen_DCT h;
162     visioncodegen_DCT * obj;
163     vision_DCT_0 * b_obj;
```

```
164     int i;
165     static const double dv0[4] = { 1.0, 0.70710678118654757, 0.92387953251128674,
166       0.38268343236508984 };
167
168     int idx;
169     double b_J;
170     obj = &h;
171     obj->isInitialized = false;
172     obj->isReleased = false;
173     b_obj = &obj->cSFunObject;
174
175     // System object Constructor function: vision.DCT
176     b_obj->S0_isInitialized = false;
177     b_obj->S1_isReleased = false;
178     for (i = 0; i < 4; i++) {
179       b_obj->P0_TwiddleTable[i] = dv0[i];
180     }
181
182     b_obj->P1_ScaleFactor = 0.50000000000000011;
183     obj = &h;
184     if (!obj->isInitialized) {
185       obj->isInitialized = true;
186     }
187
188     b_obj = &obj->cSFunObject;
189
190     // System object Outputs function: vision.DCT
191     memcpy(&J[0], &I[0], sizeof(double) << 4);
192     idx = 0;
193     for (i = 0; i < 4; i++) {
194       MWDSPCG_IntroduceStride((int *)&b_obj->W0_IDXWKSPACE[0U], 4, 4, idx);
195       MWDSPCG_Dct4_YD_Tbl((double *)&J[0U], (int *)&b_obj->W0_IDXWKSPACE[0U],
196                           (double *)&b_obj->P0_TwiddleTable[0U]);
197       MWDSPCG_BitReverseData_YD((double *)&J[0U], 4, 4, idx);
198       idx++;
199     }
200
201     idx = 0;
202     for (i = 0; i < 4; i++) {
203       MWDSPCG_IntroduceStride((int *)&b_obj->W0_IDXWKSPACE[0U], 4, 1, idx);
204       MWDSPCG_Dct4_YD_Tbl((double *)&J[0U], (int *)&b_obj->W0_IDXWKSPACE[0U],
205                           (double *)&b_obj->P0_TwiddleTable[0U]);
206       MWDSPCG_BitReverseData_YD((double *)&J[0U], 4, 1, idx);
207       idx += 4;
208     }
209
210     for (i = 0; i < 16; i++) {
211       b_J = J[i] * b_obj->P1_ScaleFactor;
212       J[i] = b_J;
213     }
214   }
215
```

```
216    //
217    // File trailer for DCTM2C.cpp
218    //
219    // [EOF]
220    //
```

通过分析上述代码,可以搞清楚函数的输入、输出类型,以方便后续调用。

步骤8:在VS 2010软件环境下新建一个名为“DCTM”的工程。

步骤9:在所建立的工程左侧,单击右键,并选择属性,如图5.5.14所示。

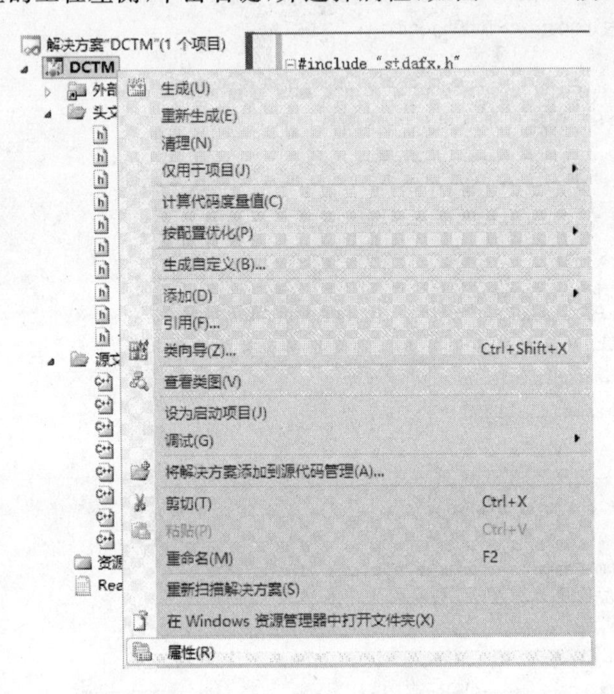

图5.5.14 步骤9的实现过程

步骤10:单击VC++目录,对右侧的包含目录进行设置,将所生成代码的路径包含进去,如图5.5.15所示。

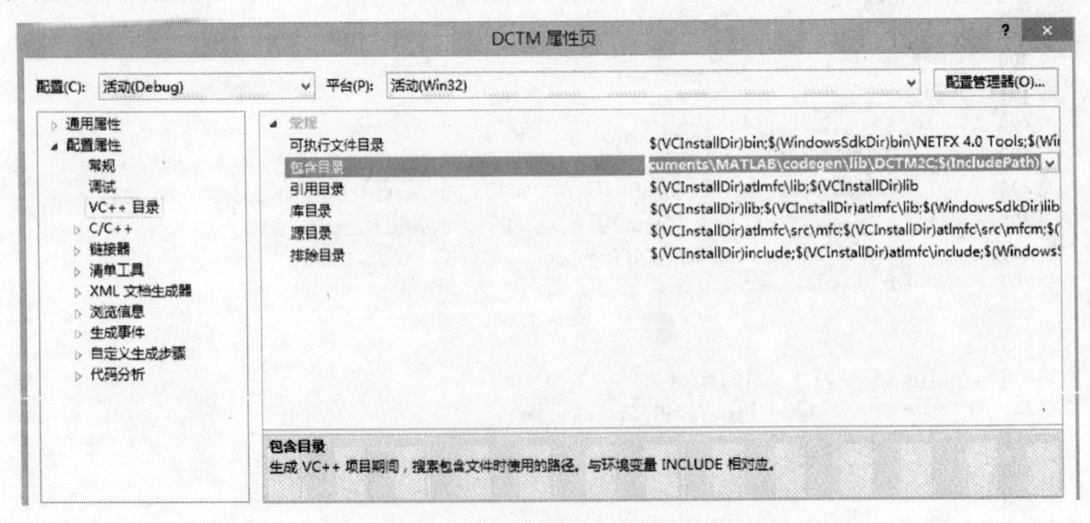

图5.5.15 步骤10的实现过程

步骤 11：单击左侧的 C/C++，对“预编译头”进行设置，选择“不使用预编译头”，如图 5.5.16 所示。

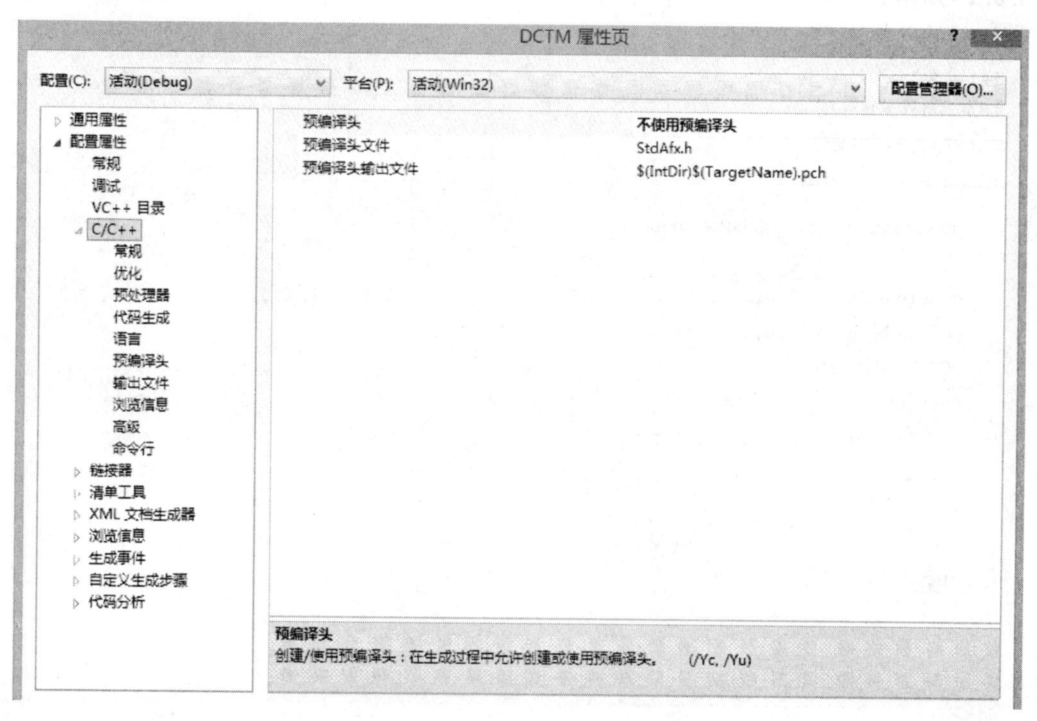

图 5.5.16　步骤 11 的实现过程

步骤 12：添加自动生成的“头文件”和“源文件”。在本例中，完成添加后的效果如图 5.5.17 所示。

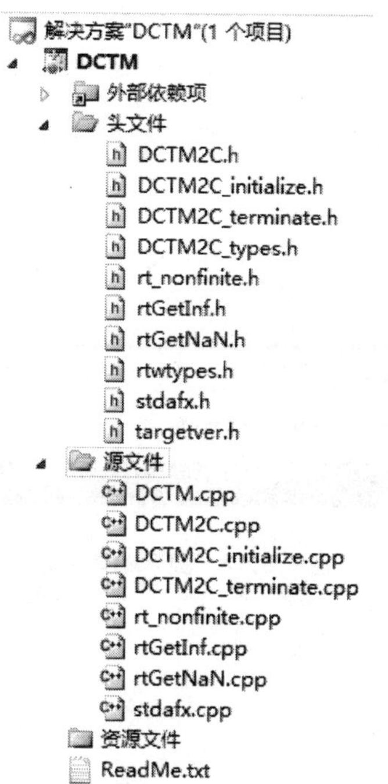

图 5.5.17　添加“头文件”和“源文件”后的效果

步骤 13:输入如下程序，并进行编译，编译后的效果如图 5.5.18 所示，其运行效果如图 5.5.19 所示。

```
#include "stdafx.h"
#include "DCTM2C.h"
#include "math.h"
#include <iostream>
using namespace std;

int _tmain(int argc, _TCHAR * argv[])
{
    double a[16] = {2.0,2.0, 2.0, 2.0, 2.0, 2.0, 2.0, 2.0, 2.0, 2.0, 2.0, 2.0, 2.0, 2.0, 2.0, 2.0 };
    double b[16] = {0.0};
    DCTM2C(a,b);
    for(int i = 0; i < 16; i++)
        std::cout << b[i] << std::endl;
    while(1)
    {
    }
    return 0;
}
```

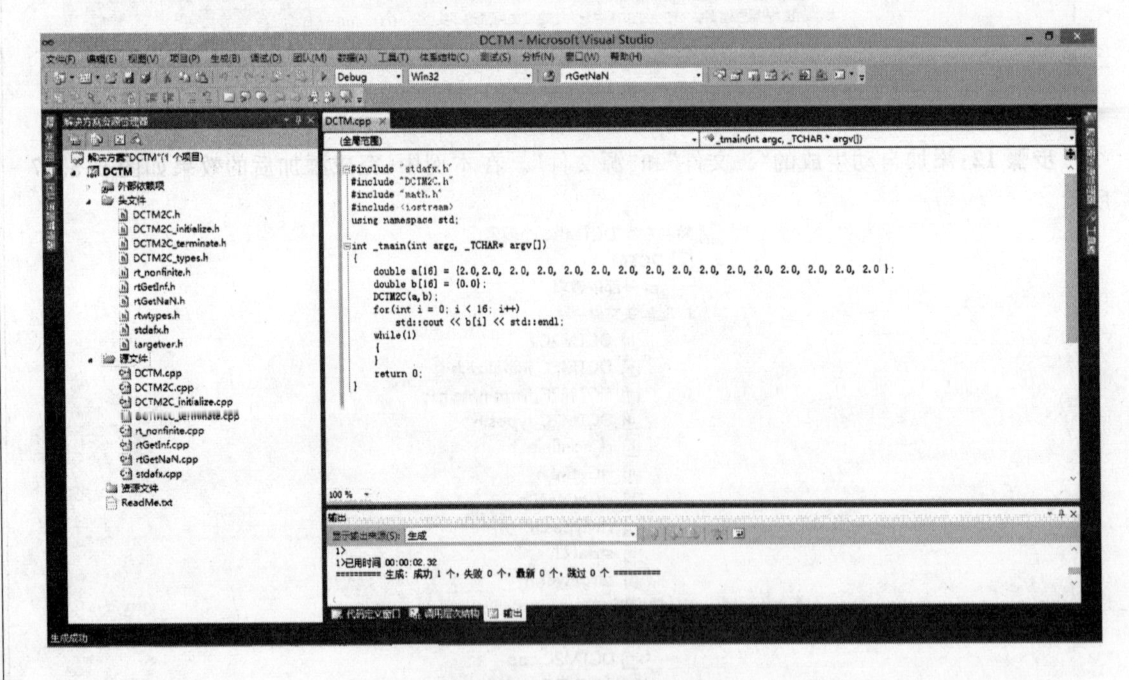

图 5.5.18　显示编译成功

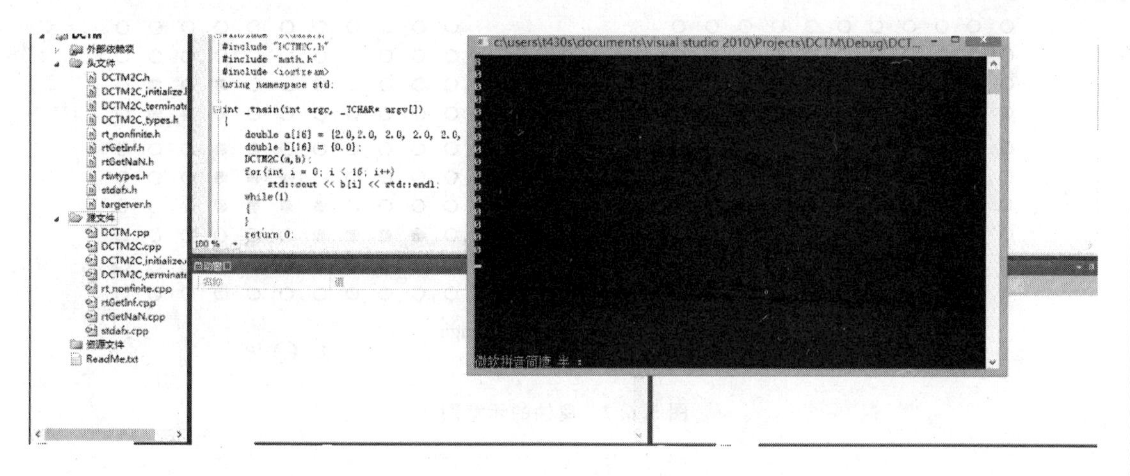

图 5.5.19　程序运行效果

5.6　图像腐蚀、膨胀

5.6.1　基本原理

1. 图像腐蚀

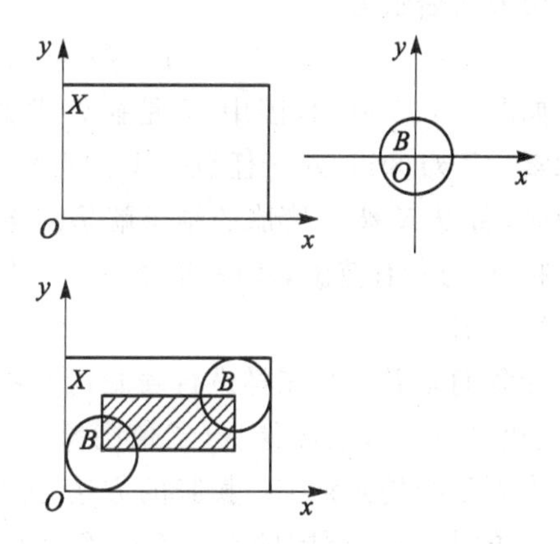

图 5.6.1　腐蚀的示意图

把结构元素 B 平移 a 后得到 B_a，若 B_a 包含于 X，则记下这个 a 点，所有满足这个条件的 a 点组成的集合称作 X 被 B 腐蚀(Erosion)的结果。用公式表示为

$$E(X)=\{a \mid B_a \subset X\}=X \ominus B$$

如图 5.6.1 所示，图中 X 是被处理的对象，B 是结构元素。不难知道，对于任意一个在阴影部分的点 a，B_a 包含于 X，所以 X 被 B 腐蚀的结果就是那个阴影部分。阴影部分在 X 的范围之内，且比 X 小，就像 X 被剥掉了一层似的，因此称为腐蚀。

在图 5.6.2 中，左边是被处理的图像 X(二值图像，我们针对的是黑点)，中间是结构元素 B，标有 origin 的点是中心点，即当前处理元素的位置。腐蚀的方法是，拿 B 的中心点和 X 上的点一个一个地对比，如果 B 上的所有点都在 X 的范围内，则该点保留，否则将该点去掉；右边是腐蚀后的结果。可以看出，它仍在原来 X 的范围内，且比 X 包含的点要少，就像 X 被腐蚀掉了一层。

如用 0 代表背景，1 代表目标，设数字图像 $\boldsymbol{S}$ 和结构元素 $\boldsymbol{E}$ 为

$$\boldsymbol{S}=\begin{bmatrix}0 & 1 & 0 & 1 & 0\\ 0 & 1 & 1 & 0 & 1\\ 0_{\triangle} & 1 & 1 & 1 & 0\end{bmatrix}\quad \boldsymbol{E}=\begin{bmatrix}1 & 0\\ 1 & 1_{\triangle}\end{bmatrix}$$

三角形“△”代表坐标原点，则用 $\boldsymbol{E}$ 对 $\boldsymbol{S}$ 腐蚀的结果为

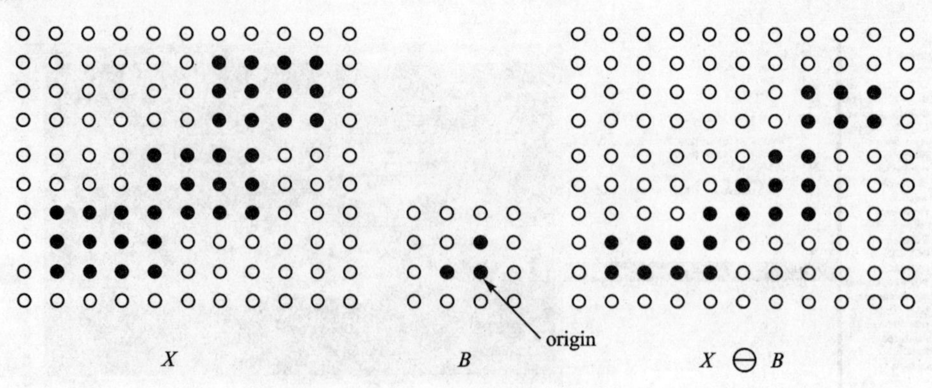

图 5.6.2 腐蚀的示意图

$$S_E=\begin{bmatrix}0 & 0 & 0 & 0 & 0\\ 0 & 0 & 1 & 0 & 0\\ 0_\Delta & 0 & 1 & 1 & 0\end{bmatrix}$$

2. 图像膨胀

膨胀(dilation)可以看作是腐蚀的对偶运算,其定义是:把结构元素 B 平移 a 后得到 B_a,若 B_a 击中 X,则记下这个 a 点,所有满足这个条件的 a 点组成的集合称作 X 被 B 膨胀的结果。用公式表示为

$$D(X)=\{a \mid Ba \uparrow X\}=X\oplus B$$

如图 5.6.3 所示,图中 X 是被处理的对象,B 是结构元素。不难知道,对于任意一个在阴影部分的点 a,B_a 击中 X,所以 X 被 B 膨胀的结果就是阴影部分。阴影部分包括 X 的所有范围,就像 X 膨胀了一圈似的,因此称为膨胀。

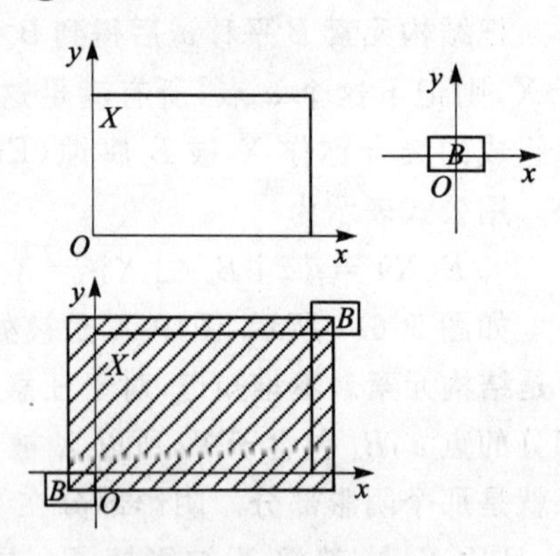

图 5.6.3 膨胀的示意图

让我们来看看是怎样进行膨胀运算的。在图 5.6.4 中,左边是被处理的图像 X(二值图像,我们针对的是黑点),中间是结构元素 B。膨胀的方法是,拿 B 的中心点和 X 上的点及 X 周围的点一个一个地对比,如果 B 上有一个点落在 X 的范围内,则该点就为黑;右边是膨胀后的结果。可以看出,它包括 X 的所有范围,就像 X 膨胀了一圈似的。

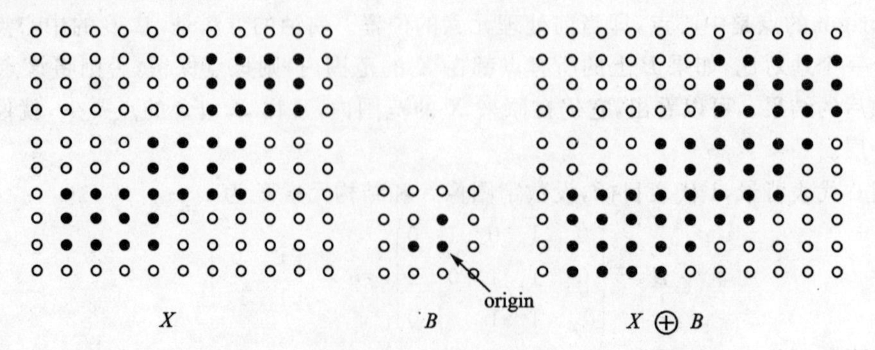

图 5.6.4 膨胀运算

腐蚀运算和膨胀运算互为对偶的,用公式表示为$(X\ominus B)^c=(X^c\oplus B)$,即 X 被 B 腐蚀后的补集等于 X 的补集被 B 膨胀。可以形象地理解为:河岸的补集为河面,河岸的腐蚀等价于河面的膨胀。

5.6.2　基于 System Object 的仿真

在 MATLAB 中,调用计算机视觉工具箱中的系统对象 vision. MorphologicalDilate 可实现对输入图像的膨胀运算;调用 vision. MorphologicalErode 可实现对输入图像的腐蚀运算。

vision. MorphologicalDilate 的具体使用方法如下:

vision.MorphologicalDilate

功能:对输入的图像进行膨胀操作。

语法:A = step(vision. MorphologicalDilate,Img)

其中:Img 为原始图像;A 是膨胀操作后的图像。

属性:

NeighborhoodSource:结构元素输入的方式。如果设置为 'Property',则通过设置系统属性参数 'Neighborhood' 实现;如果设置为 'Input port',则在运行系统对象时,通过输入接口矩阵输入,具体方式为:A = step(vision. MorphologicalDilate,Img,B),B 为输入接口矩阵。该属性的默认值为 'Property'。

Neighborhood:结构元素矩阵。当 NeighborhoodSource 的属性设置为 'Property' 时,该属性参数有效。该属性的默认值为[1 1; 1 1]。

【例 5.6.1】调用系统函数 vision. MorphologicalDilate 实现对输入图像的膨胀操作。

程序如下:

```
% 读入图像
  x = imread('peppers.png');
% 设置系统对象属性
  hcsc = vision.ColorSpaceConverter;
  hcsc.Conversion = 'RGB to intensity';
  hautothresh = vision.Autothresholder;
  hdilate = vision.MorphologicalDilate('Neighborhood', ones(5,5));
% 运行系统对象
  x1 = step(hcsc, x);                         % 将 RGB 图像转换成灰度图像
  x2 = step(hautothresh, x1);                 % 将灰度图像转换成二值图像
  y = step(hdilate, x2);                      % 对二值图像进行膨胀运算
% 显示结果
  figure;
  subplot(1,3,1),imshow(x); title(' 原始图像 ');
  subplot(1,3,2),imshow(x2); title(' 二值图像 ');
  subplot(1,3,3),imshow(y); title(' 膨胀图像 ');
```

运行结果如图 5.6.5 所示。

vision. MorphologicalErode 的具体使用方法如下:

vision. MorphologicalErode

功能:对输入的图像进行腐蚀操作。

语法:A = step(vision. MorphologicalErode,Img)

其中:Img 为原始图像;A 是腐蚀操作后的图像。

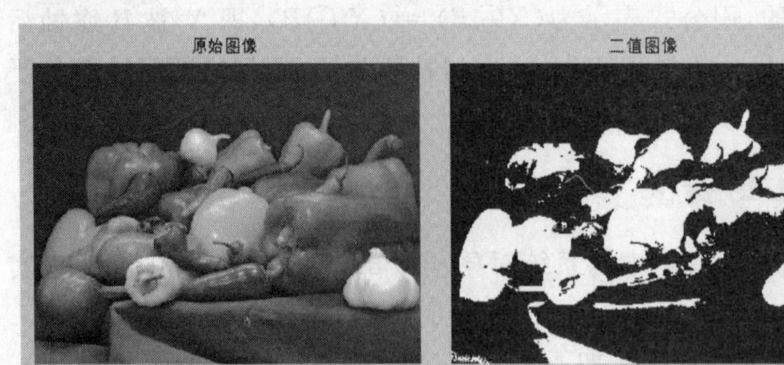

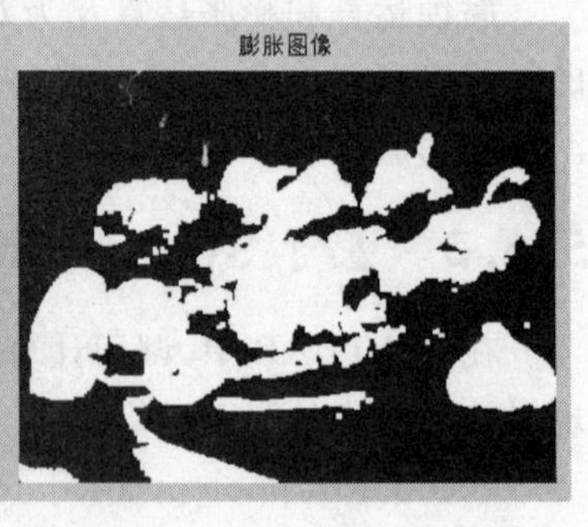

图 5.6.5　例 5.6.1 运行效果

属性：

NeighborhoodSource：结构元素输入的方式。如果设置为 'Property'，则通过设置系统属性参数 'Neighborhood' 实现；如果设置为 'Input port'，则在运行系统对象时，通过输入接口矩阵输入，具体方式为：A = step(vision. MorphologicalErode,Img,B)，B 为输入接口矩阵。该属性的默认值为 'Property'。

Neighborhood：结构元素矩阵。当 NeighborhoodSource 的属性设置为 'Property' 时，该属性参数有效。该属性的默认值为 strel('square',4)。

【例 5.6.2】　调用系统函数 vision. MorphologicalErode 实现对输入图像的腐蚀操作。

程序如下：

```
% 读入图像
  x = imread('peppers.png');
% 设置系统对象属性
  hcsc = vision.ColorSpaceConverter;
  hcsc.Conversion = 'RGB to intensity';
  hautothresh = vision.Autothresholder;
  herode = vision.MorphologicalErode('Neighborhood', ones(5,5));
% 运行系统对象
  x1 = step(hcsc, x); % 将 RGB 图像转换成灰度图像
  x2 = step(hautothresh, x1); % 将灰度图像转换成二值图像
  y = step(herode, x2); % 对二值图像进行腐蚀运算
  figure;
  subplot(1,3,1),imshow(x); title('原始图像');
  subplot(1,3,2),imshow(x2); title('二值图像');
  subplot(1,3,3),imshow(y); title('腐蚀图像');
```

其运行结果如图 5.6.6 所示。

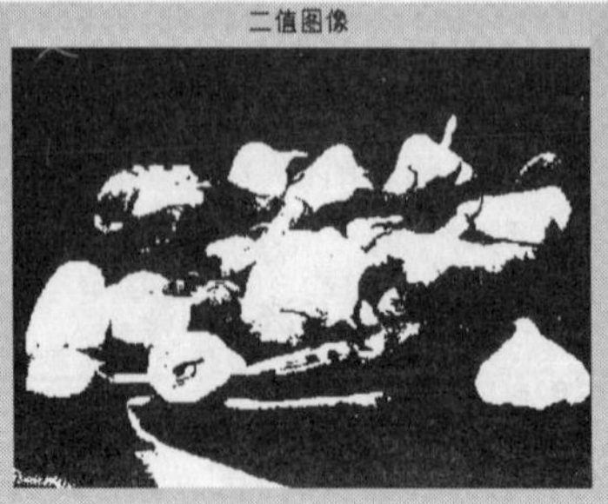

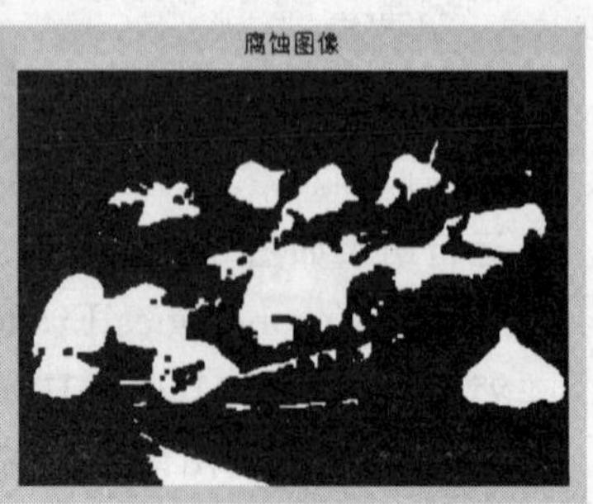

图 5.6.6　例 5.6.2 运行效果

5.6.3　基于 Blocks - Simulink 的仿真

在 MATLAB 中，还可以通过 Blocks - Simulink 来实现对图像的腐蚀操作及膨胀操作，其连接关系如图 5.6.7 所示，其中，各功能模块及其路径如表 5.6 - 1 所列，双击 Image From File 模块，将其的 Filename 参数设置为图像 eight.tif，如图 5.6.8 所示；Erode 模块与 Dilate 模块的参数如图 5.6.9 和 5.6.10 所示，运行结果如图 5.6.11 所示。

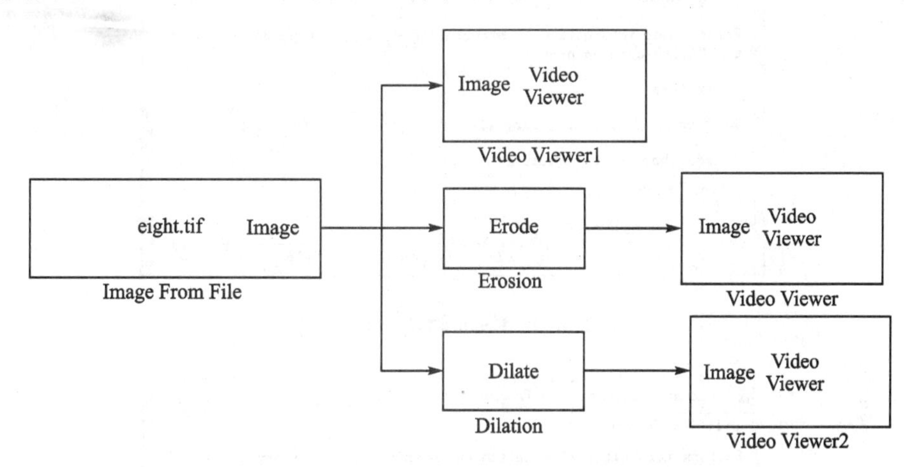

图 5.6.7　通过 Blocks - Simulink 来实现对图像的腐蚀操作及膨胀操作的原理图

表 5.6 - 1　各功能模块及其路径

功　能	名　称	路　径
读入图像	Image From File	Computer Vision System Toolbox/Sources
腐蚀操作	Erode	Computer Vision System Toolbox/Morphological Operations
膨胀操作	Dilate	Computer Vision System Toolbox/Morphological Operations
观察图像输出结果	Video Viewer	Computer Vision System Toolbox/Sinks

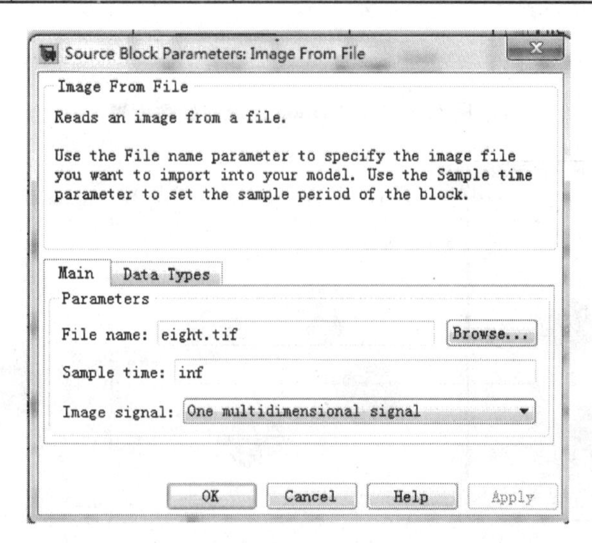

图 5.6.8　Image From File 模块的参数设置

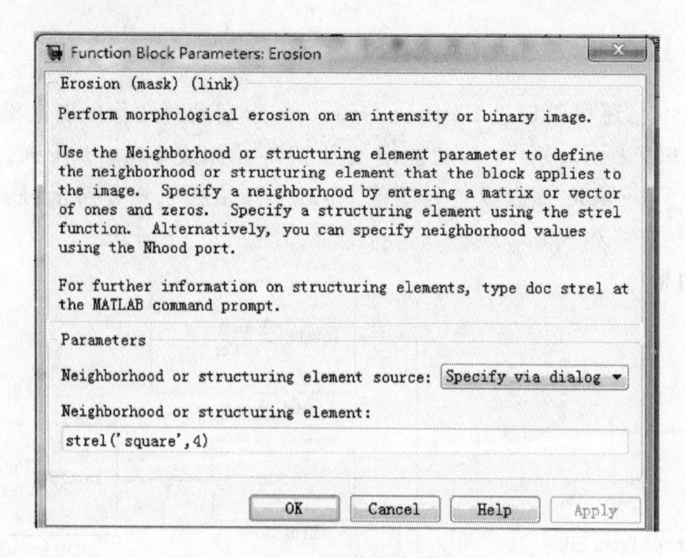

图 5.6.9 Erode 模块的参数设置

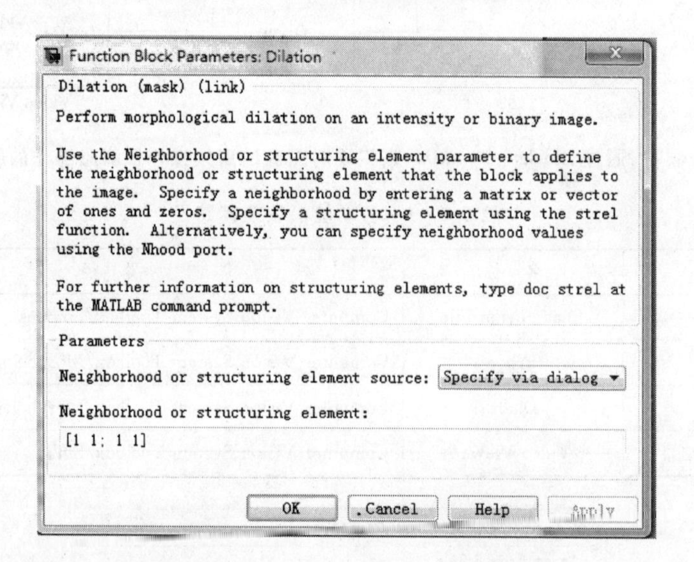

图 5.6.10 Dilation 模块的参数设置

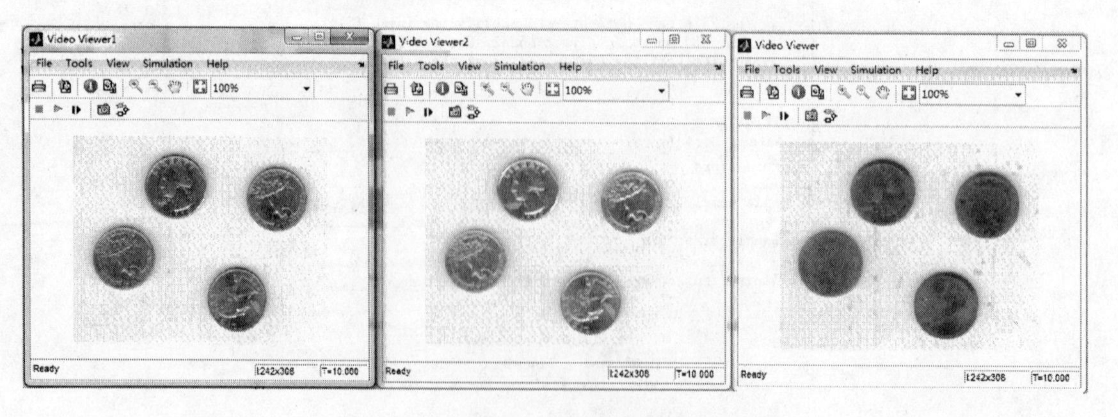

图 5.6.11 图 5.6.7 所示模型的运行结果

5.6.4　C/C++代码自动生成及运行效果

1. 图像腐蚀的代码生成

可将基于系统对象 vision. x 的 MATLAB 程序转换成 C/C++程序，并在 VS 2010 环境下运行，其步骤如下。

步骤 1:新建一个 M 函数，其输入为待处理的图像矩阵 ***I***，输出为腐蚀后的图像矩阵 ***J***。

在编辑器窗口输入如下内容，并保存：

```
function J = Erode2C(I)
h= vision.MorphologicalErode; % #codegen
J = step(h, I);
```

在命令行窗口输入如下内容，其运行效果如图 5.6.12 所示。

```
 I=[ 0 0 1 1
    0 0 1 1
    0 0 0 1
    0 0 0 0];
J = Erode2C(I)
```

```
编辑器 - C:\Users\t430s\Documents\MATLAB\Erode2C.m
Erode2C.m
1      function J = Erode2C(I)
2 -      h= vision.MorphologicalErode; %#codegen
3 -      J = step(h, I);
```

```
命令行窗口
  >> I=[0 0 1 1
        0 0 1 1
        0 0 0 1
        0 0 0 0];
  >> J = Erode2C(I)

  J =

       0     0     0     0
       0     0     0     0
       0     0     0     0
       0     0     0     0
```

图 5.6.12　所编写的 M 函数的运行效果

步骤 2:在命令行窗口输入 coder，建立一个名为 Erode2C 的工程文件，并单击“添加文件”按钮，如图 5.6.13 所示，将 Erode2C. m 函数导入。

步骤 3:单击界面上的“Build”按钮，在 Output type 选项中选择 C/C++ Static Library，如图 5.6.14 所示。

步骤 4:在该页面单击“More settings”，将 Language 设置成为“C++”，如图 5.6.15 所示。

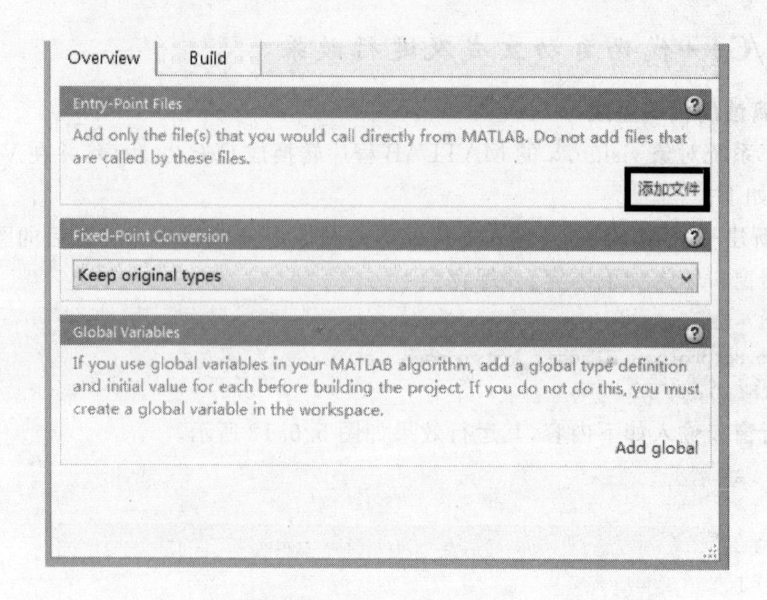

图 5.6.13　通过“添加文件”按钮导入相应的 M 函数

图 5.6.14　步骤 3 的运行效果

步骤 5:设置函数的输入类型。在本例中,将函数的输入类型设置为双精度的 4×4 矩阵,如图 5.6.16 所示。

步骤 6:单击“编译”按钮,便可进行编译并生成可执行代码,如图 5.6.17 所示。

步骤 7:单击 “View report”,便可以观察代码生成报告,如图 5.6.18 所示。

所生成程序的核心代码为:

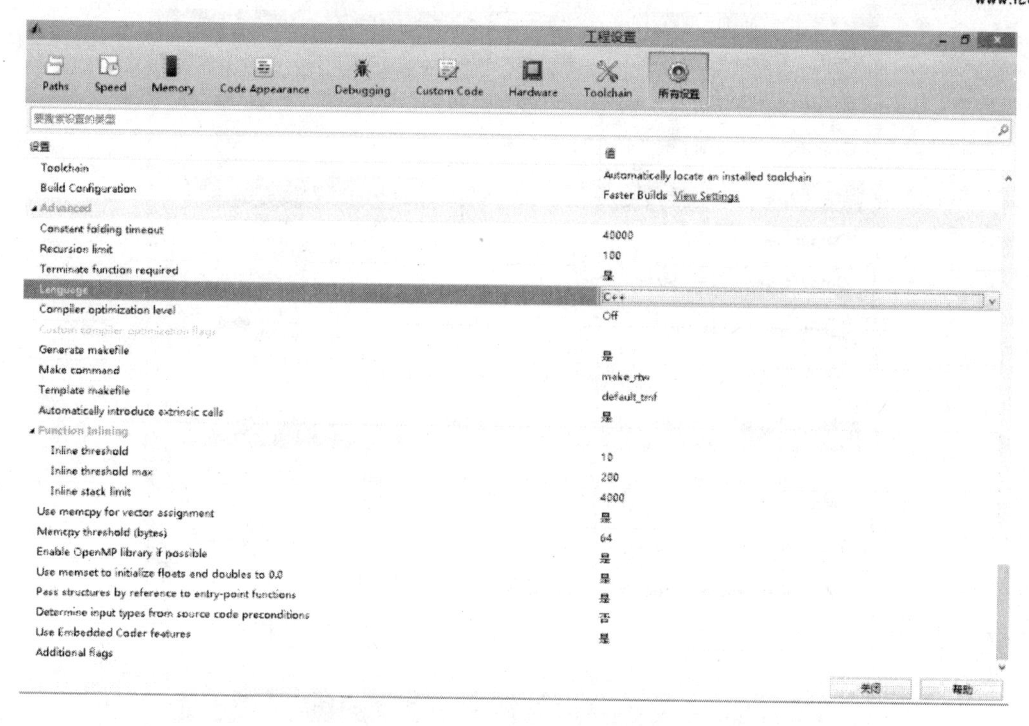

图 5.6.15　设置生成代码的类型

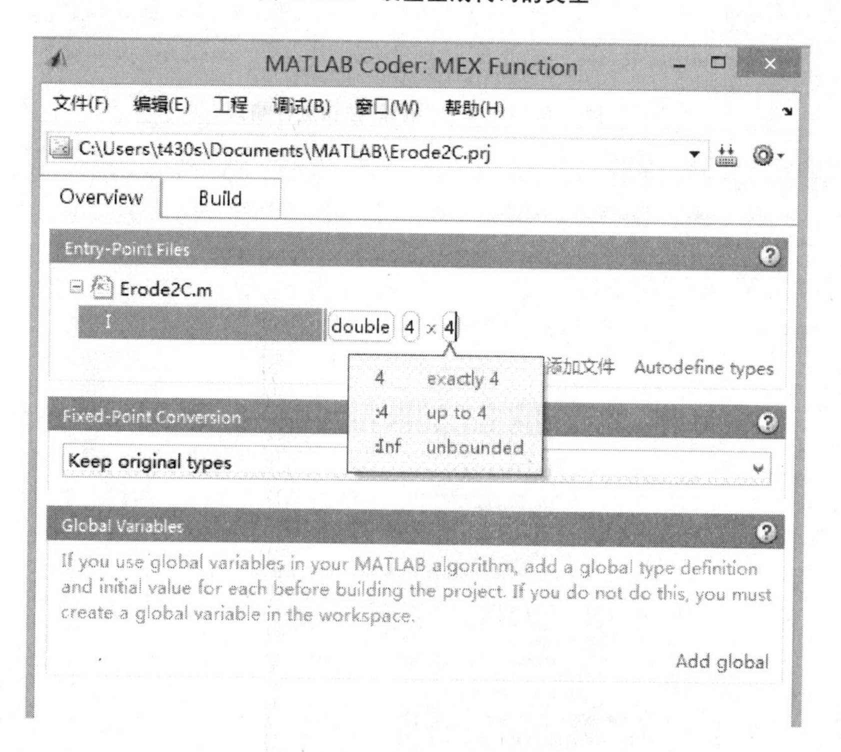

图 5.6.16　设置函数的输入类型

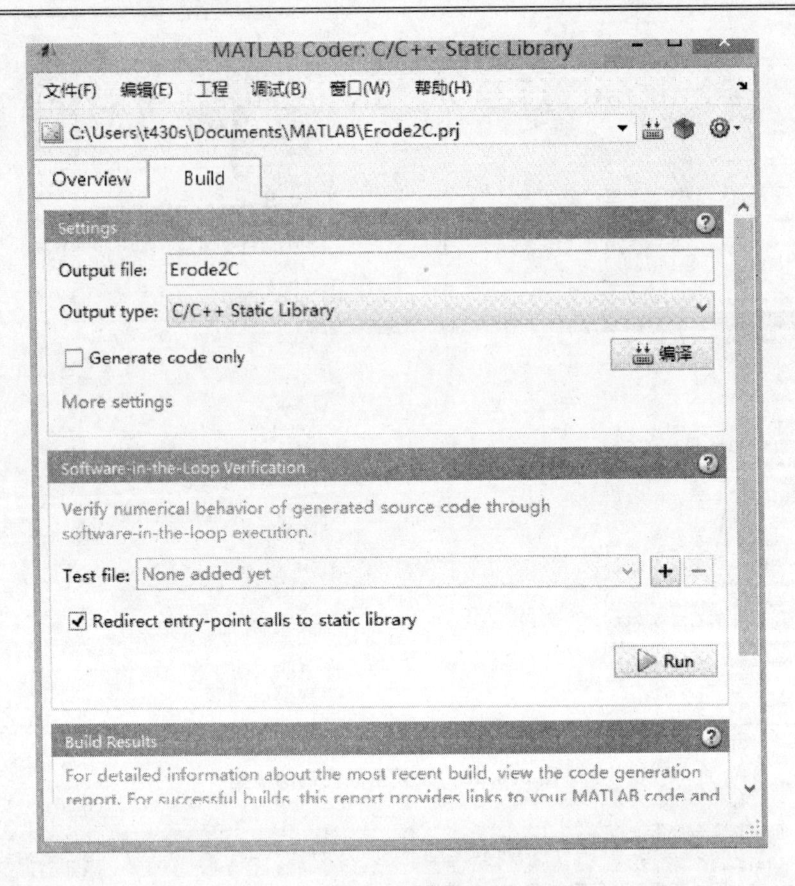

图 5.6.17 单击“编译”按钮进行编译

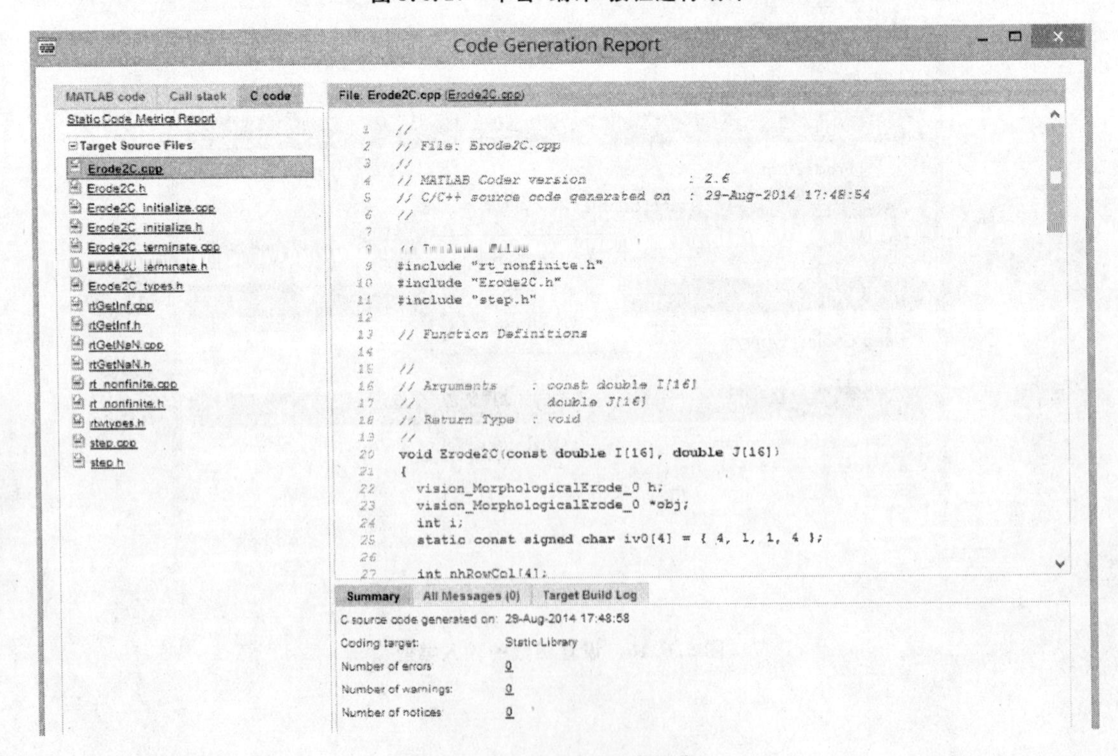

图 5.6.18 代码生成报告

```
1   //
2   // File: Erode2C.cpp
3   //
4   // MATLAB Coder version                    : 2.6
5   // C/C++ source code generated on          : 31-Dec-2014 14:45:29
6   //
7
8   // Include files
9   #include "rt_nonfinite.h"
10  #include "Erode2C.h"
11  #include "step.h"
12
13  // Function Definitions
14
15  //
16  // Arguments      : const double I[16]
17  //                  double J[16]
18  // Return Type    : void
19  //
20  void Erode2C(const double I[16], double J[16])
21  {
22    vision_MorphologicalErode_0 h;
23    vision_MorphologicalErode_0 *obj;
24    int i;
25    static const signed char iv0[4] = { 4, 1, 1, 4 };
26
27    int nhRowCol[4];
28    int idxNHood;
29    int idxOffsets;
30    int curNumNonZ;
31    int n;
32    int m;
33    obj = &h;
34
35    // System object Constructor function: vision.MorphologicalErode
36    obj->S0_isInitialized = false;
37    obj->S1_isReleased = false;
38    for (i = 0; i < 8; i++) {
39      obj->P0_NHOOD_RTP[i] = true;
40    }
41
42    for (i = 0; i < 4; i++) {
43      obj->P1_NHDIMS_RTP[i] = iv0[i];
44    }
45
46    obj = &h;
47    if (!obj->S0_isInitialized) {
48      obj->S0_isInitialized = true;
49
50      // System object Start function: vision.MorphologicalErode
```

```
51      for (i = 0; i < 2; i++) {
52        obj->W1_STREL_DW[i] = 0;
53      }
54
55      for (i = 0; i < 4; i++) {
56        nhRowCol[i] = obj->P1_NHDIMS_RTP[i];
57      }
58
59      idxNHood = 0;
60      idxOffsets = 0;
61      for (i = 0; i < 2; i++) {
62        curNumNonZ = 0;
63        for (n = 0; n < nhRowCol[2 + i]; n++) {
64          for (m = 0; m < nhRowCol[i]; m++) {
65            if (obj->P0_NHOOD_RTP[idxNHood]) {
66              obj->W4_ERODE_OFF_DW[idxOffsets] = n * 11 + m;
67              curNumNonZ++;
68              idxOffsets++;
69            }
70
71            idxNHood++;
72          }
73        }
74
75        obj->W0_NUMNONZ_DW[i] = curNumNonZ;
76      }
77    }
78
79    Outputs(obj, I, J);
80    obj = &h;
81
82    // System object Destructor function: vision.MorphologicalErode
83    if (obj->S0_isInitialized) {
84      obj->S0_isInitialized = false;
85      if (!obj->S1_isReleased) {
86        obj->S1_isReleased = true;
87      }
88    }
89  }
90
91  //
92  // File trailer for Erode2C.cpp
93  //
94  // [EOF]
95  //
96
```

通过分析上述代码，可以搞清楚函数的输入、输出类型，以方便后续调用。

步骤 8：在 VS 2010 软件环境下新建一个名为“ErodeC”的工程。

步骤 9：在所建立的工程左侧，单击右键，并选择属性，如图 5.6.19 所示。

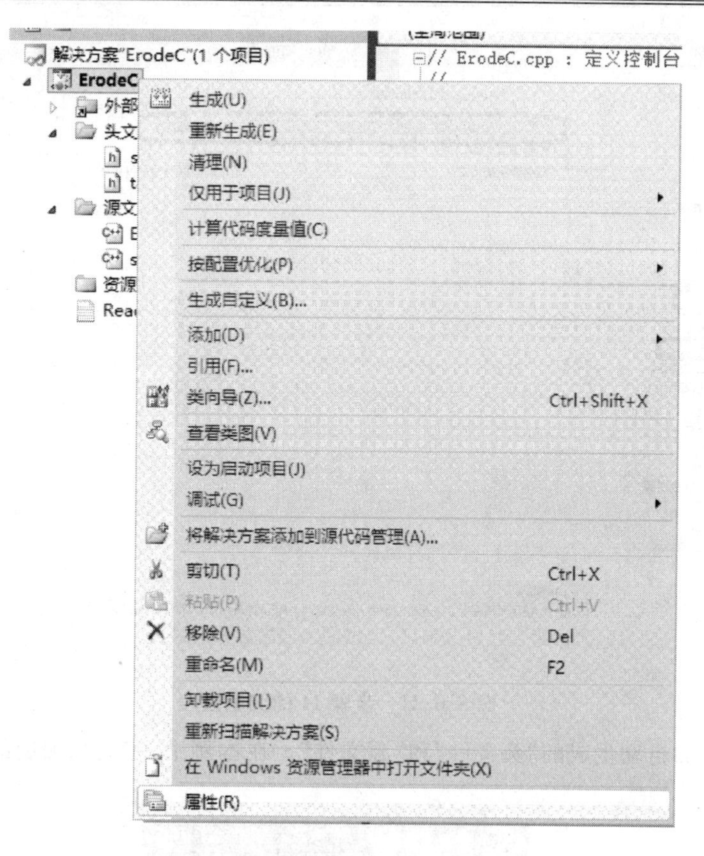

图 5.6.19 步骤 9 的实现过程

步骤 10：单击 VC++目录，对右侧的包含目录进行设置，将所生成代码的路径包含进去，如图 5.6.20 所示。

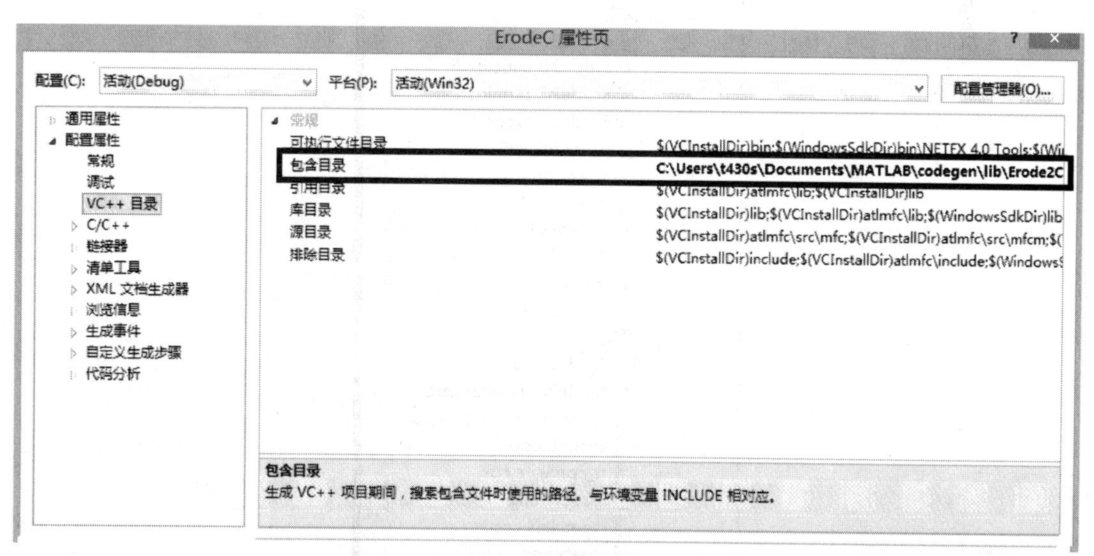

图 5.6.20 步骤 10 的实现过程

步骤 11：单击左侧的 C/C++，对"预编译头"进行设置，选择"不使用预编译头"，如图 5.6.21 所示。

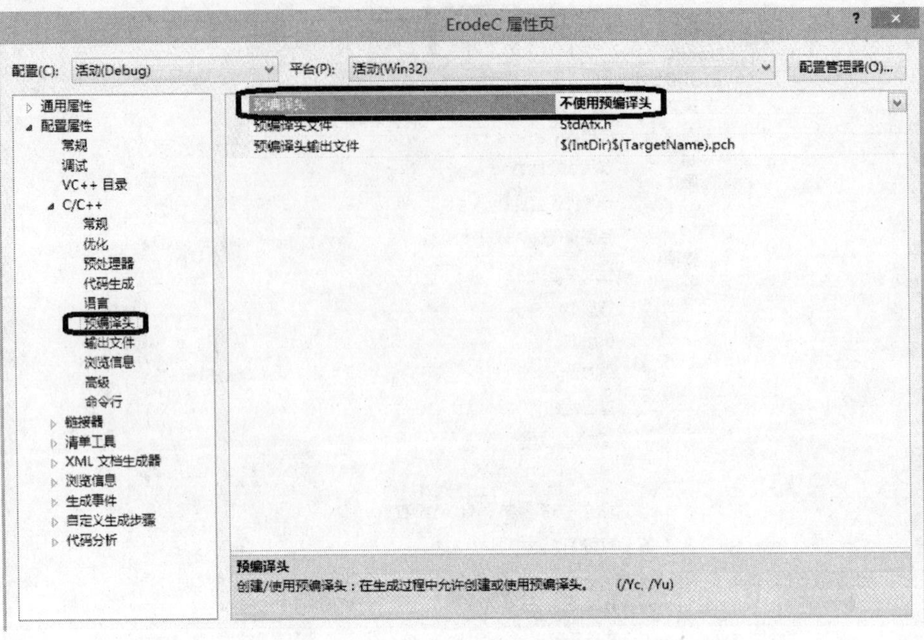

图 5.6.21 步骤 11 的实现过程

步骤 12:添加自动生成的"头文件"和"源文件"。在本例中,完成添加后的效果如图 5.6.22 所示。

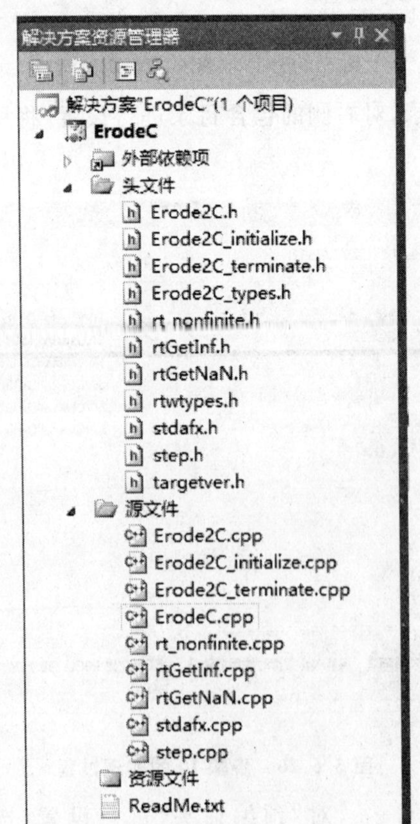

图 5.6.22 添加"头文件"和"源文件"后的效果

步骤 13：输入如下程序，并进行编译，编译后的效果如图 5.6.23 所示，其运行效果如图 5.6.24 所示。

```
#include "stdafx.h"
#include "Erode2C.h"
#include "math.h"
#include <iostream>
using namespace std;

int _tmain(int argc, _TCHAR* argv[])
{
    double a[16] = {0.0,0.0, 1.0, 1.0, 0.0, 0.0, 1.0, 1.0, 0.0, 0.0, 0.0, 1.0, 0.0, 0.0, 0.0, 0.0};
    double b[16] = {0.0};
    Erode2C (a,b);
    for(int i = 0; i < 16; i++)
        std::cout << b[i] << std::endl;
    while(1)
    {
    }
    return 0;
}
```

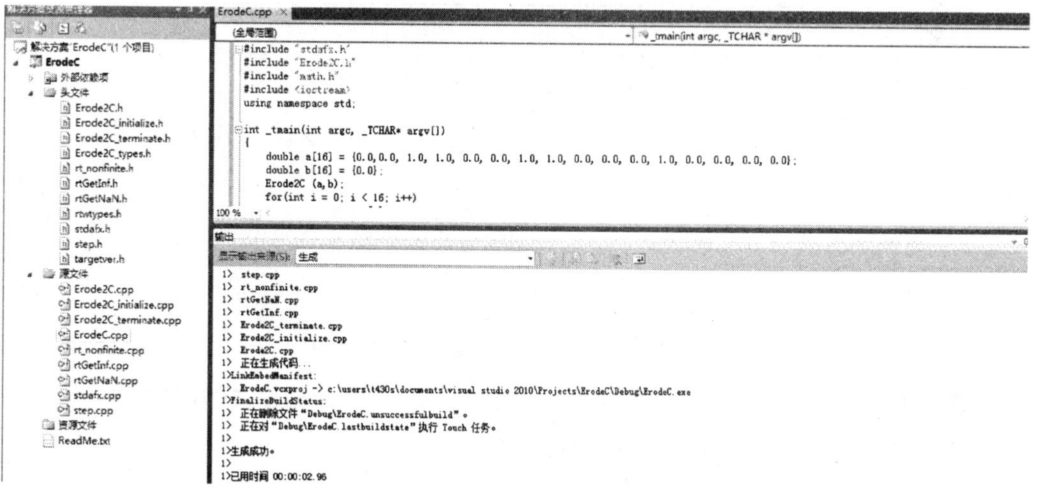

图 5.6.23　显示编译成功

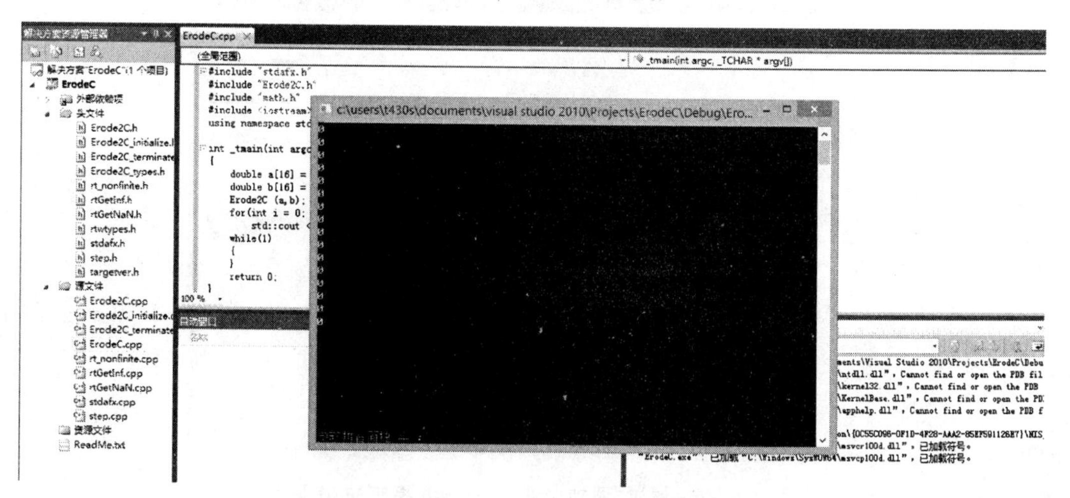

图 5.6.24　程序运行效果

2. 图像膨胀的代码生成

可将基于系统对象vision.x的MATLAB程序转换成C/C++程序，并在VS 2010环境下运行，其步骤如下。

步骤1：新建一个M函数，其输入为待处理的图像矩阵 ***I***，输出为膨胀后的图像矩阵 ***J***。

在编辑器窗口输入如下内容，并保存：

```
function J = DilateC(I)
 h= vision.MorphologicalDilate; % #codegen
 J = step(h, I);
```

在命令行窗口输入如下内容，其运行效果如图5.6.25所示。

```
I=[1,0,0,0;0,1,0,0;0,0,1,0;0,0,0,1];
J = DilateC(I)
```

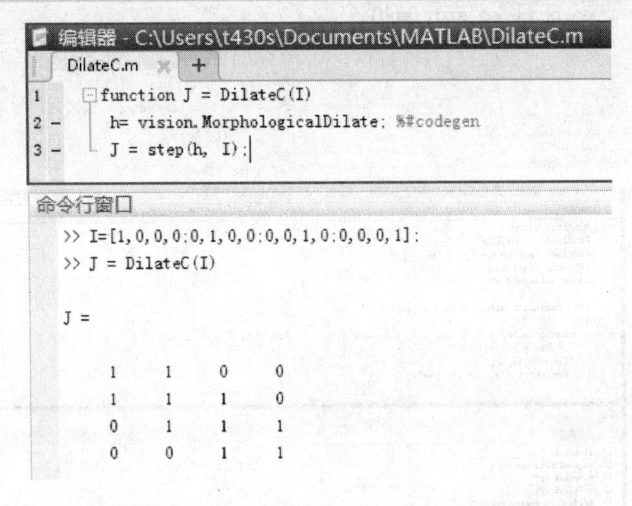

图5.6.25 所编写的M函数的运行效果

步骤2：在命令行窗口输入coder，建立一个名为Dilate2C的工程文件，并单击"添加文件"按钮，如图5.6.26所示，将Dilate2C.m函数导入。

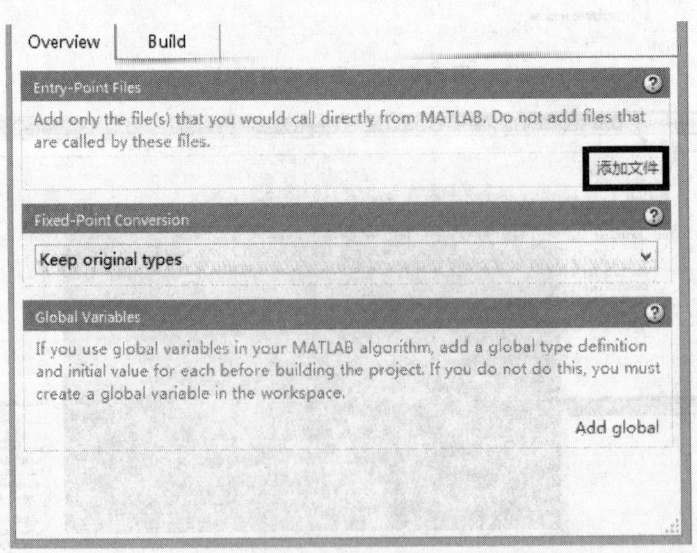

图5.6.26 通过"添加文件"按钮导入相应的M函数

步骤 3:单击界面上的“Build”按钮,在 Output type 选项中选择 C/C++ Static Library,如图 5.6.27 所示。

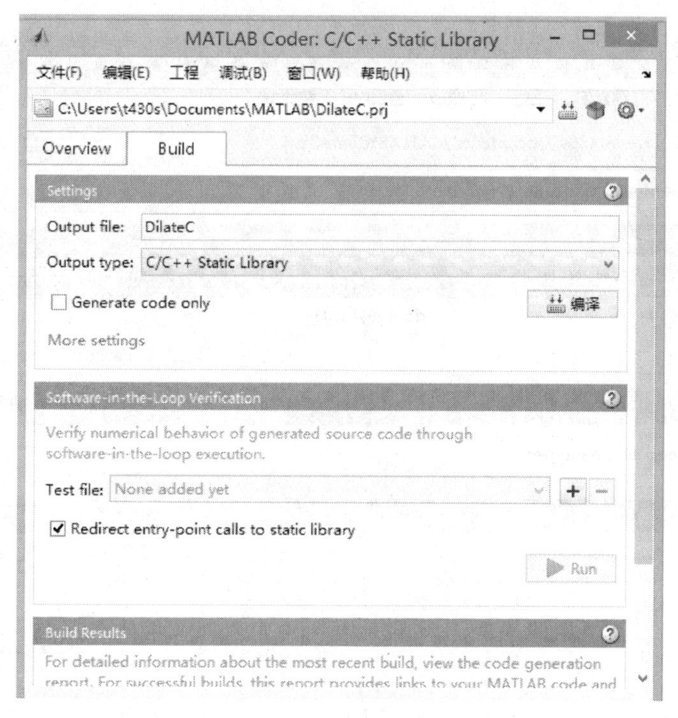

图 5.6.27　步骤 3 的运行效果

步骤 4:在该页面单击“More settings”,将 Language 设置成为“C++”,如图 5.6.28 所示。

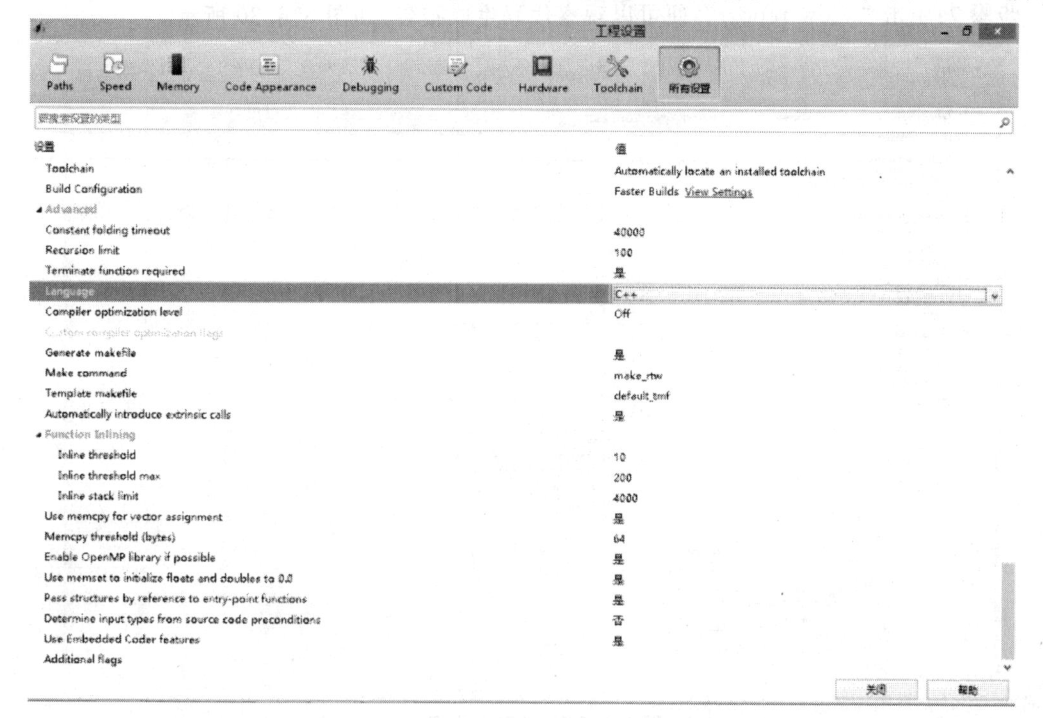

图 5.6.28　设置生成代码的类型

步骤 5:设置函数的输入类型。在本例中,将函数的输入类型设置为双精度的 4×4 矩阵,如图 5.6.29 所示。

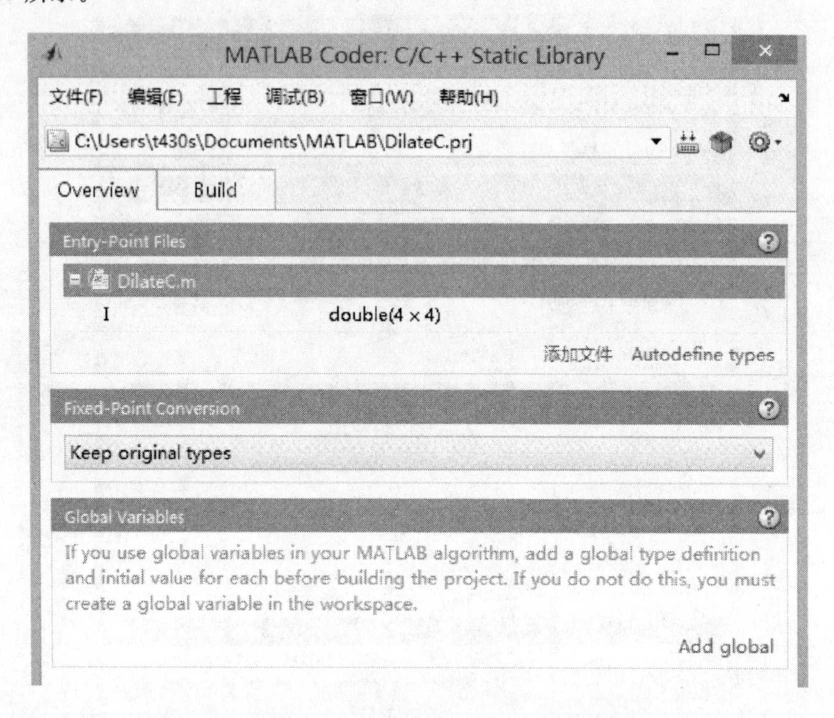

图 5.6.29　设置函数的输入类型

步骤 6:单击"编译"按钮,便可进行编译并生成可执行代码。

步骤 7:单击 "View report",便可以观察代码生成报告,如图 5.6.30 所示。

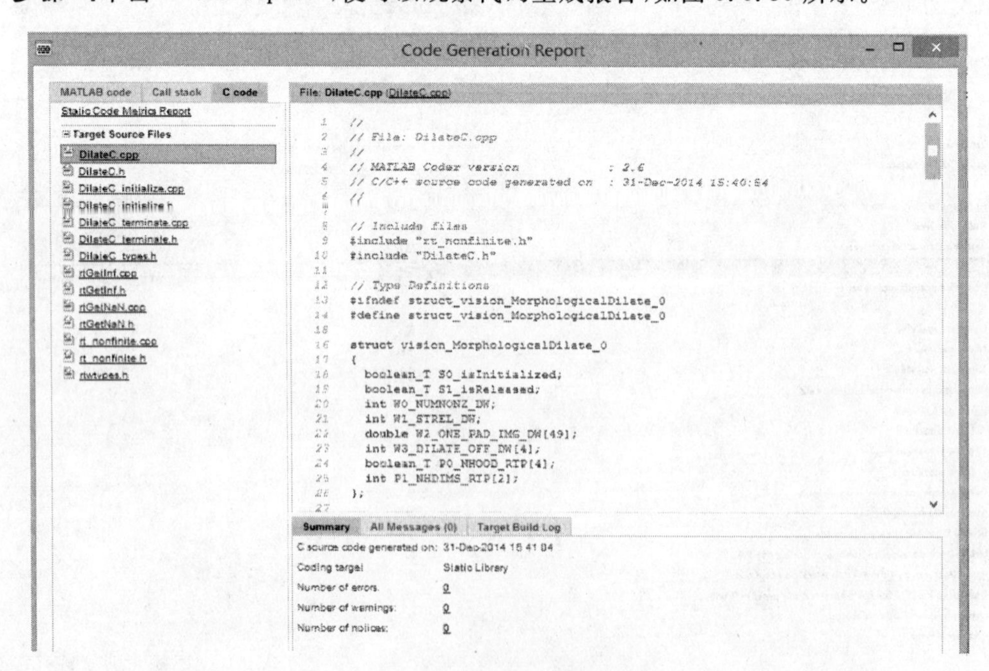

图 5.6.30　代码生成报告

所生成程序的核心代码为：

```
1   //
2   // File: Dilate2C.cpp
3   //
4   // MATLAB Coder version            : 2.6
5   // C/C++ source code generated on  : 28-Aug-2014 11:55:32
6   //
7
8   // Include files
9   #include "rt_nonfinite.h"
10  #include "Dilate2C.h"
11
12  // Type Definitions
13  #ifndef struct_vision_MorphologicalDilate_0
14  #define struct_vision_MorphologicalDilate_0
15
16  struct vision_MorphologicalDilate_0
17  {
18    boolean_T S0_isInitialized;
19    boolean_T S1_isReleased;
20    int W0_NUMNONZ_DW;
21    int W1_STREL_DW;
22    double W2_ONE_PAD_IMG_DW[49];
23    int W3_DILATE_OFF_DW[4];
24    boolean_T P0_NHOOD_RTP[4];
25    int P1_NHDIMS_RTP[2];
26  };
27
28  #endif                          //struct_vision_MorphologicalDilate_0
29
30  // Function Definitions
31
32  //
33  // Arguments    : const double I[16]
34  //                double J[16]
35  // Return Type  : void
36  //
37  void DilateC(const double I[16], double J[16])
38  {
39    vision_MorphologicalDilate_0 h;
40    vision_MorphologicalDilate_0 *obj;
41    int i;
42    int nhRowCol[2];
43    int idxOffsets;
44    int curNumNonZ;
45    int idxNHood;
46    int n;
47    int outIdx;
48    double maxVal;
49    double val;
50    obj = &h;
51
52    // System object Constructor function: vision.MorphologicalDilate
53    obj->S0_isInitialized = false;
```

```
54      obj->S1_isReleased = false;
55      for (i = 0; i < 4; i++) {
56        obj->P0_NHOOD_RTP[i] = true;
57      }
58
59      for (i = 0; i < 2; i++) {
60        obj->P1_NHDIMS_RTP[i] = 2;
61      }
62
63      obj = &h;
64      if (!obj->S0_isInitialized) {
65        obj->S0_isInitialized = true;
66
67        // System object Start function: vision.MorphologicalDilate
68        obj->W1_STREL_DW = 0;
69        for (idxOffsets = 0; idxOffsets < 2; idxOffsets++) {
70          nhRowCol[idxOffsets] = obj->P1_NHDIMS_RTP[idxOffsets];
71        }
72
73        idxOffsets = 0;
74        curNumNonZ = 0;
75        idxNHood = nhRowCol[0] * nhRowCol[1];
76        for (n = 0; n < nhRowCol[1]; n++) {
77          for (outIdx = 0; outIdx < nhRowCol[0]; outIdx++) {
78            idxNHood--;
79            if (obj->P0_NHOOD_RTP[idxNHood]) {
80              obj->W3_DILATE_OFF_DW[idxOffsets] = n * 7 + outIdx;
81              curNumNonZ++;
82              idxOffsets++;
83            }
84          }
85        }
86
87        obj->W0_NUMNONZ_DW = curNumNonZ;
88      }
89
90      // System object Outputs function: vision.MorphologicalDilate
91      idxOffsets = 0;
92      idxNHood = 0;
93      for (n = 0; n < 7; n++) {
94        obj->W2_ONE_PAD_IMG_DW[idxOffsets] = rtMinusInf;
95        idxOffsets++;
96      }
97
98      for (i = 0; i < 4; i++) {
99        obj->W2_ONE_PAD_IMG_DW[idxOffsets] = rtMinusInf;
100       for (n = 0; n < 4; n++) {
101         obj->W2_ONE_PAD_IMG_DW[(n + idxOffsets) + 1] = I[n + idxNHood];
102       }
103
104       idxOffsets += 5;
105       idxNHood += 4;
106       for (n = 0; n < 2; n++) {
107         obj->W2_ONE_PAD_IMG_DW[idxOffsets] = rtMinusInf;
```

```
108            idxOffsets++;
109          }
110        }
111
112        for (i = 0; i < 2; i++) {
113          for (n = 0; n < 7; n++) {
114            obj->W2_ONE_PAD_IMG_DW[idxOffsets] = rtMinusInf;
115            idxOffsets++;
116          }
117        }
118
119        curNumNonZ = obj->W0_NUMNONZ_DW;
120        idxOffsets = obj->W1_STREL_DW;
121        n = 0;
122        outIdx = 0;
123        if (idxOffsets == 0) {
124          for (idxOffsets = 0; idxOffsets < 4; idxOffsets++) {
125            for (idxNHood = 0; idxNHood < 4; idxNHood++) {
126              maxVal = obj->W2_ONE_PAD_IMG_DW[n + obj->W3_DILATE_OFF_DW[0]];
127              for (i = 1; i < curNumNonZ; i++) {
128                val = obj->W2_ONE_PAD_IMG_DW[n + obj->W3_DILATE_OFF_DW[i]];
129                if (val > maxVal) {
130                  maxVal = val;
131                }
132              }
133
134              J[outIdx] = maxVal;
135              n++;
136              outIdx++;
137            }
138
139            n += 3;
140          }
141        }
142
143        obj = &h;
144
145        // System object Destructor function: vision.MorphologicalDilate
146        if (obj->S0_isInitialized) {
147          obj->S0_isInitialized = false;
148          if (!obj->S1_isReleased) {
149            obj->S1_isReleased = true;
150          }
151        }
152      }
153
154      //
155      // File trailer for Dilate2C.cpp
156      //
157      // [EOF]
158      //
159
```

通过分析上述代码,可以搞清楚函数的输入、输出类型,以方便在后续调用。

步骤 8:在 VS 2010 软件环境下新建一个名为"DilateC++"的工程,如图 5.6.31 所示。

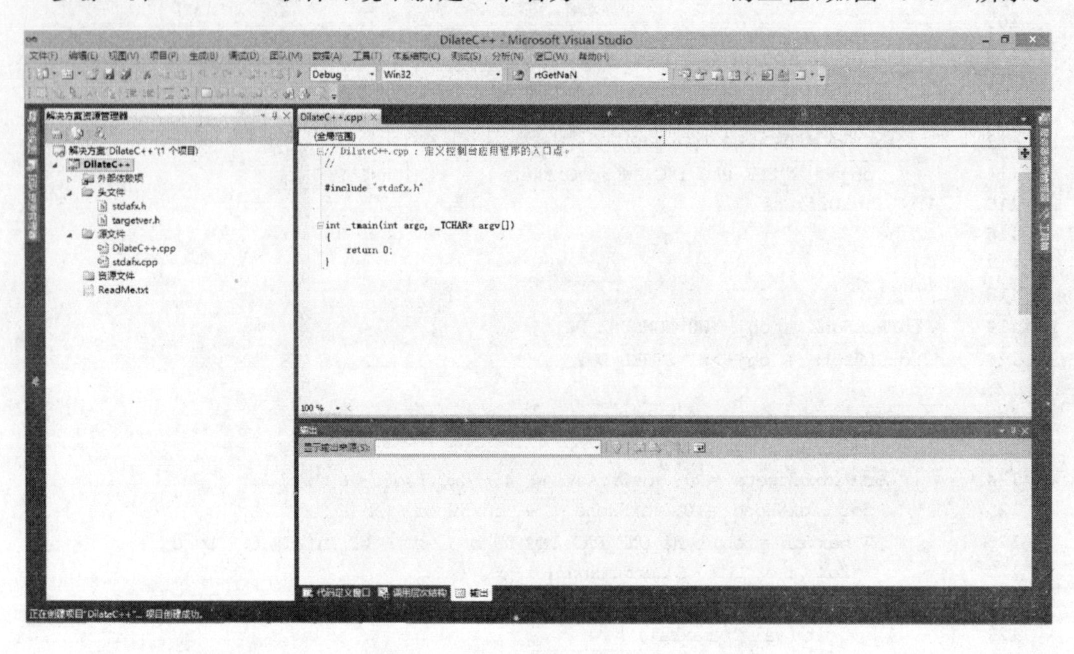

图 5.6.31　步骤 8 的实现过程

步骤 9:在所建立的工程左侧,单击右键,并选择属性,如图 5.6.32 所示。

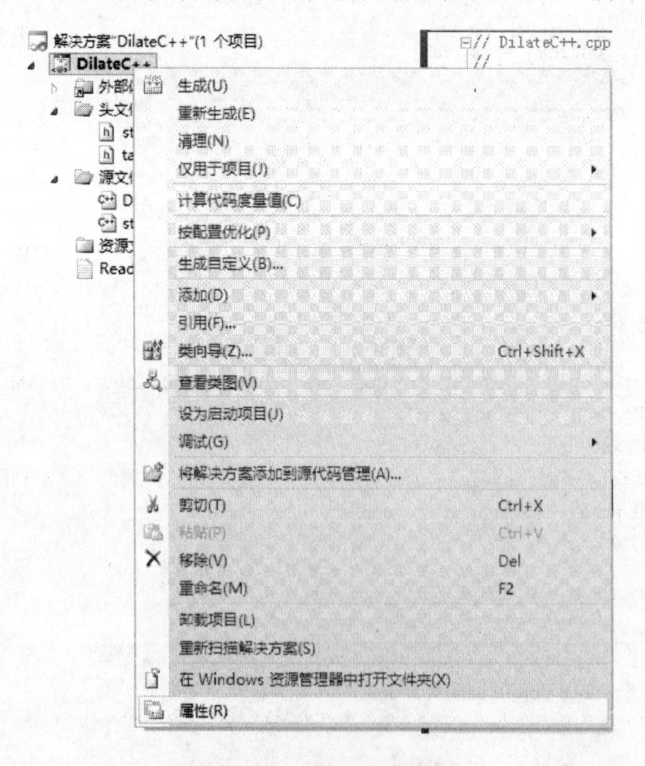

图 5.6.32　步骤 9 的实现过程

步骤 10:单击 VC++目录,对右侧的包含目录进行设置,将所生成代码的路径包含进去,如图 5.6.33 所示。

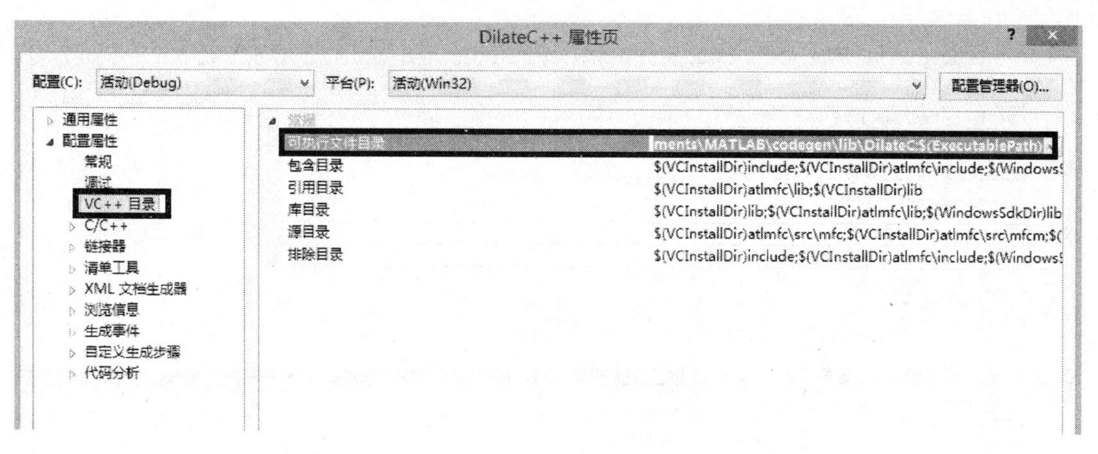

图 5.6.33　步骤 10 的实现过程

步骤 11:单击左侧的 C/C++,对“预编译头”进行设置,选择“不使用预编译头”,如图 5.6.34 所示。

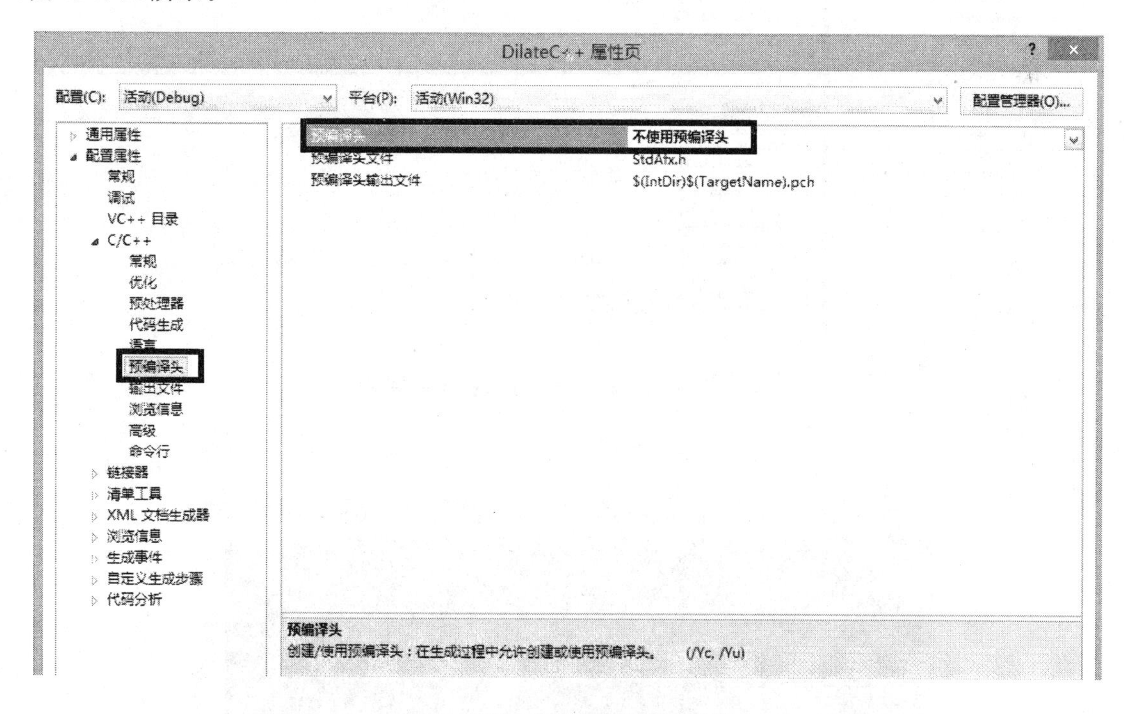

图 5.6.34　步骤 11 的实现过程

步骤 12:添加自动生成的“头文件”和“源文件”。

步骤 13:输入如下程序,并进行编译,编译后的效果如图 5.6.35 所示,运行效果如图 5.6.36 所示。

```
#include "stdafx.h"
#include "DilateC.h"
#include "math.h"
#include <iostream>
using namespace std;

int _tmain(int argc, _TCHAR * argv[])
```

```
{
    double a[16] = {1.0,0.0, 0.0, 0.0, 0.0, 1.0, 0.0, 0.0, 0.0, 0.0, 1.0, 0.0, 0.0, 0.0, 0.0, 0.01};
    double b[16] = {0.0};
    DilateC (a,b);
    for(int i = 0; i < 16; i++)
        std::cout << b[i] << std::endl;
    while(1)
    {
    }
    return 0;
}
```

```
解决方案资源管理器
解决方案"Dilate"(1 个项目)
  Dilate
    外部依赖项
    头文件
      Dilate2C.h
      Dilate2C_initialize.h
      Dilate2C_terminate.h
      Dilate2C_types.h
      rt_nonfinite.h
      rtGetInf.h
      rtGetNaN.h
      rtwtypes.h
      stdafx.h
      targetver.h
    源文件
      Dilate.cpp
      Dilate2C.cpp
      Dilate2C_initialize.cpp
      Dilate2C_terminate.cpp
      rt_nonfinite.cpp
      rtGetInf.cpp
      rtGetNaN.cpp
      stdafx.cpp
    资源文件
    ReadMe.txt
```

```
Dilate.cpp   Dilate2C.cpp
(全局范围)
#include "stdafx.h"
#include "Dilate2C.h"
#include "math.h"
#include <iostream>
using namespace std;

int _tmain(int argc, _TCHAR* argv[])
{
    double a[16] = {1.0,0.0, 0.0, 0.0, 0.0, 1.0, 0.0, 0.0, 0.0, 0.0, 1.0, 0.0, 0.0, 0.0, 0.0, 0.01};
    double b[16] = {0.0};
    Dilate2C (a,b);
    for(int i = 0; i < 16; i++)
100 %
```

```
输出
显示输出来源(S): 生成
1>  rtGetInf.cpp
1>  Dilate2C_terminate.cpp
1>  Dilate2C_initialize.cpp
1>  Dilate2C.cpp
1>  正在生成代码...
1>ManifestResourceCompile:
1>  所有输出均为最新。
1>LinkEmbedManifest:
1>  Dilate.vcxproj -> C:\Users\t430s\Documents\Visual Studio 2010\Projects\Dilate\Debug\Dilate.exe
1>FinalizeBuildStatus:
1>  正在删除文件"Debug\Dilate.unsuccessfulbuild"。
1>  正在对"Debug\Dilate.lastbuildstate"执行 Touch 任务。
1>
1>生成成功。
1>
1>已用时间 00:00:02.00
========== 生成: 成功 1 个，失败 0 个，最新 0 个，跳过 0 个 ==========
```

图 5.6.35　显示编译成功

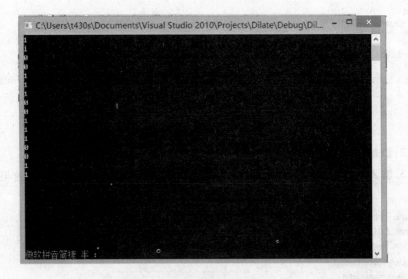

图 5.6.36　程序运行效果

5.7　图像的开运算、闭运算

5.7.1　基本原理

1. 图像的开运算

先腐蚀后膨胀称为开(open)，即 OPEN(X)＝D(E(X))。让我们来看一个开运算的例子(见图 5.7.1)：在图 5.7.1 上面的两幅图中，左边是被处理的图像 X(二值图像，我们针对的是黑点)，右边是结构元素 B；下面的两幅图中左边是腐蚀后的结果，右边是在此基础上膨胀的结果。可以看到，原图经过开运算后，一些孤立的小点被去掉了。一般来说，开运算能够去除孤立的小点、毛刺和小桥(即连通两块区域的小点)，而总的位置和形状不变。这就是开运算的作用。

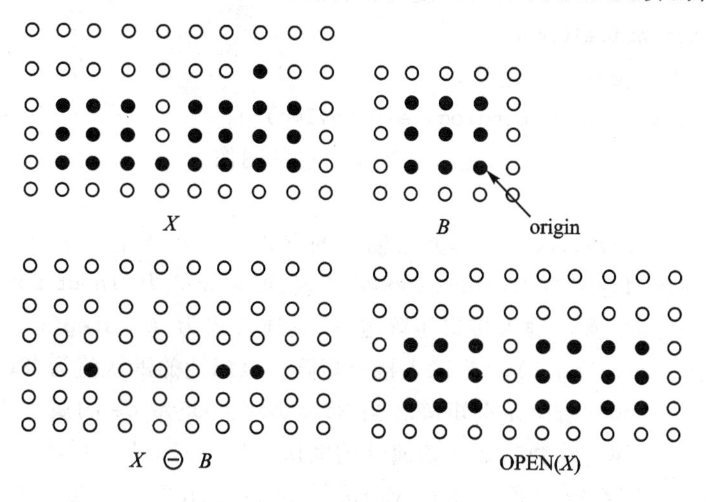

图 5.7.1　开运算示例

2. 图像的闭运算

先膨胀后腐蚀称为闭(close)，即 CLOSE(X)＝E(D(X))。让我们来看一个闭运算的例子(见图 5.7.2)：在图 5.7.2 上面的两幅图中，左边是被处理的图像 X(二值图像，我们针对的是黑点)，右边是结构元素 B；下面的两幅图中左边是膨胀后的结果，右边是在此基础上腐蚀的结果。可以看到，原图经过闭运算后，断裂的地方被弥合了。一般来说，闭运算能够填平小孔，弥

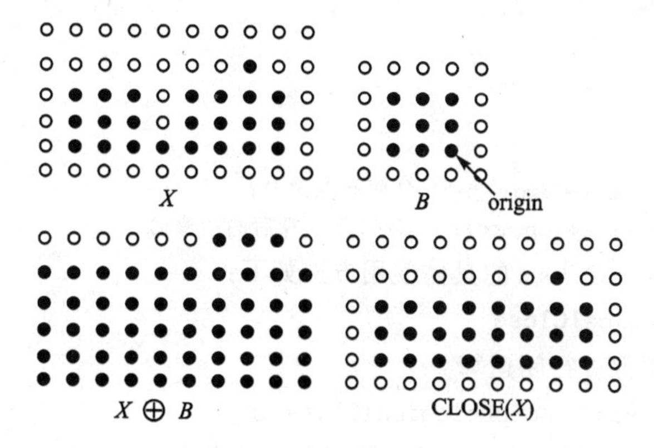

图 5.7.2　闭运算示例

合小裂缝，而总的位置和形状不变。这就是闭运算的作用。

开和闭也是对偶运算，用公式表示为$(\mathrm{OPEN}(X))^c=\mathrm{CLOSE}((X^c))$，或者$(\mathrm{CLOSE}(X))^c=\mathrm{OPEN}((X^c))$。即$X$开运算的补集等于$X$的补集的闭运算，或者$X$闭运算的补集等于$X$的补集的开运算。可以这样来理解：在两个小岛之间有一座小桥，我们把岛和桥看作是处理对象X，则X的补集为大海。如果涨潮时将小桥和岛的外围淹没（相当于用尺寸比桥宽大的结构元素对X进行开运算），那么两个岛的分隔，相当于小桥两边海域的连通（对X^c做闭运算）。

5.7.2 基于System Object的仿真

在MATLAB中，调用计算机视觉工具箱中的系统对象vision.MorphologicalOpen可实现对输入图像进行开运算；调用vision.MorphologicalClose可实现对输入图像的进行闭运算。

vision.MorphologicalOpen的具体使用方法如下：

vision.MorphologicalOpen

功能：对输入的图像进行开运算。

语法：A = step(vision. MorphologicalOpen,Img)

其中：Img为原始图像；A是开运算操作后的图像。

属性：

NeighborhoodSource：结构元素输入的方式。如果设置为'Property'，则通过设置系统属性参数'Neighborhood'实现；如果设置为'Input port'，则在运行系统对象时，通过输入接口矩阵输入，具体方式为：A = step(vision. MorphologicalOpen,Img,B)，B为输入接口矩阵。该属性的默认值为'Property'。

Neighborhood：结构元素矩阵。当NeighborhoodSource的属性设置为'Property'时，该属性参数有效。该属性的默认值为strel('disk',5)。

【例5.7.1】 调用系统对象vision.MorphologicalOpen实现对输入图像进行开运算操作，其运行结果如图5.7.3所示。

程序如下：

```
% 读入图像并转换为单精度型
img = im2single(imread('blobs.png'));
% 设置系统对象属性
hopening = vision.MorphologicalOpen;
hopening.Neighborhood = strel('disk', 5);
% 运行系统对象
opened = step(hopening, img);
% 显示实验结果
figure;
subplot(1,2,1),imshow(img); title('原始图像');
subplot(1,2,2),imshow(opened); title('开运算后的图像');
```

vision.MorphologicalClose的具体使用方法如下：

vision.MorphologicalClose

功能：对输入的图像进行闭运算。

语法：A = step(vision. MorphologicalClose,Img)

其中：Img为原始图像；A是开运算操作后的图像。

属性：

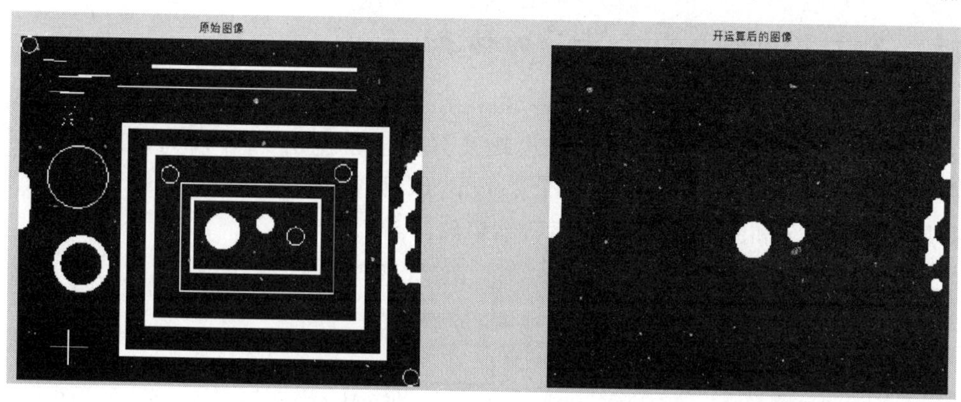

图 5.7.3　例 5.7.1 的运行结果

NeighborhoodSource:结构元素输入的方式。如果设置为 'Property',则通过设置系统属性参数 'Neighborhood' 实现;如果设置为 'Input port',则在运行系统对象时,通过输入接口矩阵输入,具体方式为:A = step(vision. MorphologicalClose,Img,B),B 为输入接口矩阵。该属性的默认值为 'Property'。

Neighborhood:结构元素矩阵。当 NeighborhoodSource 的属性设置为 'Property' 时,该属性参数有效。该属性的默认值为 strel('line',5,45)。

【例 5.7.2】 调用系统对象 vision. MorphologicalClose 实现对输入图像进行开运算操作,其运行结果如图 5.7.4 所示。

程序如下:

```
% 读入图像并转换为单精度型
img = im2single(imread('blobs.png'));
% 设置系统对象属性
hclosing = vision.MorphologicalClose;
hclosing.Neighborhood = strel('disk', 10);
% 运行系统对象
closed = step(hclosing, img);
% 显示实验结果
figure;
subplot(1,2,1),imshow(img); title('原始图像');
subplot(1,2,2),imshow(closed); title('闭运算操作后的结果');
```

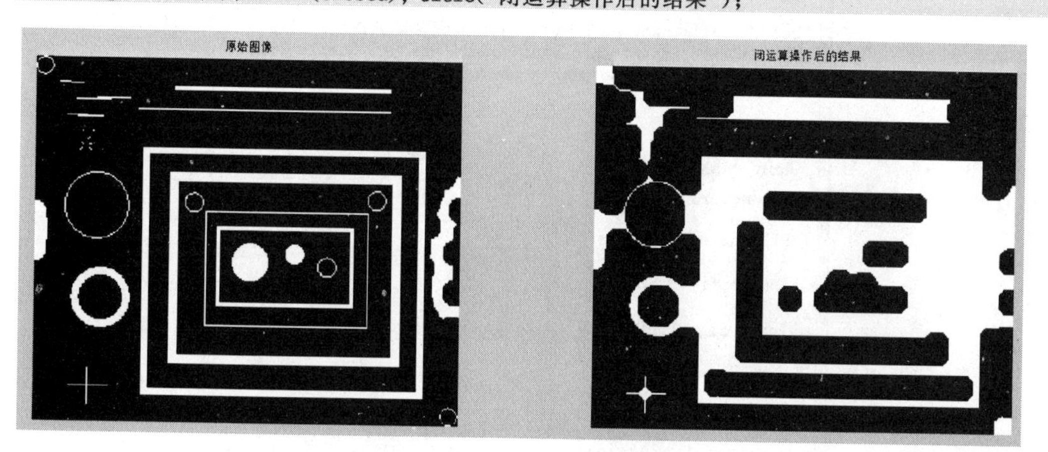

图 5.7.4　例 5.7.2 运行结果

5.7.3 基于 Blocks - Simulink 的仿真

在 MATLAB 中，还可以通过 Blocks - Simulink 来实现对图像的腐蚀操作及膨胀操作，其连接关系如图 5.7.5 所示。其中，各功能模块及其路径如表 5.7 - 1 所列，双击 Image From File 模块，将其的 Filename 参数设置为图像 eight. tif，如图 5.7.6 所示；Open 模块与 Close 模块的参数如图 5.7.7 和图 5.7.8 所示，运行结果如图 5.7.9 所示。

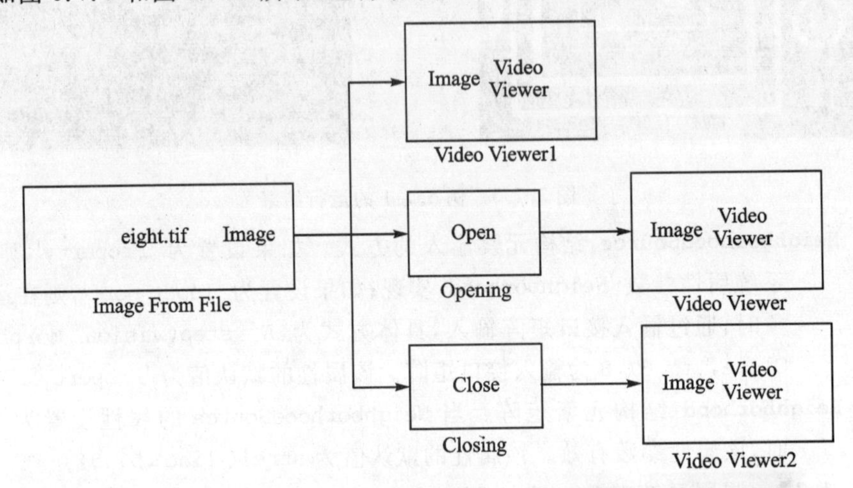

图 5.7.5 通过 Blocks - Simulink 来实现对图像的腐蚀操作及膨胀操作的原理图

表 5.7 - 1 各功能模块及其路径

功 能	名 称	路 径
读入图像	Image From File	Computer Vision System Toolbox/Sources
开操作	Open	Computer Vision System Toolbox/Morphological Operations
闭操作	Close	Computer Vision System Toolbox/Morphological Operations
观察图像输出结果	Video Viewer	Computer Vision System Toolbox/Sinks

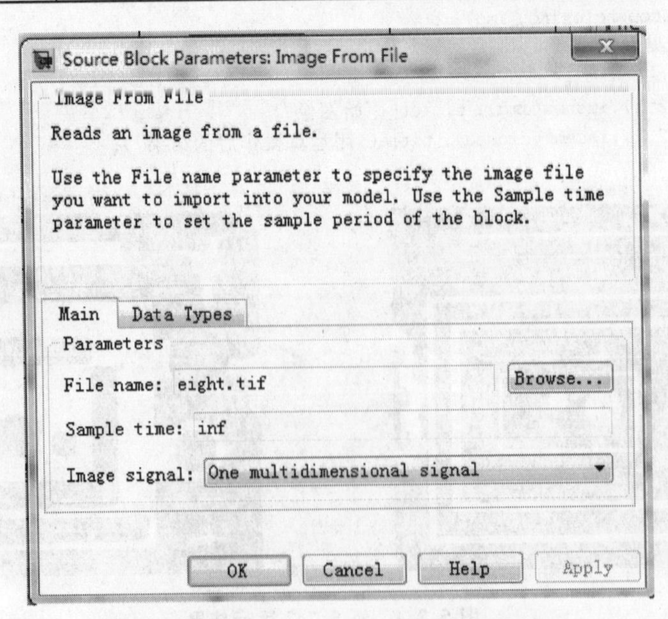

图 5.7.6 Image From File 模块的参数设置

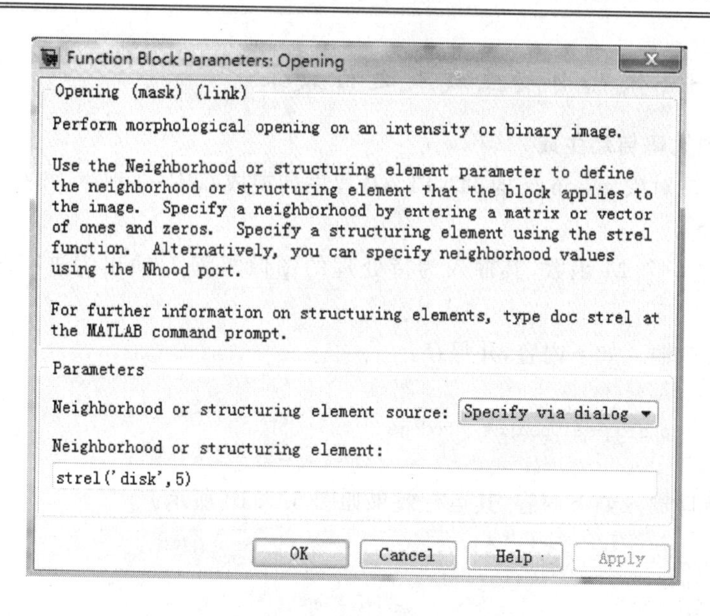

图 5.7.7　Open 模块的参数设置

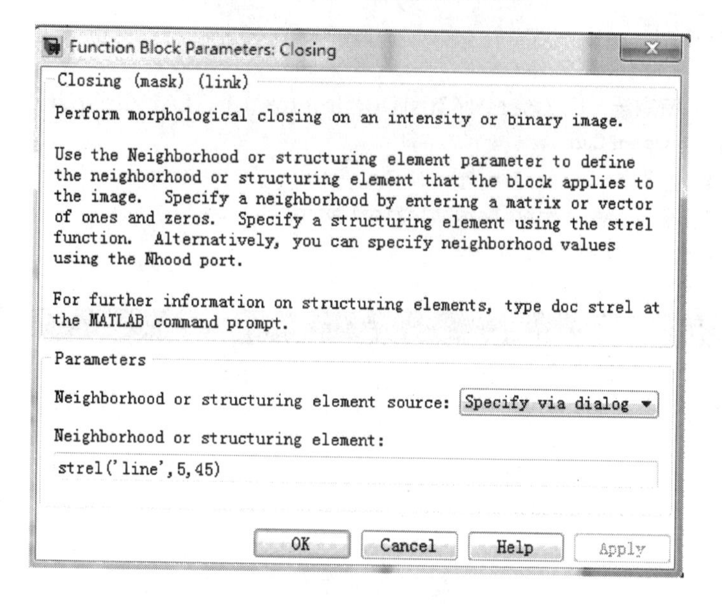

图 5.7.8　Close 模块的参数设置

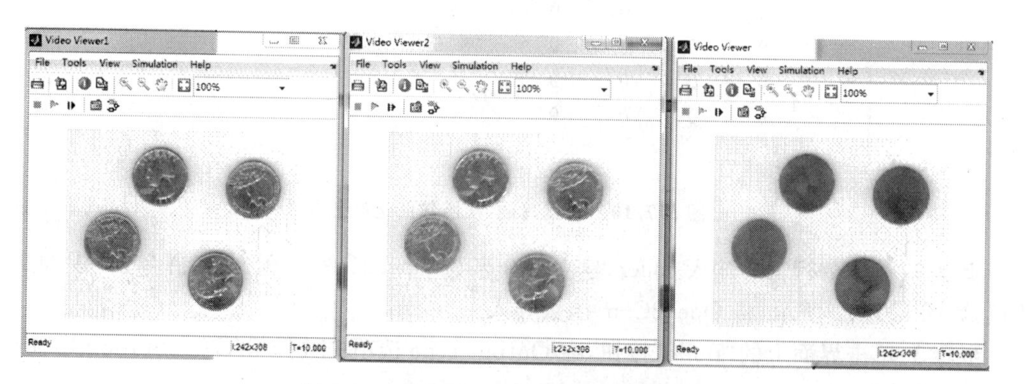

图 5.7.9　图 5.7.5 所示模型的运行结果

5.7.4 C/C++代码自动生成及运行效果

1. 开运算的代码自动生成

可将基于系统对象vision.x的MATLAB程序转换成C/C++程序，并在VS 2010环境下运行，其步骤如下。

步骤1：新建一个M函数，其输入为待处理的图像矩阵 ***I***，输出为进行开运算的图像矩阵 ***J***。

在编辑器窗口输入如下内容，并保存：

```
function J = Open2C(I)
 h= vision.MorphologicalOpen; % #codegen
 J = step(h, I);
```

在命令行窗口输入如下内容，其运行效果如图5.7.10所示。

```
I= [1 0 0 0;
      0 1 0 0;
      0 0 1 0;
      0 0 0 1];
 J = Open2C(I)
```

编辑器 - C:\Users\t430s\Documents\MATLAB\Open2C.m

```
Open2C.m
1   function J = Open2C(I)
2 -   h= vision.MorphologicalOpen; %#codegen
3 -   J = step(h, I);
```

命令行窗口

```
>> I=[1 0 0 0;
      0 1 0 0;
      0 0 1 0;
      0 0 0 1];
>>  J = Open2C(I)

J =

     0     0     0     0
     0     0     0     0
     0     0     0     0
     0     0     0     0
```

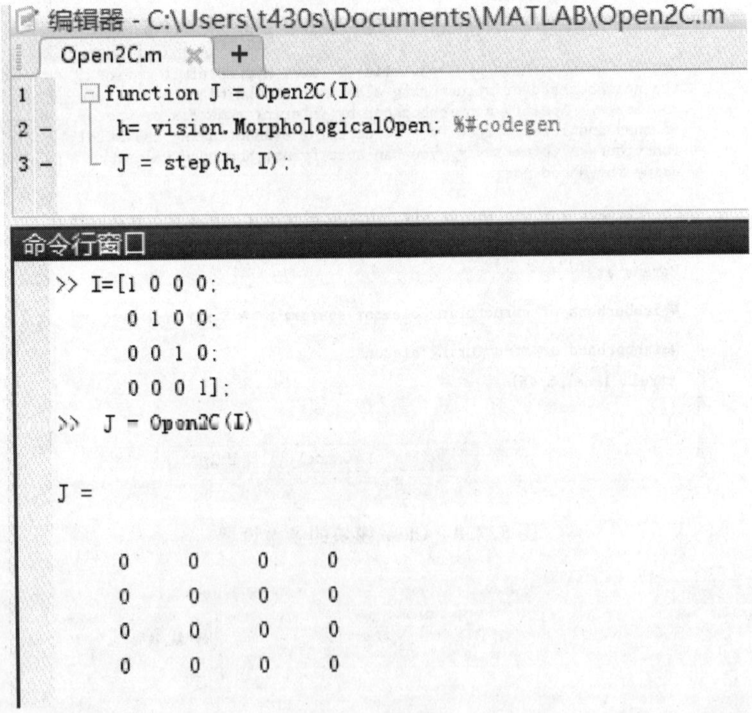

图5.7.10 所编写的M函数的运行效果

步骤2：在命令行窗口输入coder，建立一个名为Open2C的工程文件，并单击“添加文件”按钮，如图5.7.11所示，将Open2C.m函数导入。

步骤3：单击界面上的“Build”按钮，在Output type选项中选择C/C++ Static Library，如图5.7.12所示。

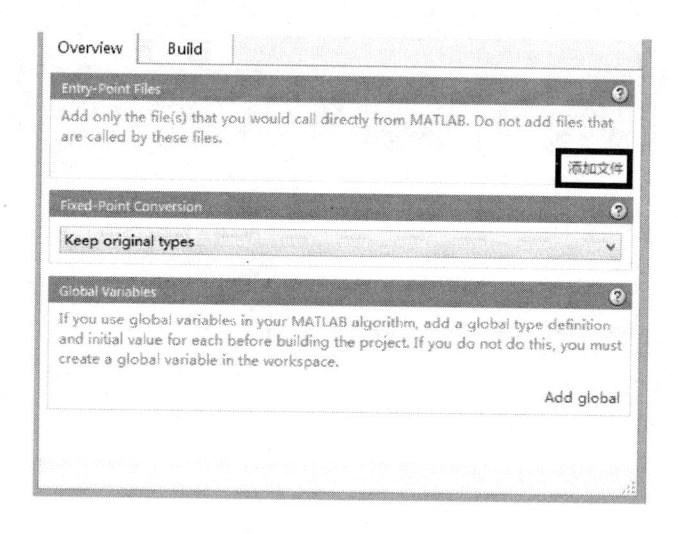

图 5.7.11　通过“添加文件”按钮导入相应的 M 函数

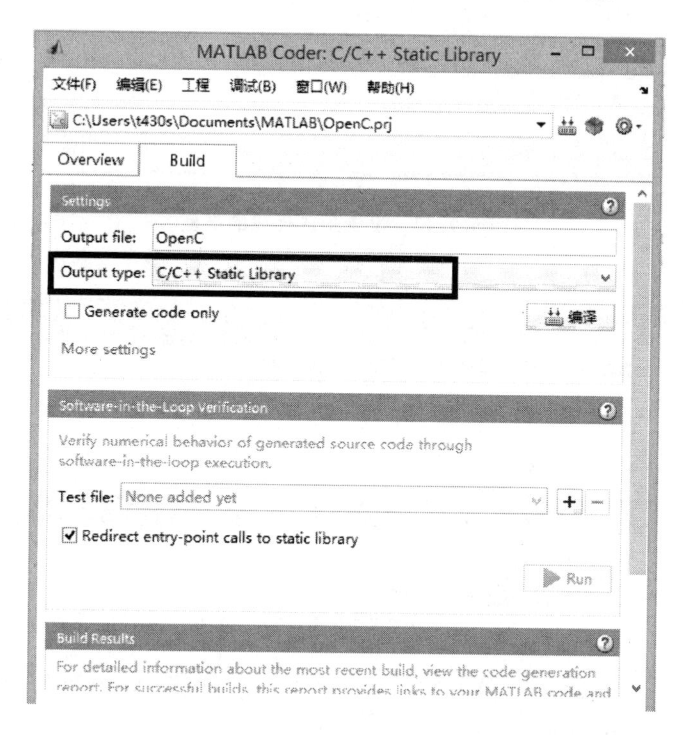

图 5.7.12　步骤 3 的运行效果

步骤 4:在该页面单击“More settings”,将 Language 设置成为“C++”,如图 5.7.13 所示。

步骤 5:设置函数的输入类型。在本例中,将函数的输入类型设置为双精度的 4×4 矩阵,如图 5.7.14 所示。

步骤 6:单击“编译”按钮,便可进行编译并生成可执行代码。

步骤 7:单击 “View report”,便可以观察代码生成报告,如图 5.7.15 所示。

所生成程序的核心代码为:

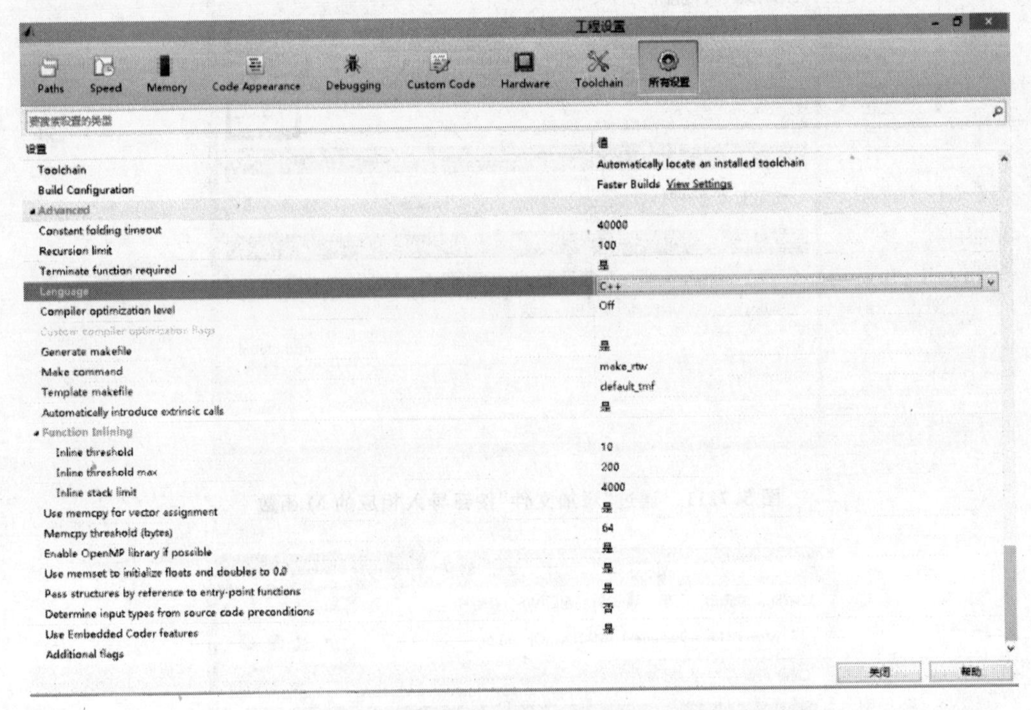

图 5.7.13　设置生成代码的类型

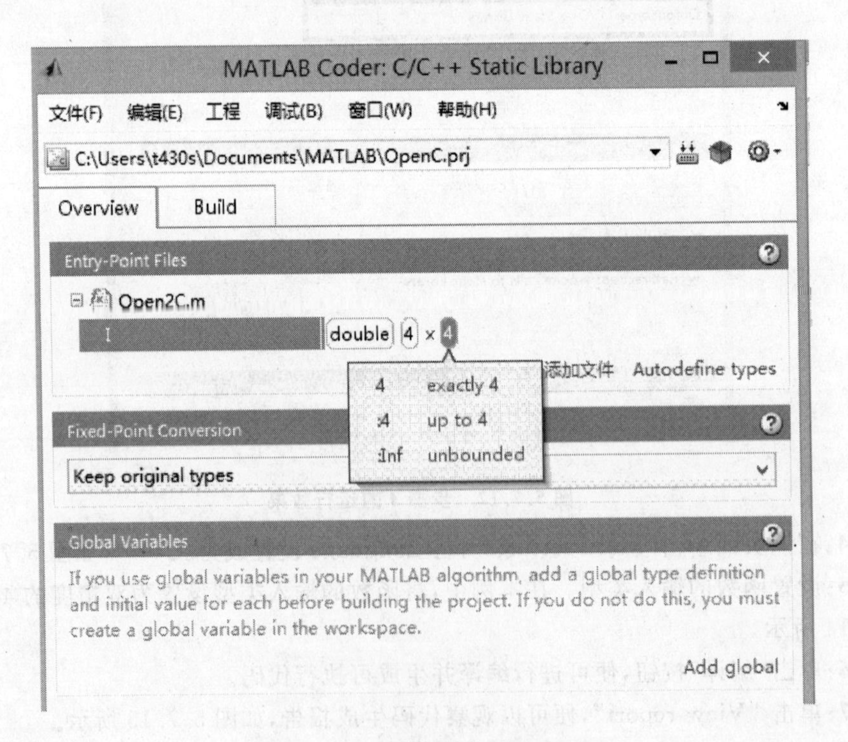

图 5.7.14　设置函数的输入类型

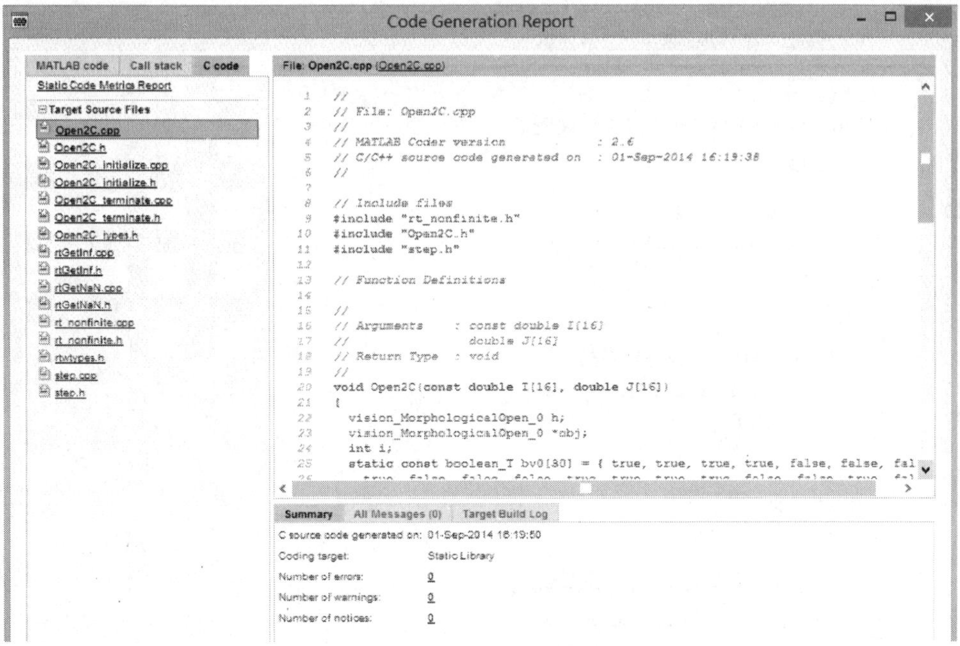

图 5.7.15　代码生成报告

```
1   //
2   // File: Open2C.cpp
3   //
4   // MATLAB Coder version              : 2.6
5   // C/C++ source code generated on    : 01-Sep-2014 16:19:38
6   //
7
8   // Include files
9   #include "rt_nonfinite.h"
10  #include "Open2C.h"
11  #include "step.h"
12
13  // Function Definitions
14
15  //
16  // Arguments     : const double I[16]
17  //                 double J[16]
18  // Return Type   : void
19  //
20  void Open2C(const double I[16], double J[16])
21  {
22    vision_MorphologicalOpen_0 h;
23    vision_MorphologicalOpen_0 *obj;
24    int i;
25    static const boolean_T bv0[30] = { true, true, true, true, false, false, false,
26      true, false, false, false, true, true, true, true, false, false, true, false,
27      true, false, true, false, false, true, true, true, true, true, true };
28
29    static const signed char iv0[12] = { 3, 3, 1, 3, 1, 3, 1, 3, 3, 3, 3, 1 };
30
31    obj = &h;
32
```

```
33      // System object Constructor function: vision.MorphologicalOpen
34      obj->S0_isInitialized = false;
35      obj->S1_isReleased = false;
36      for (i = 0; i < 30; i++) {
37        obj->P0_NHOOD_RTP[i] = bv0[i];
38      }
39
40      for (i = 0; i < 12; i++) {
41        obj->P1_NHDIMS_RTP[i] = iv0[i];
42      }
43
44      obj = &h;
45      if (!obj->S0_isInitialized) {
46        obj->S0_isInitialized = true;
47        Start(obj);
48      }
49
50      Outputs(obj, I, J);
51      obj = &h;
52
53      // System object Destructor function: vision.MorphologicalOpen
54      if (obj->S0_isInitialized) {
55        obj->S0_isInitialized = false;
56        if (!obj->S1_isReleased) {
57          obj->S1_isReleased = true;
58        }
59      }
60    }
61
62    //
63    // File trailer for Open2C.cpp
64    //
65    // [EOF]
66    //
```

通过分析上述代码,可以搞清楚函数的输入、输出类型,以方便在后续调用。

步骤8:在 VS 2010 软件环境下新建一个名为"OpenC"的工程,如图 5.7.16 所示。

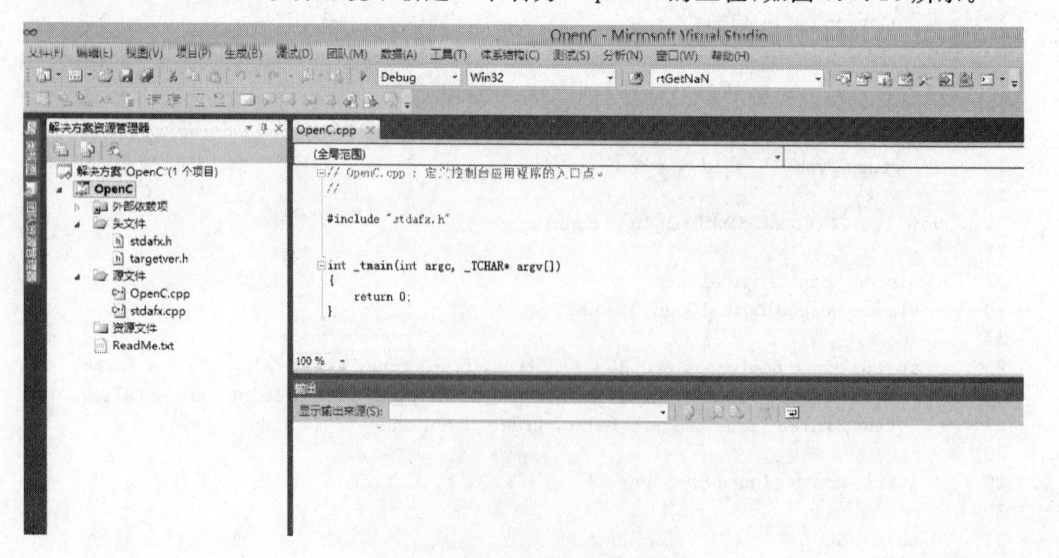

图 5.7.16　步骤 8 的实现过程

步骤 9：在所建立的工程左侧，单击右键，并选择属性，如图 5.7.17 所示。

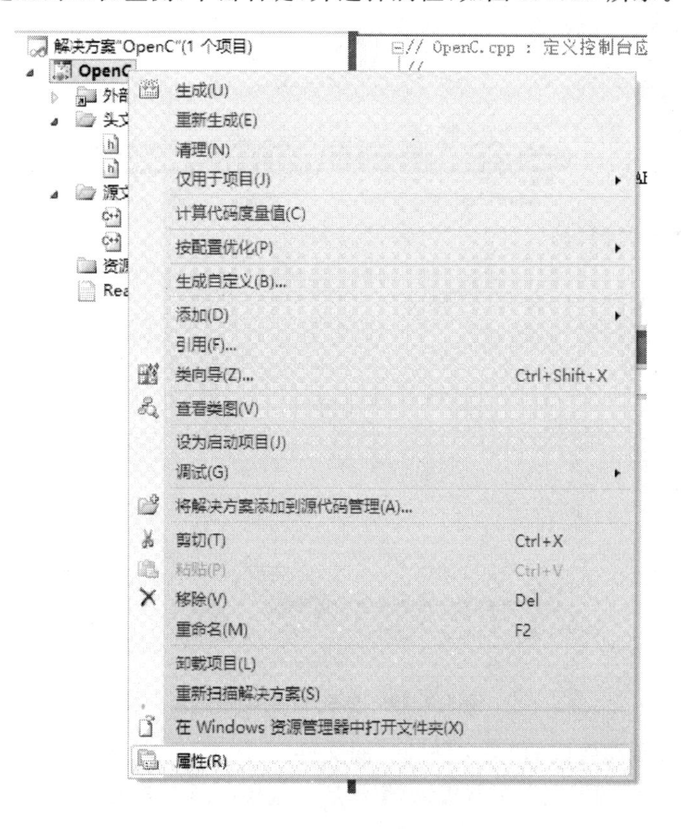

图 5.7.17　步骤 9 的实现过程

步骤 10：单击 VC++目录，对右侧的包含目录进行设置，将所生成代码的路径包含进去，如图 5.7.18 所示。

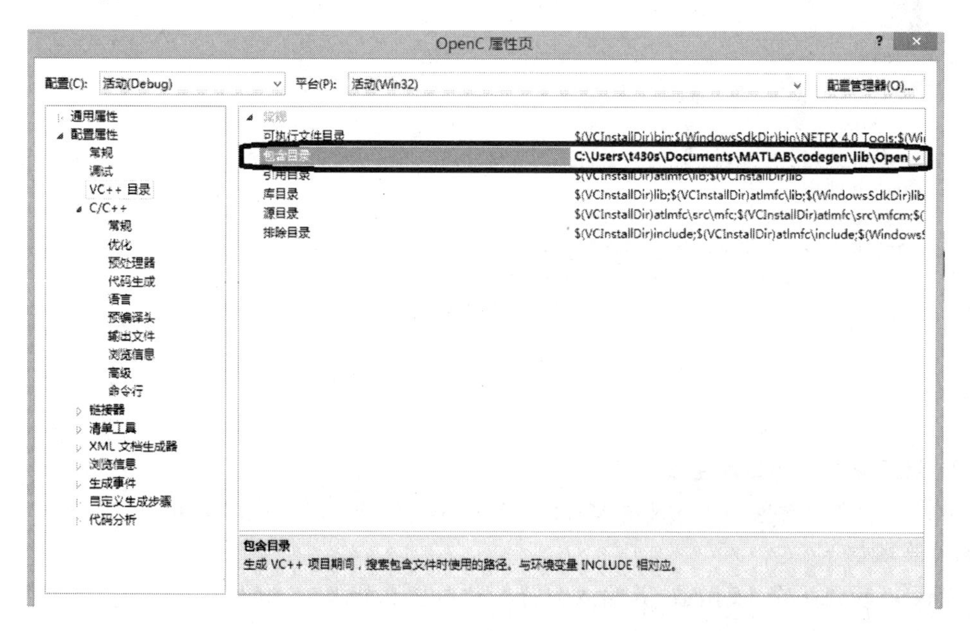

图 5.7.18　步骤 10 的实现过程

步骤 11:单击左侧的 C/C++,对“预编译头”进行设置,选择“不使用预编译头”,如图 5.7.19 所示。

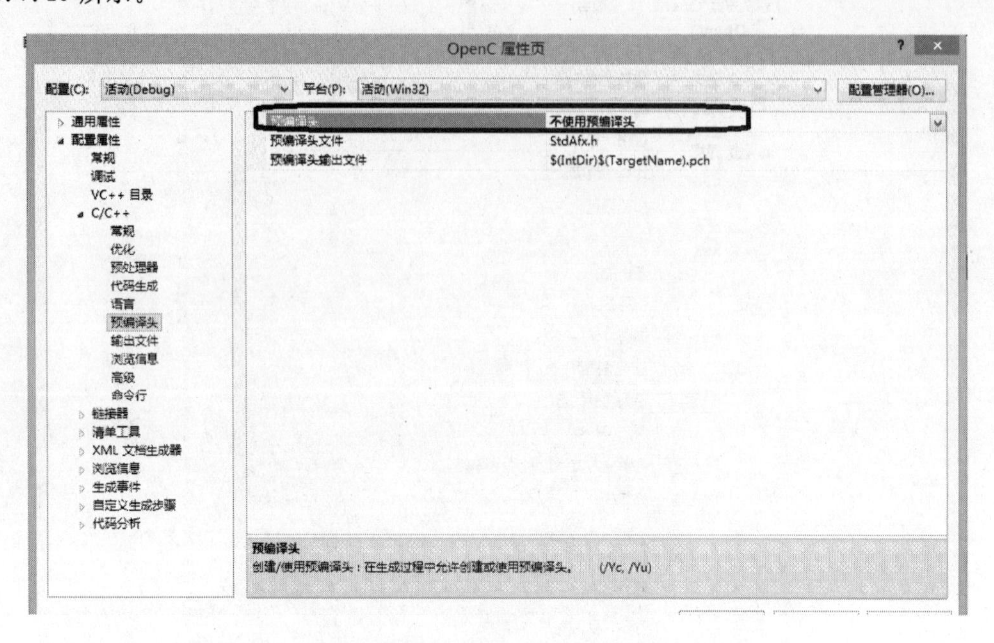

图 5.7.19 步骤 11 的实现过程

步骤 12:添加自动生成的“头文件”和“源文件”。

步骤 13:输入如下程序,并进行编译,编译后的效果如图 5.7.20 所示,运行效果如图 5.7.21 所示。

```
#include "stdafx.h"
#include "Open2C.h"
#include "math.h"
#include <iostream>
using namespace std;

int _tmain(int argc, _TCHAR * argv[])
{
    double a[16] = {1.0,0.0, 0.0, 0.0, 0.0, 1.0, 0.0, 0.0, 0.0, 0.0, 1.0, 0.0, 0.0, 0.0, 0.0, 0.01};
    double b[16] = {0.0};
    Open2C (a,b);
    for(int i = 0; i < 16; i++)
        std::cout << b[i] << std::endl;
    while(1)
    {
    }
    return 0;
}
```


2. 闭运算的代码自动生成

可将基于系统对象 vision. x 的 MATLAB 程序转换成 C/C++程序,并在 VS 2010 环境下运行,其步骤如下。

步骤 1:新建一个 M 函数,其输入为待处理的图像矩阵 $\boldsymbol{I}$,输出为进行闭运算的图像矩阵 $\boldsymbol{J}$。

在编辑器窗口输入如下内容,并保存:

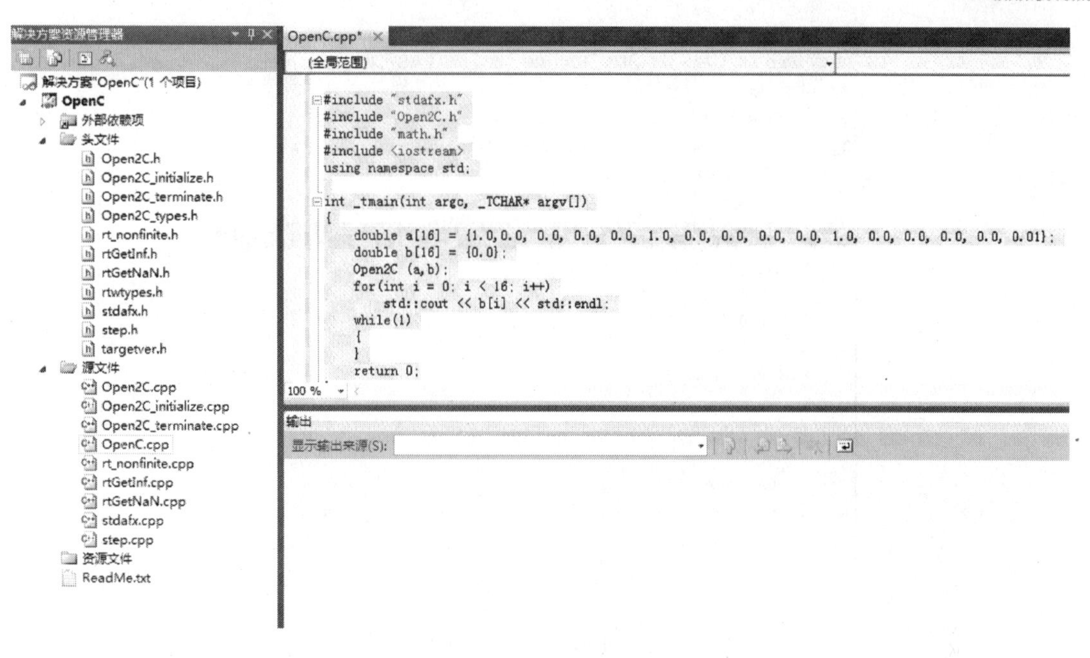

图 5.7.20　显示编译成功

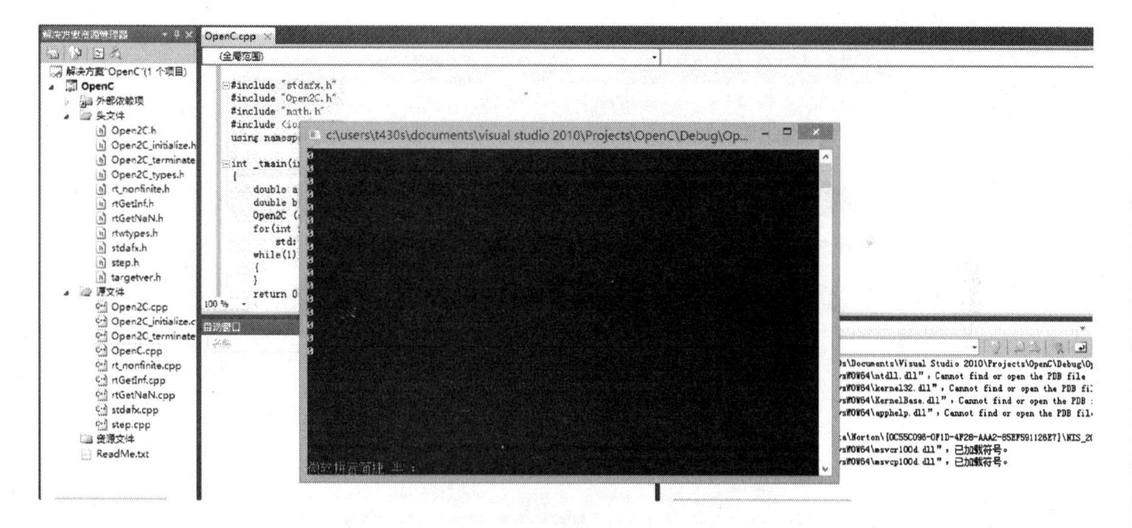

图 5.7.21　程序运行效果

```
function J = Close2C(I)
 h= vision.MorphologicalClose; % #codegen
 J = step(h, I);
```

在命令行窗口输入如下内容,其运行效果如图 5.7.22 所示。

```
I=[ 0 0 1 1
   0 0 1 1
   0 0 0 1
   0 0 0 0];
J = Close2C(I)
```

步骤 2:在命令行窗口输入 coder,建立一个名为 Close2C 的工程文件,并单击"添加文件"按钮,如图 5.7.23 所示,将 Close2C.m 函数导入。

```
编辑器 - C:\Users\t430s\Documents\MATLAB\Close2C.m
Close2C.m
1    function J = Close2C(I)
2 -    h= vision.MorphologicalClose; %#codegen
3 -    J = step(h, I);

命令行窗口
>> I=[0 0 1 1
      0 0 1 1
      0 0 0 1
      0 0 0 0];
>> J = Close2C(I)

J =

     0     0     1     1
     0     0     1     1
     0     0     0     1
     0     0     1     0
```

图 5.7.22　所编写的 M 函数的运行效果

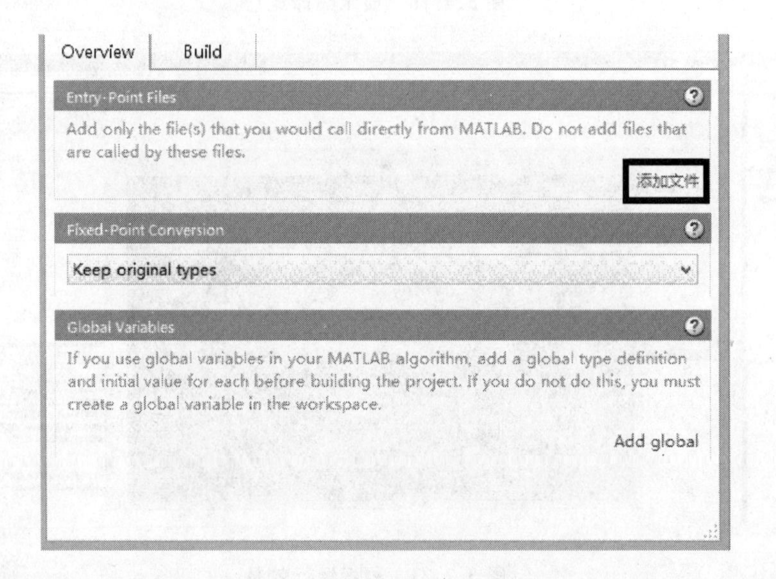

图 5.7.23　通过“添加文件”按钮导入相应的 M 函数

步骤 3:单击界面上的“Build”按钮,在 Output type 选项中选择 C/C++ Static Library,如图 5.7.24 所示。

步骤 4:在该页面单击“More settings”,将 Language 设置成为“C++”,如图 5.7.25 所示。

步骤 5:设置函数的输入类型。在本例中,将函数的输入类型设置为双精度的 4×4 矩阵,如图 5.7.26 所示。

步骤 6:单击“编译”按钮,便可进行编译并生成可执行代码。

步骤 7:单击 “View report”,便可以观察代码生成报告,如图 5.7.27 所示。

所生成程序的核心代码为:

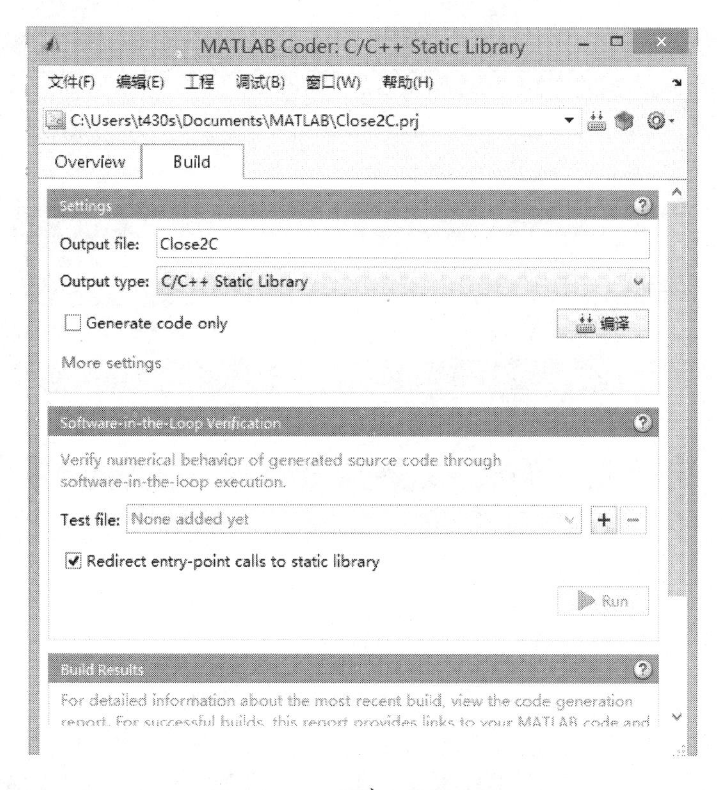

图 5.7.24　步骤 3 的运行效果

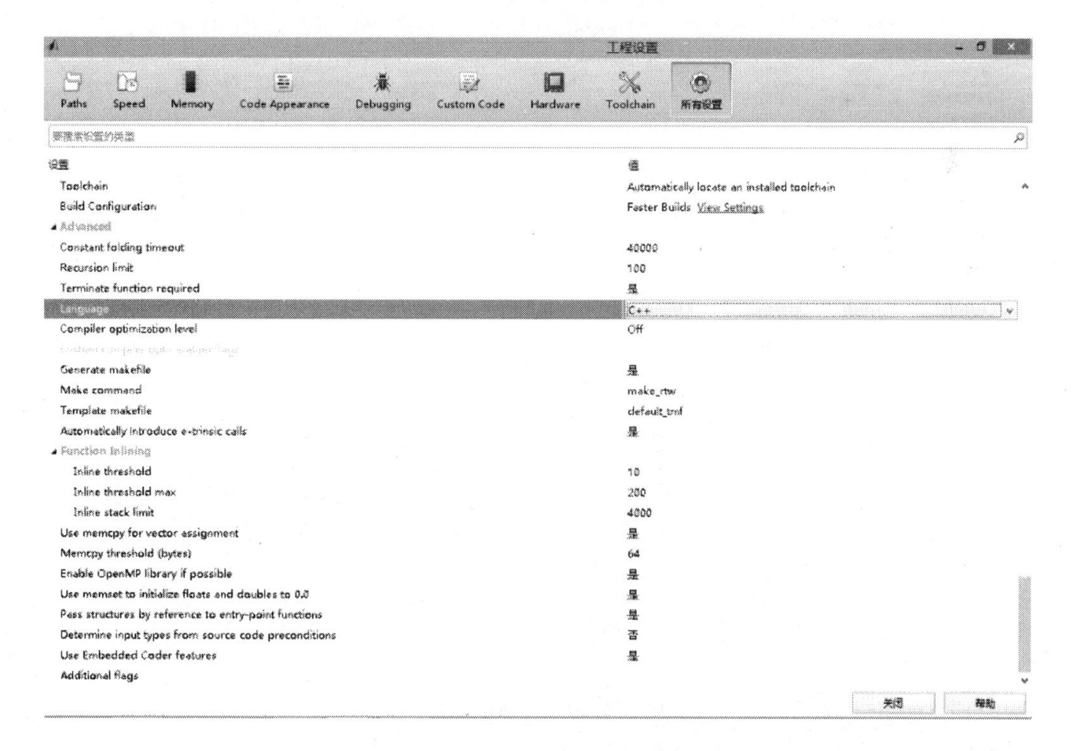

图 5.7.25　设置生成代码的类型

图 5.7.26　设置函数的输入类型

Code Generation Report

MATLAB code　Call stack　C code

Static Code Metrics Report

Target Source Files

Close2C.cpp
Close2C.h
Close2C_initialize.cpp
Close2C_initialize.h
Close2C_terminate.cpp
Close2C_terminate.h
Close2C_types.h
rtGetInf.cpp
rtGetInf.h
rtGetNaN.cpp
rtGetNaN.h
rt_nonfinite.cpp
rt_nonfinite.h
rtwtypes.h
step.cpp
step.h

File: Close2C.cpp (Close2C.cpp)

```
1   //
2   // File: Close2C.cpp
3   //
4   // MATLAB Coder version            : 2.6
5   // C/C++ source code generated on  : 01-Sep-2014 17:54:57
6   //
7
8   // Include files
9   #include "rt_nonfinite.h"
10  #include "Close2C.h"
11  #include "step.h"
12
13  // Function Definitions
14
15  //
16  // Arguments    : const double I[16]
17  //                double J[16]
18  // Return Type  : void
19  //
20  void Close2C(const double I[16], double J[16])
21  {
22    vision_MorphologicalClose_0 h;
23    vision_MorphologicalClose_0 *obj;
24    int i;
25    static const boolean_T bv0[9] = { false, false, true, false, true, false, tr
```

Summary　All Messages (0)　Target Build Log

C source code generated on: 01-Sep-2014 17:55:00

Coding target: Static Library

Number of errors: 0

Number of warnings: 0

Number of notices: 0

图 5.7.27　代码生成报告

```
1   //
2   // File: Close2C.cpp
3   //
4   // MATLAB Coder version                  : 2.6
5   // C/C++ source code generated on        : 01-Sep-2014 17:54:57
6   //
7
8   // Include files
9   #include "rt_nonfinite.h"
10  #include "Close2C.h"
11  #include "step.h"
12
13  // Function Definitions
14
15  //
16  // Arguments       : const double I[16]
17  //                   double J[16]
18  // Return Type     : void
19  //
20  void Close2C(const double I[16], double J[16])
21  {
22    vision_MorphologicalClose_0 h;
23    vision_MorphologicalClose_0 *obj;
24    int i;
25    static const boolean_T bv0[9] = { false, false, true, false, true, false, true,
26      false, false };
27
28    obj = &h;
29
30    // System object Constructor function: vision.MorphologicalClose
31    obj->S0_isInitialized = false;
32    obj->S1_isReleased = false;
33    for (i = 0; i < 9; i++) {
34      obj->P0_NHOOD_RTP[i] = bv0[i];
35    }
36
37    for (i = 0; i < 2; i++) {
38      obj->P1_NHDIMS_RTP[i] = 3;
39    }
40
41    obj = &h;
42    if (!obj->S0_isInitialized) {
43      obj->S0_isInitialized = true;
44      Start(obj);
45    }
46
47    Outputs(obj, I, J);
48    obj = &h;
49
50    // System object Destructor function: vision.MorphologicalClose
51    if (obj->S0_isInitialized) {
52      obj->S0_isInitialized = false;
53      if (!obj->S1_isReleased) {
54        obj->S1_isReleased = true;
55      }
56    }
```

```
57    }
58
59    //
60    // File trailer for Close2C.cpp
61    //
62    // [EOF]
63    //
```

通过分析上述代码，可以搞清楚函数的输入、输出类型，以方便在后续调用。

步骤 8：在 VS 2010 软件环境下新建一个名为“CloseC”的工程。

步骤 9：在所建立的工程左侧，单击右键，并选择属性，如图 5.7.28 所示。

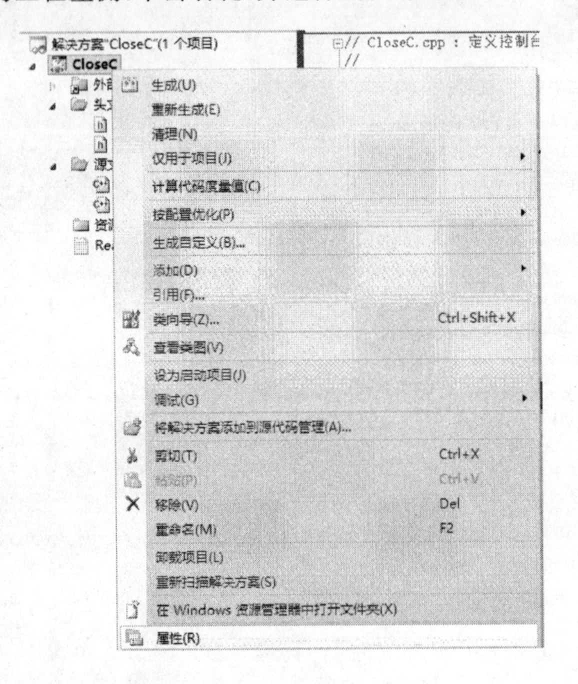

图 5.7.28　步骤 9 的实现过程

步骤 10：单击 VC++目录，对右侧的包含目录进行设置，将所生成代码的路径包含进去，如图 5.7.29 所示。

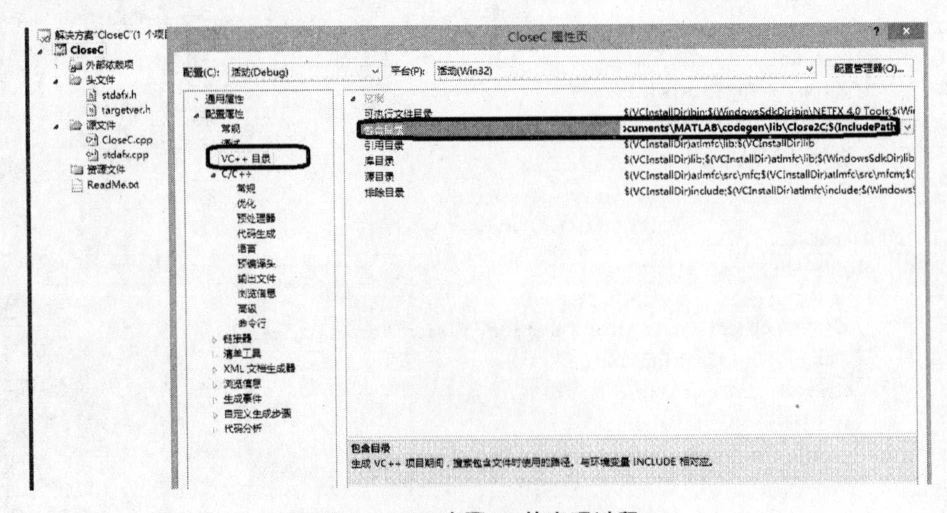

图 5.7.29　步骤 10 的实现过程

步骤 11:单击左侧的 C/C++,对"预编译头"进行设置,选择"不使用预编译头",如图 5.7.30 所示。

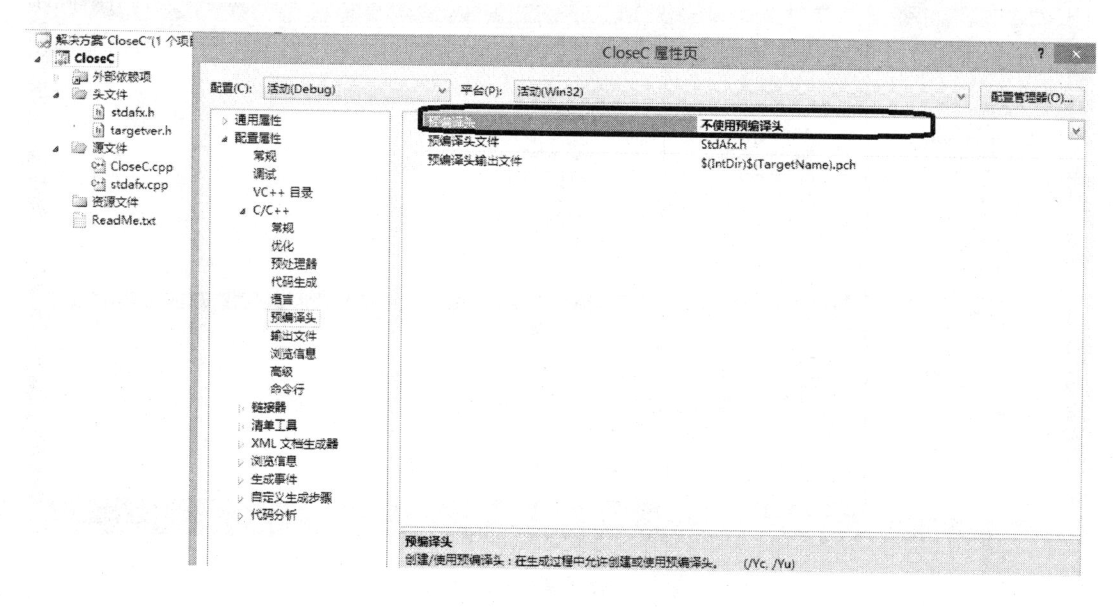

图 5.7.30　步骤 11 的实现过程

步骤 12:添加自动生成的"头文件"和"源文件"。

步骤 13:输入如下程序,并进行编译,编译后的效果如图 5.7.31 所示。

```
#include "stdafx.h"
#include "Close2C.h"
#include "math.h"
#include <iostream>
using namespace std;
int _tmain(int argc, _TCHAR* argv[])
{
    double a[16] = {0.0,0.0, 1.0, 1.0, 0.0, 0.0, 1.0, 1.0, 0.0, 0.0, 0.0, 1.0, 0.0, 0.0, 1.0, 0.0};
    double b[16] = {0.0};
    Close2C (a,b);
    for(int i = 0; i < 16; i++)
        std::cout << b[i] << std::endl;
    while(1)
    {
    }
    return 0;
}
```

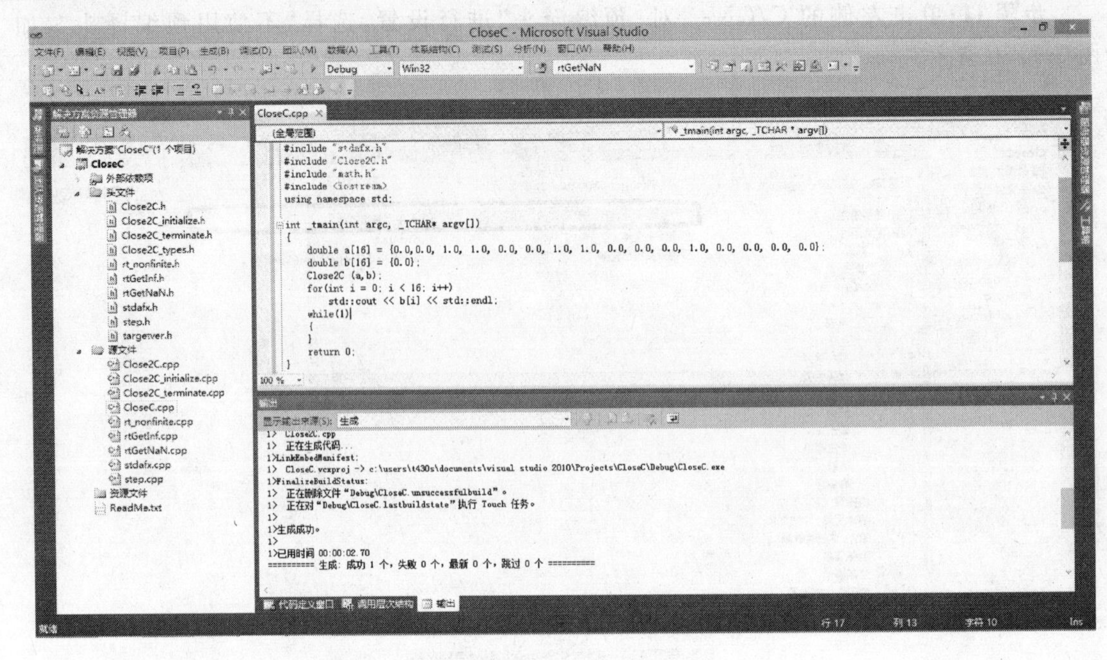

图 5.7.31　显示编译成功

5.8　图像的中值滤波

5.8.1　基本原理

中值滤波器是一种非线性平滑滤波器，主要功能是让与周围像素灰度值的差比较大的像素改变，并取与周围像素相近的值，从而消除孤立的噪声点。它的主要步骤为

① 将模板在图像中移动，并将模板中心与图像中的某个像素位置重合；

② 读取模板下各对应像素的灰度值；

③ 将这些灰度值从小到大排成一列；

④ 找出这些值里排在中间的一个；

⑤ 将这些中间值赋值给对应模板中心位置的像素。

二维中值滤波器的窗口形状可以有多种，如线状、方形、十字形、圆形、菱形等，如图 5.8.1 所示。不同形状的窗口产生不同的滤波效果，使用中必须根据图像的内容和不同的要求加以选择。从以往的经验来看，对于有缓变的较长轮廓线物体的图像，采用方形或者圆形窗口比较适宜；对于包含有尖顶角物体的图像，则适宜采用十字形窗口。使用二维中值滤波最值得注意的就是保持图像中有效的细线状物体。

5.8.2　基于 System Object 的程序实现

在 MATLAB 中，调用计算机视觉工具箱中的系统对象 vision. MedianFilter 可实现对输入图像中值滤波。

系统对象 vision. MedianFilter 的使用方法如下：

vision.MedianFilter

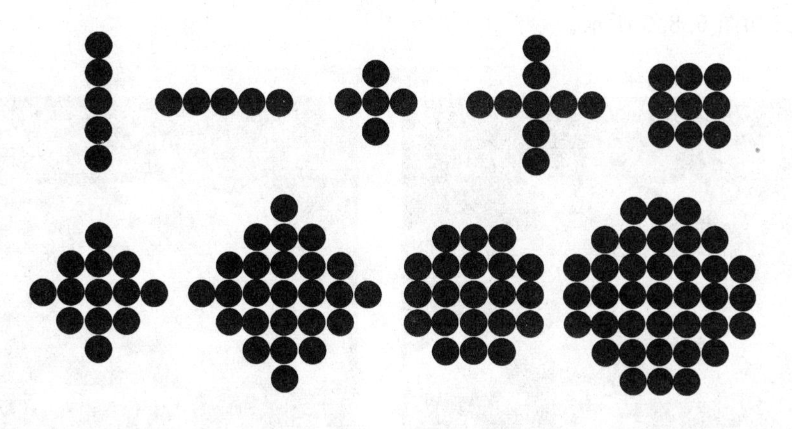

图 5.8.1　二维中值滤波器常用窗口

功能:对输入的二维图像进行中值滤波。

属性:

NeighborhoodSize:中值滤波器的邻域尺寸。当将其设置为一个整数时,表示邻域尺寸为行、列均为该尺寸的方形矩阵;当将其设置为一个二元素向量时,表示邻域尺寸为该向量元素数值为行列数的矩阵。其默认值为[3,3]。

OutputSize:输出尺寸。可以将其设置为 'Same as input size' 或 'Valid',默认值为 'Same as input size'。当将 OutputSize 属性设置为 'Valid' 时,输出图像的尺寸为

输出图像的行数 = 输入图像的行数 - 邻域行数 + 1

输出图像的列数 = 输入图像的列数 - 邻域列数 + 1

PaddingMethod:输入图像扩充方法。可以将其设置为 'Constant'、'Replicate'、'Symmetric'、'Circular'。其默认值为 'Constant'。

PaddingValueSource:输入图像扩充值。当 PaddingMethod 属性设置为 'Constant' 时,该属性可调。可以将其设置为 'Property' 或 'Input port'。其默认值为 'Property'。

PaddingValue:当 PaddingMethod 属性设置为 'Constant' 且 PaddingValueSource 设置为 'Property' 时有效,该属性可调。其默认值为 0。

【例 5.8.1】　调用系统对象 vision.MedianFilter 对噪声图像进行滤波处理。

程序如下:

```
% 读入图像
  img = im2single(rgb2gray(imread('peppers.png')));
% 添加噪声
  img = imnoise(img, 'salt & pepper');
% 显示噪声图像
  subplot(1,2,1),imshow(img),title('噪声图像');
% 定义系统对象
  hmedianfilt = vision.MedianFilter([5 5]);
% 对图像进行滤波处理
  filtered = step(hmedianfilt, img);
% 显示滤波后的图像
  subplot(1,2,2), imshow(filtered),title('滤波图像');
```

运行结果如图5.8.2所示。

图5.8.2 例5.8.1的运行结果

5.8.3 基于Blocks-Simulink的仿真

在MATLAB中，还可以通过Blocks-Simulink来实现对图像进行色图像的中值滤波，其连接关系如图5.8.3所示。其中，各功能模块及其路径如表5.8-1所列。

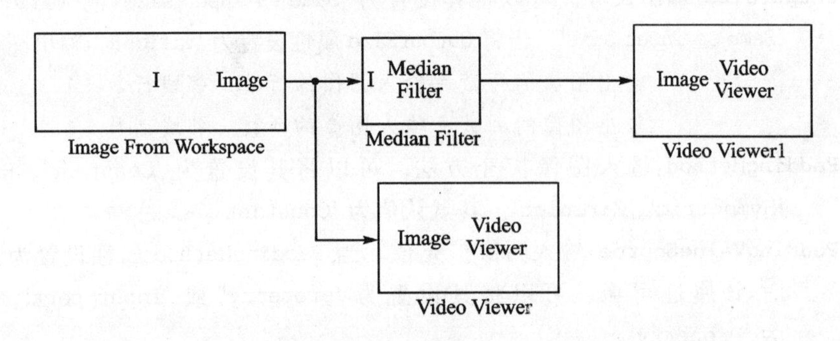

图5.8.3 基于Blocks-Simulink进行图像中值滤波的原理图

表5.8-1 各功能模块及其路径

功 能	名 称	路 径
读入图像	Image From File	Computer Vision System Toolbox/Sources
中值滤波	Median Filter	Computer Vision System Toolbox/Filtering
观察输出结果	Video Viewer	Computer Vision System Toolbox/Sinks

在MATLAB中输入如图5.8.4所示的内容。

命令行窗口
```
>> I=double(imread('circles.png'));
I=imnoise(I,'salt & pepper',0.02);
```

图5.8.4 MATLAB中输入的内容

对各模块的属性进行设置如下：

① 双击“Image From File”模块，如图5.8.5所示，将其输入图片设置为I。

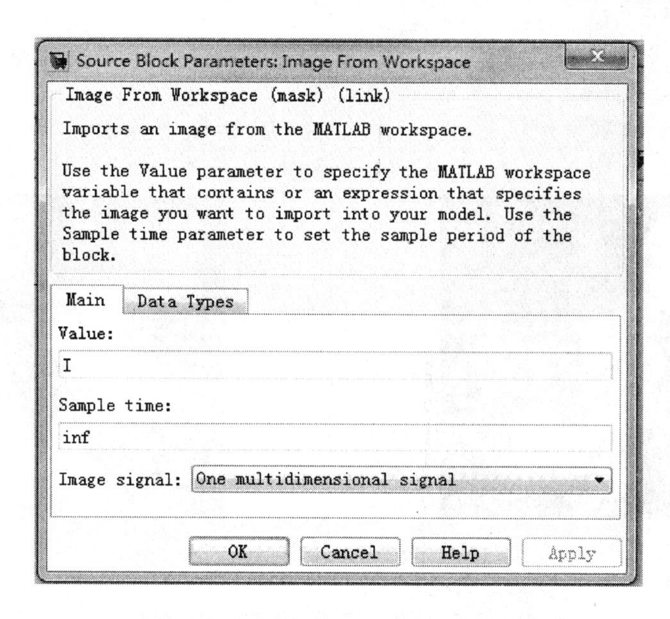

图 5.8.5　Image From File 模块的设置

② 双击“Median Filter”模块，对其进行如图 5.8.6 所示的设置。

Function Block Parameters: Median Filter

Median Filter

Performs Median filtering of input matrix I.

Use the Neighborhood size parameter to specify the size of the neighborhood over which the block computes the median.

Use the Output size parameter to specify the dimensions of the output. If you select Same as input port I, the block outputs an intensity image that is the same size as the image input to the I port. If you select Valid, the block only computes the median where the neighborhood fits entirely within the input image, so no padding is required.

Main　Data Types

Parameters

Neighborhood size: [3 3]

Output size: Same as input port I

Padding options: Constant

Pad value source: Specify via dialog

Pad value: 0

OK　Cancel　Help　Apply

图 5.8.6　Median Filter 模块的设置

运行结果如图 5.8.7 所示。

5.8.4　C/C++代码自动生成及运行效果

可将基于系统对象 vision. x 的 MATLAB 程序转换成 C/C++程序，并在 VS 2010 环境下运行，其步骤如下。

步骤 1：新建一个 M 函数，其输入为待处理的图像矩阵 I，输出为滤波后的图像矩阵 J。

在编辑器窗口输入如下内容，并保存：

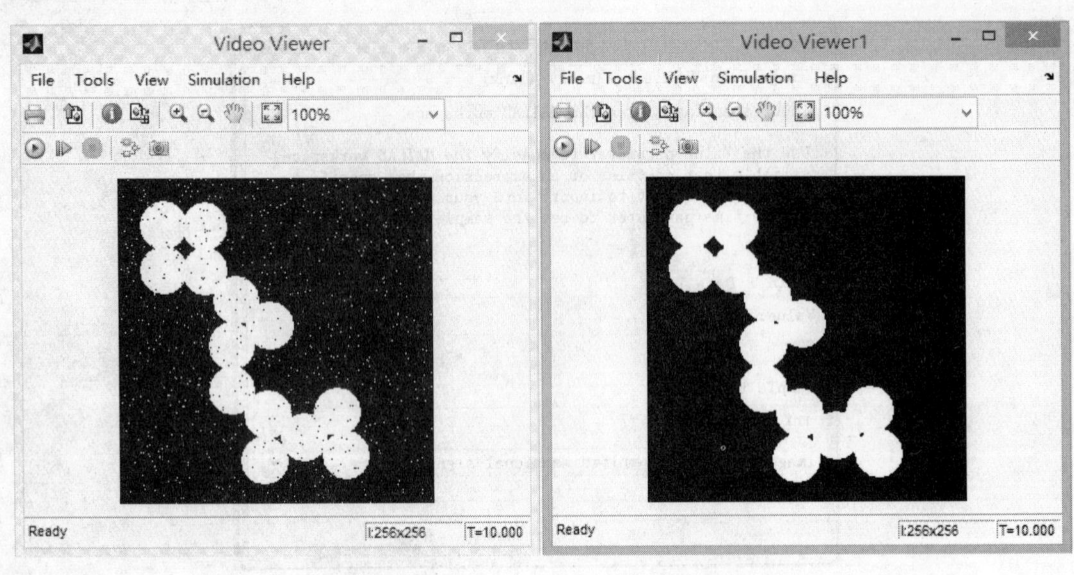

图 5.8.7　图 5.8.3 所示模型的运行结果

```
function J = MedianFilter2C(I)
 h = vision.MedianFilter; % #codegen
 J = step(h, I);
```

在命令行窗口输入如下内容，运行效果如图 5.8.8 所示。

```
 I= [0 0 0 0 0
     0 0 0 0 0
     0 0 1 0 0
     0 0 0 0 0];
J = MedianFilter2C(I)
```

```
编辑器 - C:\Users\t430s\Documents\MATLAB\MedianFilter2C.m
MedianFilter2C.m
1    function J = MedianFilter2C(I)
2 -    h=  vision.MedianFilter; %#codegen
3 -    J = step(h, I);

命令行窗口
>> I=[0 0 0 0 0
      0 0 0 0 0
      0 0 1 0 0
      0 0 0 0 0];
>> J = MedianFilter2C(I)

J =

     0     0     0     0     0
     0     0     0     0     0
     0     0     0     0     0
     0     0     0     0     0

fx >>
```

图 5.8.8　所编写的 M 函数的运行效果

步骤 2:在命令行窗口输入 coder,建立一个名为 MedianFilter2C 的工程文件,并单击“添加文件”按钮,如图 5.8.9 所示,将 MedianFilter2C.m 函数导入。

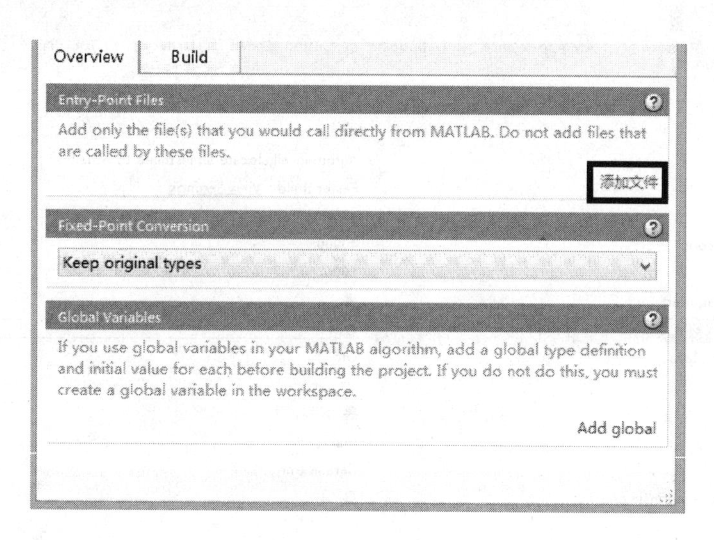

图 5.8.9　通过“添加文件”按钮导入相应的 M 函数

步骤 3:单击界面上的“Build”按钮,在 Output type 选项中选择 C/C++ Static Library,如图 5.8.10 所示。

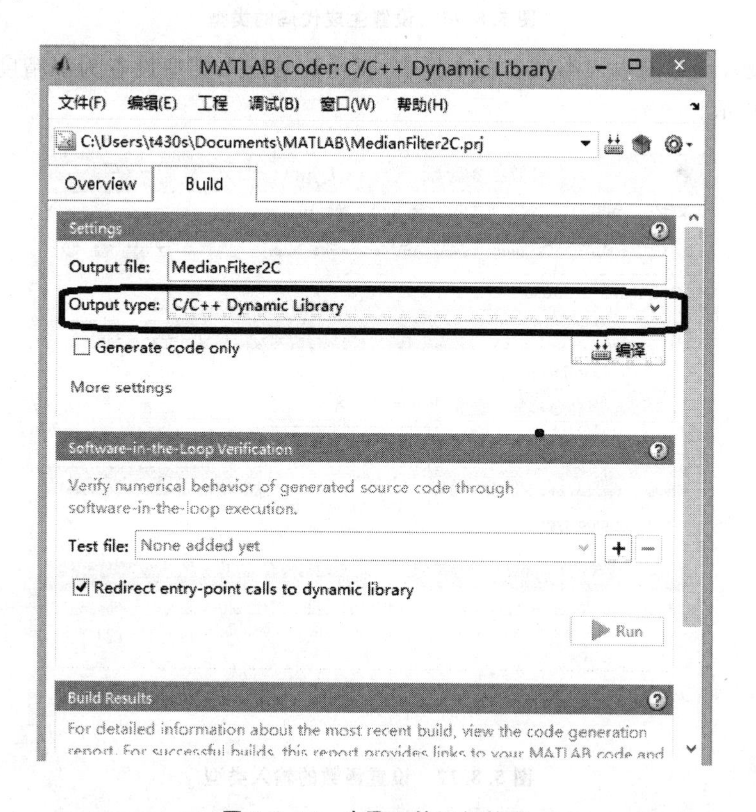

图 5.8.10　步骤 3 的运行效果

步骤 4:在该页面单击“More settings”,将 Language 设置成为“C++”,如图 5.8.11 所示。

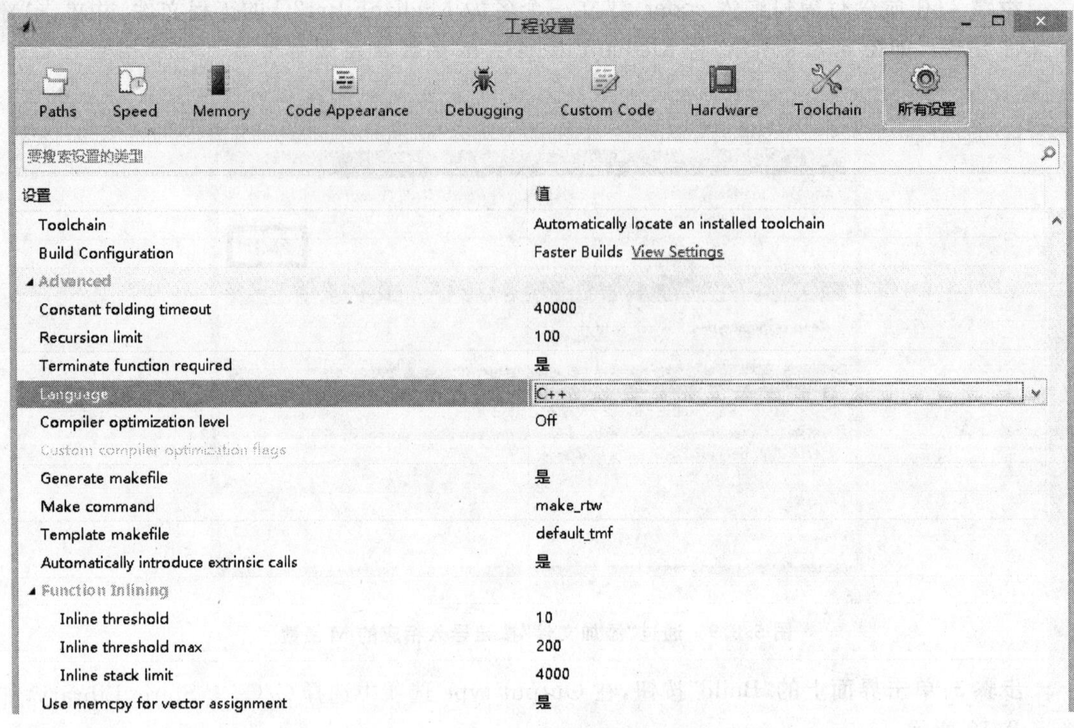

图 5.8.11　设置生成代码的类型

步骤 5:设置函数的输入类型。在本例中,将函数的输入类型设置为双精度的 5×5 矩阵,如图 5.8.12 所示。

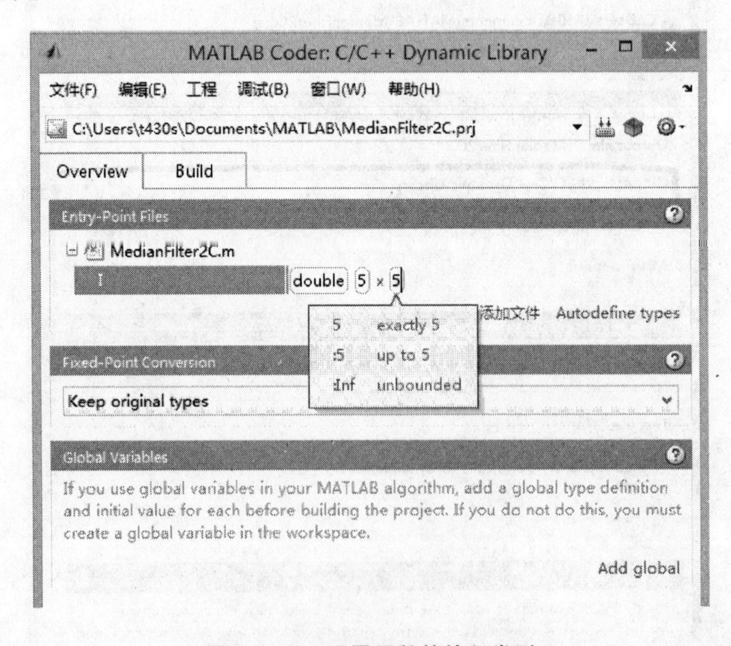

图 5.8.12　设置函数的输入类型

步骤 6:单击"编译"按钮,如图 5.8.13 所示,便可进行编译并生成可执行代码,如图 5.8.14 所示。

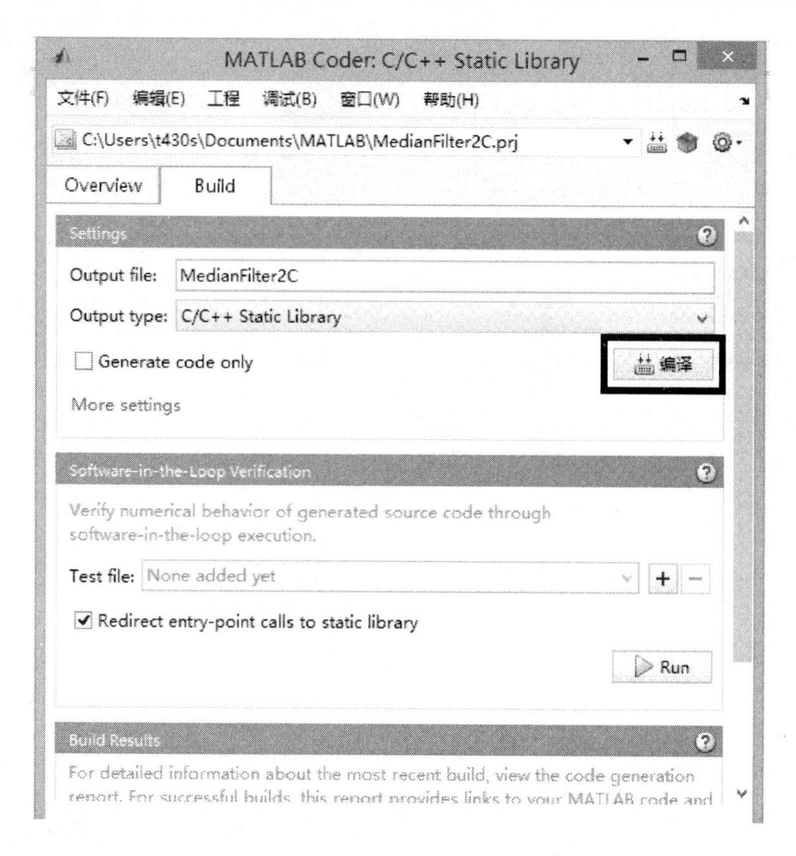

图 5.8.13　单击"编译"按钮进行编译

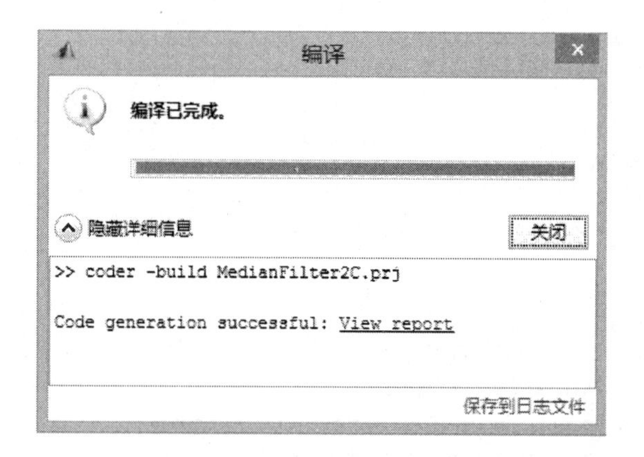

图 5.8.14　完成编译后的效果

步骤 7:单击 5.8.14 界面上的"View report",便可以观察代码生成报告,如图 5.8.15 所示。

所生成程序的核心代码为:

```
1161    // Arguments     : const double I[25]
1162    //                  double J[25]
1163    // Return Type    : void
1164    //
1165    void MedianFilter2C(const double I[25], double J[25])
1166    {
```

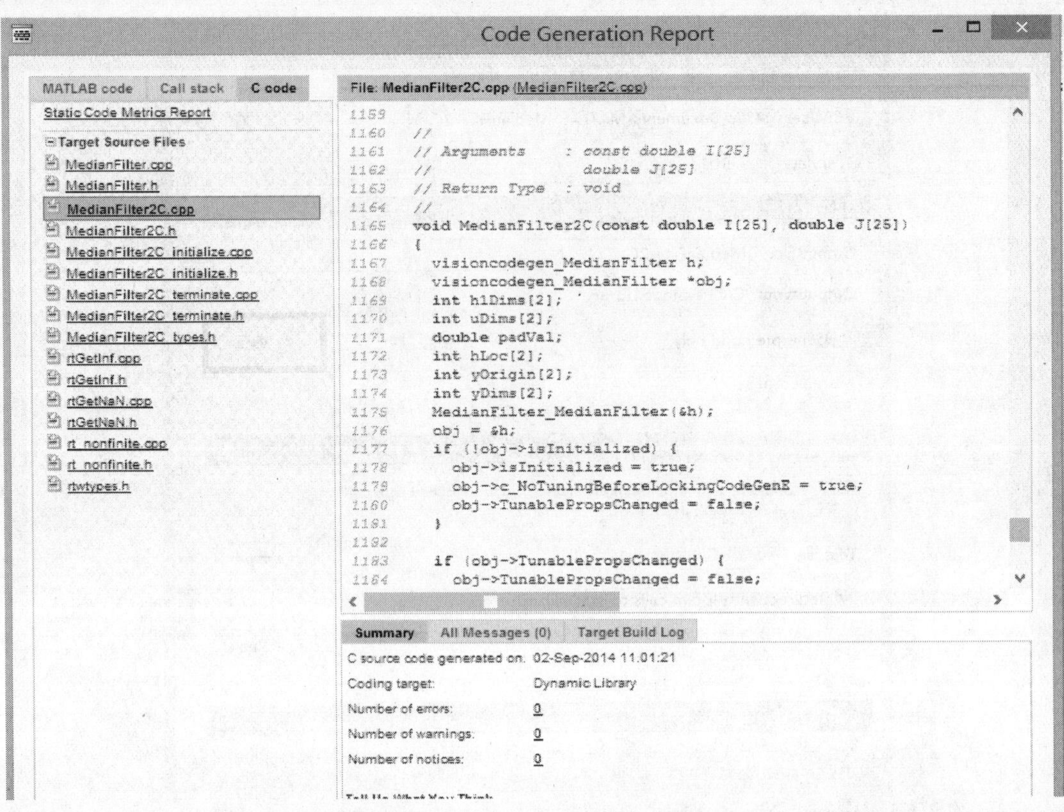

图 5.8.15 代码生成报告

```
1167      visioncodegen_MedianFilter h;
1168      visioncodegen_MedianFilter * obj;
1169      int h1Dims[2];
1170      int uDims[2];
1171      double padVal;
1172      int hLoc[2];
1173      int yOrigin[2];
1174      int yDims[2];
1175      MedianFilter_MedianFilter(&h);
1176      obj = &h;
1177      if (!obj->isInitialized) {
1178        obj->isInitialized = true;
1179        obj->c_NoTuningBeforeLockingCodeGenE = true;
1180        obj->TunablePropsChanged = false;
1181      }
1182
1183      if (obj->TunablePropsChanged) {
1184        obj->TunablePropsChanged = false;
1185        obj->tunablePropertyChanged = false;
1186      }
1187
1188      // System object Outputs function: vision.MedianFilter
1189      h1Dims[0U] = 3;
1190      h1Dims[1U] = 3;
1191      uDims[0U] = 5;
1192      uDims[1U] = 5;
```

```
1193        padVal = obj->cSFunObject.P0_PadValue;
1194
1195        // set up kernel related coordinates
1196        // compute center
1197        // hLoc is the location of top left corner relative to the center of kernel.
1198        hLoc[0U] = -1;
1199
1200        // compute center
1201        // hLoc is the location of top left corner relative to the center of kernel.
1202        hLoc[1U] = -1;
1203
1204        // Region of Support (ROS) definition: A selected region that restricts the input space
             for processing.
1205        // ==========================================================
1206        //                           ----------------------
1207        //                          |ROI                 |
1208        //                          |                    |
1209        //   ---------------------------------------------------
1210        // | INPUT(u)              |                |       |
1211        // |                       |                |       |
1212        // |    ------------------------------------------------   |
1213        // |   | ROS               |OUTPUT(y)////////////|    |   |
1214        // |   |                   |//////////////////////|    |   |
1215        // |   |                   |//////////////////////|    |   |
1216        // |   |                    ----------------------      |   |
1217        // |   |                                          |   |
1218        // |   |                                          |   |
1219        // The user's output mode choices of 'Valid', 'Same as input' and 'Full' map onto corre-
             spending definitions of a rectangular ROS.
1220        // Output range support is computed as an intersection of ROS with Region of Interest
             (ROI)
1221        // /////////////////////
1222        // begin ROS computation
1223        // compute ROS based on u, h and output mode
1224        // ROS is SAME AS INPUT
1225        // ROS is SAME AS INPUT
1226        // end ROS computation
1227        // //////////////////
1228        // /////////////////////////
1229        // begin y sizes computation
1230        // we need to compute yOrigin and yEnd
1231        // yOrigin definition: Location of center of reference (origin) of output (y) coordint-
             ate system with respect to input (u) coordinate system
1232        // y sizes are same as ros sizes because there is no ROI
1233        yOrigin[0U] = 0;
1234        yDims[0U] = 5;
1235
1236        // y sizes are same as ros sizes because there is no ROI
1237        yOrigin[1U] = 0;
1238        yDims[1U] = 5;
1239
1240        // make yOrigin same as roiLoc when y is empty
1241        // end y sizes computation
1242        // //////////////////////
1243        MdnFltH9_M_IBConst_uD_yD(&hLoc[0U], &h1Dims[0U], &I[0U], &uDims[0U], (double *)
1244          &J[0U], &yDims[0U], &yOrigin[0U], padVal);
1245      }
```

若您对此书内容有任何疑问，可以凭在线交流卡登录MATLAB中文论坛与作者交流。

```
1246
1247    //
1248    // File trailer for MedianFilter2C.cpp
1249    //
1250    // [EOF]
1251    //
```

通过分析上述代码，可以搞清楚函数的输入、输出类型，以方便后续调用。

步骤 8：在 VS 2010 软件环境下新建一个名为 MedianFilterMC 的工程，如图 5.8.16 所示。

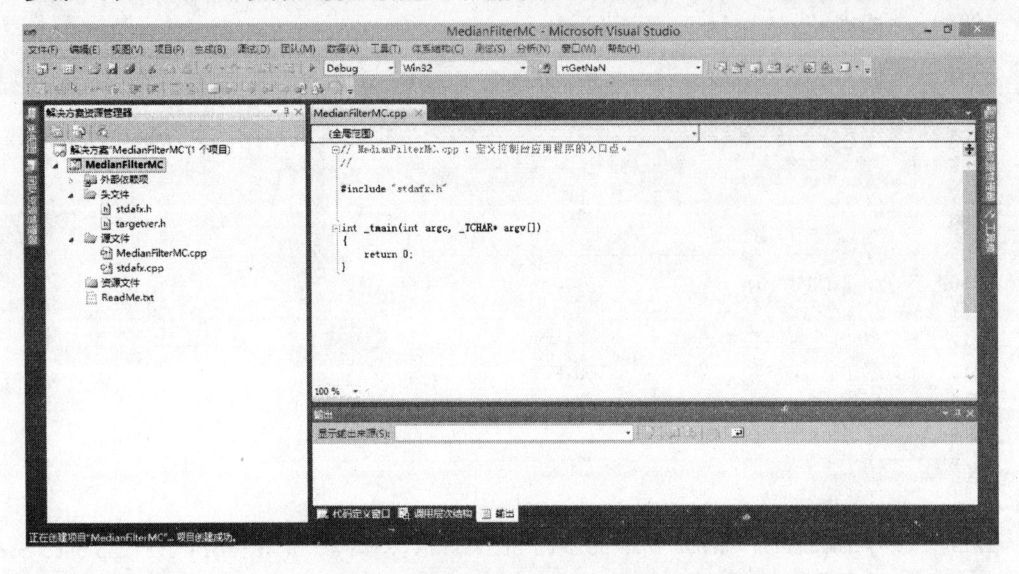

图 5.8.16　步骤 8 的实现效果

步骤 9：在所建立的工程左侧，单击右键，并选择属性，如图 5.8.17 所示。

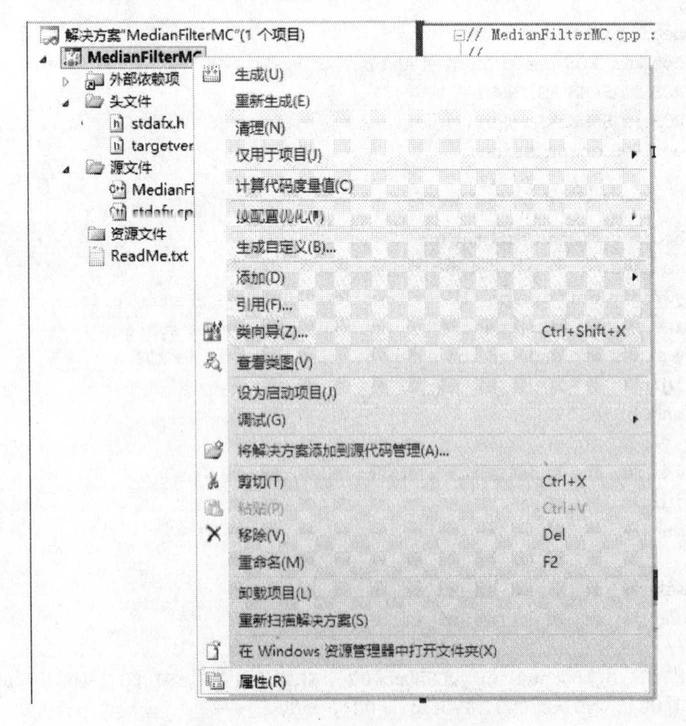

图 5.8.17　步骤 9 的实现过程

步骤 10:单击 VC++目录,对右侧的包含目录进行设置,将所生成代码的路径包含进去,如图 5.8.18 所示。

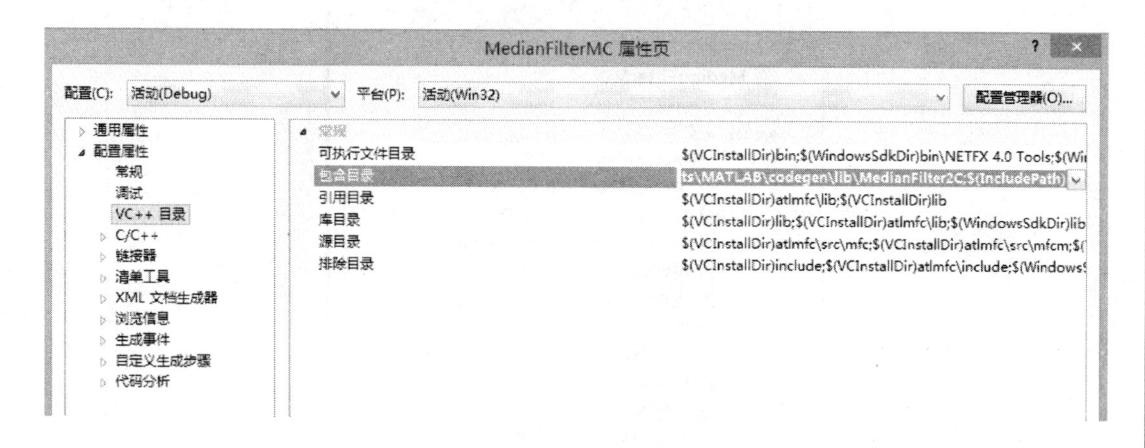

图 5.8.18　步骤 10 的实现过程

步骤 11:单击左侧的 C/C++,对"预编译头"进行设置,选择"不使用预编译头",如图 5.8.19 所示。

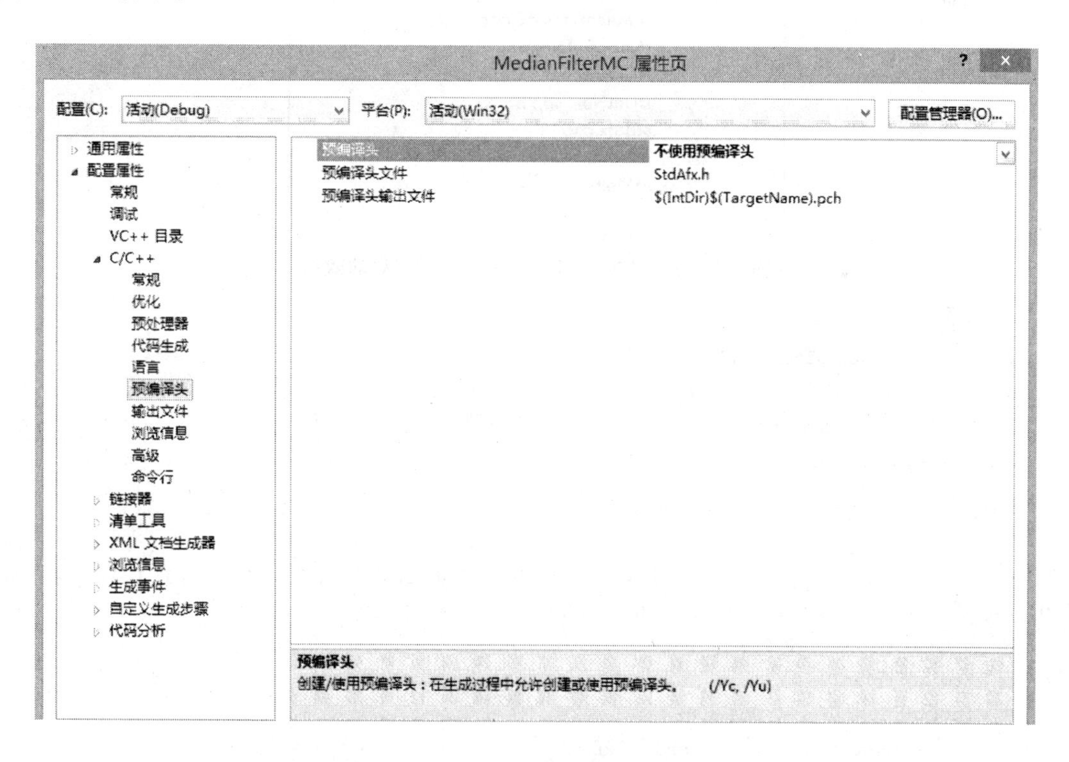

图 5.8.19　步骤 11 的实现过程

步骤 12:添加自动生成的"头文件"和"源文件"。在本例中,完成添加后的效果如图 5.8.20 所示。

步骤 13:输入如下程序,并进行编译,编译后的效果如图 5.8.21 所示,运行效果如图 5.8.22 所示。

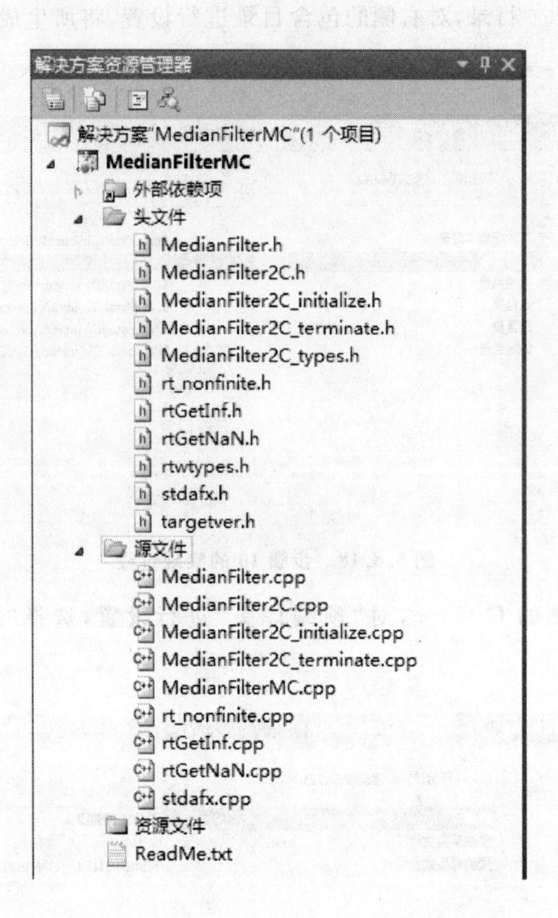

图 5.8.20　添加"头文件"和"源文件"后的效果

```
#include "stdafx.h"
#include "MedianFilter2C.h"
#include "math.h"
#include <iostream>
using namespace std;

int _tmain(int argc, _TCHAR * argv[])
{
    double a[25] = {0.0, 0.0, 0.0, 0.0, 0.0, 0.0, 0.0, 0.0, 0.0, 0.0, 0.0, 0.0, 1.0, 0.0, 0.0,
0.0, 0.0, 0.0, 0.0, 0.0, 0.0, 0.0, 0.0, 0.0, 0.0};
    double b[25] = {0.0};
    MedianFilter2C (a,b);
    for(int i = 0; i < 25; i++)
        std::cout << b[i] << std::endl;
    while(1)
    {
    }
    return 0;
}
```

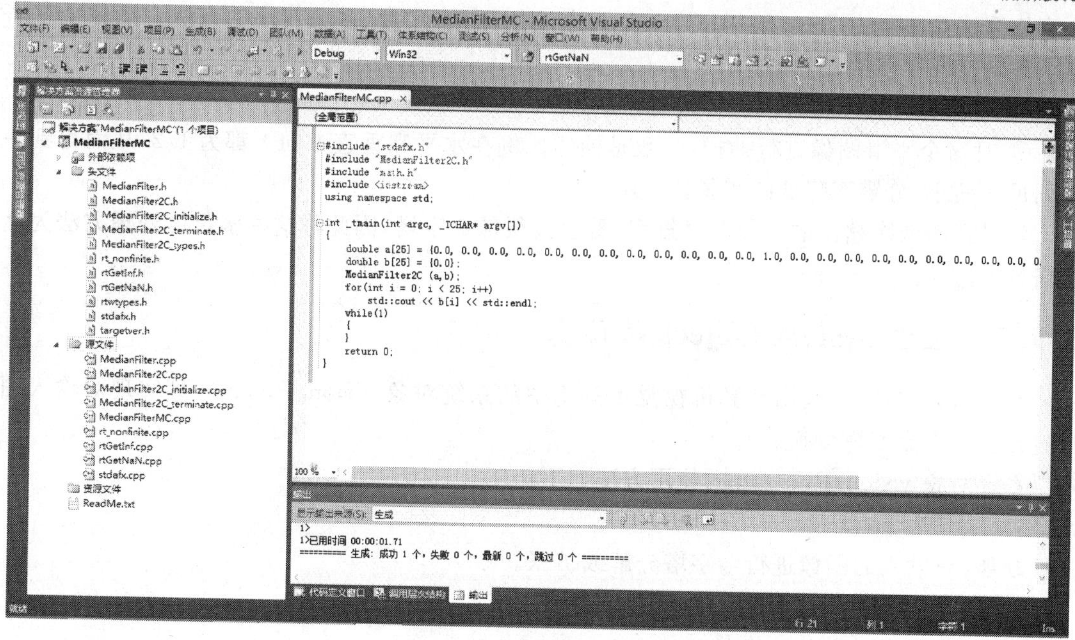

图 5.8.21　显示编译成功

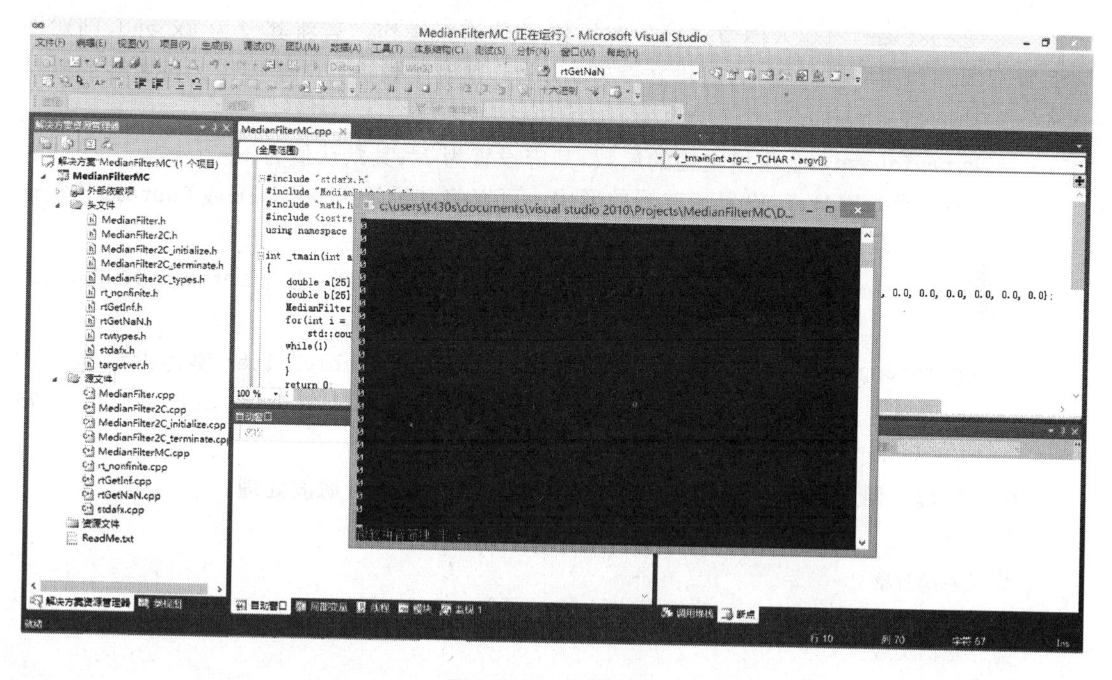

图 5.8.22　运行结果

5.9　图像的金字塔分解

5.9.1　基本原理

在数字图像处理领域，多分辨率金字塔化是图像多尺度表示的主要形式。图像处理中的金字塔算法最早是由Burt和Adelson提出的，是一种多尺度、多分辨率的方法。图像金字塔化一般包括两个步骤：

① 图像经过一个低通滤波器进行平滑；

② 对这个平滑图像进行抽样，一般是抽样比例在水平和垂直方向上都为1/2，从而得到一系列尺寸缩小、分辨率降低的图像。

将得到的依次缩小的图像顺序排列，看上去很像金字塔，因此称这种多尺度处理方法为金字塔分解。

5.9.2 基于System Object的仿真

在MATLAB中，调用计算机视觉工具箱中的系统对象vision.Pyramid可实现对输入图像进行多尺度金字塔变换。

系统对象vision.Pyramid的使用方法如下：

vision.Pyramid

功能：对输入的图像进行金字塔分解或扩张。

语法：A = step(vision.Pyramid,Img)；

其中：Img为输入图像。

属性：

Operation：对输入图像进行分解操作还是扩张操作。若将其设为Expand，则对图像进行扩张操作；若将其设为Reduce，则对图像进行分解操作。该属性的默认值为Reduce。

PyramidLevel：金字塔重构的层数，其应设置为2^n；其默认值为1。

SeparableFilter：设置滤波器的形式。可以将其设置为Default或Custom，其默认值为Default。

CoefficientA：滤波器系数。当SeparableFilter属性设置为Default时，CoefficientA属性有效，其默认值为0.375。

CustomSeparableFilter：特定滤波器系数。当SeparableFilter属性设置为Custom时，CustomSeparableFilter属性有效，其默认值为[0.0625 0.25 0.375 0.25 0.0625]。

【例5.9.1】 调用系统对象vision.Pyramid对噪声图像进行滤波处理。

程序如下：

```
% 定义系统对象
  hgausspymd = vision.Pyramid;
% 金字塔的层数为2
  hgausspymd.PyramidLevel = 2;
% 读入图像
  x = imread('cameraman.tif');
% 对输入图像进行金字塔分解
  y = step(hgausspymd, x);
% 显示分解效果
  figure, imshow(x); title(' Original Image');
  figure, imshow(mat2gray(double(y)));
  title('Decomposed Image');
```

运行结果如图 5.9.1 所示。

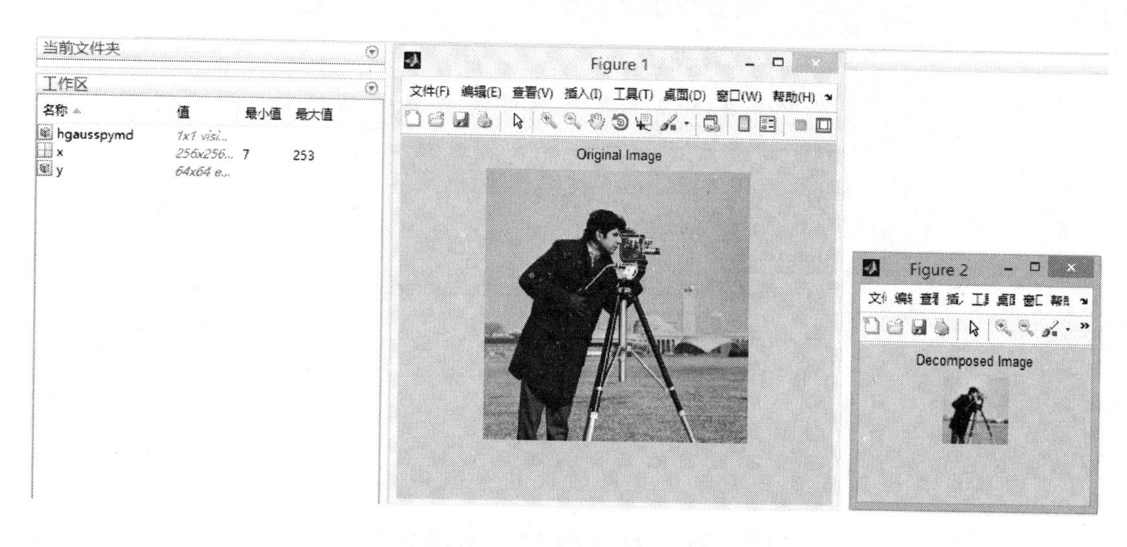

图 5.9.1　例 5.9.1 的运行结果

5.9.3　基于 Blocks – Simulink 的仿真

在 MATLAB 中，还可以通过 Blocks – Simulink 来实现对图像进行高斯金字塔的分解，其连接关系如图 5.9.2 所示，各功能模块及其路径如表 5.9 – 1 所列。

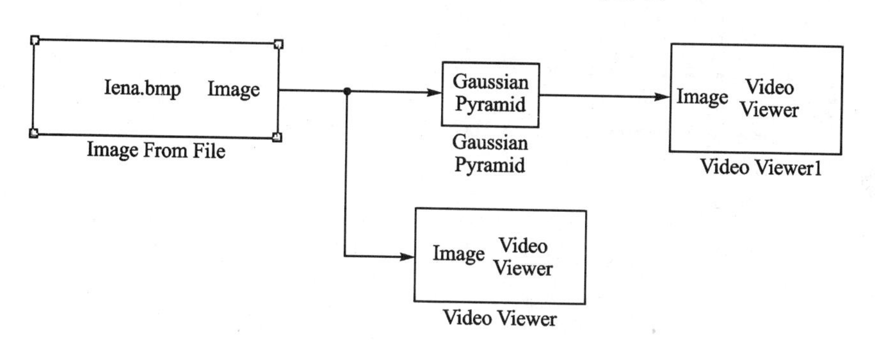

图 5.9.2　基于 Blocks – Simulink 进行高斯金字塔分解的原理图

表 5.9 – 1　各功能模块及其路径

功　能	名　称	路　径
读入图像	Image From File	Computer Vision System Toolbox/Sources
高斯金字塔分解	Gaussian Pyramid	Computer Vision System Toolbox/Transforms
观察输出结果	Video Viewer	Computer Vision System Toolbox/Sinks

对各模块的属性进行设置如下：

① 双击“Image From File”模块，如图 5.9.3 和图 5.9.4 所示，将其输入图片设置为 lena. bmp。

② 双击“Gaussian Pyramid”模块，对其进行 5.9.5 所示的设置。

运行结果如图 5.9.6 所示。

Source Block Parameters: Image From File

Image From File

Reads an image from a file.

Use the File name parameter to specify the image file you want to import into your model. Use the Sample time parameter to set the sample period of the block.

Main | Data Types

Parameters

File name: ments\matlab\新建文件夹\lena.bmp Browse...

Sample time: inf

Image signal: One multidimensional signal

OK Cancel Help Apply

图 5.9.3 “Image From File”模块输入图像参数设置

Source Block Parameters: Image From File

Image From File

Reads an image from a file.

Use the File name parameter to specify the image file you want to import into your model. Use the Sample time parameter to set the sample period of the block.

Main | Data Types

Parameters

Output data type: double

OK Cancel Help Apply

图 5.9.4 “Image From File”模块数据类型参数设置

Function Block Parameters: Gaussian Pyramid

Gaussian Pyramid

This block computes Gaussian pyramid reduction or expansion. The input is either upsampled or downsampled and a lowpass filter is applied pre- or post-sampling.

Main | Data Types

Parameters

Operation: Reduce

Pyramid level: 1

Coefficient source: Default separable filter [1/4-a/2 1/4 a 1/4 1/4-a/2]

a: 0.375

OK Cancel Help Apply

图 5.9.5 “Gaussian Pyramid”模块参数设置

图 5.9.6　运行结果

5.9.4　C/C++代码自动生成及运行效果

可将基于系统对象 vision. x 的 MATLAB 程序转换成 C/C++程序，并在 VS 2010 环境下运行，其步骤如下。

步骤 1：新建一个 M 函数，其输入为待处理的图像矩阵 I，输出为金字塔分解后的矩阵 J。在编辑器窗口输入如下内容，并保存：

```
function J = Pyramid2C(I)
 h =   vision.Pyramid; % #codegen
 J = step(h, I);
```

在命令行窗口输入如下内容，其运行效果如图 5.9.7 所示。

```
 I = ones(4,4);
 J = Pyramid2C(I)
```

```
编辑器 - C:\Users\t430s\Documents\MATLAB\Pyramid2C.m
Pyramid2C.m  ×  +
1      function J = Pyramid2C(I)
2 -      h =  vision.Pyramid; %#codegen
3 -      J = step(h, I);

命令行窗口
  >> I=ones(4,4);
  >> J = Pyramid2C(I)

  J =

        1     1
        1     1
```

图 5.9.7　所编写的 M 函数的运行效果

步骤 2：在命令行窗口输入 coder，建立一个名为 Pyramid2C 的工程文件，并单击“添加文件”按钮，如图 5.9.8 所示，将 Pyramid2C. m 函数导入。

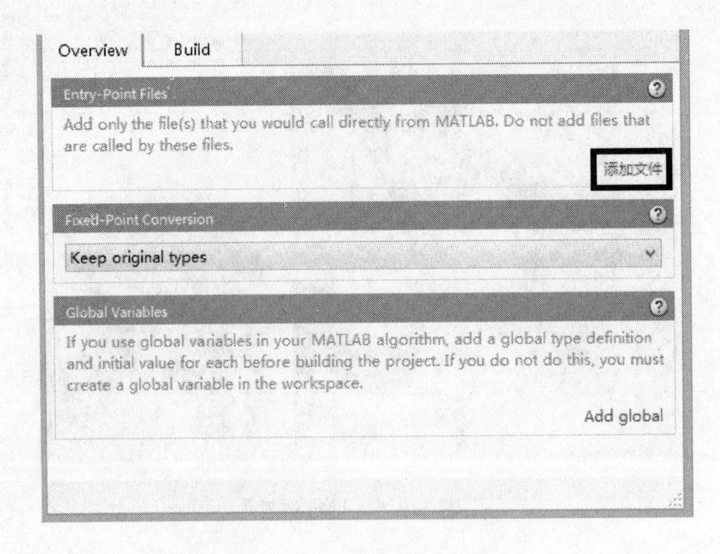

图 5.9.8　通过“添加文件”按钮导入相应的 M 函数

步骤 3:单击界面上的“Build”按钮,在 Output type 选项中选择 C/C++ Static Library,如图 5.9.9 所示。

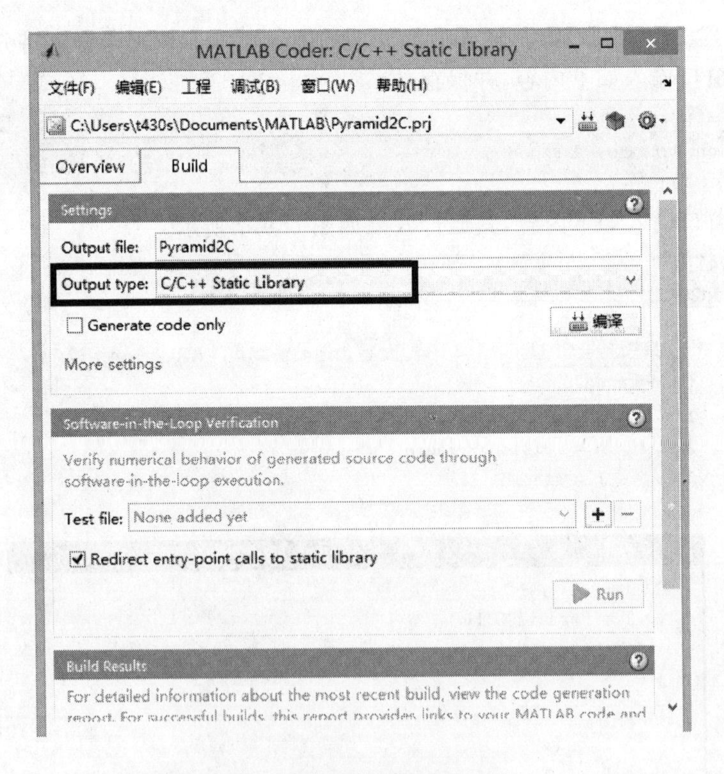

图 5.9.9　步骤 3 的运行效果

步骤 4:在该页面单击“More settings”,将 Language 设置成为“C++”,如图 5.9.10 所示。

步骤 5:设置函数的输入类型。在本例中,将函数的输入类型设置为双精度的 4×4 矩阵,如图 5.9.11 所示。

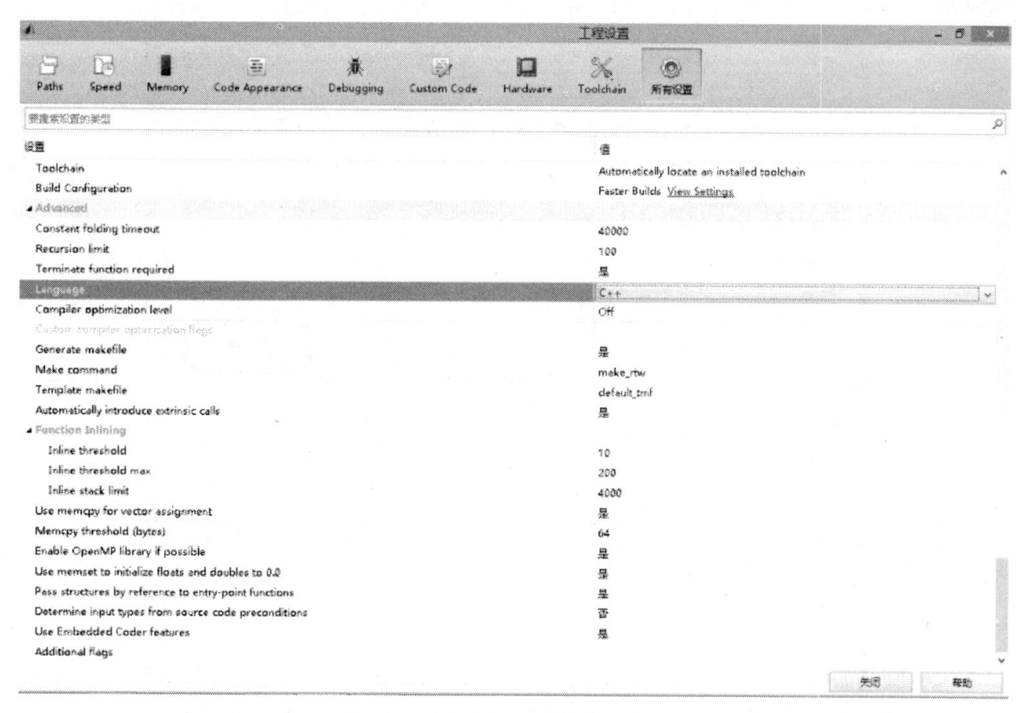

图 5.9.10　设置生成代码的类型

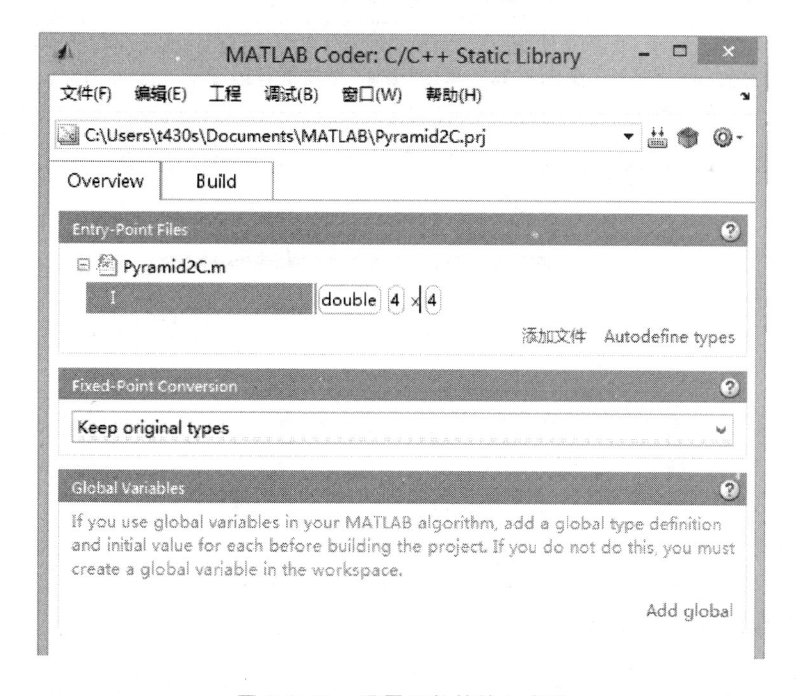

图 5.9.11　设置函数的输入类型

步骤 6: 单击“编译”按钮，如图 5.9.12 所示，便可进行编译并生成可执行代码，如图 5.9.13 所示。

步骤 7: 单击 5.9.13 界面上的“View report”，便可以观察代码生成报告，如图 5.9.14 所示。

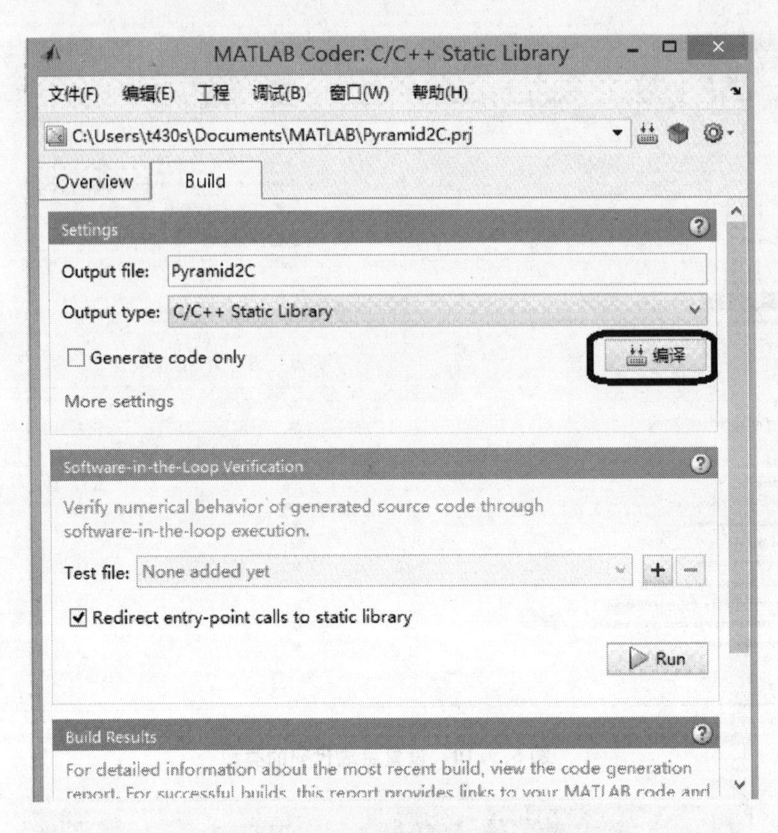

图 5.9.12　单击“编译”按钮进行编译

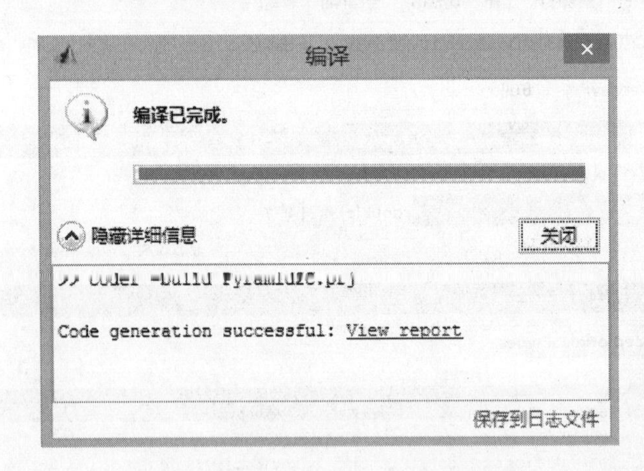

图 5.9.13　完成编译后的效果

所生成程序的核心代码为：

```
1    //
2    // File: Pyramid2C.cpp
3    //
4    // MATLAB Coder version              : 2.6
5    // C/C++ source code generated on    : 03-Feb-2015 10:27:25
6    //
7
8    // Include files
```

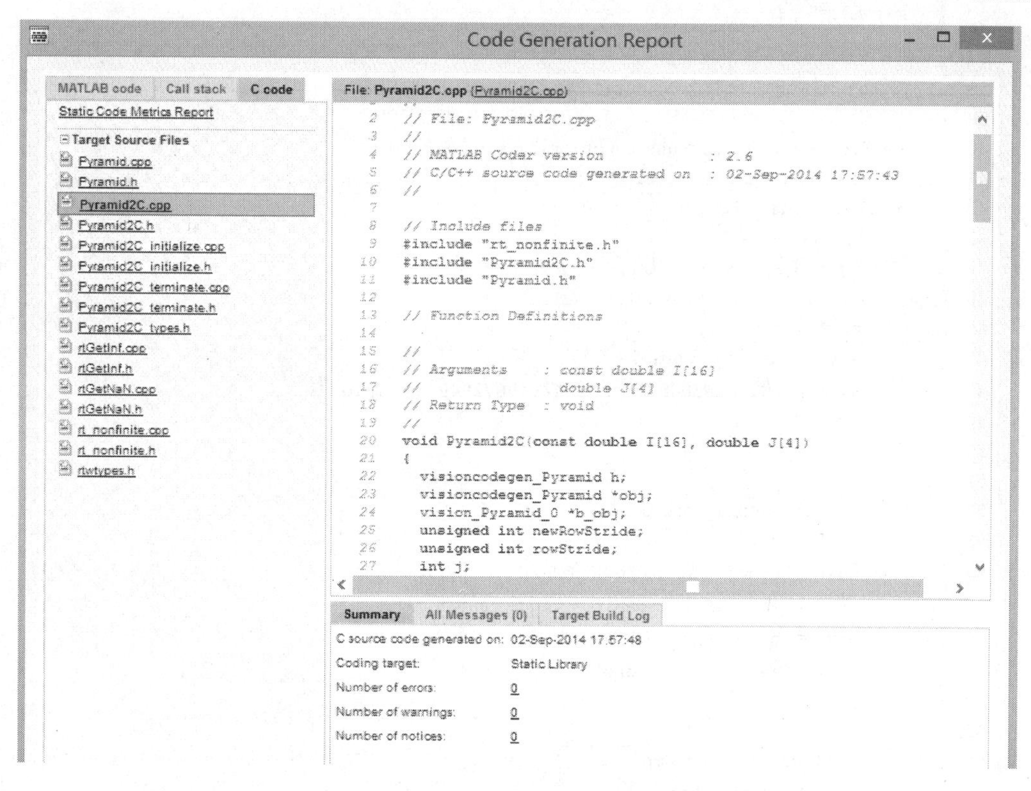

图5.9.14　代码生成报告

```
9     #include "rt_nonfinite.h"
10    #include "Pyramid2C.h"
11    #include "Pyramid.h"
12
13    // Function Definitions
14
15    //
16    // Arguments      : const double I[16]
17    //                  double J[4]
18    // Return Type    : void
19    //
20    void Pyramid2C(const double I[16], double J[4])
21    {
22      visioncodegen_Pyramid h;
23      visioncodegen_Pyramid * obj;
24      vision_Pyramid_0 * b_obj;
25      unsigned int newRowStride;
26      unsigned int rowStride;
27      int j;
28      unsigned int idx;
29      unsigned int i;
30      double sum;
31      int k;
32      Pyramid_Pyramid(&h);
33      obj = &h;
34      if (!obj->isInitialized) {
35        obj->isInitialized = true;
```

```
36     }
37
38     b_obj = &obj->cSFunObject;
39
40     // System object Outputs function: vision.Pyramid
41     // apply vertical filtering
42     newRowStride = 0U;
43     rowStride = 0U;
44     for (j = 0; (unsigned int)j < 4U; j++) {
45       // store column into buffer
46       idx = rowStride;
47       for (i = 0U; i < 4U; i++) {
48         b_obj->W0_LINEBUF_DW[i - 4294967294U] = I[idx];
49         idx++;
50       }
51
52       // symmetrically pad buffer
53       for (i = 0U; i < 2U; i++) {
54         sum = b_obj->W0_LINEBUF_DW[2U + i];
55         b_obj->W0_LINEBUF_DW[1U - i] = sum;
56         sum = b_obj->W0_LINEBUF_DW[5U - i];
57         b_obj->W0_LINEBUF_DW[6U + i] = sum;
58       }
59
60       // filter and downsample
61       idx = newRowStride;
62       for (i = 0U; i < 3U; i += 2U) {
63         sum = 0.0;
64         for (k = 0; k < 5; k++) {
65           sum += b_obj->W0_LINEBUF_DW[i + k] * b_obj->P0_COEF_RTP[(unsigned int)k];
66         }
67
68         b_obj->W1_IMGBUF_DW[idx] = sum;
69         idx++;
70       }
71
72       newRowStride += 2U;
73       rowStride += 4U;
74     }
75
76     // apply horizontal filtering
77     for (i = 0U; i < 2U; i++) {
78       // store row into buffer
79       idx = i;
80       for (j = 0; (unsigned int)j < 4U; j++) {
81         b_obj->W0_LINEBUF_DW[j + 2U] = b_obj->W1_IMGBUF_DW[idx];
82         idx += 2U;
83       }
84
85       // symmetrically pad buffer
86       for (j = 0; j < 2; j++) {
87         sum = b_obj->W0_LINEBUF_DW[2U + j];
88         b_obj->W0_LINEBUF_DW[1U - j] = sum;
89         sum = b_obj->W0_LINEBUF_DW[5U - j];
```

```
 90          b_obj->W0_LINEBUF_DW[6U + j] = sum;
 91        }
 92
 93        // filter and downsample
 94        idx = i;
 95        for (j = 0; (unsigned int)j < 4U; j += 2U) {
 96          sum = 0.0;
 97          for (k = 0; k < 5; k++) {
 98            sum += b_obj->W0_LINEBUF_DW[(unsigned int)j + k] * b_obj->P0_COEF_RTP
 99              [(unsigned int)k];
100          }
101
102          J[idx] = sum;
103          idx += 2U;
104        }
105      }
106    }
107
108    //
109    // File trailer for Pyramid2C.cpp
110    //
111    // [EOF]
112    //
```

通过分析上述代码，可以搞清楚函数的输入、输出类型，以方便后续调用。

步骤8：在VS 2010软件环境下新建一个名为"Pyramid2"的工程。

步骤9：在所建立的工程左侧，单击右键，并选择属性，如图5.9.15所示。

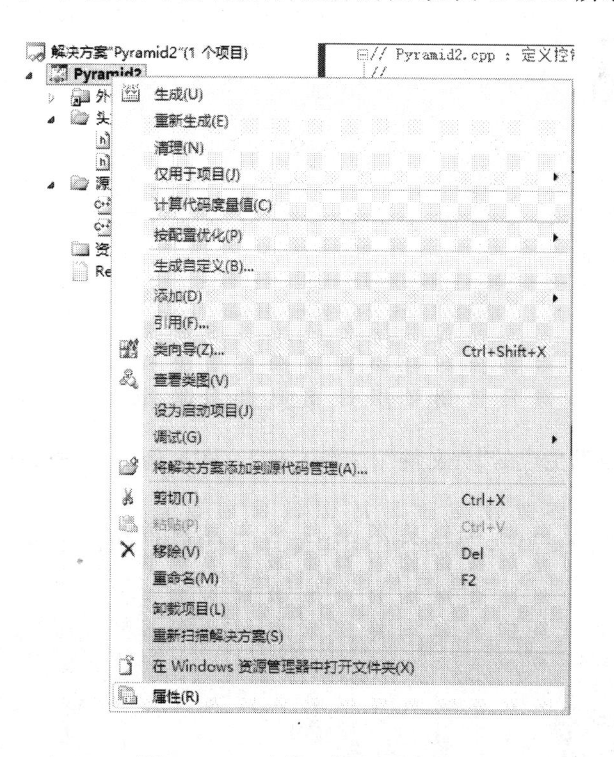

图5.9.15　步骤9的实现过程

步骤10:单击VC++目录,对右侧的包含目录进行设置,将所生成代码的路径包含进去,如图5.9.16所示。

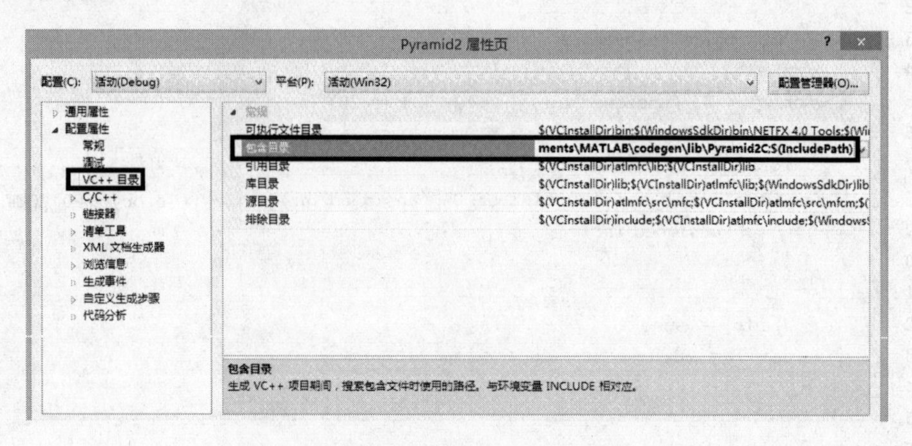

图5.9.16 步骤10的实现过程

步骤11:单击左侧的C/C++,对"预编译头"进行设置,选择"不使用预编译头",如图5.9.17所示。

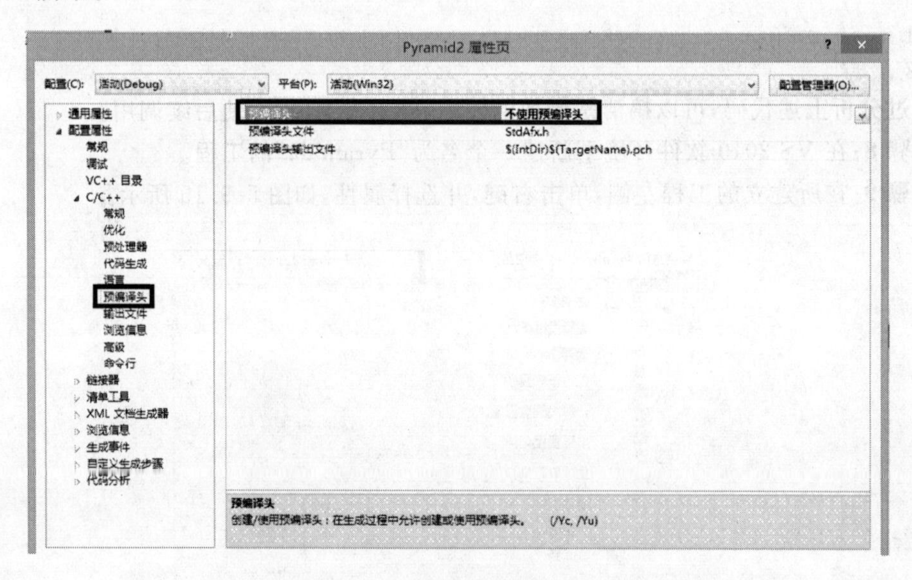

图5.9.17 步骤11的实现过程

步骤12:添加自动生成的"头文件"和"源文件"。在本例中,完成添加后的效果如图5.9.18所示。

步骤13:输入如下程序,并进行编译,编译后的效果如图5.9.19所示,运行效果如图5.9.20所示。

```
#include "stdafx.h"
#include "Pyramid2C.h"
#include "math.h"
#include <iostream>
using namespace std;

int _tmain(int argc, _TCHAR * argv[])
```

解决方案"Pyramid2"(1 个项目)
- Pyramid2
  - 外部依赖项
  - 头文件
    - Pyramid.h
    - Pyramid2C.h
    - Pyramid2C_initialize.h
    - Pyramid2C_terminate.h
    - Pyramid2C_types.h
    - rt_nonfinite.h
    - rtGetInf.h
    - rtGetNaN.h
    - rtwtypes.h
    - stdafx.h
    - targetver.h
  - 源文件
    - Pyramid.cpp
    - Pyramid2.cpp
    - Pyramid2C.cpp
    - Pyramid2C_initialize.cpp
    - Pyramid2C_terminate.cpp
    - rt_nonfinite.cpp
    - rtGetInf.cpp
    - rtGetNaN.cpp
    - stdafx.cpp
  - 资源文件
  - ReadMe.txt

图 5.9.18　添加"头文件"和"源文件"后的效果

```
{
    double a[16] = {1.0,1.0, 1.0, 1.0, 1.0, 1.0, 1.0, 1.0, 1.0, 1.0, 1.0, 1.0, 1.0, 1.0, 1.0, 1.0};
    double b[4] = {0.0};
    Pyramid2C (a,b);
    for(int i = 0; i < 4; i++)
        std::cout << b[i] << std::endl;
    while(1)
    {
    }
    return 0;
}
```

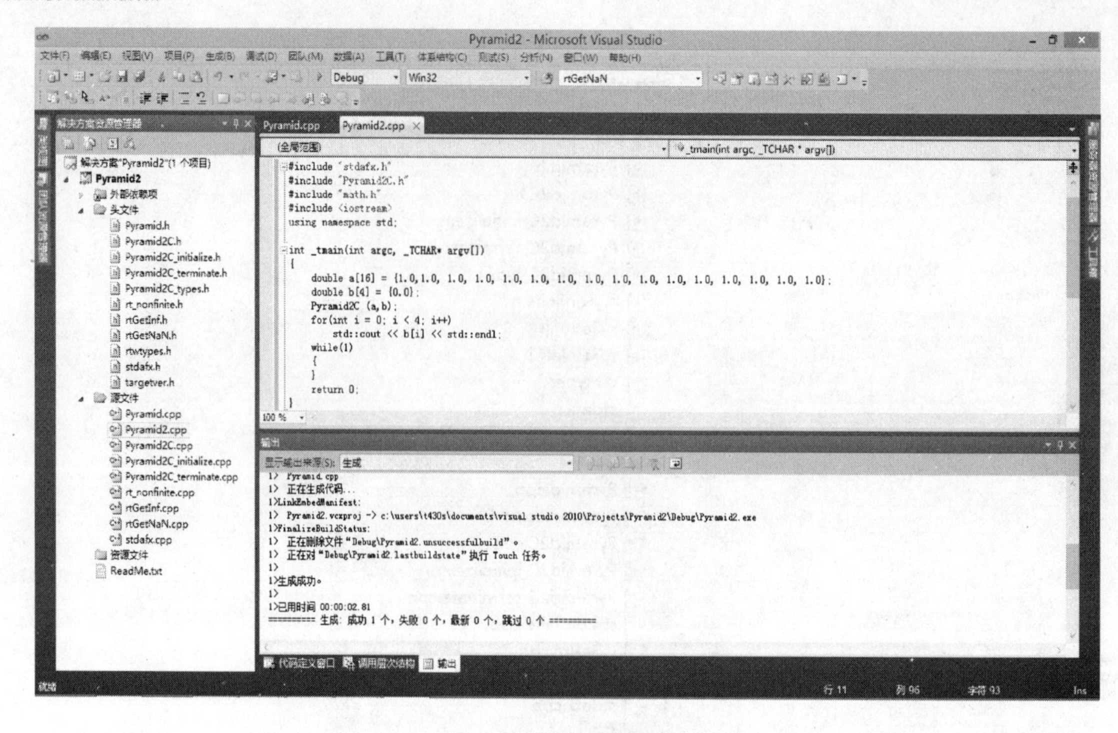

图 5.9.19　显示编译成功

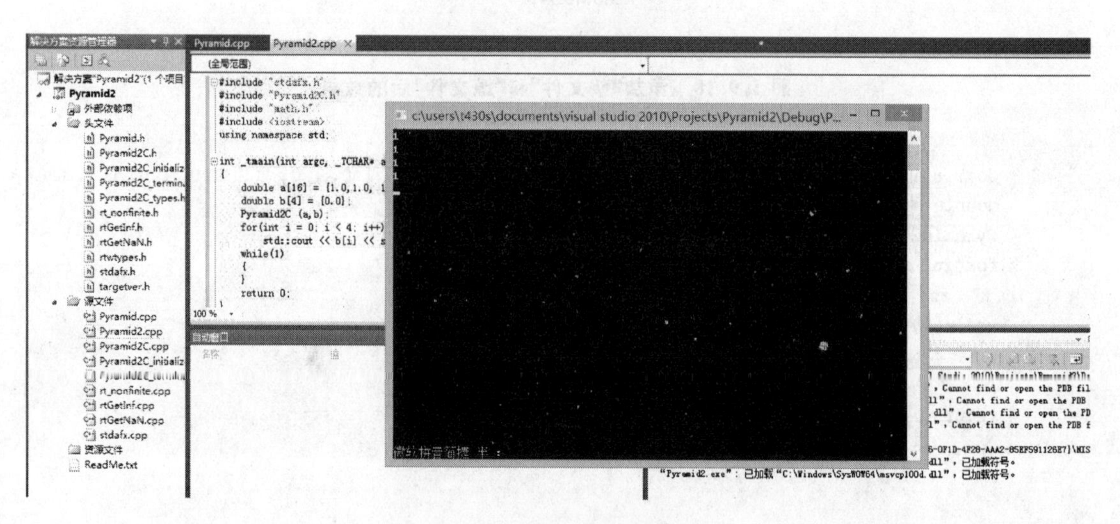

图 5.9.20　最终运行效果

第 6 章

图像特征提取的仿真及其C/C++代码的生成

6.1 图像的灰度直方图

6.1.1 基本原理

在数字图像处理中，灰度直方图是简单有效的工具。直方图表达的信息是每种亮度的像素点的个数，是图像的一个重要特征，因为直方图用少量的数据就可表达图像的灰度统计特征。

那么，什么是图像的灰度直方图呢？一个灰度级别在范围[0，$L-1$]的数字图像的直方图是一个离散函数，即

$$p(r_k)=\frac{n_k}{n}$$

其中，n 是图像的像素总数，n_k 是图像中第 k 个灰度级的像素总数，r_k 是第 k 个灰度级，$k=0$，1，2，…，$L-1$。

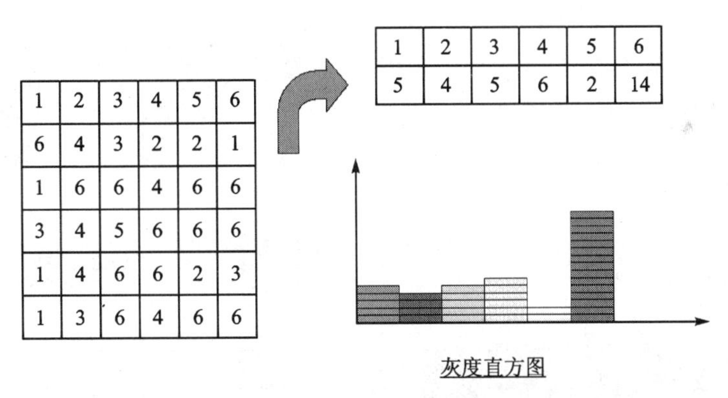

1	2	3	4	5	6
6	4	3	2	2	1
1	6	6	4	6	6
3	4	5	6	6	6
1	4	6	6	2	3
1	3	6	4	6	6

1	2	3	4	5	6
5	4	5	6	2	14

图 6.1.1 求图像的灰度直方图的过程示意

图像的灰度直方图具有如下性质：

① 灰度直方图只能反映图像的灰度分布情况，而不能反映图像像素的位置，即丢失了像素的位置信息。

② 一幅图像对应唯一的灰度直方图，反之不成立。不同的图像可对应相同的直方图。

③ 灰度直方图反映了数字图像中每一灰度级与其出现频率间的关系，它能描述该图像的概貌。

6.1.2 基于 System Object 的仿真

在 MATLAB 中，调用计算机视觉工具箱中的 vision. Histogram 可实现对输入灰度图像的灰度直方图统计。

vision. Histogram 的具体使用方法如下：

vision. Histogram

功能:对输入的灰度图像输出其直方图矩阵。

语法:A = step(vision. Histogram, Img);

其中:Img 为输入图像;A 是输出的直方图矩阵。

属性:

LowerLimit:直方图的下限;默认值为 0。

UpperLimit:直方图的上限;默认值为 1。

NumBins:直方图的条数;默认值为 256。

Normalize:是否对直方图进行归一化处理;可以将其设置成 true 或 false。

【例 6.1.1】 说明 vision. Histogram 的具体使用方法,其运行结果如图 6.1.2 所示。程序如下：

```
% 读入待转换的彩色图像,并将其转换成灰度图像
I = rgb2gray(imread('peppers.png'));
% 显示灰度图像
imshow(I)
% 将图像数据类型转换成单精度型
img = im2single(I);
% 定义系统对象
hhist2d = vision.Histogram;
% 运行系统对象,求其灰度直方图
y = step(hhist2d,img);
figure
% 显示灰度直方图
bar((0:255)/256, y);
```

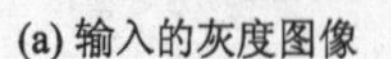
(a) 输入的灰度图像

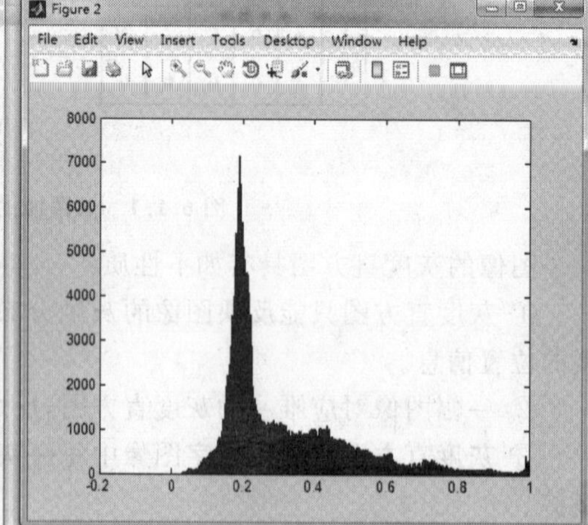

(b) 灰度图像直方图

图 6.1.2 例 6.1.1 的运行结果

6.1.3　基于 Blocks－Simulink 的仿真

在 MATLAB 中，还可以通过 Blocks－Simulink 来实现对图像进行直方图统计，其原理图如图 6.1.3 所示。其中，各功能模块及其路径如表 6.1－1 所列。

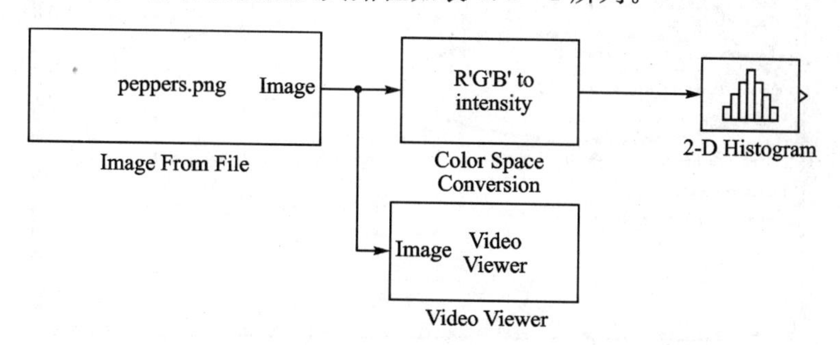

图 6.1.3　基于 Blocks－Simulink 进行灰度直方图统计的原理图

表 6.1－1　各功能模块及其路径

功　能	名　称	路　径
读入图像	Image From File	Computer Vision System Toolbox/Sources
色彩空间转换	Color Space Conversion	Computer Vision System Toolbox/Conversions
二维直方图统计	2－D Histogram	Computer Vision System Toolbox/Statistics
观察输出结果	Video Viewer	Computer Vision System Toolbox/Sinks

对各模块的属性进行如下设置：

① 双击“Color Space Conversion”模块，将其参数设置为如图 6.1.4 所示的参数。

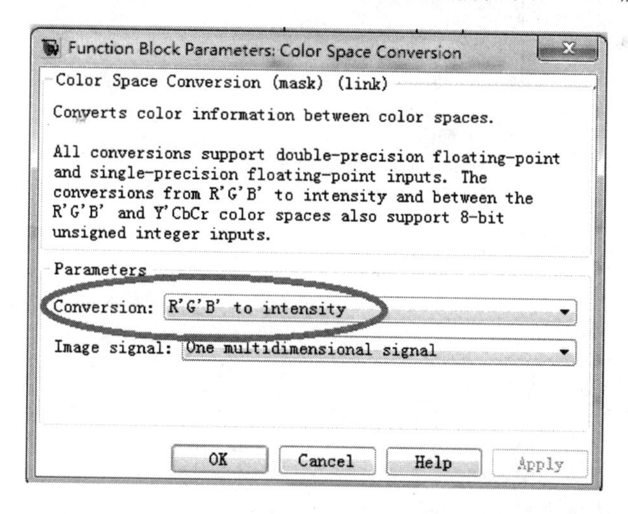

图 6.1.4　“Color Space Conversion”模块参数设置

② 双击“2－D Histogram”模块，将其参数设置为如图 6.1.5 所示的参数。

6.1.4　C/C++代码自动生成及运行效果

可将基于系统对象 vision. x 的 MATLAB 程序转换成 C/C++程序，并在 VS 2010 环境下运行，其步骤如下。

Function Block Parameters: 2-D Histogram

2-D Histogram

Generate a histogram of the elements in the specified dimension of the input or across time (running histogram).

Main | Data Types

Parameters

Lower limit of histogram: 0

Upper limit of histogram: 256

Number of bins: 256

Find the histogram over: Entire input

Normalized

Running histogram

OK | Cancel | Help | Apply

图 6.1.5 “2－D Histogram”模块参数设置

步骤 1：新建一个 M 函数，其输入为待处理的图像矩阵 ***I***，输出为图像的灰度矩阵 ***J***。在编辑器窗口输入如下内容，并保存：

```
function J = Histogram2C(I)
 h = vision.Histogram; % #codegen
 J = step(h, I);
```

在命令行窗口输入如下内容，其运行效果如图 6.1.6 所示。

```
 I=[1/256 1/256 1/256 256/256];
 J = Histogram2C(I)
```

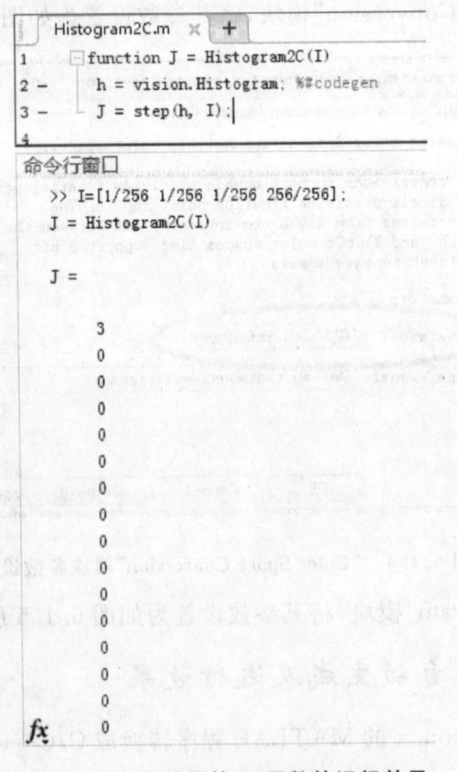

图 6.1.6 所编写的 M 函数的运行效果

步骤 2:在命令行窗口输入 coder,建立一个名为 Histogram2C 的工程文件,并单击“添加文件”按钮,如图 6.1.7 所示,将 Histogram2C. m 函数导入。

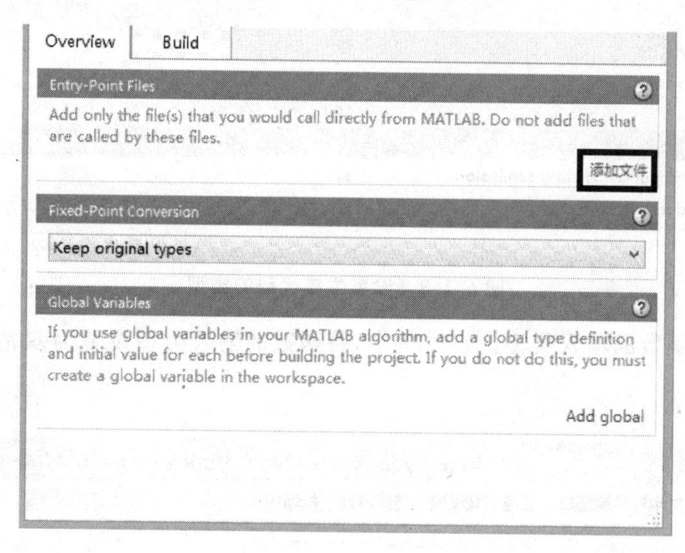

图 6.1.7　通过“添加文件”按钮导入相应的 M 函数

步骤 3:单击界面上的“Build”按钮,在 Output type 选项中选择 C/C++ Static Library,如图 6.1.8 所示。

图 6.1.8　步骤 3 的运行效果

步骤4:在该页面单击“More settings”,将Language设置成为“C++”,如图6.1.9所示。

Advanced	
Generate code only	否
Constant folding timeout	40000
Recursion limit	100
Language	C++
Echo expressions without terminating semicolons	是
Automatically introduce extrinsic calls	是

图6.1.9 设置生成代码的类型

步骤5:设置函数的输入类型。在本例中,将函数的输入类型设置为双精度的1×4矩阵,如图6.1.10所示。

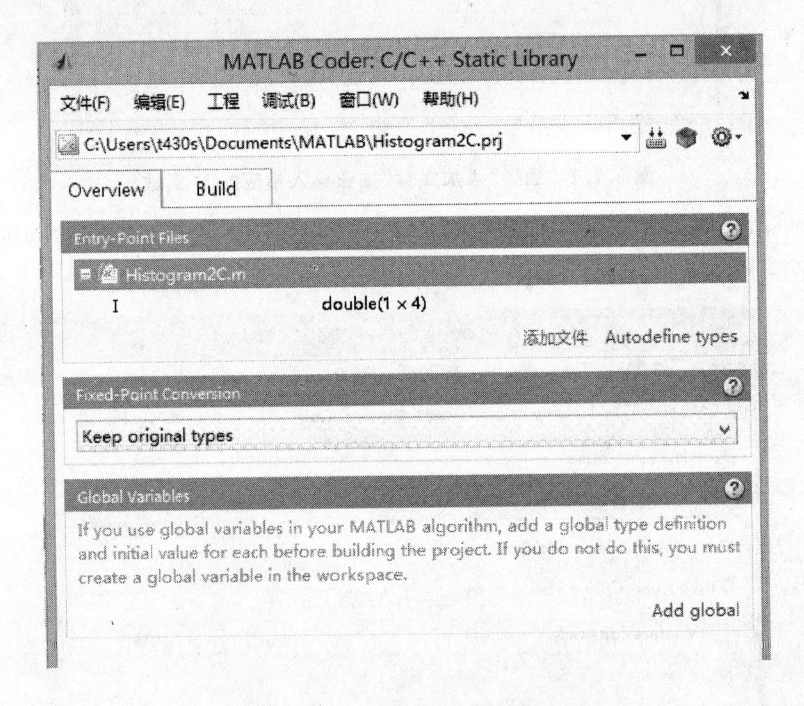

图6.1.10 设置函数的输入类型

步骤6:单击“编译”按钮,如图6.1.11所示,便可进行编译并生成可执行代码,如图6.1.12所示。

步骤7:单击6.1.12界面上的“View report”,便可以观察代码生成报告,如图6.1.13所示。

所生成程序的核心代码为:

```
1   //
2   // File: Histogram2C.cpp
3   //
4   // MATLAB Coder version              : 2.6
5   // C/C++  source code generated on   : 03-Jan-2015 21:41:38
6   //
```

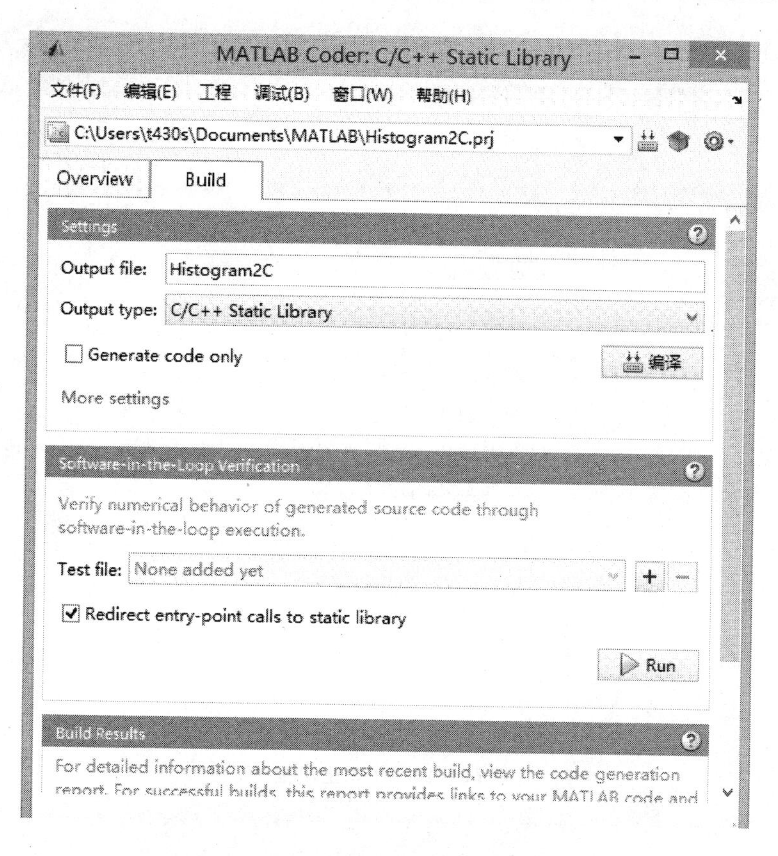

图 6.1.11　单击"编译"按钮进行编译

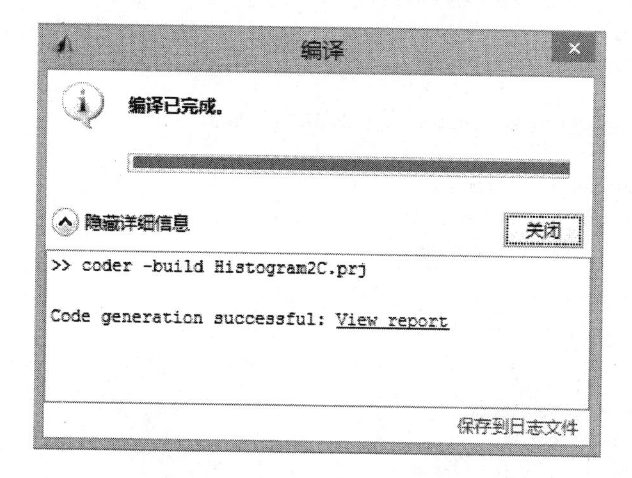

图 6.1.12　完成编译后的效果

```
7
8   // Include files
9   #include "rt_nonfinite.h"
10  #include "Histogram2C.h"
11  #include "Histogram.h"
12
13  // Function Definitions
```

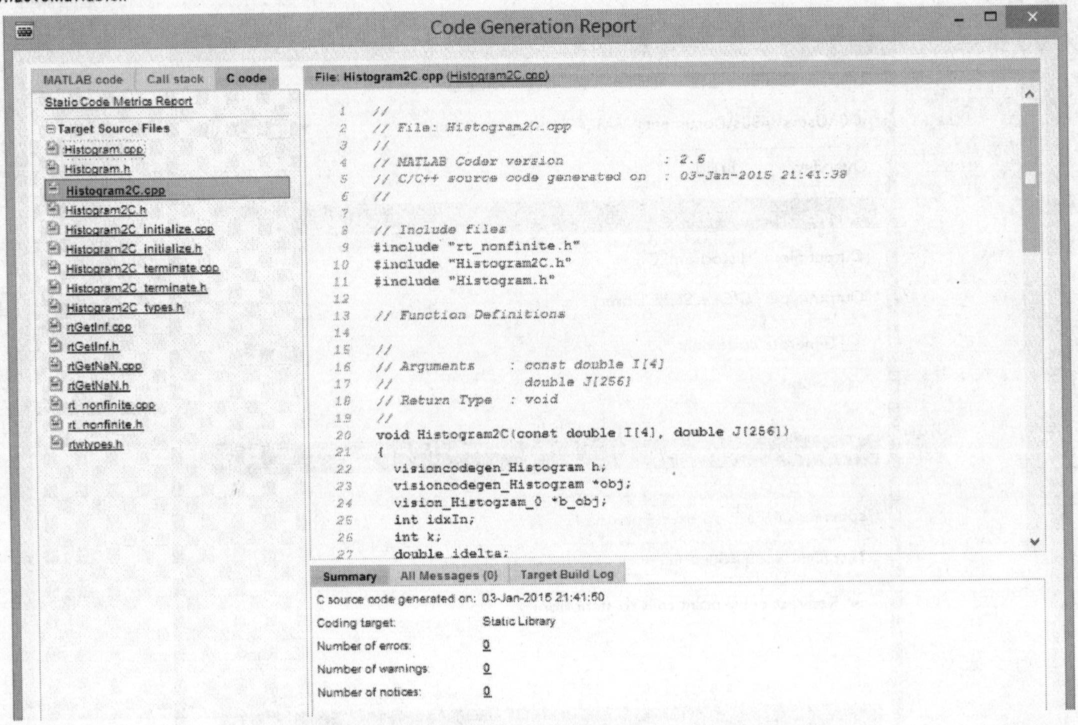

图 6.1.13 代码生成报告

```
14
15   //
16   // Arguments      : const double I[4]
17   //                   double J[256]
18   // Return Type    : void
19   //
20   void Histogram2C(const double I[4], double J[256])
21   {
22     visioncodegen_Histogram h;
23     visioncodegen_Histogram  *obj;
24     vision_Histogram_0 *b_obj;
25     int idxIn;
26     int k;
27     double idelta;
28     int u0;
29     double val;
30     Histogram_Histogram(&h);
31     obj = &h;
32     if (!obj->isInitialized) {
33       obj->isInitialized = true;
34     }
35
36     b_obj = &obj->cSFunObject;
37
38     // System object Outputs function: vision.Histogram
39     memset(&J[0], 0, sizeof(double) << 8);
40     idxIn = 0;
```

```
41      for (k = 0; k < 4; k++) {
42        idelta = 256.0 / (b_obj->P1_MAX_MAG - b_obj->P0_MIN_MAG);
43        if (!rtIsNaN(I[idxIn])) {
44          if (I[idxIn] <= b_obj->P0_MIN_MAG) {
45            u0 = 0;
46          } else if (I[idxIn] > b_obj->P1_MAX_MAG) {
47            u0 = 255;
48          } else {
49            val = I[idxIn] - b_obj->P0_MIN_MAG;
50            val *= idelta;
51            val--;
52            u0 = (int)ceil(val);
53            if (u0 <= 255) {
54            } else {
55              u0 = 255;
56            }
57          }
58
59          J[u0]++;
60        }
61
62        idxIn++;
63      }
64    }
65
66    //
67    // File trailer for Histogram2C.cpp
68    //
69    // [EOF]
```

通过分析上述代码,可以搞清楚函数的输入、输出类型,以方便后续调用。

步骤8:在VS 2010软件环境下新建一个名为“HistogramC”的工程,如图6.1.14所示。

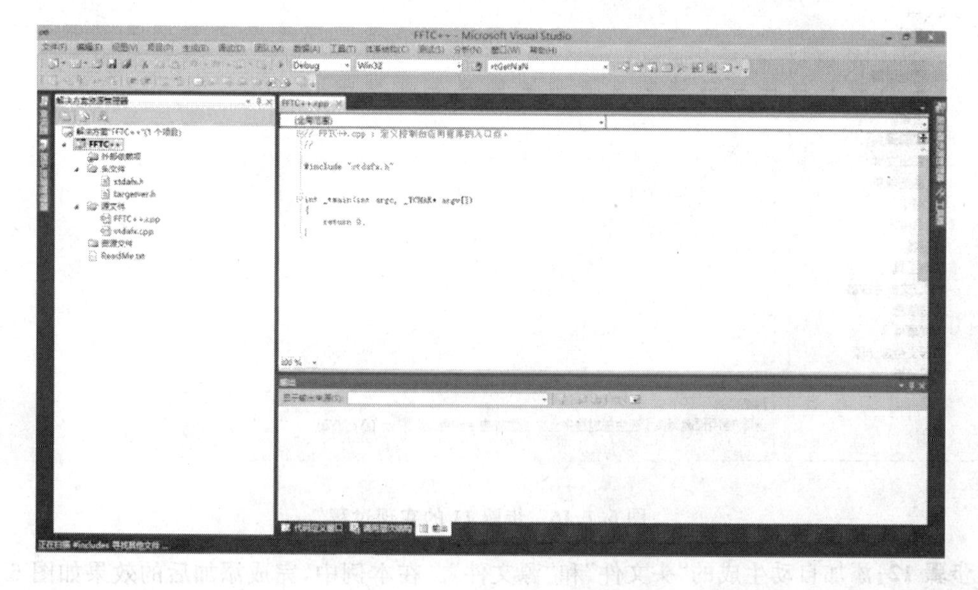

图6.1.14　步骤8的实现效果

步骤 9:在所建立的工程左侧,单击右键,并选择"属性"。

步骤 10:单击 VC++目录,对右侧的包含目录进行设置,将所生成代码的路径包含进去,如图 6.1.15 所示。

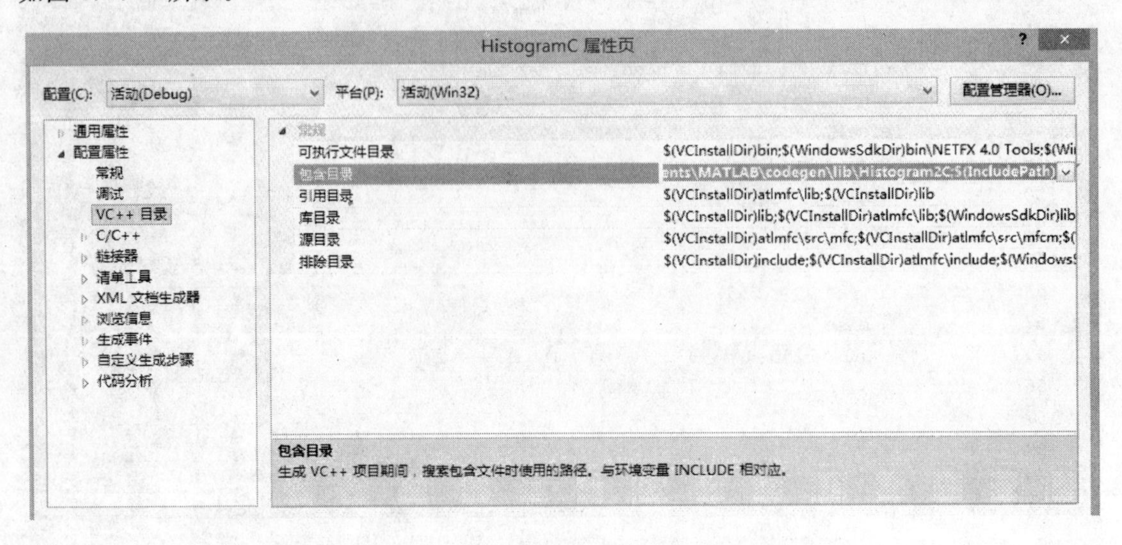

图 6.1.15　步骤 10 的实现过程

步骤 11:单击左侧的 C/C++,对"预编译头"进行设置,选择"不使用预编译头",如图 6.1.16 所示。

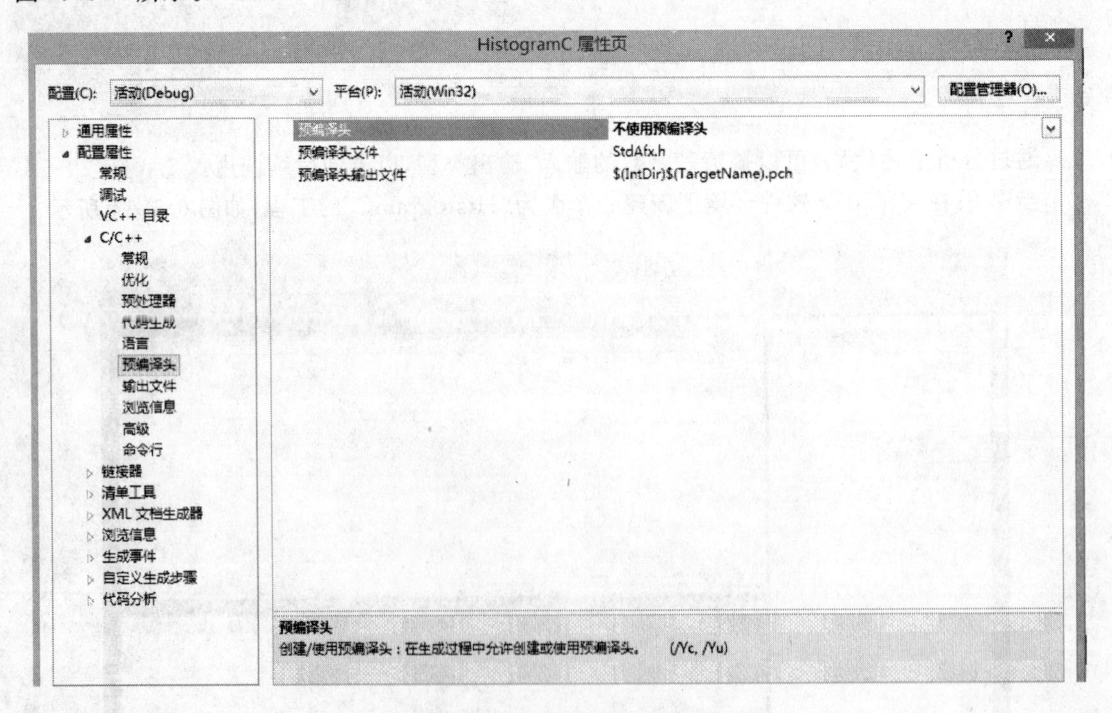

图 6.1.16　步骤 11 的实现过程

步骤 12:添加自动生成的"头文件"和"源文件"。在本例中,完成添加后的效果如图 6.1.17 所示。

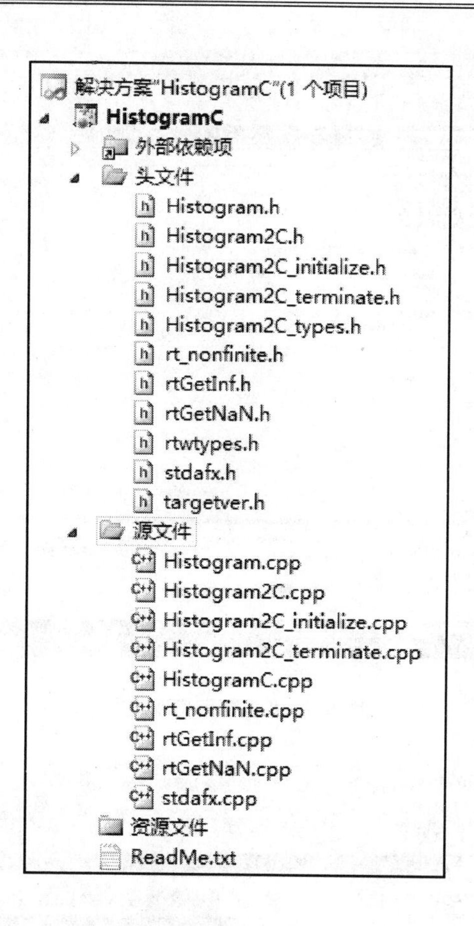

图 6.1.17 添加"头文件"和"源文件"后的效果

步骤 13: 输入如下程序,并进行编译,编译后的效果如图 6.1.18 所示,运行效果如图 6.1.19 所示。

```
#include "stdafx.h"
#include "Histogram2C.h"
#include "math.h"
#include <iostream>
using namespace std;
int _tmain(int argc, _TCHAR* argv[])
{
    double a[4] = {1/256,1/256, 1/256, 256/256 };
    double b[256] = {0.0};
    Histogram2C(a,b);
    for(int i = 0; i < 256; i++)
        std::cout << b[i] << std::endl;
    while(1)
    {
    }
    return 0;
}
```

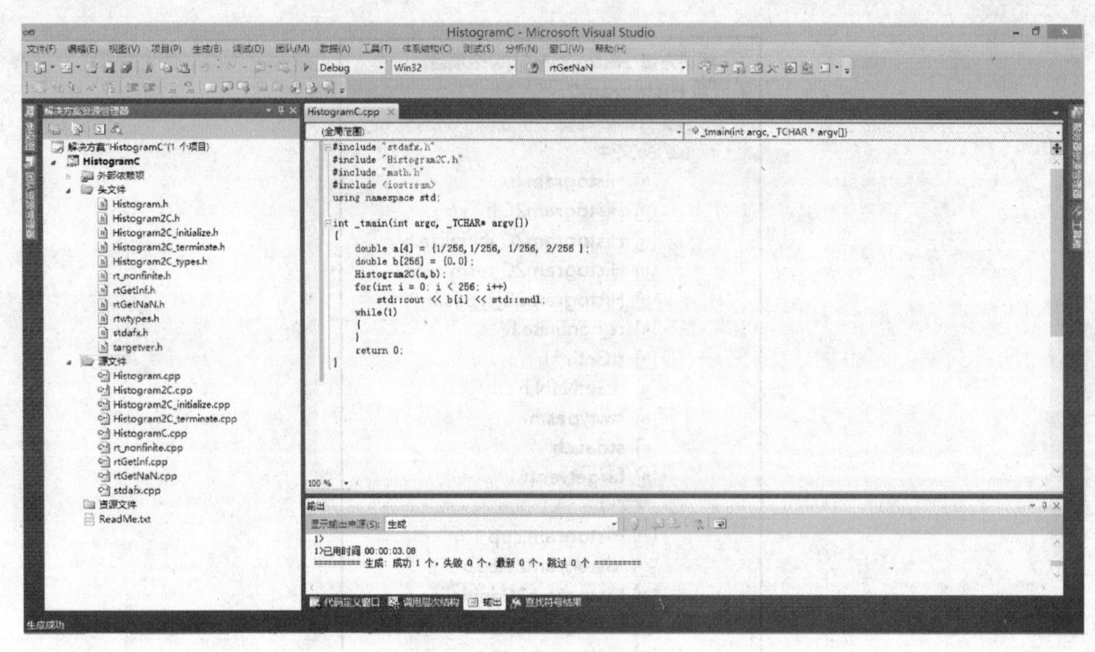

图 6.1.18　显示编译成功

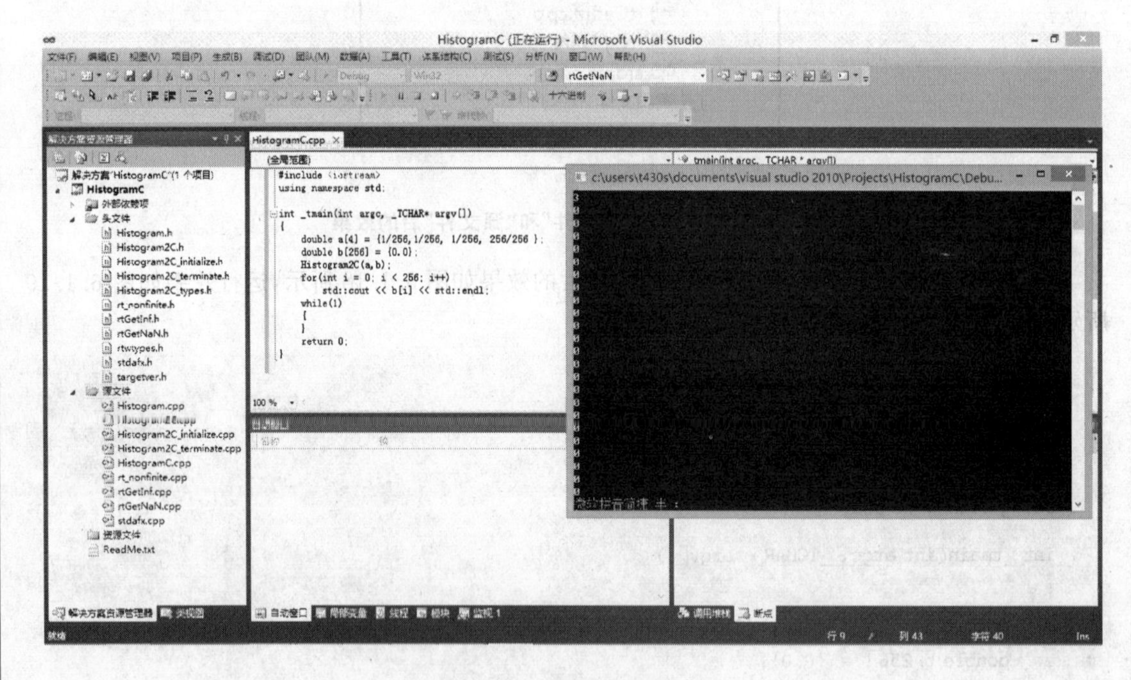

图 6.1.19　运行后的效果

6.2　图像的色彩空间

6.2.1　常见的色彩空间

为了用计算机表示和处理颜色，必须采用定量的方法来描述颜色，即建立颜色模型来支持数字图像的生成、存储、处理及显示。为了方便对彩色图像的研究，研究者建立了多种色彩空间，对应不同的色彩空间需要作不同的处理和转换。目前广泛采用的颜色模型有三大类，即计算颜色模型、工业颜色模型和视觉颜色模型。计算颜色模型又称为色度学颜色模型，主要应用于纯理论研究和计算推导；工业颜色模型侧重于实际的实现技术，广泛应用于计算机图形学和图像处理中，通常采用RGB基色体系。

1. RGB色彩空间

美国国家电视系统委员会(NTSC)为显示器上显示彩色图像而提出的RGB彩色系统模型是最重要的工业颜色模型。RGB彩色系统构成了一个三维的彩色空间(R,G,B)坐标系中的一个立方体。R,G,B是彩色空间的三个坐标轴，每个坐标都量化为0～255，0对应最暗，255对应最亮。这样所有的颜色都将位于一个边长为256的立方体内。彩色立方体中任意一点都对应一种颜色，黑色(0,0,0)位于坐标系原点，其中：$0\leqslant r\leqslant 255$，$0\leqslant g\leqslant 255$，$0\leqslant b\leqslant 255$，如图6.2.1所示。

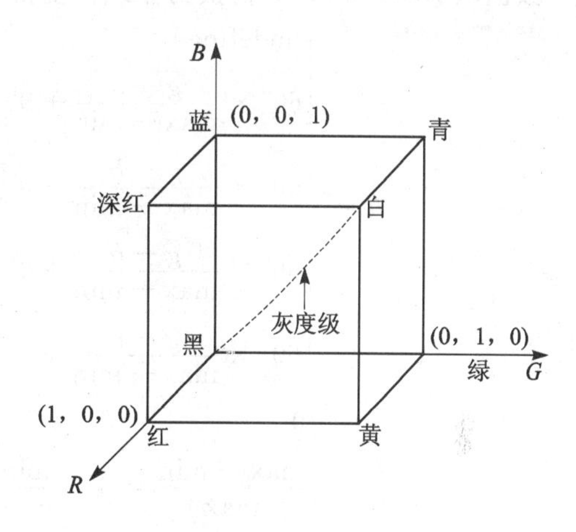

图6.2.1　RGB彩色立方体

RGB颜色空间是图像处理中最基础的颜色模型，是在配色实验的基础上建立起来的。RGB颜色空间建立的主要依据是人的眼睛有红、绿、蓝三种色感细胞，它们的最大感光灵敏度分别落在红色、蓝色和绿色区域，其合成的光谱响应就是视觉曲线，由此推出任何彩色都可以用红、绿、蓝三种基色来配置。

2. HSV色彩空间

如图6.2.2所示，HSV(Hue,Saturation,Value)色彩空间的模型对应于圆柱坐标系中的一个圆锥形子集，圆锥的顶面对应于V=1。它包含RGB模型中的R=1,G=1,B=1三个面，所代表的颜色较亮。色彩H由绕V轴的旋转角给定。红色对应于角度0°，绿色对应于角度120°，蓝色对应于角度240°。在HSV颜色模型中，每一种颜色和它的补色相差180°。饱和度S取值为0～1，所以圆锥顶面的半径为1。在圆锥的顶点(原点)处，V=0，H和S无定义，代表黑色；圆锥的顶面中心处S=0，V=1，H无定义，代表白色；从该点到原点代表亮度渐暗的灰色，即具有不同灰度的灰色。对于这些点，S=0，H的值无定义。可以说，HSV模型中的V轴

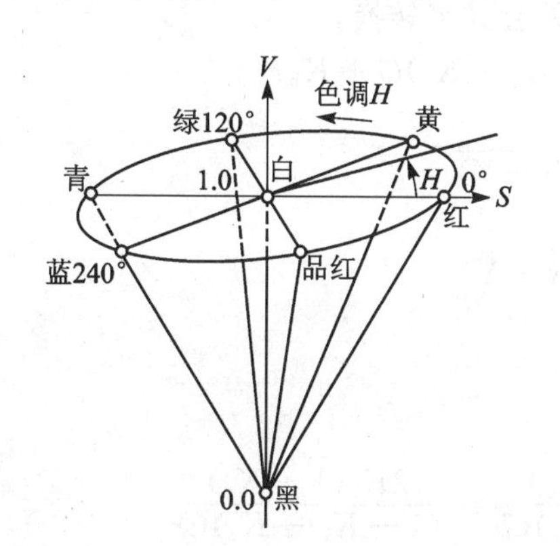

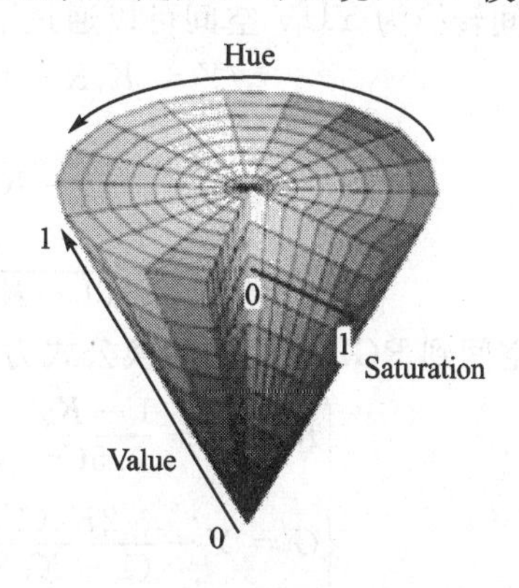

图6.2.2　HSV彩色立方体

对应于RGB颜色空间的主对角线。在圆锥顶面的圆周上的颜色，V=1，S=1，这种颜色是纯色。

由于HSV模型可以只用反映色彩本质特性的色度、饱和度来进行各种颜色的聚类，将亮度信息和灰度信息从色彩中提取出去，从而去掉光照的影响，将颜色和亮度分开处理，使程序具有更强的鲁棒性，比RGB模型具有更好的识别效果。色度和饱和度属性能比较准确地反映颜色种类，对外界光照条件的变化敏感程度低。

颜色从RGB到HSV转换为非线性变换，其转换关系如下

$$h=\begin{cases}\text{undefined} & \text{if} \quad \max=\min \\ 60^\circ\times\dfrac{g-b}{\max-\min}+0^\circ & \text{if} \quad \max=r \quad \text{and} \quad g\geqslant b \\ 60^\circ\times\dfrac{g-b}{\max-\min}+0^\circ & \text{if} \quad \max=r \quad \text{and} \quad g<b \\ 60^\circ\times\dfrac{g-b}{\max-\min}+0^\circ & \text{if} \quad \max=g \\ 60^\circ\times\dfrac{g-b}{\max-\min}+0^\circ & \text{if} \quad \max=b\end{cases}$$

$$s=\begin{cases}0 & \text{if} \quad \max=0 \\ \dfrac{\max-\min}{\max}=1-\dfrac{\min}{\max} & \text{otherwise}\end{cases}$$

$$v=\max$$

式中，r,g,b 分别为图像的三基色的灰度值；h,s,v 分别为图像的色度、饱和度、亮度。

3. YUV空间

YUV色彩空间利用了人眼对亮度信息更加敏感的特点，把由视觉传感器采集得到的彩色图像信号，经分色、分别放大校正得到RGB图像，再经过矩阵变换电路得到亮度信号Y和两个色差信号$B-Y(Cb)$、$R-Y(Cr)$，最后发送端将亮度和色差三个信号分别进行编码，用同一信道发送出去。用公式表示如下：

$$\begin{cases}Y=K_rR+K_gG+K_bB \\ Cb=B-Y \\ Cr=R-Y \\ Cg=G-Y\end{cases}$$

其中，K为加权因子。显然，$Cb+Cr+Cg=$常数，因此，只要知道Cb、Cr、Cg中两项即可。因此，RGB空间转换为YUV空间可以通过下面的公式来转换：

$$\begin{cases}Y=K_rR+(1-K_b-K_r)G+K_bB \\ Cb=\dfrac{0.5}{(1-K_b)(B-Y)} \\ Cr=\dfrac{0.5}{(1-K_r)(R-Y)}\end{cases}$$

YUV空间到RGB空间的转换公式为

$$\begin{cases}R=Y+\dfrac{1-K_r}{0.5Cr} \\ G=Y-\dfrac{2K_b(1-K_b)}{(1-K_b-K_r)Cb}-\dfrac{2K_r(1-K_r)}{(1-K_b-K_r)Cr} \\ B=Y+\dfrac{1-K_b}{0.5Cb}\end{cases}$$

其中，$K_b=0.114$；$K_r=0.299$。

YUV 空间中，常用的格式有 4:4:4，4:2:2，4:2:0 等。以 4:2:2 格式为例，它对每个像素的亮度 Y 进行采集，而对色差 U 和 V 则每两个像素采集一次，其在内存中的存放格式如表 6.2-1 所示。

表 6.2-1　YUV 4:2:2 格式在内存中的形式

16 位地址	$D_{15}-D_8$(高 8 位)	D_7-D_0(低 8 位)
0	Y_0	Cb_0
1	Y_1	Cr_0
2	Y_2	Cb_2
3	Y_3	Cr_2

4. HSI 色彩空间

HSI 颜色空间从人的视觉系统出发，用色调(Hue)、色饱和度(Saturation 或 Chroma)和亮度(Intensity 或 Brightness)来描述色彩。HSI 颜色空间可以用一个圆锥空间模型来描述。

通常把色调饱和度称为色度，用来表示颜色的类别与深浅程度。由于人的视觉对亮度的敏感程度远强于对颜色浓淡的敏感程度，人的视觉系统经常采用 HSI 颜色空间，它比 RGB 颜色空间更符合人的视觉特性。在图像处理和计算机视觉中，大量算法都可以在 HSI 颜色空间中方便地使用，由于 H、S、I 三个分量相互独立，可以分开处理。因此，使用 HSI 颜色空间可以大大简化图像分析和处理的工作量。

RGB 色彩空间和 HSI 色彩空间可以相互转换。假设 R、G 和 B 分别代表 RGB 颜色空间的三个分量，HSI 空间的三个分量 H、S 和 I 计算如下：

$$H=\begin{cases}\theta & B\leqslant G\\ 360^\circ-\theta & B>G\end{cases}$$

$$S=1-\frac{3}{R+G+B}[\min(R,G,B)]$$

$$I=\frac{1}{3}(R+G+B)$$

其中，$\theta=\arccos\left\{\dfrac{\frac{1}{2}[(R-G)+(R-B)]}{\sqrt{(R-G)^2+(R-B)(G-B)}}\right\}$。

5. 灰度空间

颜色可分为黑白色和彩色。黑白色指不包含任何彩色成分，仅由黑色和白色组成。在 RGB 颜色模型中，如果 $R=G=B$，则颜色(R,G,B)表示一种黑白颜色，$R=G=B$ 的值叫做灰度值，所以黑白色又叫做灰度颜色。彩色和灰度之间可以互相转化，由彩色转化为灰度的过程叫做灰度化处理。

灰度化就是使彩色的 R、G、B 分量值相等的过程。由于 R、G、B 的取值范围是 0～255，所以灰度的级别只有 256 级，即灰度图像仅能表现 256 种颜色(灰度)。

灰度化处理的方法有如下三种：

① 最大值法：使 R、G、B 的值等于 3 值中的最大的一个。最大法会形成很高色亮度图像。

② 平均值法：使 R、G、B 的值等于其平均值。平均值法会形成较柔和的灰度图像。

③ 加权平均法：根据重要性或其他指标给 R、G、B 赋予不同的权值，并使 R、G、B 的值加

权平均,即

$$R = G = B = (W_r R + W_g G + W_b B)/3$$

其中,W_r、W_g、W_b 分别为 R、G、B 的权值。W_r、W_g、W_b 取不同的值,加权平均法就将形成不同的灰度图像。由于人眼对绿色的敏感度最高,红色次之,对蓝色的敏感度最低,因此使 $W_r > W_g > W_b$ 将得到合理的灰度图像。

6. Lab 色彩空间

Lab 色彩模式可以说是最大范围的色彩模式,是一种与设备无关的色彩空间。无论使用何种设备(如显示器、打印机、计算机或扫描仪)创建或输出图像,这种模型都能生成一致的颜色,在 Photoshop 中进行 RGB 与 CMYK 模式的转换都要利用 Lab 模式作为中间过渡模式来进行。Lab 模式在任何时间、地点、设备都唯一性,因此在色彩管理中它是重要的表色体系。Lab 色彩理论是建立在人对色彩感觉的基础上,认为在一个物体中,红色和绿色两种原色不能同时并存,黄色和蓝色两种原色也不能同时并存。

Lab 色彩模型用三组数值表示色彩:

① L:亮度数值,从 0~100;

② a:红色和绿色两种原色之间的变化区域,数值从−120~+120;

③ b:黄色到蓝色两种原色之间的变化区域,数值从−120~+120。

6.2.2 基于 System Object 的仿真

在 MATLAB 中,调用计算机视觉工具箱中的 vision. ColorSpaceConverter 可实现对输入灰度图像的边缘变换。

vision. ColorSpaceConverter 的具体使用方法如下:

vision. ColorSpaceConverter

功能:对输入的图像进行色彩空间转换。

语法:A = step(vision. ColorSpaceConverter,Img);

其中:Img 为输入图像;A 是经转换在其他色彩空间的图像。

属性:

Conversion:通过对该属性进行设置,可以实现不同图像空间的转换,包括:'RGB to YCbCr'、'YCbCr to RGB'、'RGB to intensity'、'RGB to HSV'、'HSV to RGB'、'sRGB to XYZ'、'XYZ to sRGB'、'sRGB to L*a*b*'、'L*a*b* to sRGB'。

【例 6.2.1】 说明 vision. ColorSpaceConverter 的具体使用方法。

程序如下:

```
% 读入图像并显示
i1 = imread('pears.png');
imshow(i1);
% 创建系统对象
hcsc = vision.ColorSpaceConverter;
% 设置系统对象属性
hcsc.Conversion = 'RGB to intensity'; % 将 RGB 空间转换成灰度空间
% 进行转换
i2 = step(hcsc, i1);
% 显示转换后的结果
figure
imshow(i2);
```

运行结果如图 6.2.3 所示。

(a) RGB空间中的图像　　(b) 灰度空间中的图像

图 6.2.3　例 6.2.1 的运行结果

6.2.3　基于 Blocks－Simulink 的仿真

在 MATLAB 中，还可以通过 Blocks－Simulink 来实现对图像进行色彩空间的转换，其原理如图 6.2.4 所示。其中，各功能模块及其路径如表 6.2－2 所列。

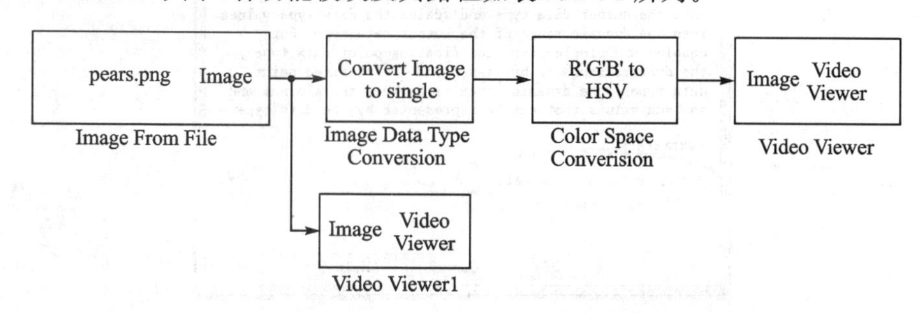

图 6.2.4　基于 Blocks－Simulink 进行图像色彩空间转换的原理图

表 6.2－2　各功能模块及其路径

功　能	名　称	路　径
读入图像	Image From File	Computer Vision System Toolbox/Sources
色彩空间转换	Color Space Conversion	Computer Vision System Toolbox/Conversions
图像数据转换	Image Data Type Conversion	Computer Vision System Toolbox/Conversions
观察输出结果	Video Viewer	Computer Vision System Toolbox/Sinks

对各模块的属性进行设置如下：

① 双击“Image From File”模块，如图 6.2.5 所示，将其输入图片设置为 pears.png。

② 双击“Image Data Type Conversion”模块，如图 6.2.6 所示，将其数据输出类型设置为 single(单精度型)。

③ 双击“Color Space Conversion”模块，如图 6.2.7 所示，将其设置为由 RGB 空间转换成 HSV 空间。

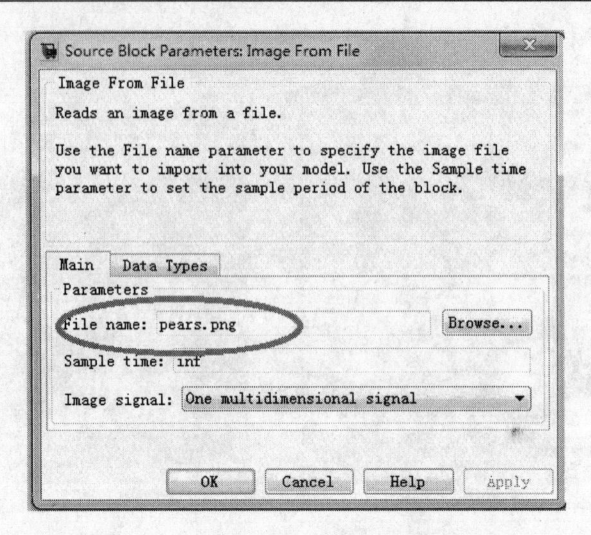

图 6.2.5 "Image From File"模块参数设置

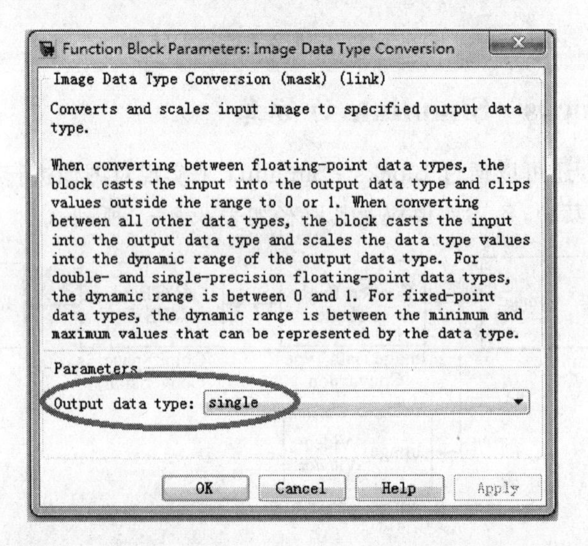

图 6.2.6 "Image Data Type Conversion"模块参数设置

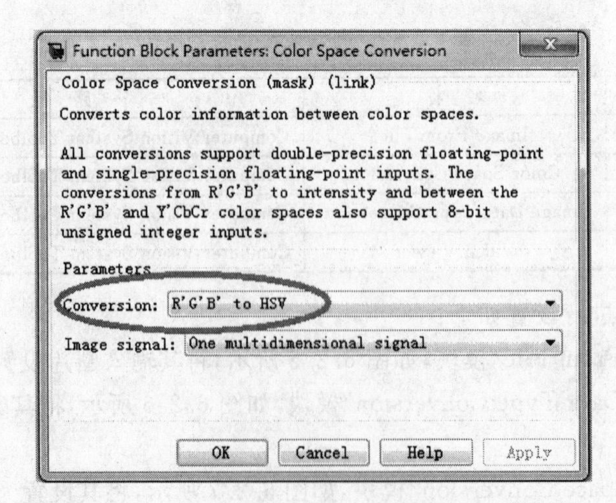

图 6.2.7 "Color Space Conversion"模块参数设置

运行结果如图 6.2.8 所示。

图 6.2.8　图 6.2.4 所示模型的运行结果

注意： 在使用"Color Space Conversion"时，如果将 Conversion 选项设置为 R'G'B' to Y'CbCr、Y'CbCr to R'G'B'、R'G'B' to intensity，其支持的数据为双精度型(double-precision)、单精度型(single-precision)、8 位无符号整型(uint8)；其余转换只支持双精度型(double-precision)和单精度型(single-precision)数据类型。

6.2.4　C/C++代码自动生成及运行效果

可将基于系统对象 vision.x 的 MATLAB 程序转换成 C/C++程序，并在 VS 2010 环境下运行，其步骤如下。

步骤 1： 新建一个 M 函数，其输入为待处理的图像矩阵 I，输出为色彩转换后的矩阵 J。

在编辑器窗口输入如下内容，并保存：

```
function J = ColorSpaceConverter2C(I)
  h = vision.ColorSpaceConverter;  % #codegen
  J = step(h, I);
```

在命令行窗口输入如下内容，其运行效果如图 6.2.9 所示。

```
I = ones(4,4,3);
J = ColorSpaceConverter2C(I)
```

步骤 2： 在命令行窗口输入 coder，建立一个名为 ColorSpaceConverter2C 的工程文件，并单击"添加文件"按钮，如图 6.2.10 所示，将 ColorSpaceConverter2C.m 函数导入。

步骤 3： 单击界面上的"Build"按钮，在 Output type 选项中选择 C/C++ Static Library，如图 6.2.11 所示。

步骤 4： 在该页面单击"More settings"，将 Language 设置成为"C++"，如图6.2.12所示。

步骤 5： 设置函数的输入类型。在本例中，将函数的输入类型设置为双精度的 4×4×3 矩阵，如图 6.2.13 所示。

步骤 6： 单击"编译"按钮，如图 6.2.14 所示，便可进行编译并生成可执行代码。

步骤 7： 单击 "View report"，便可以观察代码生成报告，如图 6.2.15 所示。

```
命令行窗口
>> I=ones(4,4,3);
J = ColorSpaceConverter2C(I)

J(:,:,1) =

    0.9216    0.9216    0.9216    0.9216
    0.9216    0.9216    0.9216    0.9216
    0.9216    0.9216    0.9216    0.9216
    0.9216    0.9216    0.9216    0.9216


J(:,:,2) =

    0.5020    0.5020    0.5020    0.5020
    0.5020    0.5020    0.5020    0.5020
    0.5020    0.5020    0.5020    0.5020
    0.5020    0.5020    0.5020    0.5020


J(:,:,3) =

    0.5020    0.5020    0.5020    0.5020
    0.5020    0.5020    0.5020    0.5020
    0.5020    0.5020    0.5020    0.5020
    0.5020    0.5020    0.5020    0.5020
```

图 6.2.9　所编写的 M 函数的运行效果

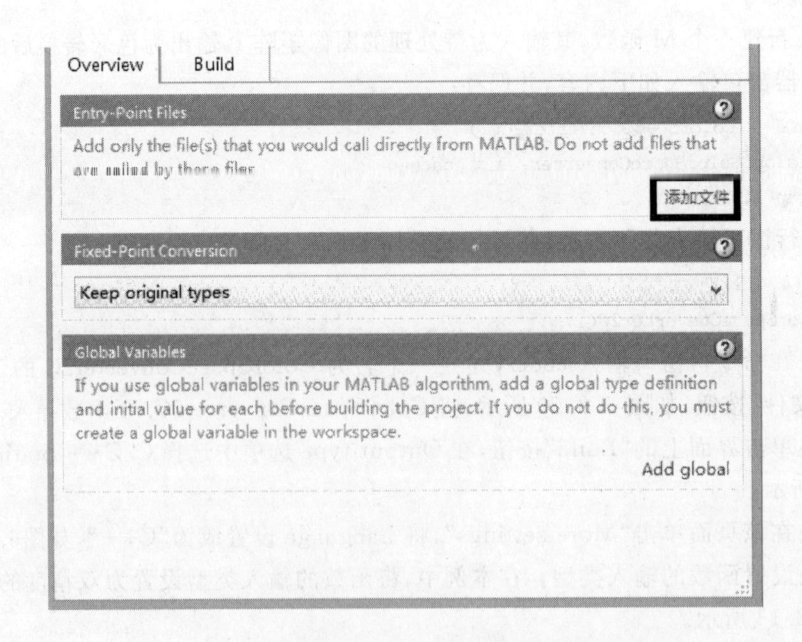

图 6.2.10　通过"添加文件"按钮导入相应的 M 函数

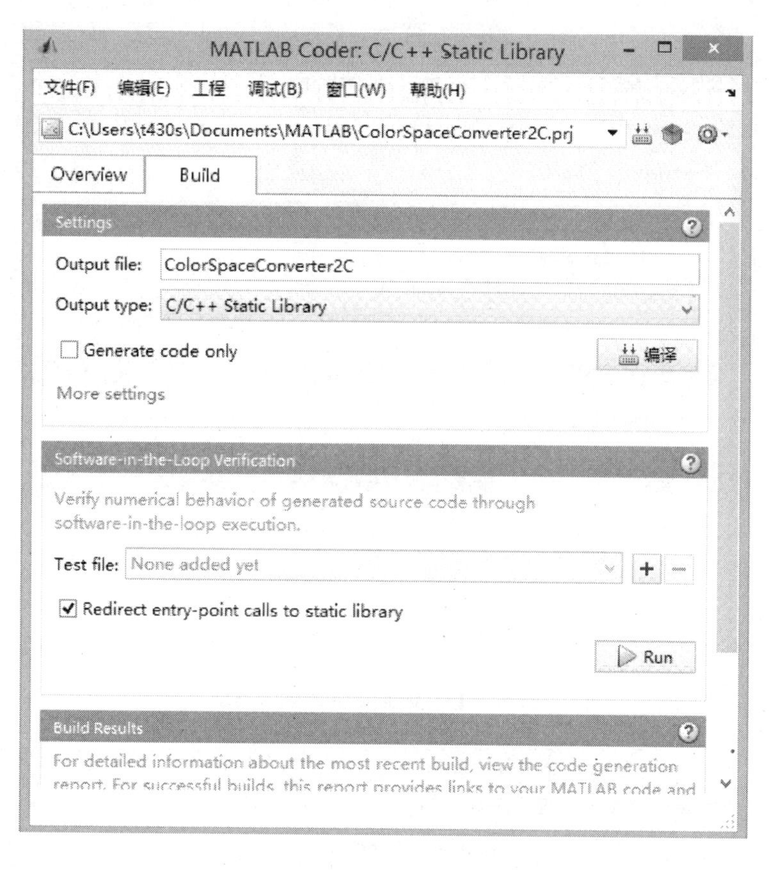

图 6.2.11　步骤 3 的运行效果

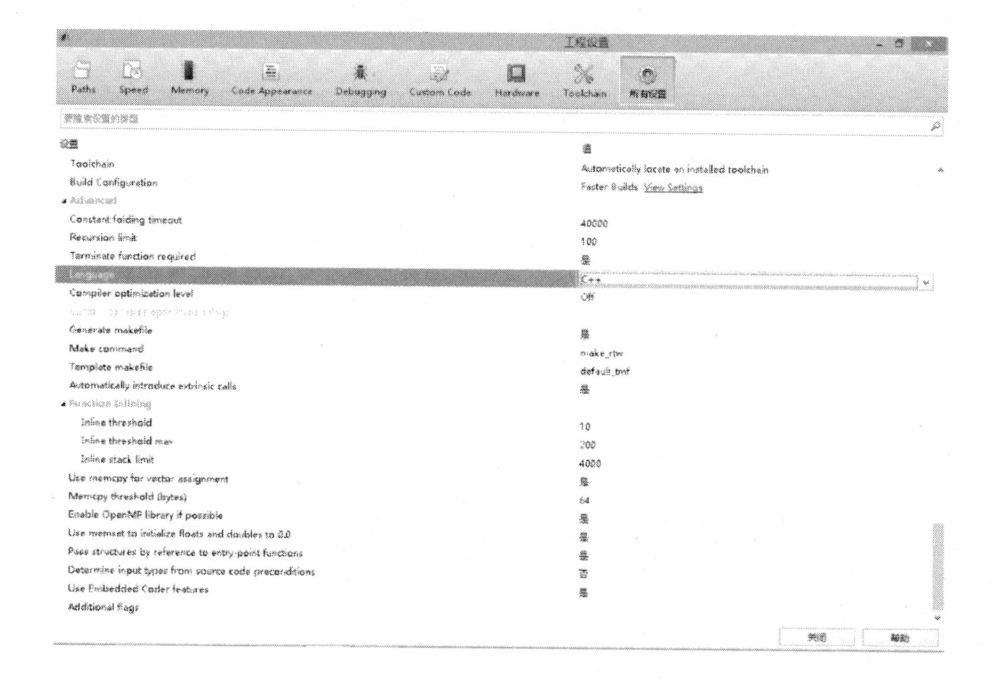

图 6.2.12　设置生成代码的类型

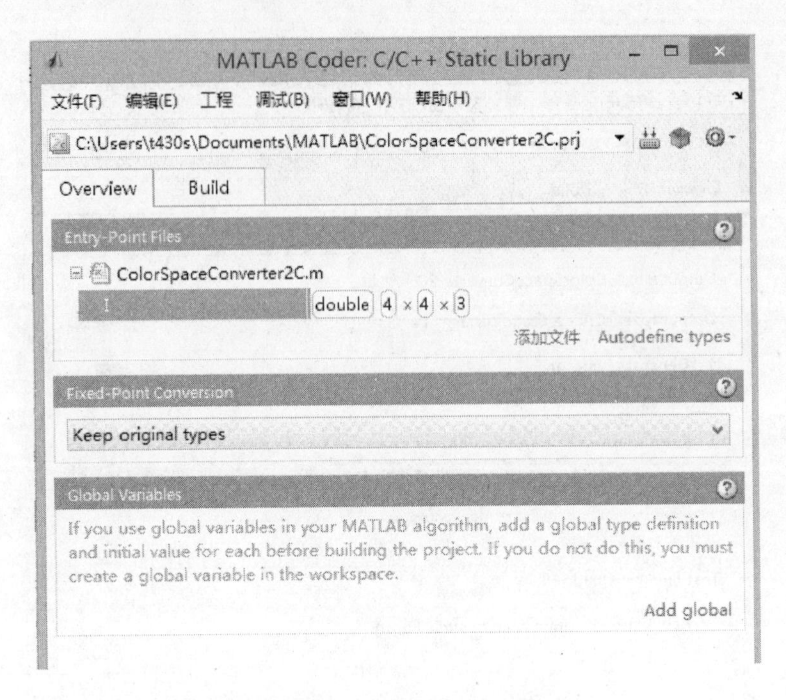

图 6.2.13 设置函数的输入类型

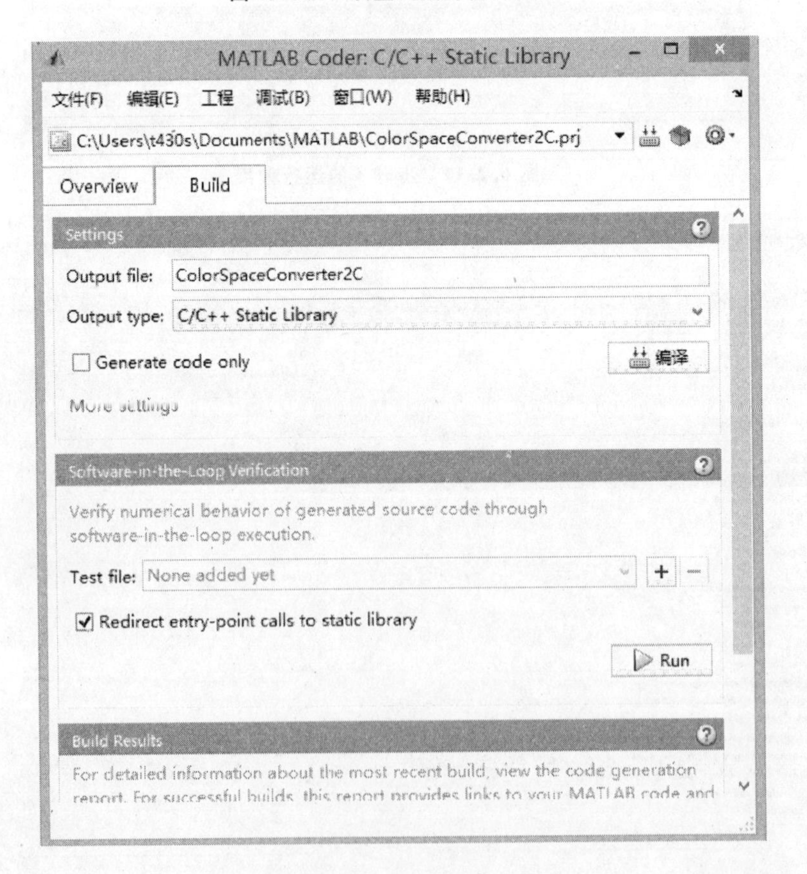

图 6.2.14 单击"编译"按钮进行编译

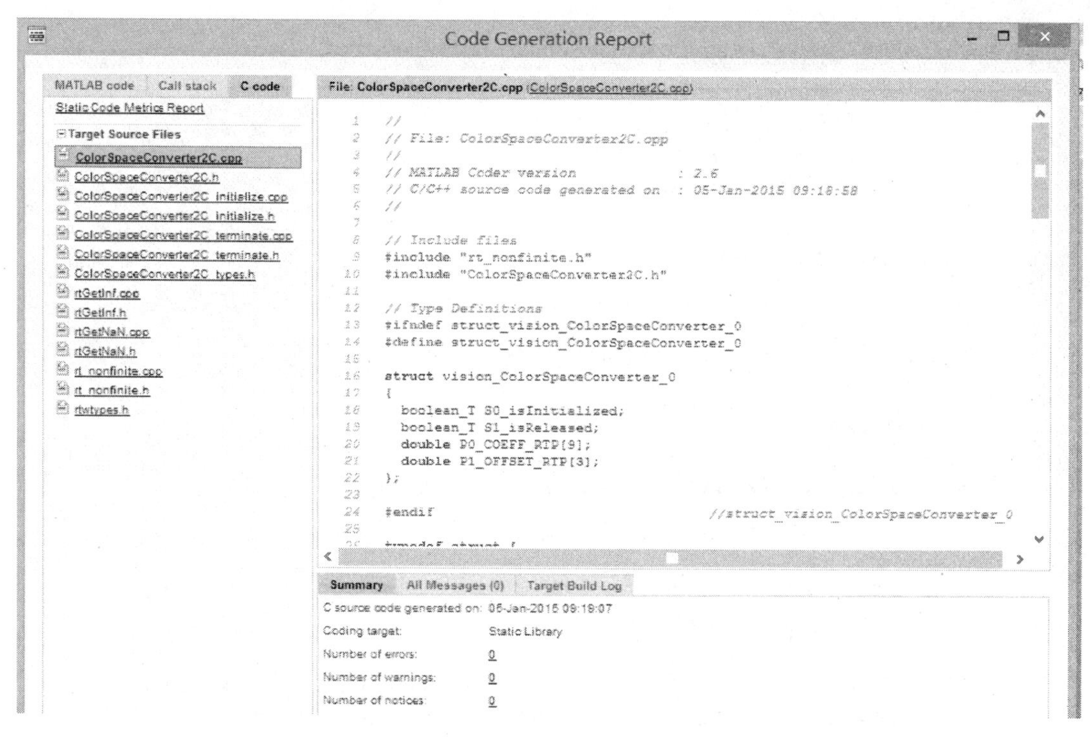

图 6.2.15　代码生成报告

所生成程序的核心代码为：

```
1   //
2   // File：ColorSpaceConverter2C.cpp
3   //
4   // MATLAB Coder version                    : 2.6
5   // C/C++ source code generated on         : 05 - Jan - 2015 09:18:58
6   //
7
8   // Include files
9   # include "rt_nonfinite.h"
10  # include "ColorSpaceConverter2C.h"
11
12  // Type Definitions
13  # ifndef struct_vision_ColorSpaceConverter_0
14  # define struct_vision_ColorSpaceConverter_0
15
16  struct vision_ColorSpaceConverter_0
17  {
18    boolean_T S0_isInitialized;
19    boolean_T S1_isReleased;
20    double P0_COEFF_RTP[9];
21    double P1_OFFSET_RTP[3];
22  };
23
24  # endif                                   //struct_vision_ColorSpaceConverter_0
25
```

```
26    typedef struct {
27      boolean_T matlabCodegenIsDeleted;
28      boolean_T isInitialized;
29      boolean_T isReleased;
30      vision_ColorSpaceConverter_0 cSFunObject;
31    } c_visioncodegen_ColorSpaceConve;
32
33    // Function Definitions
34
35    //
36    // Arguments       : const double I[48]
37    //                    double J[48]
38    // Return Type    : void
39    //
40    void ColorSpaceConverter2C(const double I[48], double J[48])
41    {
42      c_visioncodegen_ColorSpaceConve h;
43      c_visioncodegen_ColorSpaceConve *obj;
44      vision_ColorSpaceConverter_0 *b_obj;
45      int i;
46      static const double dv0[9] = { 0.25678823529411765, 0.50412941176470583,
47        0.097905882352941176, -0.1482229008985084, -0.29099278537600143,
48        0.4392156862745098, 0.4392156862745098, -0.3677883136136052,
49        -0.0714273726609046 };
50
51      static const double dv1[3] = { 0.062745098039215685, 0.50196078431372548,
52        0.50196078431372548 };
53
54      double cc1;
55      double cc2;
56      double cc3;
57      obj = &h;
58      obj->isInitialized = false;
59      obj->isReleased = false;
60      b_obj = &obj->cSFunObject;
61
62      // System object Constructor function: vision.ColorSpaceConverter
63      b_obj->S0_isInitialized = false;
64      b_obj->S1_isReleased = false;
65      for (i = 0; i < 9; i++) {
66        b_obj->P0_COEFF_RTP[i] = dv0[i];
67      }
68
69      for (i = 0; i < 3; i++) {
70        b_obj->P1_OFFSET_RTP[i] = dv1[i];
71      }
72
73      obj = &h;
74      if (!obj->isInitialized) {
```

```
75          obj->isInitialized = true;
76        }
77
78        b_obj = &obj->cSFunObject;
79
80        // System object Outputs function: vision.ColorSpaceConverter
81        for (i = 0; i < 16; i++) {
82          cc1 = ((b_obj->P1_OFFSET_RTP[0U] + I[i] * b_obj->P0_COEFF_RTP[0U]) + I[16 +
83                 i] * b_obj->P0_COEFF_RTP[1U]) + I[32 + i] * b_obj->P0_COEFF_RTP[2U];
84          cc2 = ((b_obj->P1_OFFSET_RTP[1U] + I[i] * b_obj->P0_COEFF_RTP[3U]) + I[16 +
85                 i] * b_obj->P0_COEFF_RTP[4U]) + I[32 + i] * b_obj->P0_COEFF_RTP[5U];
86          cc3 = ((b_obj->P1_OFFSET_RTP[2U] + I[i] * b_obj->P0_COEFF_RTP[6U]) + I[16 +
87                 i] * b_obj->P0_COEFF_RTP[7U]) + I[32 + i] * b_obj->P0_COEFF_RTP[8U];
88          J[i] = cc1;
89          J[16 + i] = cc2;
90          J[32 + i] = cc3;
91        }
92      }
93
94      //
95      // File trailer for ColorSpaceConverter2C.cpp
96      //
97      // [EOF]
98      //
```

通过分析上述代码，可以搞清楚函数的输入、输出类型，以方便后续调用。

步骤 8：在 VS 2010 软件环境下新建一个名为"ColorSpaceConversaterMC"的工程，如图 6.2.16 所示。

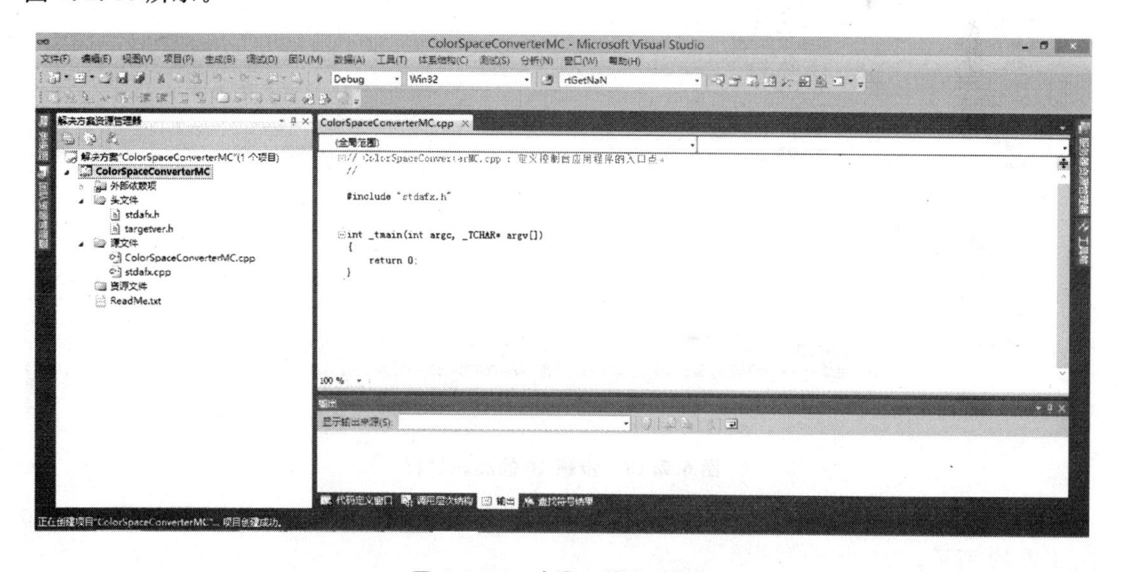

图 6.2.16 步骤 8 的实现效果

步骤 9：在所建立的工程左侧，单击右键，并选择"属性"，如图 6.2.17 所示。

步骤 10：单击 VC++目录，对右侧的包含目录进行设置，将所生成代码的路径包含进去，如图 6.2.18 所示。

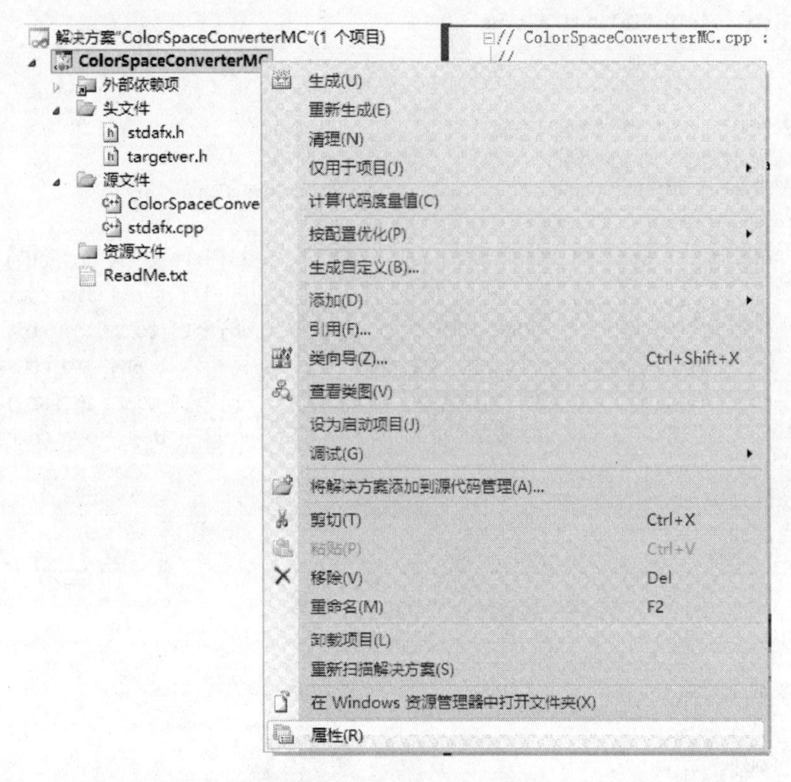

图 6.2.17　步骤 9 的实现效果

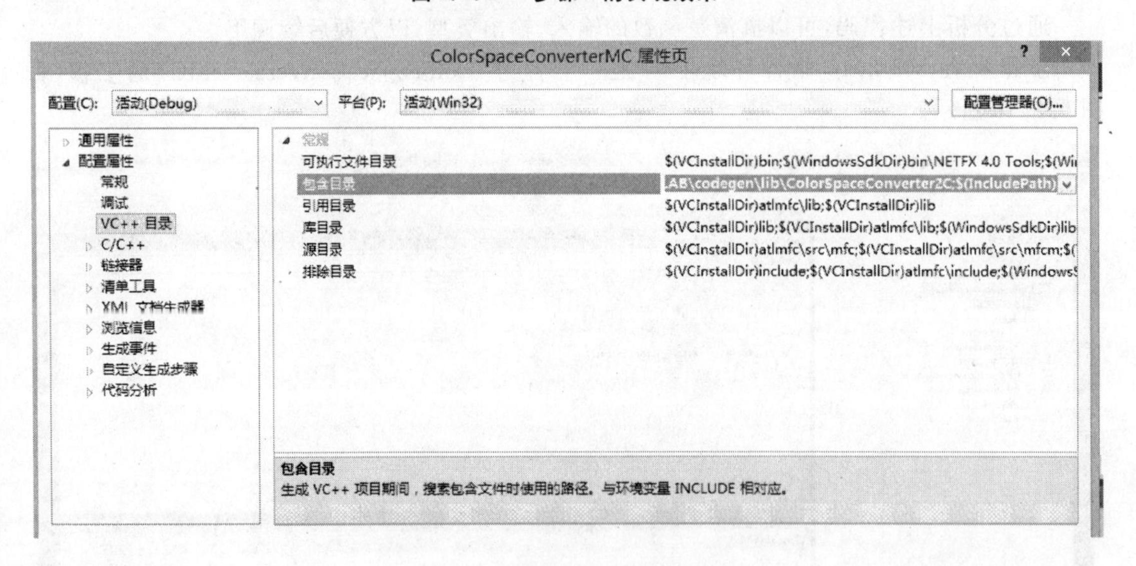

图 6.2.18　步骤 10 的实现过程

步骤 11:单击左侧的 C/C++,对“预编译头”进行设置,选择“不使用预编译头”,如图 6.2.19 所示。

步骤 12:添加自动生成的“头文件”和“源文件”。在本例中,完成添加后的效果如图 6.2.20 所示。

步骤 13:输入如下程序,并进行编译,编译后的效果如图 6.2.21 所示,运行效果如图 6.2.22 所示。

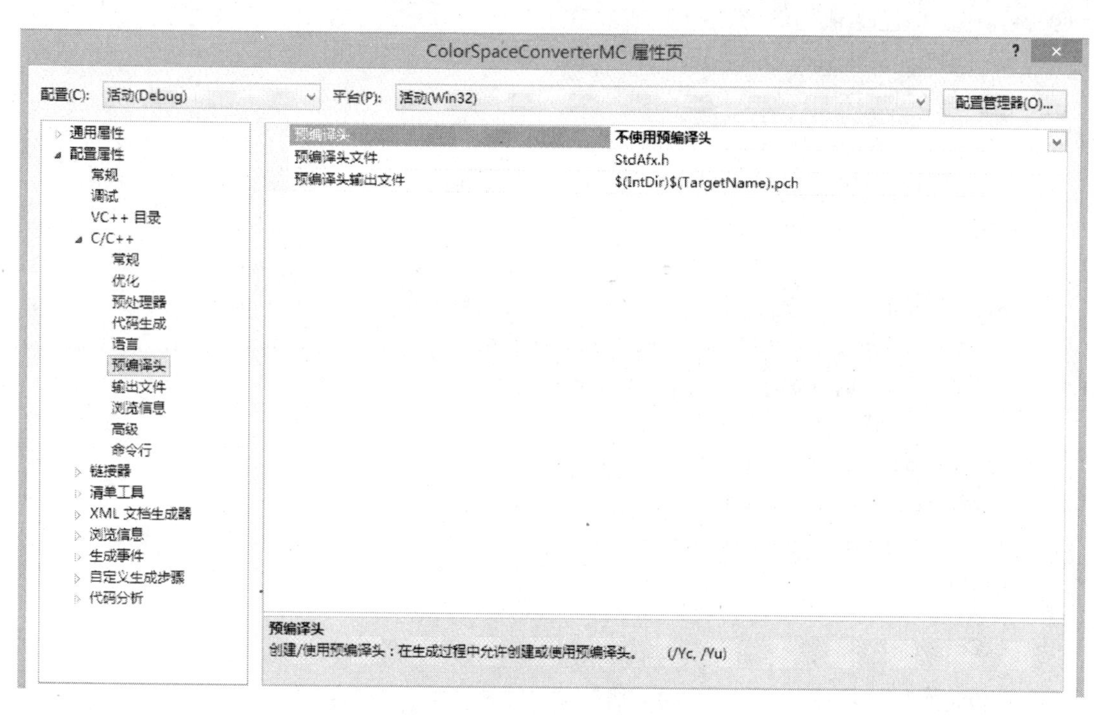

图 6.2.19　步骤 11 的实现过程

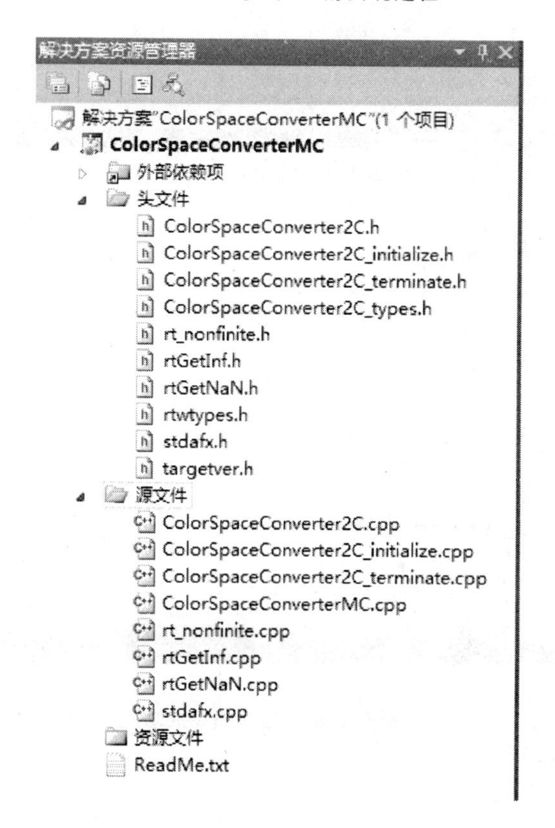

图 6.2.20　添加"头文件"和"源文件"后的效果

```
#include "stdafx.h"
#include "ColorSpaceConverter2C.h"
#include "math.h"
#include <iostream>
using namespace std;

int _tmain(int argc, _TCHAR * argv[])
{
    double a[48] = {1.0,1.0, 1.0, 1.0, 1.0, 1.0, 1.0, 1.0, 1.0, 1.0, 1.0, 1.0, 1.0, 1.0, 1.0,
1.0,1.0,1.0, 1.0, 1.0, 1.0, 1.0, 1.0, 1.0, 1.0, 1.0, 1.0, 1.0, 1.0, 1.0, 1.0, 1.0,1.0,1.0, 1.0, 1.0,
1.0, 1.0, 1.0, 1.0, 1.0, 1.0, 1.0, 1.0, 1.0, 1.0, 1.0, 1.0};
    double b[48] = {0.0};
    ColorSpaceConverter2C (a,b);
    for(int i = 0; i < 48; i++)
        std::cout << b[i] << std::endl;
    while(1)
    {
    }
    return 0;
}
```

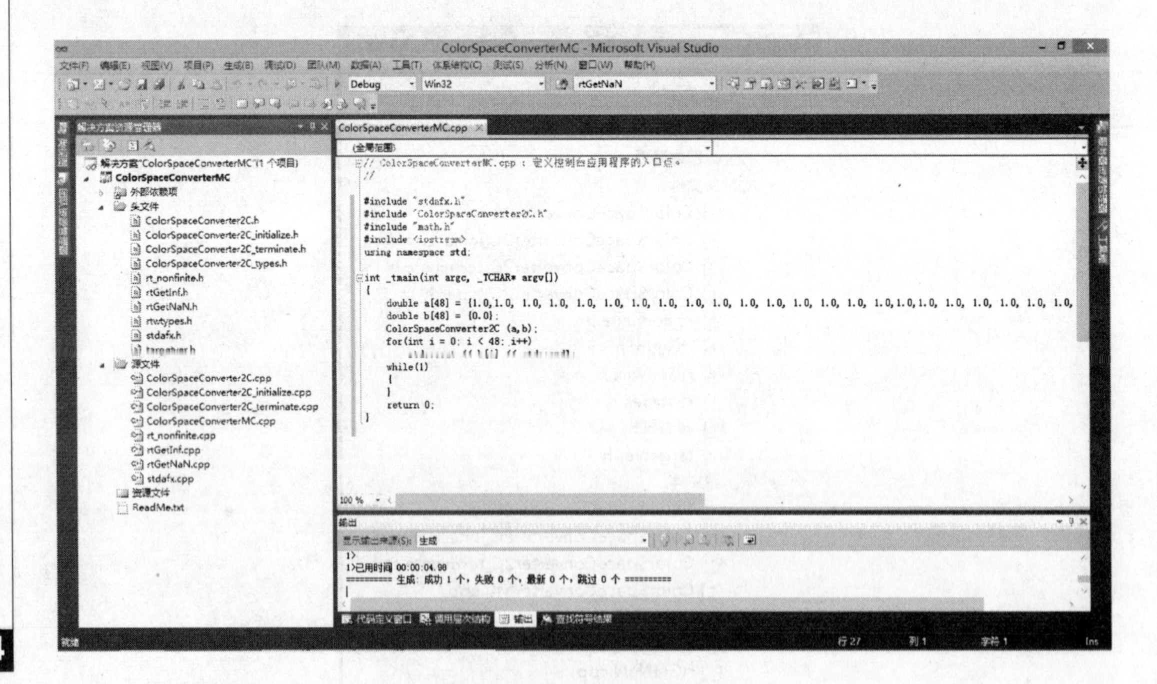

图 6.2.21 显示编译成功

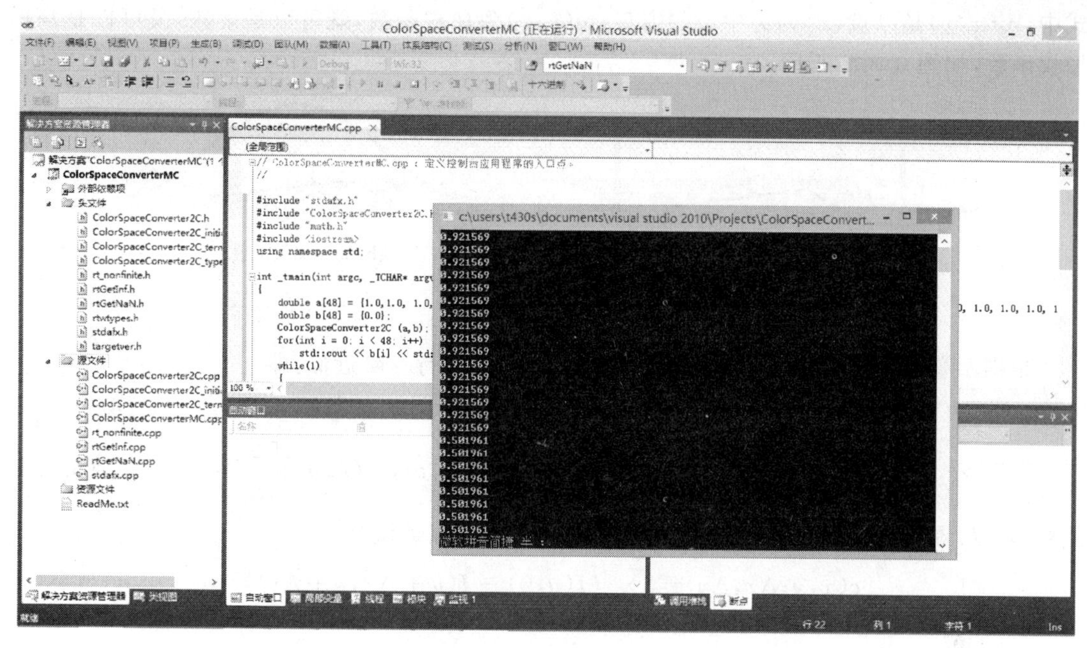

图 6.2.22　运行后的效果

6.3　图像的角点检测

6.3.1　角点检测的基本原理

人眼对角点的识别通常是通过在一个局部的小区域或小窗口完成的，如图 6.3.1(a)所示。如果在各个方向上，移动这个特定的小窗口，窗口内区域的灰度发生了较大的变化，我们就认为在窗口内遇到了角点，如图 6.3.1(b)所示。如果这个特定的窗口在图像各个方向上移动时，窗口内图像的灰度没有发生变化，那么窗口内就不存在角点，如图 6.3.1(c)所示。如果窗口在某一个(些)方向移动时，窗口内图像的灰度发生了较大的变化，而在另一些方向上没有发生变化，那么，窗口内的图像可能就是一条直线的线段，如图 6.3.1(d)所示。

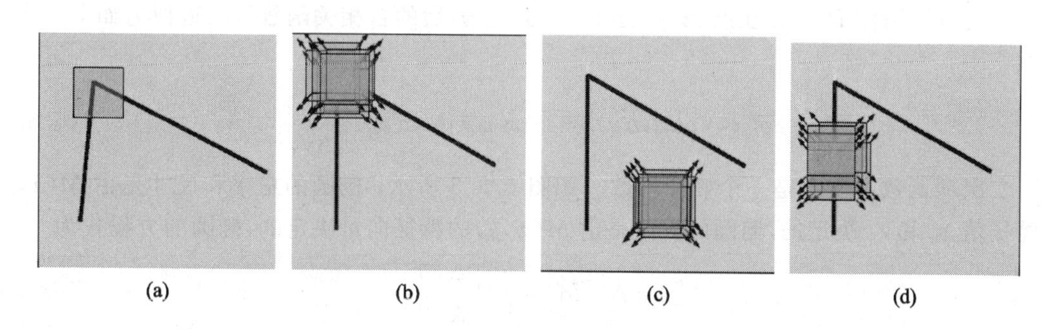

图 6.3.1　窗口、窗口的移动与角点检测

对于图像 $I(x,y)$，当在点 (x,y) 处平移 $(\Delta x,\Delta y)$ 后的自相似性可以通过自相关函数给出如下

$$c(x,y,\Delta x,\Delta y)=\sum_{(u,v)\in W(x,y)} w(u,v)(I(u,v)-I(u+\Delta x,v+\Delta y))^2 \qquad (6.3.1)$$

式中，$W(x,y)$是以点(x,y)为中心的窗口；$w(u,v)$为加权函数，既可以是常数，又可以是高斯加权函数，如图6.3.2所示。

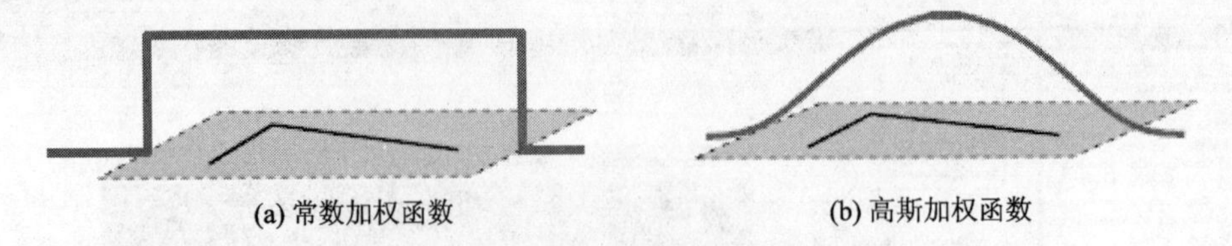

(a) 常数加权函数　　(b) 高斯加权函数

图6.3.2　加权函数

根据泰勒展开，对图像$I(x,y)$在平移$(\Delta x,\Delta y)$后进行一阶近似，即

$$I(u+\Delta x,v+\Delta y)\approx I(u,v)+I_x(u,v)\Delta x+I_y(u,v)\Delta y$$

$$=I(u,v)+[I_x(u,v),I_y(u,v)]\begin{bmatrix}\Delta x\\ \Delta y\end{bmatrix} \tag{6.3.2}$$

式中，I_x、I_y是图像$I(x,y)$的偏导数。这样，(6.3.1)可以近似为

$$c(x,y;\Delta x,\Delta y)=\sum_w (I(u,v)-I(u+\Delta x,v+\Delta y))^2$$

$$\approx\sum_w \left([I_x(u,v)\ I_y(u,v)]\begin{bmatrix}\Delta x\\ \Delta y\end{bmatrix}\right)^2$$

$$=[\Delta x\ \Delta y]\boldsymbol{M}(x,y)\begin{bmatrix}\Delta x\\ \Delta y\end{bmatrix} \tag{6.3.3}$$

其中

$$\boldsymbol{M}(x,y)=\sum_w\begin{bmatrix}I_x(u,v)^2 & I_x(u,v)I_y(u,v)\\ I_x(u,v)I_y(u,v) & I_y(u,v)^2\end{bmatrix}$$

$$=\begin{bmatrix}\sum_w I_x(u,v)^2 & \sum_w I_x(u,v)I_y(u,v)\\ \sum_w I_x(u,v)I_y(u,v) & \sum_w I_y(u,v)^2\end{bmatrix}$$

$$=\begin{bmatrix}A & C\\ C & B\end{bmatrix} \tag{6.3.4}$$

也就是说图像$I(x,y)$在点(x,y)处平移$(\Delta x,\Delta y)$后的自相关函数可以近似为如下二次项函数

$$c(x,y;\Delta x,\Delta y)\approx[\Delta x\ \Delta y]\boldsymbol{M}(x,y)\begin{bmatrix}\Delta x\\ \Delta y\end{bmatrix} \tag{6.3.5}$$

二次项函数本质上是一个椭圆函数。如图6.3.3所示，椭圆的扁率和尺寸是由$\boldsymbol{M}(x,y)$的特征值λ_1和λ_2决定的，椭圆的方向是由$\boldsymbol{M}(x,y)$的特征向量决定的，椭圆的方程式为

$$[\Delta x\ \Delta y]\boldsymbol{M}(x,y)\begin{bmatrix}\Delta x\\ \Delta y\end{bmatrix}=1 \tag{6.3.6}$$

二次项函数的特征值与图像中的角点、直线(边缘)和平面之间的关系如图6.3.4所示，可分为三种情况：

① 图像中的直线。一个特征值大，另一个特征值小，即$\lambda_1\gg\lambda_2$或$\lambda_1\ll\lambda_2$。自相关函数值在某一方向上大，在其他方向上小。

② 图像中的平面。两个特征值都小，且近似相等；自相关函数值在各个方向上都小。

③ 图像中的角点。两个特征值都大，且近似相等，自相关函数在所有方向上都增大。

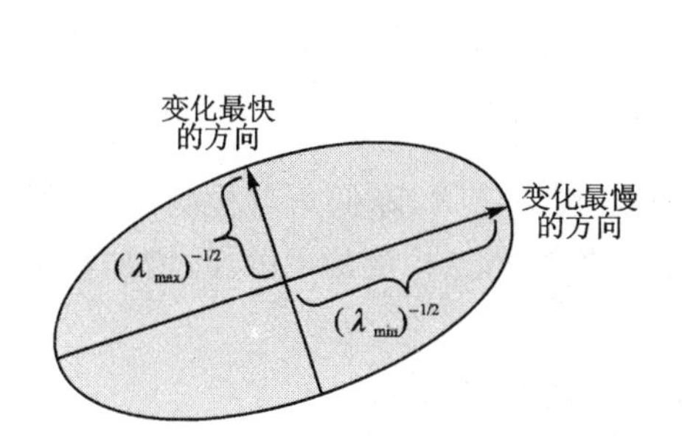

图 6.3.3 二次项特征值与椭圆变化的关系

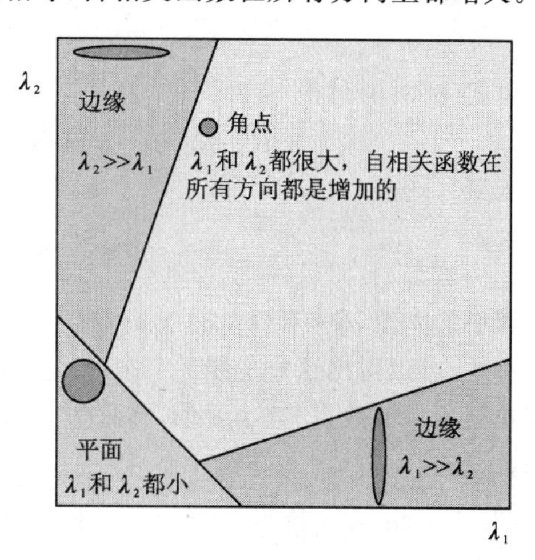

图 6.3.4 特征值与图像中点线面之间的关系

根据二次项函数特征值的计算方法，可以求式(6.3.4)的特征值。但是 Harris 给出的角点判别方法并不需要计算具体的特征值，而是通过计算一个角点响应值 R 来判断角点。R 的计算公式为

$$R = \det\boldsymbol{M} - \alpha\,(\mathrm{tr}\,\boldsymbol{M})^2 \tag{6.3.7}$$

式中，$\det\boldsymbol{M}$ 为矩阵 $\boldsymbol{M}(x,y)=\begin{bmatrix} A & B \\ B & C \end{bmatrix}$ 的行列式；$\mathrm{tr}\,\boldsymbol{M}$ 为矩阵 $\boldsymbol{M}$ 的迹；α 为经验常数，取值范围 0.04～0.06。事实上，特征值是隐含在 $\det\boldsymbol{M}$ 和 $\mathrm{tr}\,\boldsymbol{M}$ 中，因为

$$\begin{aligned} \det\boldsymbol{M} &= \lambda_1\lambda_2 = AC - B^2 \\ \mathrm{tr}\,\boldsymbol{M} &= \lambda_1 + \lambda_2 = A + C \end{aligned} \tag{6.3.8}$$

根据上述讨论，可以将图像 Harris 角点的检测算法实现步骤归纳如下。

① 计算图像 $I(x,y)$ 在 x 和 y 两个方向的梯度 I_x、I_y，即

$$I_x = \frac{\partial I}{\partial x} = I \otimes (-1\ 0\ 1)\ ,\ I_y = \frac{\partial I}{\partial y} = I \otimes (-1\ 0\ 1)^{\mathrm{T}}$$

② 计算图像两个方向梯度的乘积

$$I_x^2 = I_x \cdot I_x\ I_y^2 = I_y \cdot I_y\ I_{xy} = I_x \cdot I_y$$

③ 使用高斯函数对 I_x^2、I_y^2 和 I_{xy} 进行高斯加权，生成矩阵 $\boldsymbol{M}$ 的元素 A、B、C。

$$A = g(I_x^2) = I_x^2 \otimes w \qquad B = g(I_y^2) = I_y^2 \otimes w \qquad C = g(I_{xy}) = I_{xy} \otimes w$$

④ 计算每个像元的 Harris 响应值 R，并对小于某一阈值 $\boldsymbol{M}$ 的 R 置为零

$$R = \{R: \det\boldsymbol{M} - \alpha\,(\mathrm{tr}\,\boldsymbol{M})^2 < t\} \quad R < \boldsymbol{M}, R = 0$$

⑤ 在 3×3 或 5×5 的邻域内进行非极大值抑制，局部极大值点即为图像中的角点。

Harris 角点具有如下性质：

(1) 参数 α 对角点检测的影响

假设已经得到了式(6.3.4)所示矩阵 $\boldsymbol{M}$ 的特征值 $\lambda_1 \geqslant \lambda_2 \geqslant 0$，令 $\lambda_1=\lambda$，$\lambda_2=k\lambda$，$0\leqslant k\leqslant 1$。由特征值与矩阵 $\boldsymbol{M}$ 的迹和行列式的关系可得

$$\det \boldsymbol{M} = \prod_i \lambda_i \qquad (6.3.9)$$
$$\operatorname{tr} \boldsymbol{M} = \sum_i \lambda_i$$

由式(6.3.9)可得

$$R = \lambda_1\lambda_2 - \alpha(\lambda_1 + \lambda_2)^2 = \lambda^2(k - \alpha(1+k)^2) \qquad (6.3.10)$$

假设 $R \geqslant 0$,则有

$$0 \leqslant \alpha \leqslant \frac{k}{(1+k)^2} \leqslant 0.25$$

对于较小的 k 值,$R \approx \lambda^2(k-\alpha)$,$\alpha < k$。

由此,可以得出这样的结论:增大 α 值,将减小角点响应值 R,降低角点检测的灵敏性,减少被检测角点的数量;减小 α 值,将增大角点响应值 R,增加角点检测的灵敏性,增加被检测角点的数量。

(2) Harris 角点检测算子对亮度和对比度的变化不敏感

Harris 角点检测算子对图像亮度和对比度的变化不敏感,如图 6.3.5 所示。这是因为在进行 Harris 角点检测时,使用了微分算子对图像进行微分运算,而微分运算对图像密度的拉升或收缩和对亮度的抬高或下降不敏感。换言之,对亮度和对比度的仿射变换并不改变 Harris 响应的极值点出现的位置。但是,由于阈值的选择,可能会影响检测角点的数量。

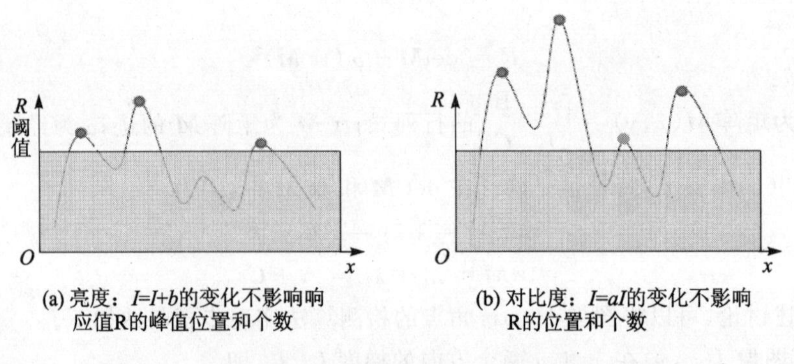

图 6.3.5 亮度和对比度的变化对 Harris 检测算子的影响

(3) Harris 角点检测算子具有旋转不变性

Harris 角点检测算子使用的是角点附近区域灰度二阶矩矩阵。而二阶矩矩阵可以表示成一个椭圆,椭圆的长短轴正是二阶矩矩阵特征值平方根的倒数值。如图 6.3.6 所示,当特征椭圆转动时,特征值并不发生变化,判断角点的响应值 R 也不发生变化。所以,说明 Harris 角点检测算子具有旋转不变性。

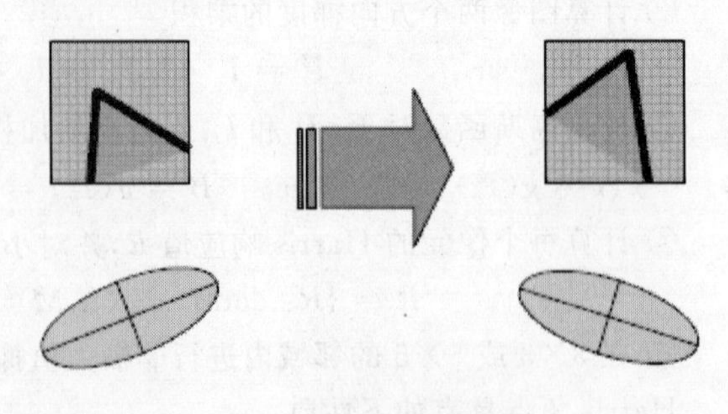

图 6.3.6 角点与特征椭圆

(4) Harris 角点检测算子不具有尺度不变性

如图 6.3.7 所示,当右图被缩小时,在检测窗口尺寸不变的前提下,窗口内所包含图像的内容是完全不同的。左侧的图像可能被检测为边缘或曲线,而右侧的图像则可能被检测为一

个角点。

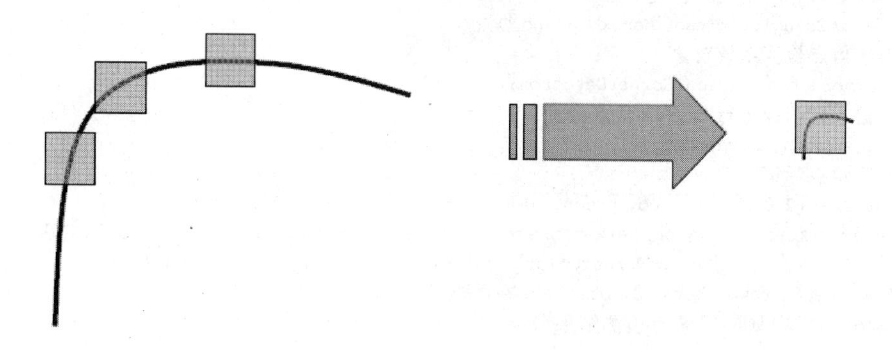

图 6.3.7　尺度的变化对 Harris 角点检测算子的影响

6.3.2　基于 System Object 的仿真

在 MATLAB 中，调用计算机视觉工具箱中的 vision. CornerDetector 可实现对输入灰度图像的角点检测。

vision. CornerDetector 的具体使用方法如下：

vision.CornerDetector

功能：对输入的灰度图像进行角点检测。

语法：A = step(vision.CornerDetector,Img);

其中：Img 为灰度图像；A 是角点位置矩阵。

属性：

Method：角点检测算法设置，可以将其设置为 'Harris corner detection'、'Minimum eigenvalue' 或者 Local intensity comparison'，默认值为 ' Harris corner detection'。

Sensitivity：角点检测敏感因子，只有将 Method 属性设置为 ' Harris corner detection' 时，Sensitivity 属性才可调，角点检测敏感因子的取值范围为：0<k<0.25，默认值为 0.01。

SmoothingFilterCoefficients：平滑滤波器系数。

CornerLocationOutputPort：该属性的功能为角点位置输出使能；当该属性设置为 true 时，输出角点的位置矩阵；其默认值为 true。

MetricMatrixOutputPort：该属性的功能为角点相应输出使能；当该属性设置为 true 时，输出角点的响应值矩阵；其默认值为 false；CornerLocationOutputPort 属性与 MetricMatrixOutputPort 不能同时设置为 false。

MaximumCornerCount：检测角点数量的最大值；当 CornerLocationOutputPort 属性设置为 true 时，MaximumCornerCount 属性才有效；该属性的默认值为 200。

CornerThreshold：角点判别阈值，只有大于该阈值时，才被认为是角点；当 CornerLocationOutputPort 属性设置为 true 时，CornerThreshold 属性才有效。

NeighborhoodSize：邻域大小设置。当 CornerLocationOutputPort 属性设置为 true 时，NeighborhoodSize 才有效。该属性的默认值为[11 11]。

【例 6.3.1】　说明 vision. CornerDetector 的具体使用方法

程序如下：

```
% 读入图像并转换成单精度型
  I = im2single(imread('hongkong.jpg'));
% 创建角点检测系统对象
  hcornerdet = vision.CornerDetector;
% 对输入的图像进行 Harris 角点检测
  pts = step(hcornerdet, I);
% 设置角点标记
  color = [1 0 0]; % [red, green, blue]  % 将标志点的颜色设置为红色
  hdrawmarkers = vision.MarkerInserter('Shape', 'Circle', 'Size', 10, 'BorderColor', 'Custom',
                 'CustomBorderColor', color);   % 创建用于标记的系统对象
  J = step(hdrawmarkers, J, pts); % 在图像上标注角点
  imshow(J); title ('角点检测结果');
```

运行结果如图 6.3.8 所示。

图 6.3.8 例 6.3.1 的运行结果

6.3.3 基于 Blocks - Simulink 的仿真

在 MATLAB 中,还可以通过 Blocks - Simulink 来实现对图像进行角点检测,其原理图如图 6.3.9 所示。其中,各功能模块及其路径如表 6.3-1 所列。

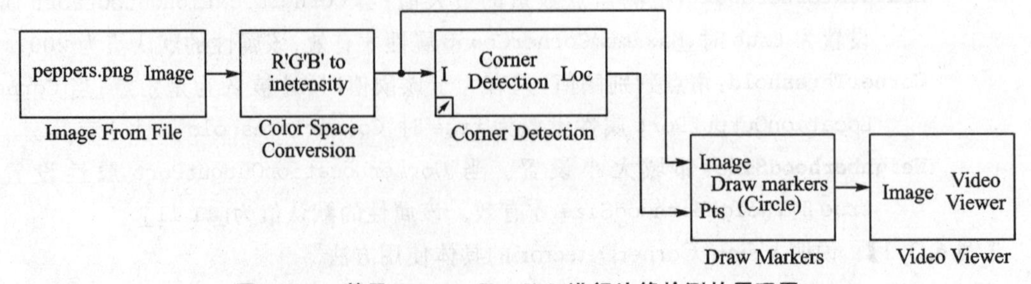

图 6.3.9 基于 Blocks - Simulink 进行边缘检测的原理图

表 6.3-1　各功能模块及其路径

功　能	名　称	路　径
读入图像	Image From File	Computer Vision System Toolbox/Sources
色彩空间转换	Color Space Conversion	Computer Vision System Toolbox/Conversions
角点检测	Corner Detection	Computer Vision System Toolbox/Analysis&Enhancement
绘制标记	Draw Markers	Computer Vision System Toolbox/Draw Markers
观察输出结果	Video Viewer	Computer Vision System ToolBox/Sinks

对各模块的属性进行设置如下：

① 双击“Image From File”模块，将其参数设置为如图 6.3.10 所示的参数。

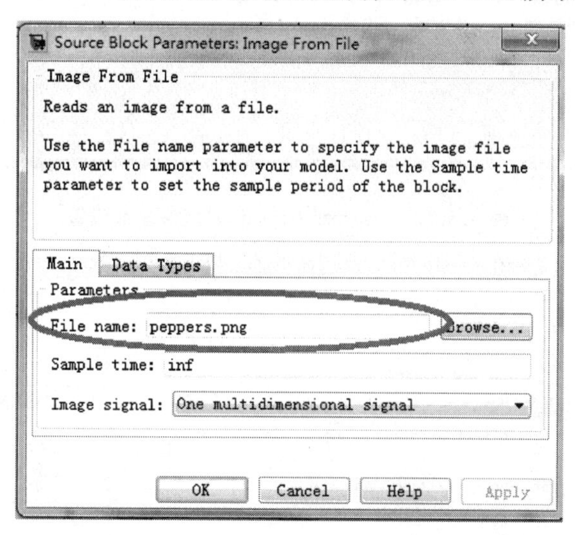

图 6.3.10　“Image From File”模块参数设置

② 双击“Color Space Conversion”模块，将其参数设置为如图 6.3.11 所示的参数。

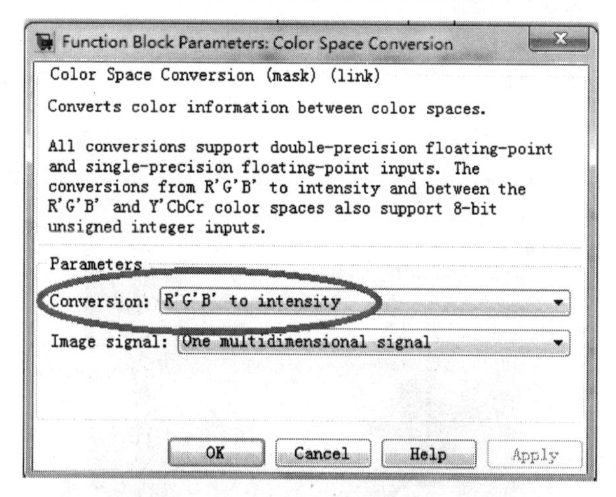

图 6.3.11　“Color Space Conversion”模块参数设置

③ 双击“Corner Detection”模块，将其参数设置为如图 6.3.12 所示的参数。

右击“Corner Detection”模块，单击“Look Under Mask”选项，进入“Corner Detection”内部界面时，单击“Simulation”下的“Configuration Parameters”选项，进行如图 6.3.13 所示的设置。

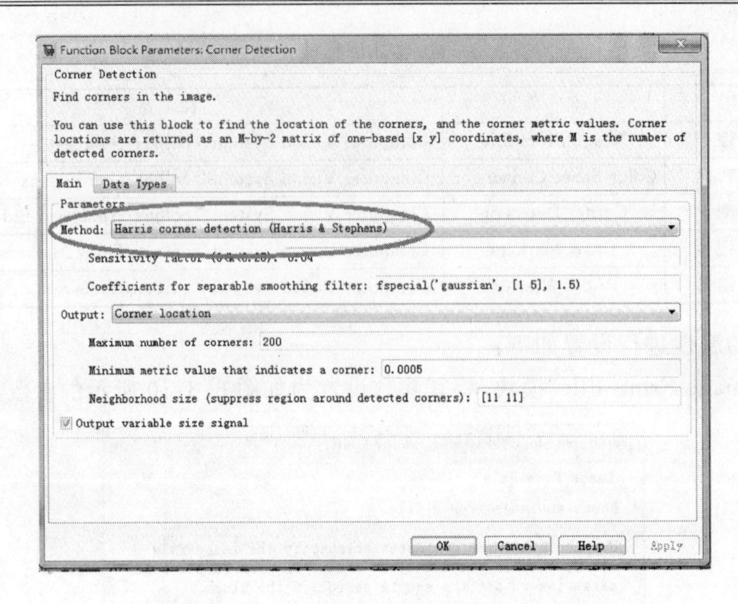

图 6.3.12 “Corner Detection”模块参数设置

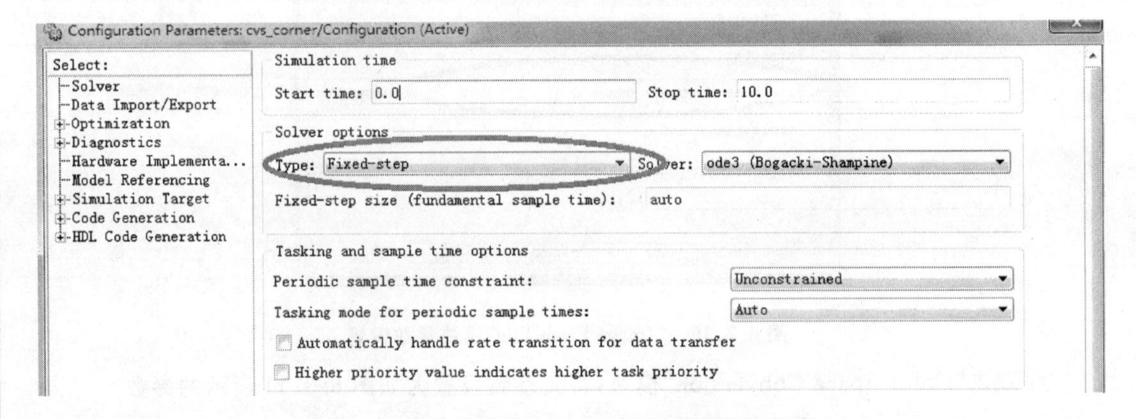

图 6.3.13 “Configuration Parameters”模块参数设置

运行结果如图 6.3.14 所示。

图 6.3.14 所示模型的运行结果

6.3.4　C/C++代码自动生成及运行效果

可将基于系统对象 vision.x 的 MATLAB 程序转换成 C/C++程序，并在 VS 2010 环境下运行，其步骤如下。

步骤 1：新建一个 M 函数，其输入为待处理的图像矩阵 ***I***，输出为 ***Harris*** 角点矩阵 ***J***。

在编辑器窗口输入如下内容，并保存：

```
function J = Harris2C(I)
h = vision.CornerDetector    % #codegen
J = step(h, I);
```

步骤 2：在命令行窗口输入 coder，建立一个名为 ColorSpaceConverter2C 的工程文件，并单击“添加文件”按钮，如图 6.3.15 所示，将 ColorSpaceConverter2C.m 函数导入。

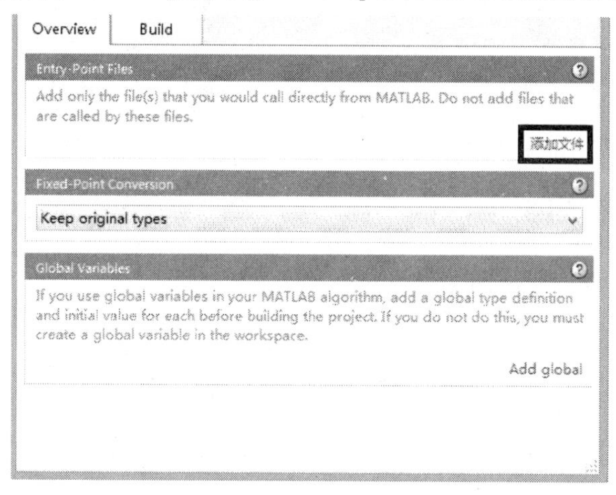

图 6.3.15　通过“添加文件”按钮导入相应的 M 函数

步骤 3：单击界面上的“Build”按钮，在 Output type 选项中选择 C/C++ Static Library，如图 6.3.16 所示。

图 6.3.16　步骤 3 的运行效果

步骤 4:在该页面单击“More settings”,将 Language 设置成为“C++”,如图 6.3.17 所示。

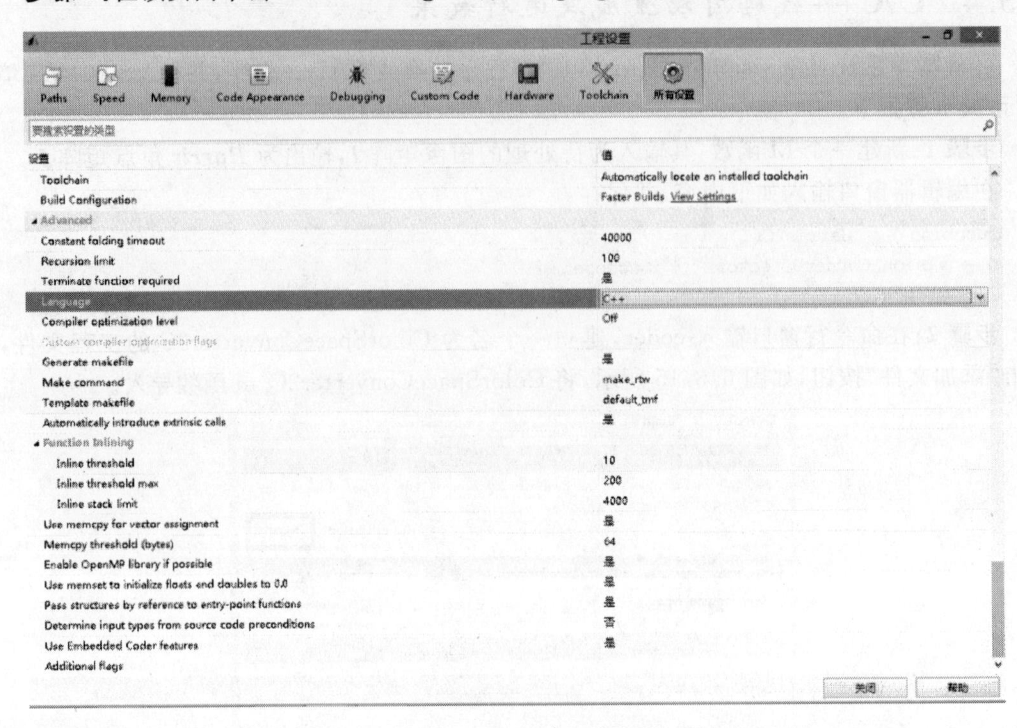

图 6.3.17　设置生成代码的类型

步骤 5:设置函数的输入类型。在本例中,将函数的输入类型设置为双精度的 13×13 矩阵,如图 6.3.18 所示。

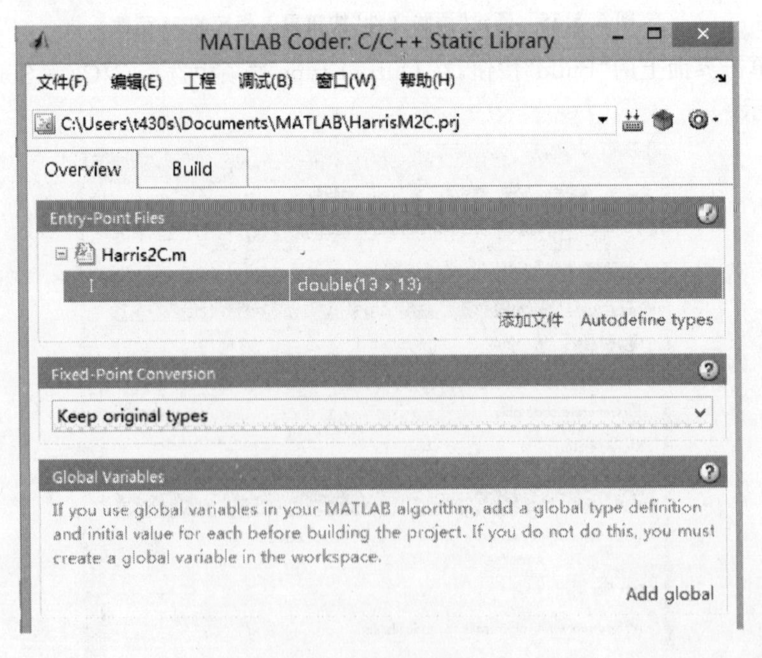

图 6.3.18　设置函数的输入类型

步骤 6:单击“编译”按钮,如图 6.3.19 所示,便可进行编译并生成可执行代码。

图 6.3.19　单击"编译"按钮进行编译

步骤 7:单击 "View report",便可以观察代码生成报告,如图 6.3.20 所示。

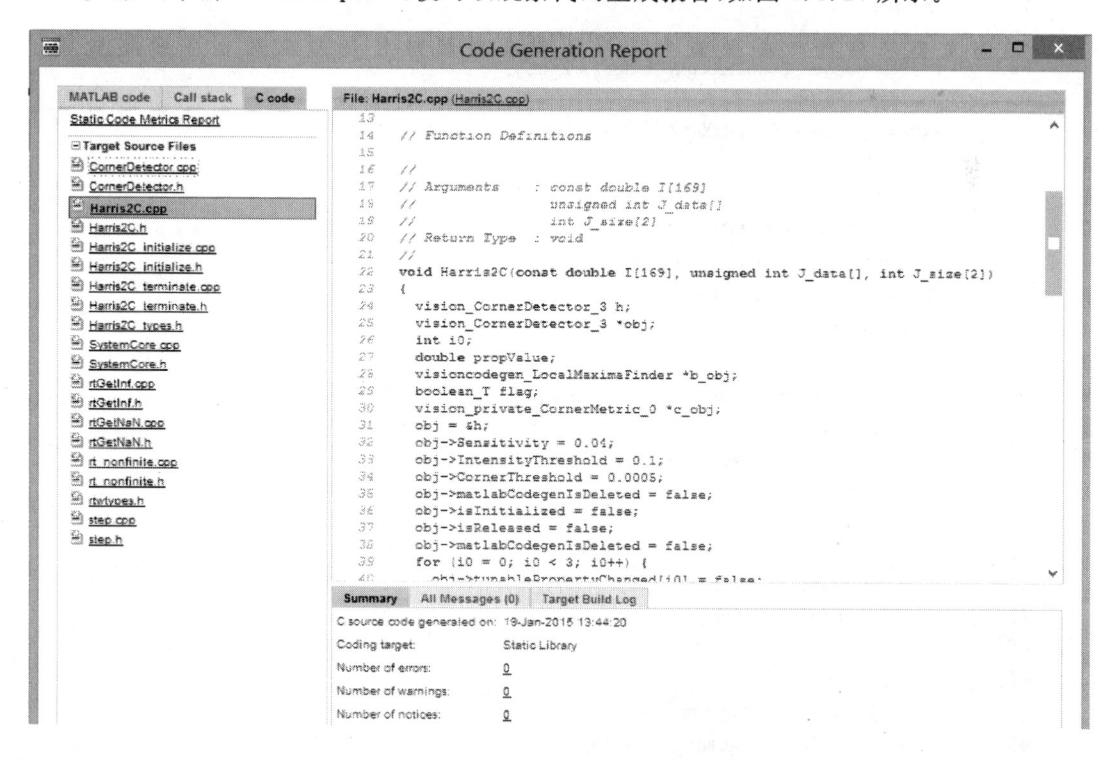

图 6.3.20　代码生成报告

所生成程序的核心代码为:

```
1   //
2   // File: Harris2C.cpp
3   //
4   // MATLAB Coder version             : 2.6
5   // C/C++ source code generated on   : 19-Jan-2015 13:43:46
6   //
7
8   // Include files
9   #include "rt_nonfinite.h"
10  #include "Harris2C.h"
11  #include "CornerDetector.h"
12  #include "SystemCore.h"
13
14  // Function Definitions
15
16  //
17  // Arguments    : const double I[169]
18  //                unsigned int J_data[]
19  //                int J_size[2]
20  // Return Type  : void
21  //
22  void Harris2C(const double I[169], unsigned int J_data[], int J_size[2])
23  {
24    vision_CornerDetector_3 h;
25    vision_CornerDetector_3 *obj;
26    int i0;
27    double propValue;
28    visioncodegen_LocalMaximaFinder *b_obj;
29    boolean_T flag;
30    vision_private_CornerMetric_0 *c_obj;
31    obj = &h;
32    obj->Sensitivity = 0.04;
33    obj->IntensityThreshold = 0.1;
34    obj->CornerThreshold = 0.0005;
35    obj->matlabCodegenIsDeleted = false;
36    obj->isInitialized = false;
37    obj->isReleased = false;
38    obj->matlabCodegenIsDeleted = false;
39    for (i0 = 0; i0 < 3; i0++) {
40      obj->tunablePropertyChanged[i0] = false;
41    }
42
43    obj = &h;
44    if (!obj->isInitialized) {
45      SystemCore_setup(obj);
46    }
47
48    if (obj->TunablePropsChanged) {
49      obj->TunablePropsChanged = false;
50      propValue = obj->Sensitivity;
51      obj->cCornerMetric.P3_FACTOR_RTP = propValue;
52      propValue = obj->CornerThreshold;
```

```
53        obj->cCornerMetric.P4_THRMETRIC_RTP = propValue;
54        b_obj = &obj->cFindLocalMaxima;
55        propValue = obj->CornerThreshold;
56        b_obj->cSFunObject.P1_THRESHOLD_RTP = propValue;
57        if (b_obj->isInitialized && (!b_obj->isReleased)) {
58          flag = true;
59        } else {
60          flag = false;
61        }
62
63        if (flag) {
64          b_obj->TunablePropsChanged = true;
65          b_obj->tunablePropertyChanged = true;
66        }
67
68        for (i0 = 0; i0 < 3; i0++) {
69          obj->tunablePropertyChanged[i0] = false;
70        }
71      }
72
73      CornerDetector_stepImpl(obj, I, J_data, J_size);
74      obj = &h;
75      if (!obj->matlabCodegenIsDeleted) {
76        obj->matlabCodegenIsDeleted = true;
77      }
78
79      b_obj = &h.cFindLocalMaxima;
80      if (!b_obj->matlabCodegenIsDeleted) {
81        b_obj->matlabCodegenIsDeleted = true;
82      }
83
84      c_obj = &h.cCornerMetric;
85
86      // System object Destructor function: vision.private.CornerMetric
87      if (c_obj->S0_isInitialized) {
88        c_obj->S0_isInitialized = false;
89        if (!c_obj->S1_isReleased) {
90          c_obj->S1_isReleased = true;
91        }
92      }
93    }
94
95    //
96    // File trailer for Harris2C.cpp
97    //
98    // [EOF]
99    //
100
```

通过分析上述代码，可以搞清楚函数的输入、输出类型，以方便在后续调用。

步骤8：在 VS 2010 软件环境下新建一个名为“HarrisMC”的工程，如图 6.3.21 所示。

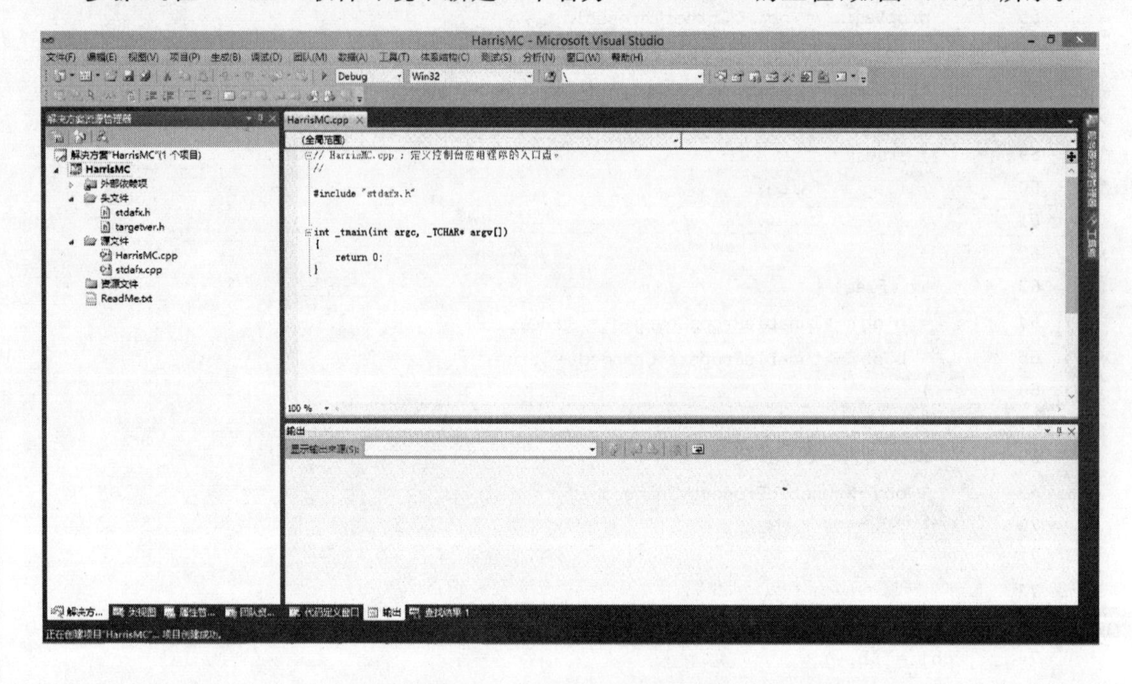

图 6.3.21　步骤 8 的实现效果

步骤9：在所建立的工程左侧，单击右键，并选择“属性”，如图 6.3.22 所示。

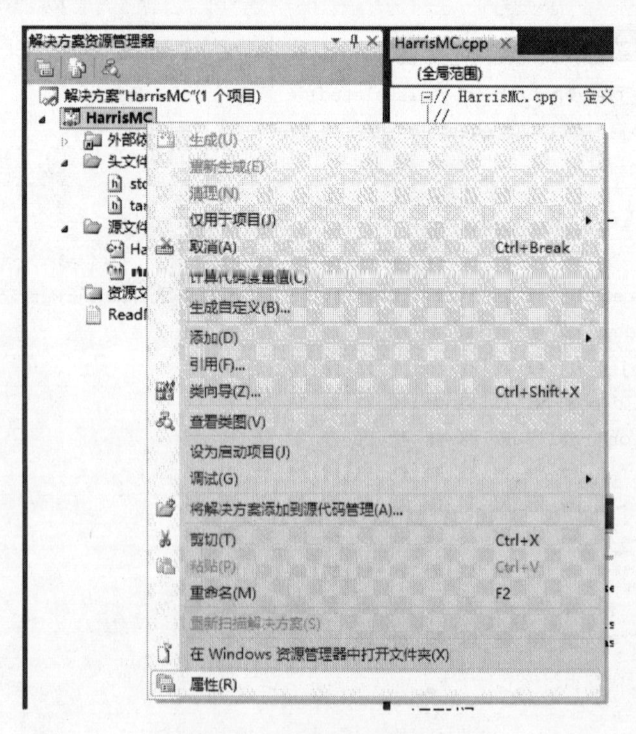

图 6.3.22　步骤 9 的实现效果

步骤 10：单击 VC++目录，对右侧的包含目录进行设置，将所生成代码的路径包含进去，如图 6.3.23 所示。

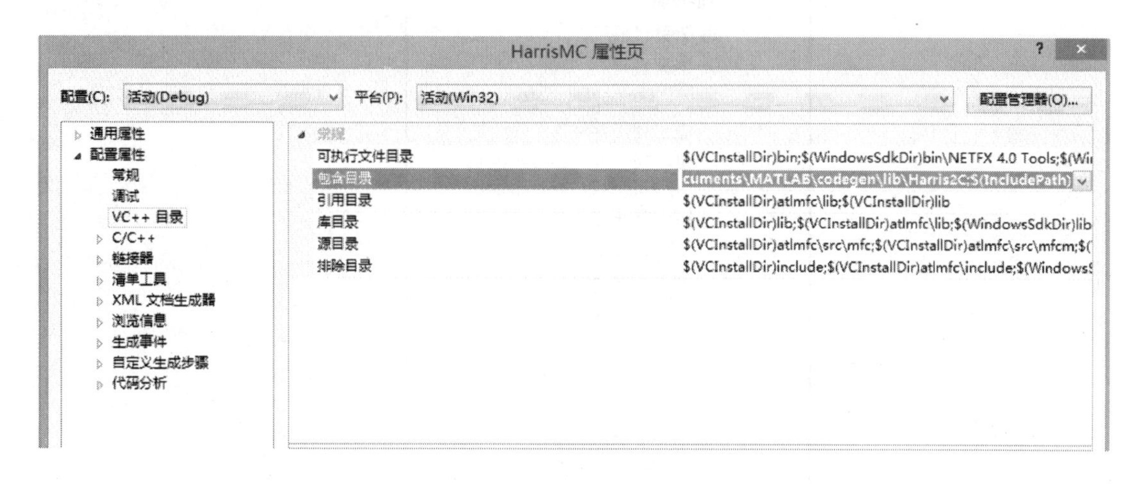

图 6.3.23　步骤 10 的实现过程

步骤 11：单击左侧的 C/C++，对"预编译头"进行设置，选择"不使用预编译头"，如图 6.3.24 所示。

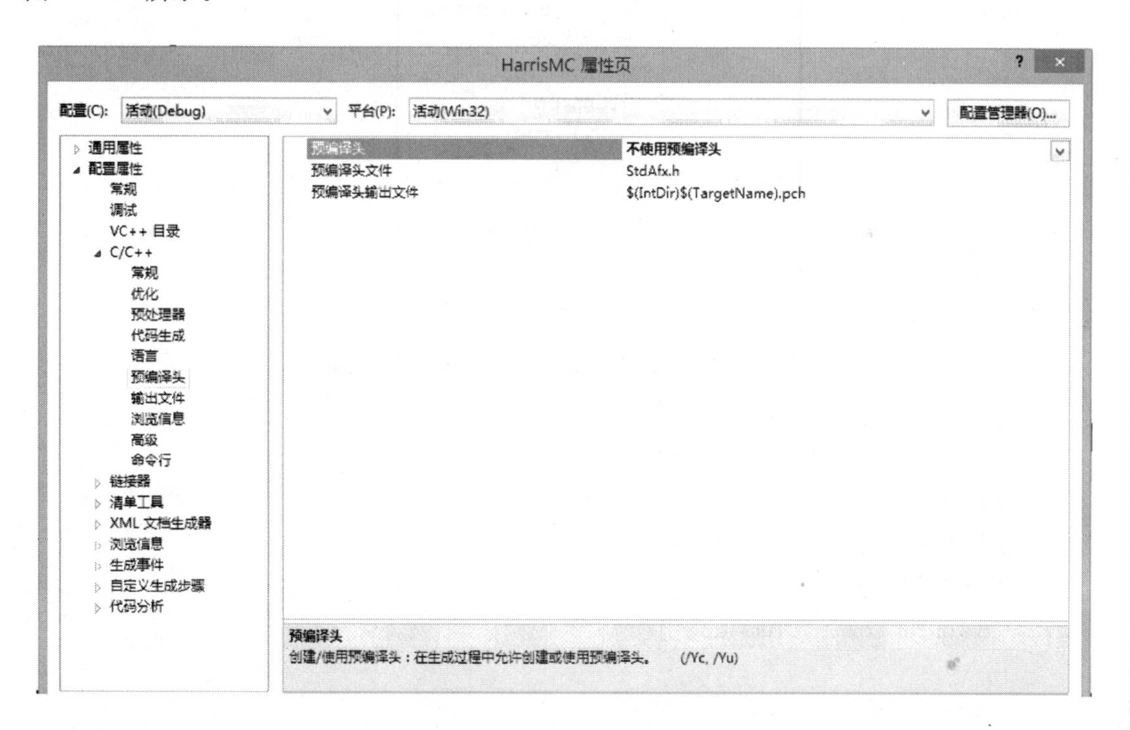

图 6.3.24　步骤 11 的实现过程

步骤 12：添加自动生成的"头文件"和"源文件"。在本例中，完成添加后的效果如图 6.3.25 所示。

步骤 13：输入如下程序，并进行编译，编译后的效果如图 6.3.26 所示。

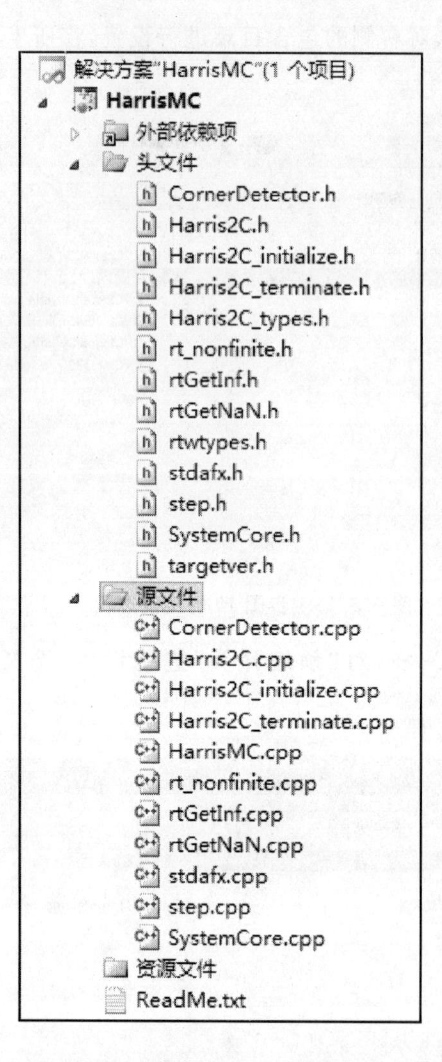

图 6.3.25 添加"头文件"和"源文件"后的效果

```
# include "stdafx.h"
# include "Harris2C.h"
# include "math.h"
# include <iostream>
using namespace std;

int _tmain(int argc, _TCHAR * argv[])
{
    double I[169] = {0.0};
    unsigned int J_data[] = {0};
    int J_size[2] = {0};
    Harris2C(I,  J_data,  J_size);

    return 0;
}
```

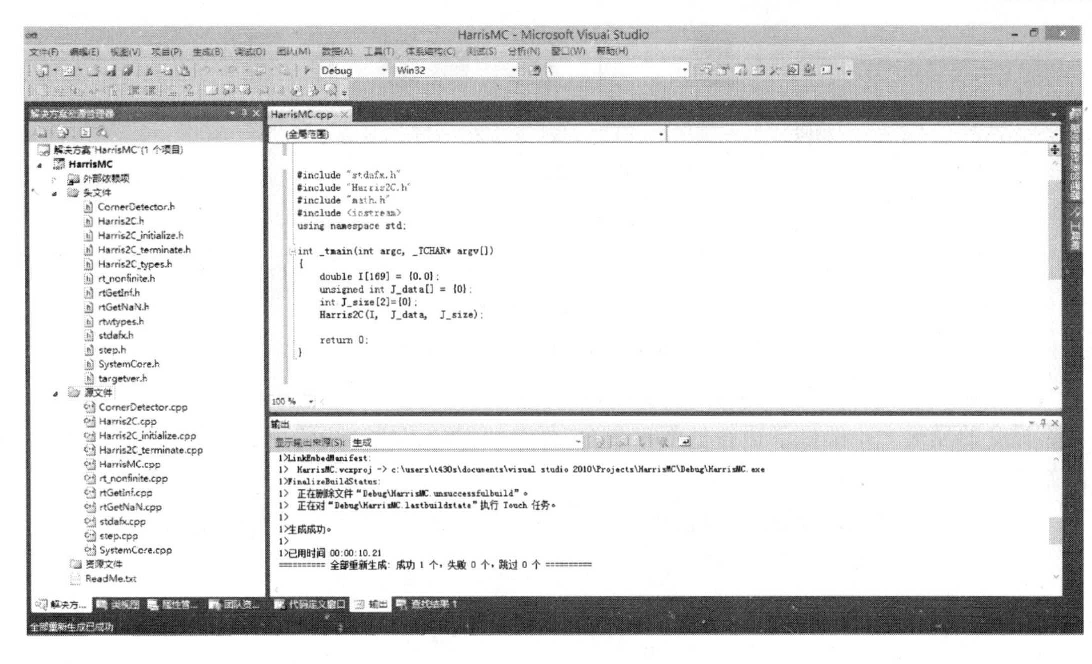

图 6.3.26　显示编译成功

6.4　图像的边缘检测

6.4.1　基本原理

图像的边缘是指其周围像素灰度急剧变化的那些像素的集合，是图像最基本的特征。边缘存在于目标、背景和区域之间，是图像分割所依赖的最重要的依据。由于边缘是位置的标志，对灰度的变化不敏感，因此边缘也是图像匹配的重要的特征。

边缘检测基本思想是先检测图像中的边缘点，再按照某种策略将边缘点连接成轮廓，从而构成分割区域。由于边缘是所要提取目标和背景的分界线，提取出边缘才能将目标和背景区分开，因此边缘检测对于数字图像处理十分重要。

边缘大致可以分为两种：一种是阶跃状边缘，边缘两边像素的灰度值明显不同；另一种为屋顶状边缘，边缘处于灰度值由小到大再到小变化的转折点处。图 6.4.1 中，第 1 排是一些具有边缘的图像示例，第 2 排是沿图像水平方向的 1 个剖面图，第 3 排和第 4 排分别为剖面的一阶和二阶导数。第 1 列和第 2 列是阶梯状边缘，第 3 列是脉冲状边缘，第 4 列是屋顶状边缘。

1. 运用一阶微分算子检测图像边缘

一阶微分边缘算子也称梯度边缘算子，是利用图像在边缘处的阶跃性，即图像梯度在边缘取得极大值的特性进行边缘检测的。梯度是一个矢量，它具有方向 θ 和模 $|\Delta \boldsymbol{I}|$，即

$$\Delta \boldsymbol{I} = \begin{pmatrix} \dfrac{\partial \boldsymbol{I}}{\partial x} \\ \dfrac{\partial \boldsymbol{I}}{\partial y} \end{pmatrix} \tag{6.4.1}$$

$$|\Delta \boldsymbol{I}| = \sqrt{\left(\frac{\partial \boldsymbol{I}}{\partial x}\right)^2 + \left(\frac{\partial \boldsymbol{I}}{\partial y}\right)^2} = \sqrt{I_x^2 + I_y^2}$$

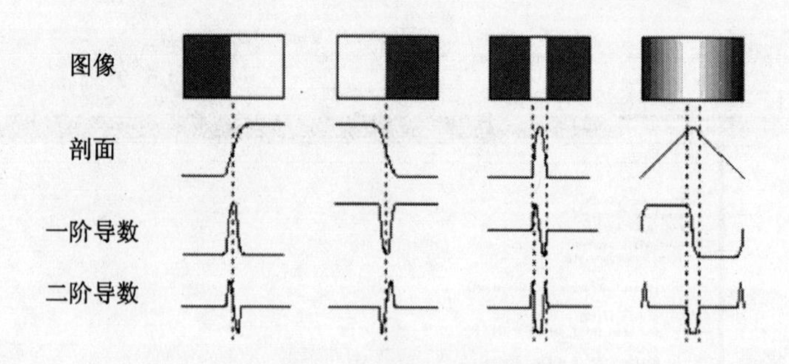

图 6.4.1 图像边缘特性

$$\theta = \arctan(I_y/I_x)$$

梯度的模值大小提供了边缘的强度信息，梯度的方向提供了边缘的趋势信息，因为梯度方向始终是垂直于边缘的方向。

在实际使用中，通常利用有限差分进行梯度近似。对于式(6.4.2)的梯度矢量有

$$\frac{\partial \boldsymbol{I}}{\partial x} = \lim_{h \to 0} \frac{\boldsymbol{I}(x+\Delta x, y) - \boldsymbol{I}(x,y)}{\Delta x}$$

$$\frac{\partial \boldsymbol{I}}{\partial y} = \lim_{h \to 0} \frac{\boldsymbol{I}(x, y+\Delta y) - \boldsymbol{I}(x,y)}{\Delta y}$$

它的有限差分近似为

$$\frac{\partial \boldsymbol{I}}{\partial x} \approx \boldsymbol{I}(x+1, y) - \boldsymbol{I}(x,y), \qquad (\Delta x = 1)$$

$$\frac{\partial \boldsymbol{I}}{\partial y} \approx \boldsymbol{I}(x, y+1) - \boldsymbol{I}(x,y), \qquad (\Delta y = 1)$$

Prewitt 边缘检测卷积核为

$$\boldsymbol{m}_x = \begin{bmatrix} -1 & 0 & +1 \\ -1 & 0 & +1 \\ -1 & 0 & +1 \end{bmatrix} \qquad \boldsymbol{m}_y = \begin{bmatrix} -1 & -1 & -1 \\ 0 & 0 & 0 \\ +1 & +1 & +1 \end{bmatrix}$$

Sobel 边缘检测卷积核为

$$\boldsymbol{m}_x = \begin{bmatrix} -1 & 0 & +1 \\ -2 & 0 & +2 \\ -1 & 0 & +1 \end{bmatrix} \qquad \boldsymbol{m}_y = \begin{bmatrix} -1 & -2 & -1 \\ 0 & 0 & 0 \\ +1 & +2 & +1 \end{bmatrix}$$

2. 运用二阶微分算子检测图像边缘

二阶微分边缘检测算子是利用图像在边缘处的阶跃性导致图像二阶微分在边缘处出现零值这一特性进行边缘检测的，也称过零点算子和拉普拉斯算子。

对图像的二阶微分可以用拉普拉斯算子来表示为

$$\nabla^2 \boldsymbol{I} = \frac{\partial^2 \boldsymbol{I}}{\partial x^2} + \frac{\partial^2 \boldsymbol{I}}{\partial y^2}$$

对$\nabla^2 \boldsymbol{I}$的近似为

$$\frac{\partial^2 \boldsymbol{I}}{\partial x^2} = \boldsymbol{I}(i, j+1) - 2(i,j) + \boldsymbol{I}(i, j-1)$$

$$\frac{\partial^2 \boldsymbol{I}}{\partial y^2} = \boldsymbol{I}(i+1, j) - 2(i,j) + \boldsymbol{I}(i-1, j)$$

$$\nabla^2 \boldsymbol{I} = -4\boldsymbol{I}(i,j) + \boldsymbol{I}(i,j+1) + \boldsymbol{I}(i,j-1) + \boldsymbol{I}(i+1,j) + \boldsymbol{I}(i-1,j)$$

其二阶微分模板为

$$\boldsymbol{m}=\begin{bmatrix}0 & 1 & 0\\1 & 4 & 1\\0 & 1 & 0\end{bmatrix}$$

虽然使用二阶微分算子检测边缘的方法简单，但是它对噪声十分敏感，也没有能够提供边缘的方向信息。为了实现对噪声的抑制，Marr 等提出了高斯拉普拉斯（Laplacian of Gaussian，LOG）方法。

为了减少噪声对边缘的影响，首先要对图像进行低通滤波平滑，LOG 方法采用了高斯函数作为低通滤波器。高斯函数为

$$G(x,y)=\mathrm{e}^{-\frac{x^2+y^2}{2\sigma^2}}$$

式中，σ 决定了对图像的平滑程度。高斯函数生成的滤波模板尺寸一般设定为 6σ。使用高斯函数对图像进行滤波并对图像滤波后的结果进行二阶微分运算的过程，可以转换为先对高斯函数进行二阶微分，再利用高斯函数的二阶微分结果对图像进行卷积运算。该过程可用如下数学公式表示

$$\nabla^2[\boldsymbol{I}(x,y)\otimes G(x,y)]=\nabla^2 G(x,y)\otimes \boldsymbol{I}(x,y)$$

$$\nabla^2 G(x,y)=\left(\frac{r^2-\sigma^2}{\sigma^4}\right)\mathrm{e}^{-r^2/2\sigma^2}\qquad r^2=x^2+y^2$$

在实际应用中，可将 $\nabla^2 G(x,y)$ 简化为

$$\nabla^2 G(x,y)=K\left(2-\frac{x^2+y^2}{\sigma^2}\right)\cdot \mathrm{e}^{-\frac{x^2+y^2}{2\sigma^2}}$$

在参数设计中，σ 取值较大时，趋于平滑图像；σ 较小时，则趋于锐化图像。通常应根据图像的特点并通过实验选择合适的 σ。$\nabla^2 G(x,y)$ 用 $N\times N$ 模板算子表示时，一般选择算子尺寸为 $N=(3\sim4)W$。K 的选取应使各阵元为正数且使所有阵元之和为零。

在这里，检测边界就是 $\nabla^2 G(x,y)$ 的过零点，可用以下几种参数表示过零点处灰度变化的速率：

- 过零点处的斜率；
- 二次微分峰-峰差值；
- 二次微分峰-峰间曲线下面积绝对值之和。

边界点方向信息可由梯度算子给出。为减小计算量，在使用中可用高斯差分算子（DOG），即

$$DOG(\sigma_1,\sigma_2)=\frac{1}{\sqrt{2\pi}\sigma_1}\cdot \mathrm{e}^{-\frac{x^2+y^2}{2\sigma^2}}-\frac{1}{\sqrt{2\pi}\sigma_2}\cdot \mathrm{e}^{-\frac{x^2+y^2}{2\sigma^2}}$$

代替 $\nabla^2 G(x,y)$。

利用 LOG 算子进行边缘检测的步骤如下：

① 用拉普拉斯高斯滤波器对图像滤波，得到滤波图像。

② 对得到的图像进行过零检测。具体方法为：假定得到的图像的一阶微分图像的每个像素为 $P[i,j]$，$L[i,j]$ 为其拉普拉斯值，接下来按照下面的规则进行判断：

- 如果 $L[i,j]=0$ 则看数对（$L[i-1,j]$，$L[i+1,j]$）或（$L[i,j-1]$，$L[i,j+1]$）中是否包含正负号相反的两个数。只要这两个数中有一个包含正负号相反的两个数，则 $P[i,j]$ 是零穿越。然后看 $P[i,j]$ 对应的一阶差分值是否大于一定的阈值，如果是，则 $P[i,j]$ 是边缘点，否则不是。

- 如果$L[i,j]$不为零，则看四个数对$(L[i,j],L[i-1,j])$，$(L[i,j],L[i+1,j])$，$(L[i,j],L[i,j-1])$，$(L[i,j],L[i,j+1])$中是否有包含正负号相反的值。如果有，那么在$P[i,j]$附近有零穿越。看$P[i,j]$对应的一阶差分值是否大于一定的阈值，如果是，则将$P[i,j]$作为边缘点。

3. Canny边缘检测算子

Canny边缘检测算子是边缘检测算子中最常用的一种，也是公认的性能优良的边缘检测算子，它经常被其他算子引用作为标准算子进行优劣的对比分析。Canny提出了边缘检测算子优劣评判的3条标准：

① 高的检测率。边缘检测算子应该只对边缘进行响应，检测算子不漏检任何边缘，也不应将非边缘标记为边缘。

② 精确的定位。检测到的边缘与实际边缘之间的距离要尽可能的小。

③ 明确的响应。对每一条边缘只有一次响应，只得到一个点。

Canny边缘检测算子能满足上述三条评判标准。虽然Canny算子也是一阶微分算子，但它对一阶微分算子进行了扩展：主要是在原一阶微分算子的基础上，增加了非最大值抑制和双阈值两项改进。利用非最大值抑制不仅可以有效地抑制多响应边缘，而且还可以提高边缘的定位精度；利用双阈值可以有效减少边缘的漏检率。

利用Canny算子进行边缘提取主要分4步进行：

① 去噪声。通常使用高斯函数对图像进行平滑滤波。为了提高运算效率，可以将高斯函数作成滤波模板，如使用5×5的模板($\sigma\approx1.4$)，则

$$\frac{1}{159}\times\begin{bmatrix}2 & 4 & 5 & 4 & 2\\4 & 9 & 12 & 9 & 4\\5 & 12 & 15 & 12 & 5\\4 & 9 & 12 & 9 & 4\\2 & 4 & 5 & 4 & 2\end{bmatrix}$$

② 计算梯度值与方向角。分别求取去噪声后图像的在x方向和y方向的梯度$\boldsymbol{M}_x$和$\boldsymbol{M}_y$。求取梯度可以通过使用前面的Sobel模板与图像进行卷积完成。

$$\boldsymbol{m}_x=\begin{bmatrix}-1 & 0 & +1\\-2 & 0 & +2\\-1 & 0 & +1\end{bmatrix},\quad \boldsymbol{m}_y=\begin{bmatrix}-1 & -2 & -1\\0 & 0 & 0\\+1 & +2 & +1\end{bmatrix}$$

梯度值为

$$|\Delta f|=\sqrt{\boldsymbol{M}_x^2+\boldsymbol{M}_y^2}$$

梯度方向角为

$$\theta=\arctan(\boldsymbol{M}_y/\boldsymbol{M}_x)$$

将0°～360°梯度方向角归并为四个方向θ'：0°，45°，90°和135°。对于所有边缘，定义180°=0°，225°=45°等，这样，方向角在−22.5°～22.5°和157.5°～202.5°范围内的角点都被归并到0°方向角，其他的角度归并以此类推。

③ 非最大值抑制。根据Canny关于边缘算子性能的评价标准，边缘只允许有一个像元的宽度，但经过Sobel滤波后，图像中的边缘是粗细不一的。边缘的粗细主要取决于跨越边缘的密度分布和使用高斯滤波后图像的模糊程度。非最大值抑制就是将那些在梯度方向具有最大梯度值的像元作为边缘像元保留，将其他像元删除。梯度最大值通常是出现在边缘的中心，随

着沿梯度方向距离的增加，梯度值将随之减小。

这样，结合在②得到的每个像元的梯度值和方向角，检查围绕点(x,y)的 3×3 范围内的像元：

- 如果 $\theta'(x,y)=0°$，那么，检查像元$(x+1,y)$、(x,y)和$(x-1,y)$；
- 如果 $\theta'(x,y)=90°$，那么，检查像元$(x,y+1)$、(x,y)和$(x,y-1)$；
- 如果 $\theta'(x,y)=45°$，那么，检查像元$(x+1,y+1)$、(x,y)和$(x-1,y-1)$；
- 如果 $\theta'(x,y)=135°$，那么，检查像元$(x+1,y-1)$、(x,y)和$(x-1,y+1)$。

比较被检查的三个像元梯度值的大小，如果点(x,y)的梯度值都大于其他两个点的梯度值，那么，点(x,y)就被认为是边缘中心点并被标记为边缘；否则，点(x,y)就不被认为是边缘中心点而被删除。

④ 滞后阈值化。由于噪声的影响，经常会出现本应该连续的边缘出现断裂的问题。滞后阈值化设定两个阈值：一个为高阈值 t_{high}，一个为低阈值 t_{low}。如果任何像素对边缘算子的影响超过高阈值，将这些像素标记为边缘；响应超过低阈值（高低阈值之间）的像素，如果与已经标为边缘的像素 4-邻接或 8-邻接，则将这些像素也标记为边缘。这个过程反复迭代，将剩下的孤立的响应超过低阈值的像素视为噪声，不再标记为边缘。具体过程如下：

- 如果像元的梯度值小于 t_{low}，则像元(x,y)为非边缘像元；
- 如果像元(x,y)的梯度值大于 t_{high}，则像元(x,y)为边缘像元；
- 如果像元(x,y)的梯度值在 t_{low} 与 t_{high} 之间，需要进一步检查像元(x,y)的 3×3 邻域，看 3×3 邻域内像元的梯度是否大于 t_{high}，如果大于 t_{high}，则像元(x,y)为边缘像元；
- 如果在像元(x,y)的 3×3 邻域内，没有像元的梯度值大于 t_{high}，进一步扩大搜索范围到 5×5 邻域，看在 5×5 邻域内的像元是否存在梯度大于 t_{high}，如果有，则像元(x,y)为边缘像元（这一步可选）；否则，像元(x,y)为非边缘像元。

在非最大值抑制过程中，上述方法采用了近似计算：将当前像元的梯度方向近似为四个方向，然后，将梯度方向对应到以当前点为中心的 3×3 邻域上，然后通过邻域上对角线方向三个像元梯度值的大小比较，判断是否为边缘点。这一近似方法的计算速度快，但精度较差。为提高精度，可以采用双线性插值方法求取当前点在梯度方向上两边点的梯度值，然后进行梯度值的比较，以确定当前点是否为边缘点。

6.4.2 基于 System Object 的仿真

在 MATLAB 中，调用计算机视觉工具箱中的 vision.EdgeDetector 可实现对输入灰度图像的边缘变换。

vision.EdgeDetector 的具体使用方法如下：

vision.EdgeDetector

功能：对输入的灰度图像进行边缘检测。

语法：A = step(vision.EdgeDetector,Img);

其中，Img 为灰度图像；A 是边缘检测后的二值图像。

属性：

Method：通过对该属性进行设置，可以采用不同的边缘检测算法进行检测，可以设置的算法包括：'Sobel'、'Prewitt'、'Roberts'、'Canny'，默认值为 'Sobel'。

BinaryImageOutputPort：在采用 Sobel，Prewitt 或 Roberts 边缘检测算子进行边

缘检测时，需对 BinaryImageOutputPort 属性进行设置；如果将该属性设置为 true，则边缘检测后的结果将输出逻辑二值数组；该属性的默认值为 true。

GradientComponentOutputPorts：如果将该属性设置为 true，则输出梯度元素，该属性的默认值为 false。

ThresholdSource：该属性的功能是如何确定阈值，可以将该属性设置为 'Auto'、'Property'、'Input port'，其默认值为 'Auto'。

Threshold：该属性的功能是用于阈值设定。只有当将 ThresholdSource 属性设置为 'Property' 时，Threshold 属性才可以设置。当采用 Sobel、Prewitt 或 Roberts 算子进行边缘检测时，如果需要对 Threshold 属性进行设置，则需要输入一个具体的数值作为阈值；当采用 Canny 算子进行边缘检测时，则需要输入一个二元素向量作为阈值，向量的一个元素为低阈值，向量的第二个元素为高阈值。当采用 Sobel、Prewitt 或 Roberts 算子进行边缘检测时，Threshold 属性的默认值为 20；当采用 Canny 算子进行边缘检测时，Threshold 属性的默认值为[0.25 0.6]。

ThresholdScaleFactor：阈值缩放因子。

GaussianFilterStandardDeviation：高斯滤波器标准差。当采用 Canny 算子进行边缘检测时，可以对该属性进行设置。

【例 6.4.1】 介绍 vision.EdgeDetector 的具体使用方法。

程序如下：

```
% 定义系统对象
hedge = vision.EdgeDetector; % 用于边缘检测
hcsc = vision.ColorSpaceConverter('Conversion', 'RGB to intensity'); % 用于颜色空间转换
hidtypeconv = vision.ImageDataTypeConverter('OutputDataType','single'); % 用于数据转换
% 读入图像并将其转换成灰度图像
img = step(hcsc, imread('peppers.png'));
% 将其转换成单精度型
img1 = step(hidtypeconv, img);
% 进行边缘检测
edges = step(hedge, img1);
% 显示边缘检测后的结果
imshow(edges);
```

运行结果如图 6.4.2 所示。

图 6.4.2 例 6.4.1 的运行结果

6.4.3 基于 Blocks - Simulink 的仿真

在 MATLAB 中，还可以通过 Blocks - Simulink 来实现对图像进行边缘检测，其原理图如图 6.4.3 所示。其中，各功能模块及其路径如表 6.4 - 1 所列。

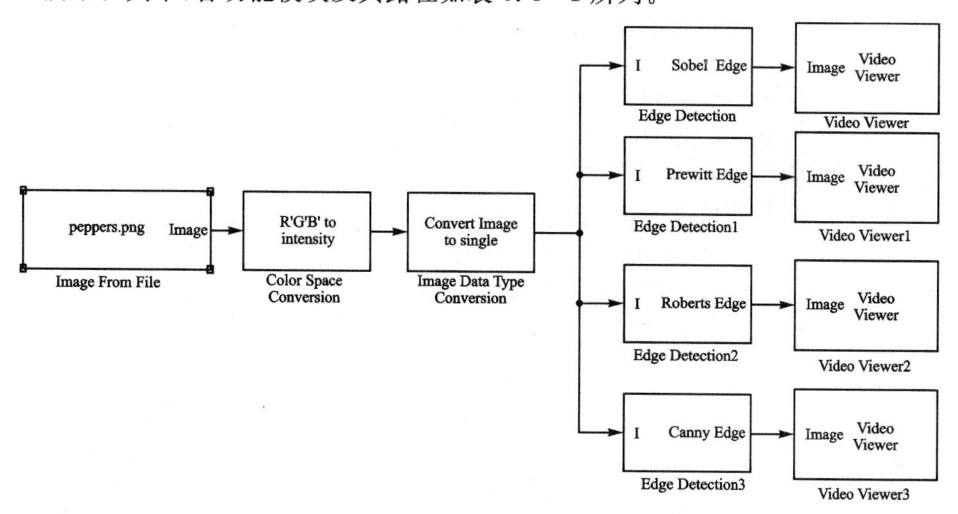

图 6.4.3　基于 Blocks - Simulink 进行边缘检测的原理图

表 6.4 - 1　各功能模块及其路径

功　能	名　称	路　径
读入图像	Image From File	Computer Vision System Toolbox/Sources
色彩空间转换	Color Space Conversion	Computer Vision System Toolbox/Conversions
图像数据转换	Image Data Type Conversion	Computer Vision System Toolbox/Conversions
边缘检测	Edge Detection	Computer Vision System Toolbox/Analysis&Enhancement
观察输出结果	Video Viewer	Computer Vision System Toolbox/Sinks

对各模块的属性进行设置如下：

① 双击“Image From File”模块，将其参数设置为如图 6.4.4 所示的参数。

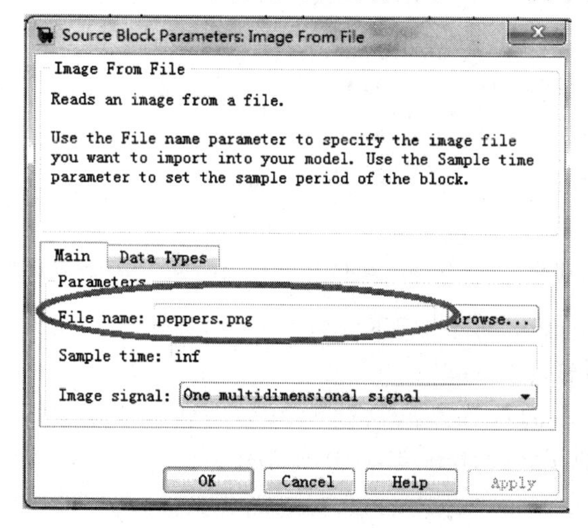

图 6.4.4　“Image From File”模块参数设置

② 双击“Color Space Conversion”模块，将其参数设置为如图 6.4.5 所示的参数。

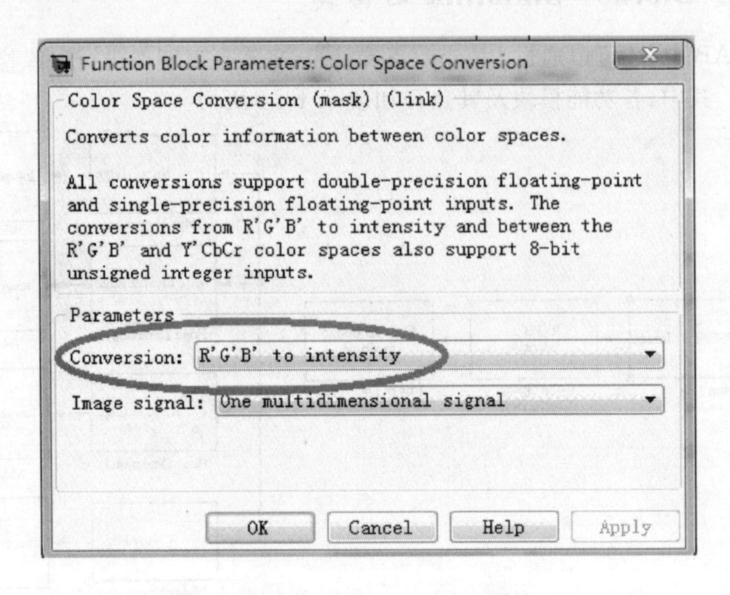

图 6.4.5 “Color Space Conversion”模块参数设置

③ 双击“Image Data Type Conversion”模块，将其参数设置为如图 6.4.6 所示的参数。

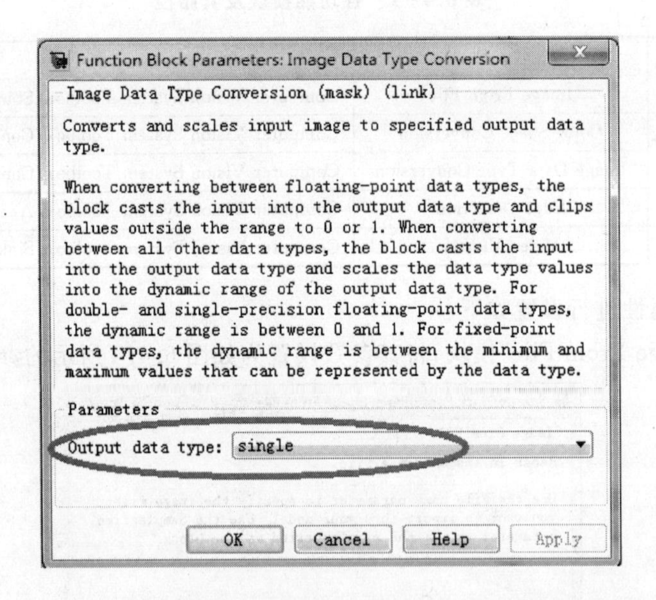

图 6.4.6 “Image Data Type Conversion”模块参数设置

④ 双击“Edge Detection”模块，将其参数设置为如图 6.4.7 所示的参数。将 Parameters 选项中的 Method 项设置为“Sobel”。

⑤ 按照步骤④所示的设置方法，将“Edge Detection1”模块、“Edge Detection2”模块、“Edge Detection3”模块 Parameters 选项中的 Method 项分别设置为“Prewitt”、“Roberts”、“Canny”。

运行整个模型，观察检测结果。该模型的运行结果如图 6.4.8 所示。

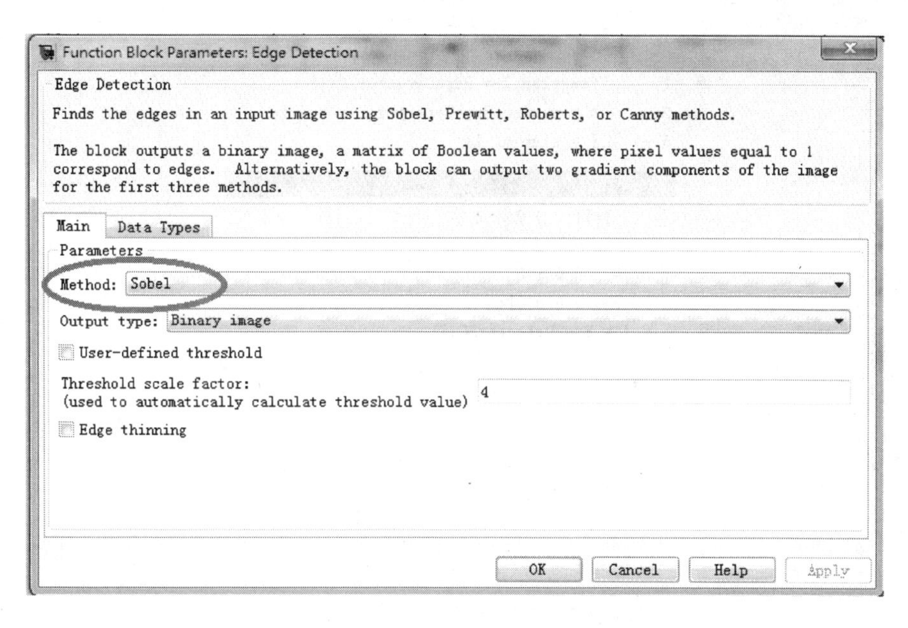

图 6.4.7 "Edge Detection"模块参数设置

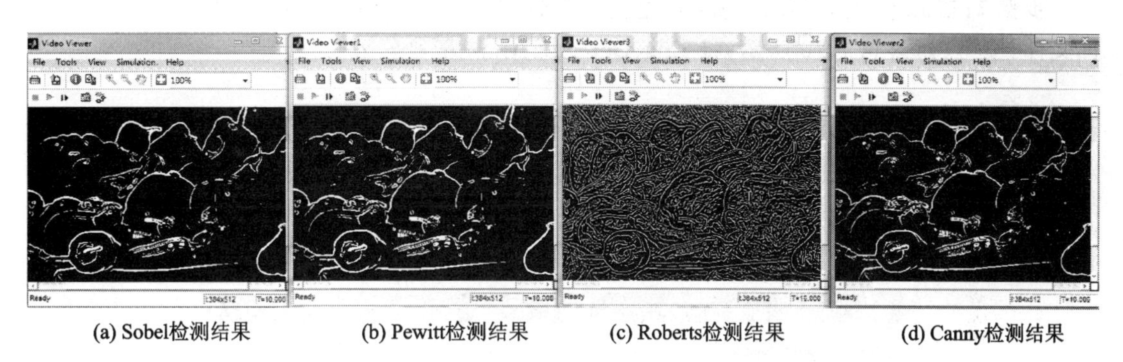

(a) Sobel检测结果 (b) Pewitt检测结果 (c) Roberts检测结果 (d) Canny检测结果

图 6.4.8 图 6.4.3 所示模型的运行结果

6.4.4 C/C++代码自动生成及运行效果

可将基于系统对象 vision.x 的 MATLAB 程序转换成 C/C++程序,并在 VS 2010 环境下运行,其步骤如下。

步骤 1:新建一个 M 函数,其输入为待处理的图像矩阵 ***I***,输出为边缘提取矩阵 ***J***。

在编辑器窗口输入如下内容,并保存:

```
function J = EdgeDetector2C(I)
h = vision.EdgeDetector;   % #codegen
J = step(h, I);
```

在命令行窗口输入如下内容,其运行效果如图 6.4.9 所示。

```
I=[1 0 0 0
   0 1 0 0
   0 0 1 0
   0 0 0 0];
 J = EdgeDetector2C(I)
```

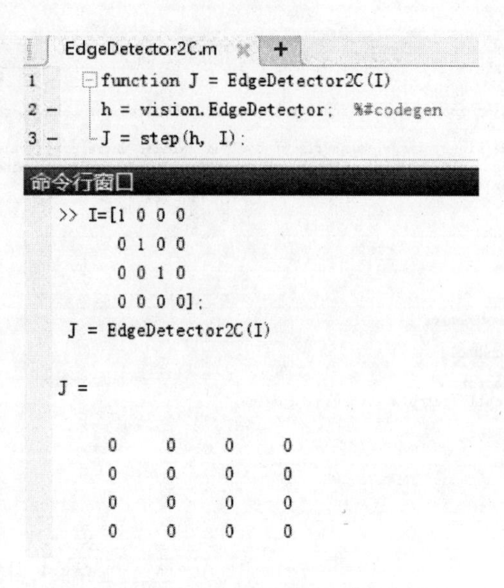

图 6.4.9 所编写的 M 函数的运行效果

步骤 2:在命令行窗口输入 coder,建立一个名为 EdgeDetector2C 的工程文件,并单击"添加文件"按钮,如图 6.4.10 所示,将 EdgeDetector2C.m 函数导入。

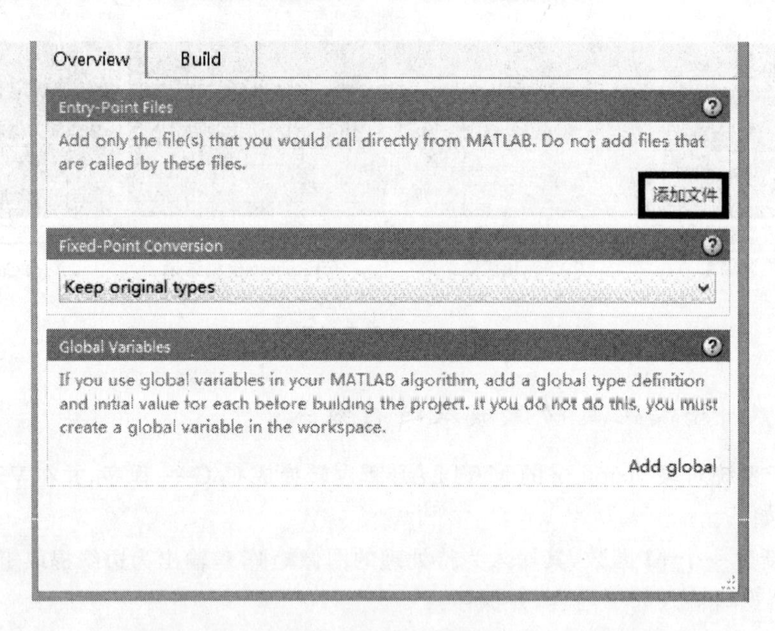

图 6.4.10 通过"添加文件"按钮导入相应的 M 函数

步骤 3:单击界面上的"Build"按钮,在 Output type 选项中选择 C/C++ Static Library,如图 6.4.11 所示。

步骤 4:在该页面单击"More settings",将 Language 设置成为"C++",如图 6.4.12 所示。

步骤 5:设置函数的输入类型。在本例中,将函数的输入类型设置为双精度的 4×4 矩阵,如图 6.4.13 所示。

图 6.4.11　步骤 3 的运行效果

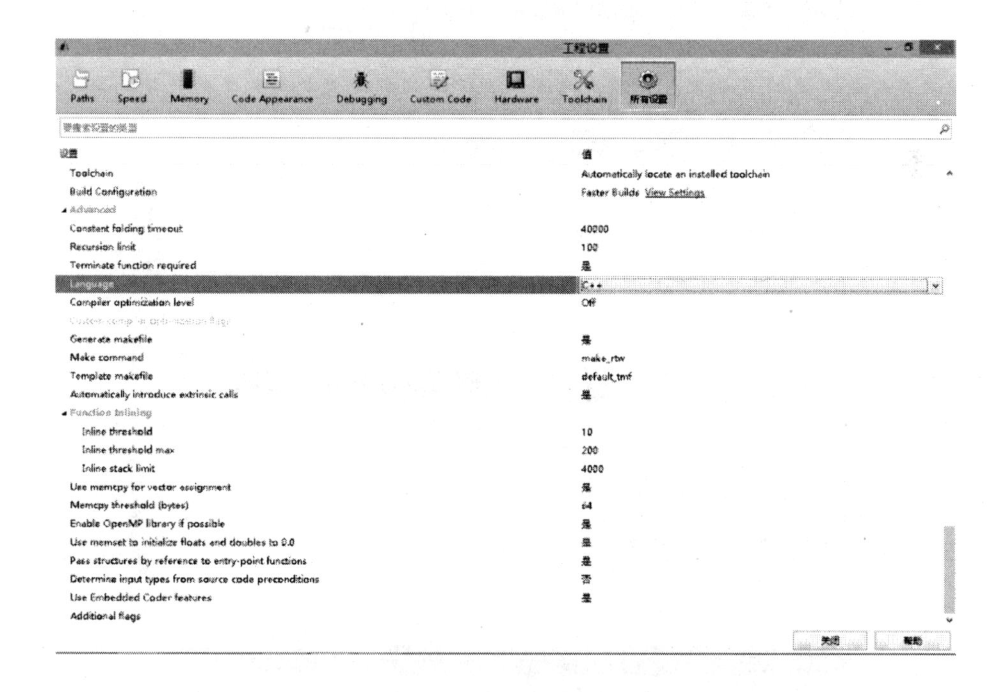

图 6.4.12　设置生成代码的类型

步骤 6：单击“编译”按钮，如图 6.4.14 所示，便可进行编译并生成可执行代码。

步骤 7：单击 “View report”，便可以观察代码生成报告，如图 6.4.15 所示。

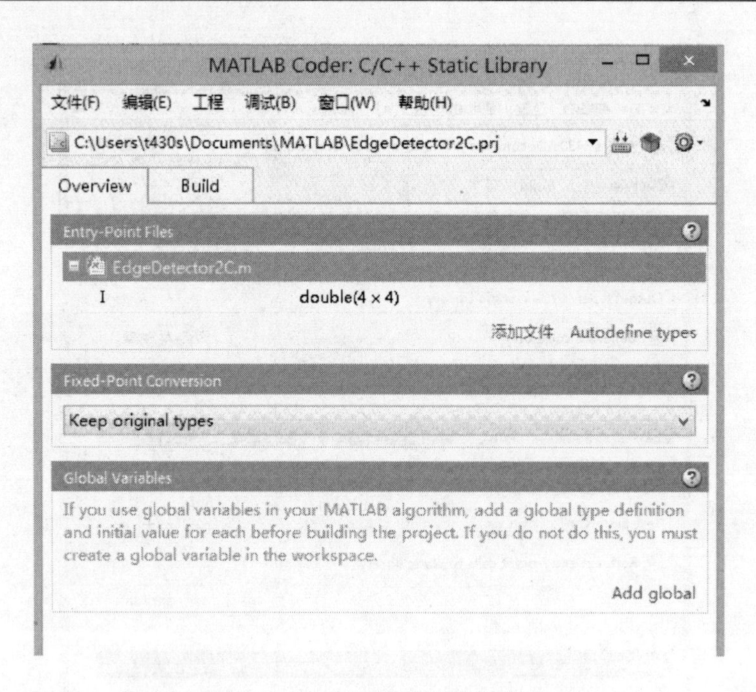

图 6.4.13 设置函数的输入类型

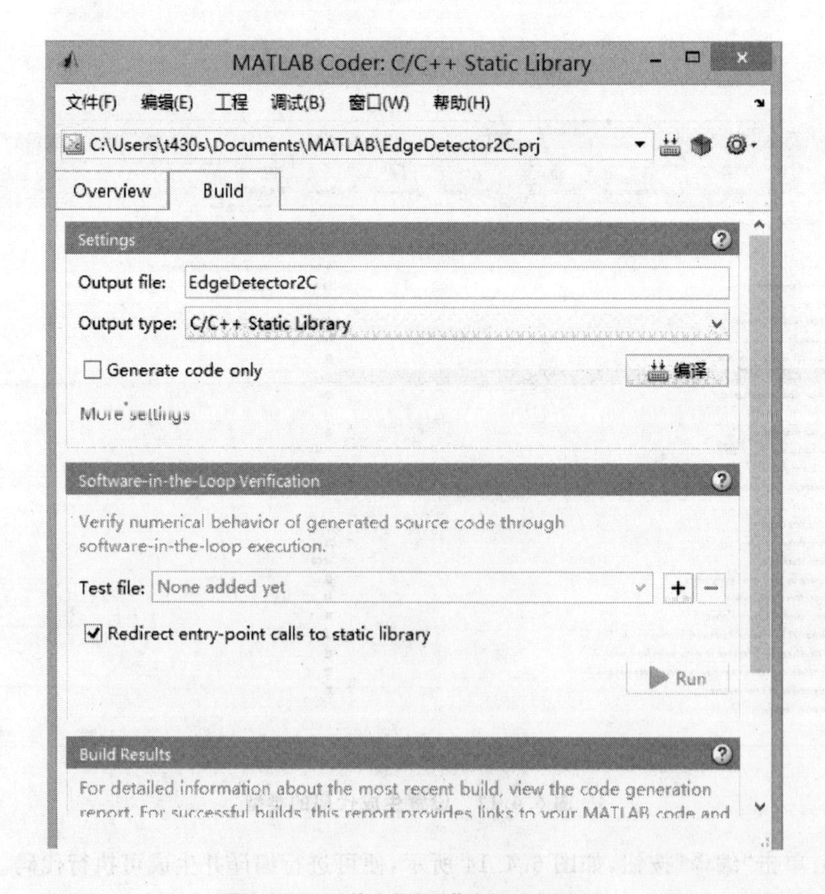

图 6.4.14 单击“编译”按钮进行编译

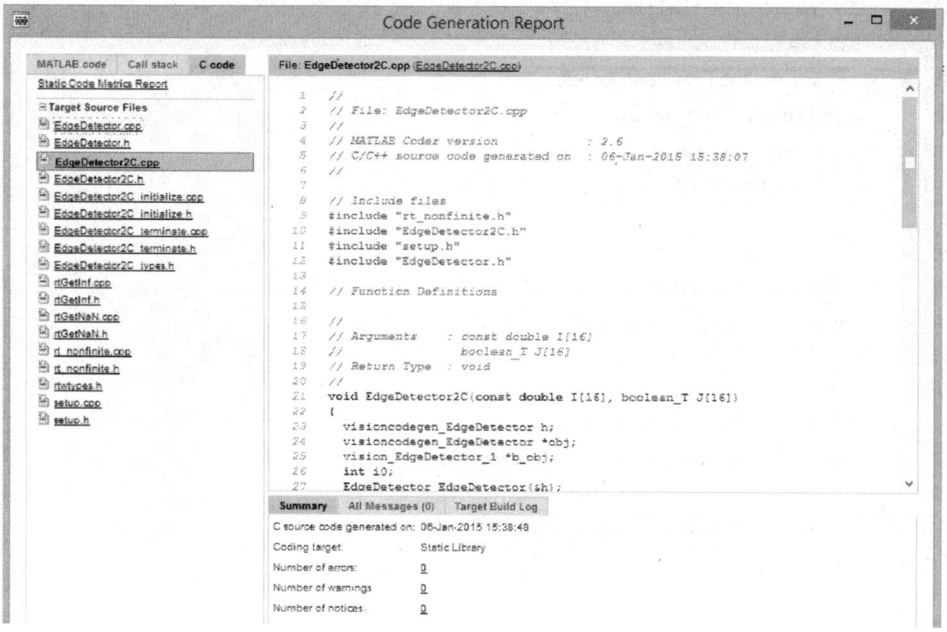

图 6.4.15　代码生成报告

所生成程序的核心代码为：

```
1    //
2    // File: EdgeDetector2C.cpp
3    //
4    // MATLAB Coder version                   : 2.6
5    // C/C++ source code generated on    : 29-Mar-2015 11:37:30
6    //
7
8    // Include files
9    #include "rt_nonfinite.h"
10   #include "EdgeDetector2C.h"
11   #include "setup.h"
12   #include "EdgeDetector.h"
13
14   // Function Definitions
15
16   //
17   // Arguments      : const double I[16]
18   //                    boolean_T J[16]
19   // Return Type    : void
20   //
21   void EdgeDetector2C(const double I[16], boolean_T J[16])
22   {
23     visioncodegen_EdgeDetector h;
24     visioncodegen_EdgeDetector  *obj;
25     vision_EdgeDetector_1 *b_obj;
26     int i0;
27     EdgeDetector_EdgeDetector(&h);
28     obj = &h;
```

```
29      if (!obj->isInitialized) {
30        obj->isInitialized = true;
31        b_obj = &obj->cSFunObject;
32        if (!b_obj->S0_isInitialized) {
33          b_obj->S0_isInitialized = true;
34          Start(b_obj);
35        }
36
37        obj->c_NoTuningBeforeLockingCodeGenE = true;
38        obj->TunablePropsChanged = false;
39      }
40
41      if (obj->TunablePropsChanged) {
42        obj->TunablePropsChanged = false;
43        for (i0 = 0; i0 < 2; i0 ++ ) {
44          obj->tunablePropertyChanged[i0] = false;
45        }
46      }
47
48      b_obj = &obj->cSFunObject;
49      if (!b_obj->S0_isInitialized) {
50        b_obj->S0_isInitialized = true;
51        Start(b_obj);
52      }
53
54      Outputs(b_obj, I, J);
55      b_obj = &h.cSFunObject;
56
57      // System object Destructor function: vision.EdgeDetector
58      if (b_obj->S0_isInitialized) {
59        b_obj->S0_isInitialized = false;
60        if (!b_obj->S1_isReleased) {
61          b_obj->S1_isReleased = true;
62        }
63      }
64    }
65
66    //
67    // File trailer for EdgeDetector2C.cpp
68    //
69    // [EOF]
70    //
71
```

通过分析上述代码，可以搞清楚函数的输入、输出类型，以方便后续调用。

步骤8：在VS 2010软件环境下新建一个名为“EdgeDetector MC”的工程，如图6.4.16所示。

步骤9：在所建立的工程左侧，单击右键，并选择“属性”，如图6.4.17所示。

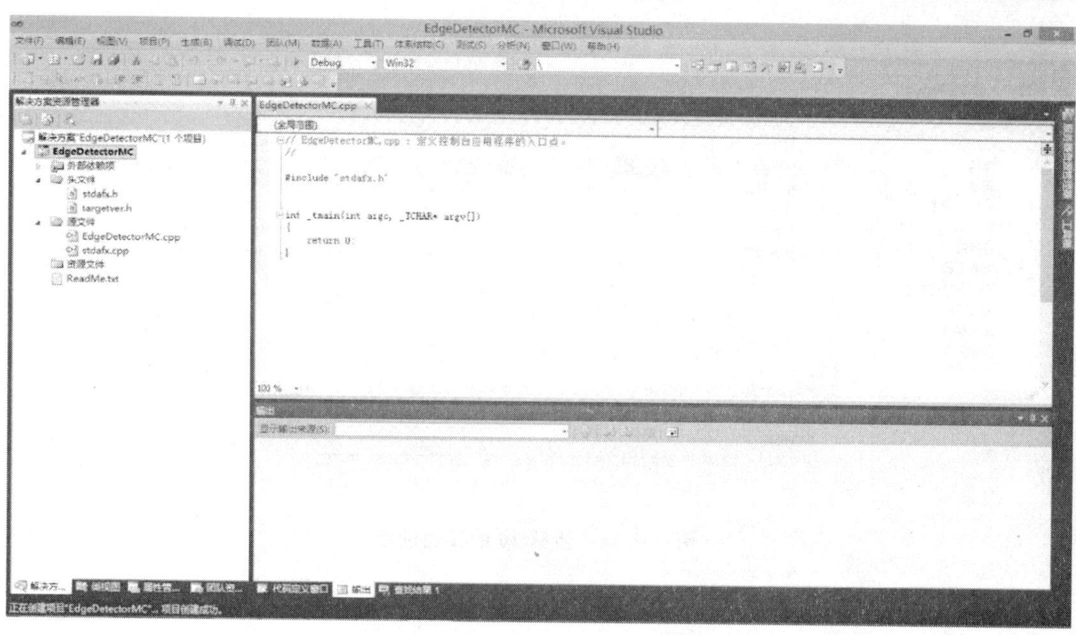

图 6.4.16　步骤 8 的实现效果

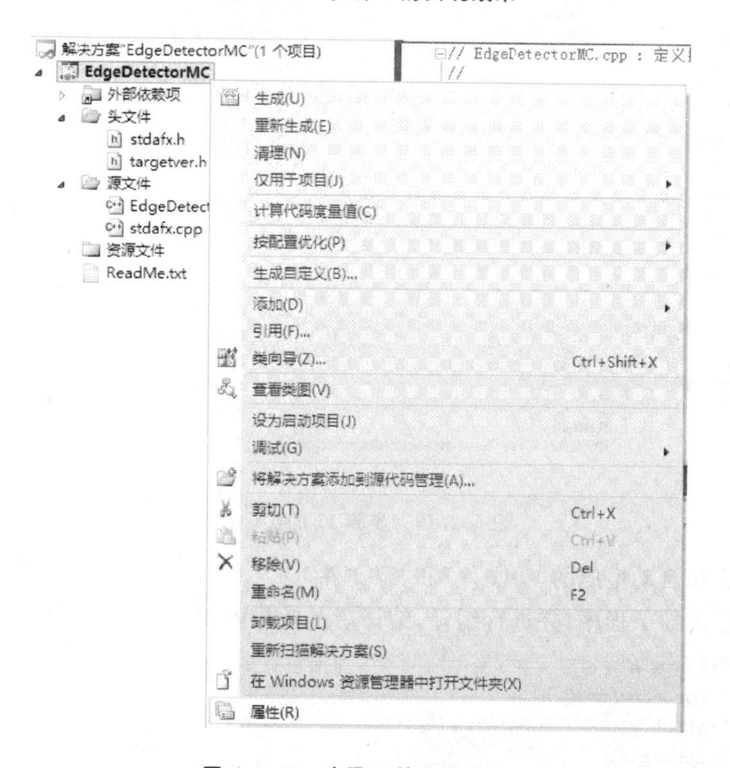

图 6.4.17　步骤 9 的实现效果

步骤 10: 单击 VC++目录，对右侧的包含目录进行设置，将所生成代码的路径包含进去，如图 6.4.18 所示。

步骤 11: 单击左侧的 C/C++，对“预编译头”进行设置，选择“不使用预编译头”，如图 6.4.19 所示。

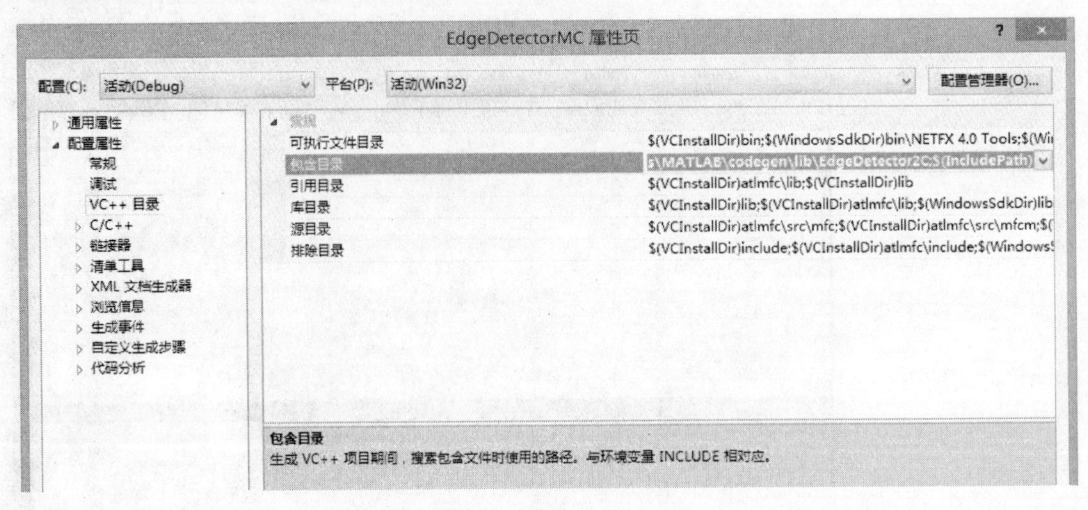

图 6.4.18　步骤 10 的实现过程

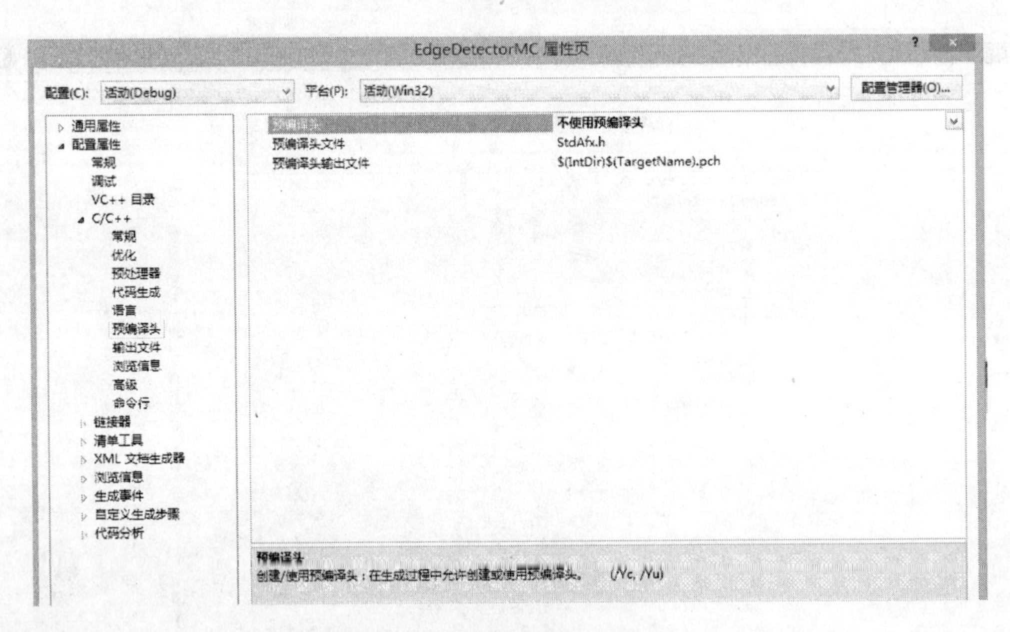

图 6.4.19　步骤 11 的实现过程

步骤 12：添加自动生成的“头文件”和“源文件”。

步骤 13：输入如下程序，并进行编译，编译后的效果如图 6.4.20 所示。

```
#include "stdafx.h"
#include "EdgeDetector2C.h"
#include "math.h"
#include <iostream>
using namespace std;

int _tmain(int argc, _TCHAR * argv[])
{
    double a[16] = {1.0, 0.0, 0.0, 0.0, 0.0, 1.0, 0.0, 0.0, 0.0, 0.0, 1.0, 0.0, 0.0, 0.0, 0.0, 1.0};
    boolean_T b[16] = {0};
    EdgeDetector2C (a,b);
    for(int i = 0; i < 16; i++)
```

```
        std::cout << b[i] << std::endl;
    while(1)
    {
    }
    return 0;
}
```

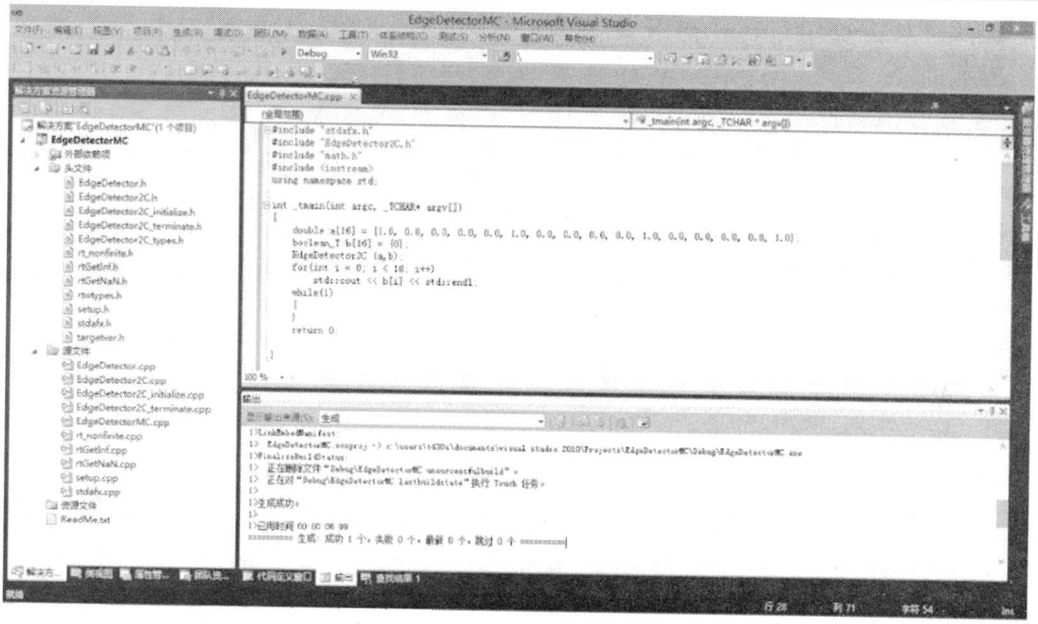

图 6.4.20　显示编译成功

6.5　图像的信噪比

6.5.1　基本原理

图像质量的客观评价是指采用某个或某些指定量参数和指标来描述图像的质量。它在图像融合、图像压缩和图像水印等应用中有重要的价值，是衡量不同算法性能优劣的一个重要指标。

最常见的图像评价准则是峰值信噪比（*PSNR*）和均方误差（*MSE*）。假设 $f(x,y)$ 是原始图像，$f'(x,y)$ 是处理以后的图像，M 和 N 分别为图像的列数和行数，即图像的分辨率为 $M\times N$，则 *PSNR* 和 *MSE* 的定义为：

$$PSNR = 10\times\log_{10}\left(\frac{[f_{\max}-f_{\min}]^2}{MSE}\right) = 10\times\log_{10}\left(\frac{[255-0]^2}{MSE}\right)$$

$$MSE = \frac{1}{M\times N}\sum_{x=1}^{M}\sum_{y=1}^{N}[f(x,y)-f(x,y)]^2$$

其中，$f_{\max}$ 和 $f_{\min}$ 分别为灰度图像的最大值和最小值，通常取值为 255 和 0。

6.5.2　基于 System Object 的仿真

在 MATLAB 中，调用计算机视觉工具箱中的 vision. PSNR 可实现计算两幅图像的信噪比。

vision. PSNR 的具体使用方法如下：

vision. PSNR

功能：计算两幅图像的信噪比。

语法：A = step(vision.PSNR,Imag1,Imag2);

其中：Imag1、Imag2 是待比较的两幅图像；A 是两幅图像的信噪比。

【例 6.5.1】 介绍 vision. PSNR 的具体使用方法。

程序如下：

```
% 创建系统对象
  hdct2d = vision.DCT;       %余弦变换系统对象
  hidct2d = vision.IDCT;     %逆余弦变换系统对象
  hpsnr = vision.PSNR;       %信噪比系统对象
% 读入图像并将其转换成双精度型
  I = double(imread('cameraman.tif'));
% 对其进行余弦变换
  J = step(hdct2d, I);
% 将余弦系数小于 0 的部分置零,从而实现对图像的压缩
  J(abs(J) < 10) = 0;
% 对压缩后的图像进行余弦逆变换
  It = step(hidct2d, J);
% 计算压缩前后的两幅图像的信噪比
  psnr = step(hpsnr, I,It)
% 显示结果
  imshow(I, [0 255]), title('Original image');
  figure, imshow(It,[0 255]), title('Reconstructed image');
```

运行效果如图 6.5.1 所示。

图 6.5.1 例 6.5.1 的运行效果

6.5.3 基于 Blocks - Simulink 的仿真

在 MATLAB 中，还可以通过 Blocks - Simulink 来计算两幅图像的信噪比，计算 *PSNR* 的模块位于 Computer Vision System Toolbox/Statistics 中，直接将待计算的两幅图像输入即可得出结果。

6.5.4　C/C++代码自动生成及运行效果

将基于系统对象 vision. x 的 MATLAB 程序转换成 C/C++程序，并在 VS 2010 环境下运行，其步骤如下。

步骤 1：新建一个 M 函数，其输入为两幅图像的灰度矩阵 ***I***1、***I***2，输出为边缘提取矩阵 ***J***。在编辑器窗口输入如下内容，并保存：

```
function  J = PSNR2C(I1,I2)
 J = step(vision.PSNR,I1,I2); % #codegen
```

在命令行窗口输入如下内容，运行效果如图 6.5.2 所示。

```
I1 = ones(4,4);
I2 = [1 0 0 0
      0 1 0 0
      0 0 1 0
      0 0 0 0];
J = PSNR2C(I1,I2)
```

```
编辑器 - C:\Users\t430s\Documents\MATLAB\PSNR2C.m
PSNR2C.m  ×  +
1    function  J= PSNR2C(I1,I2)
2 -    J=step(vision.PSNR,I1,I2);%#codegen
3

命令行窗口
>> I1=ones(4,4);
>> I2=[1 0 0 0
       0 1 0 0
       0 0 1 0
       0 0 0 0];
>> J= PSNR2C(I1,I2)

J =

    0.9018
```

图 6.5.2　所编写的 M 函数的运行效果

步骤 2：在命令行窗口输入 coder，建立一个名为 PSNR2C 的工程文件，并单击“添加文件”按钮，如图 6.5.3 所示，将 PSNR2C. m 函数导入。

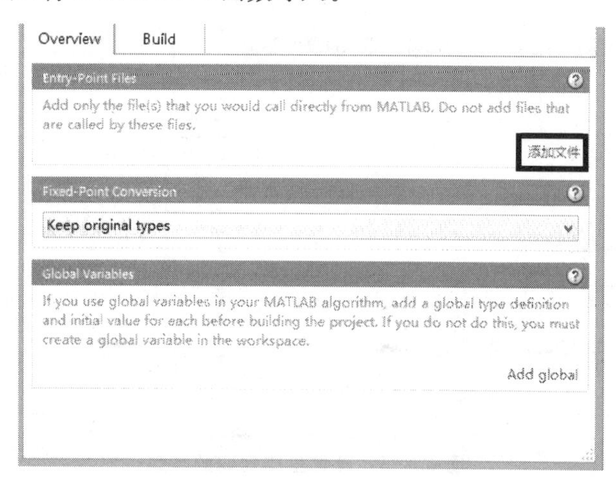

图 6.5.3　通过“添加文件”按钮导入相应的 M 函数

步骤 3:单击界面上的“Build”按钮,在 Output type 选项中选择 C/C++ Static Library,如图 6.5.4 所示。

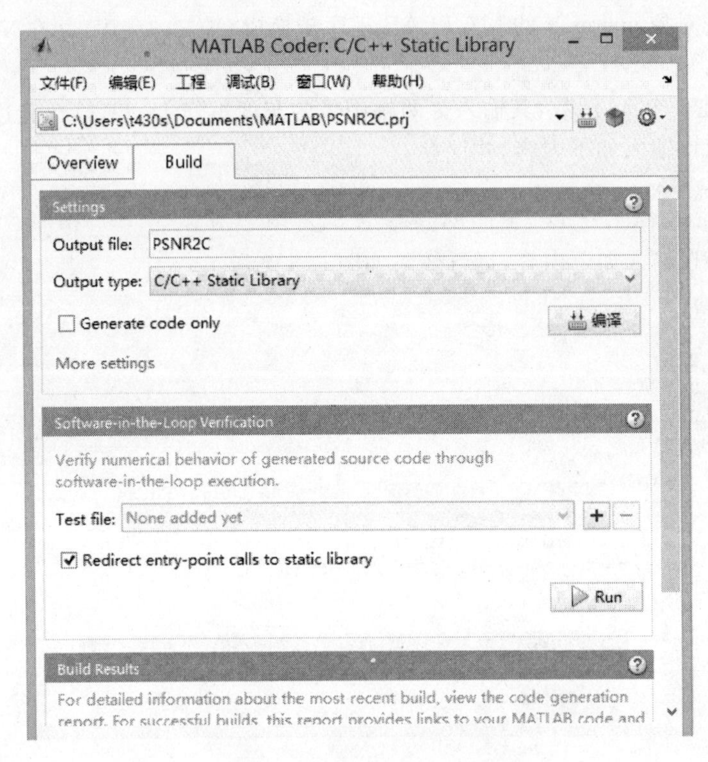

图 6.5.4 步骤 3 的运行效果

步骤 4:在该页面单击“More settings”,将 Language 设置成为“C++”,如图 6.5.5 所示。

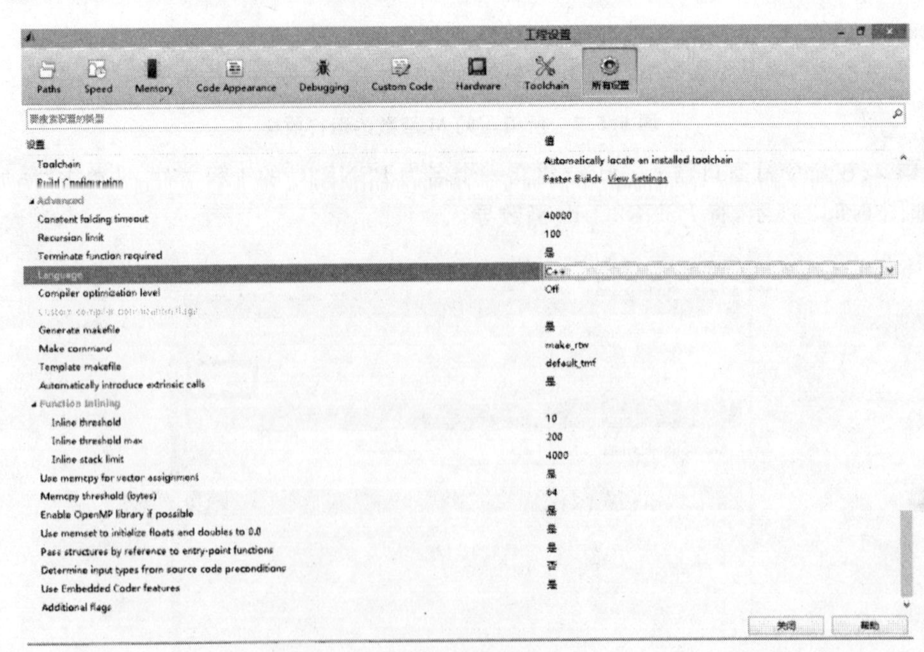

图 6.5.5 设置生成代码的类型

步骤 5:设置函数的输入类型。在本例中,将函数的输入类型设置为两个双精度的 4×4 矩阵,如图 6.5.6 所示。

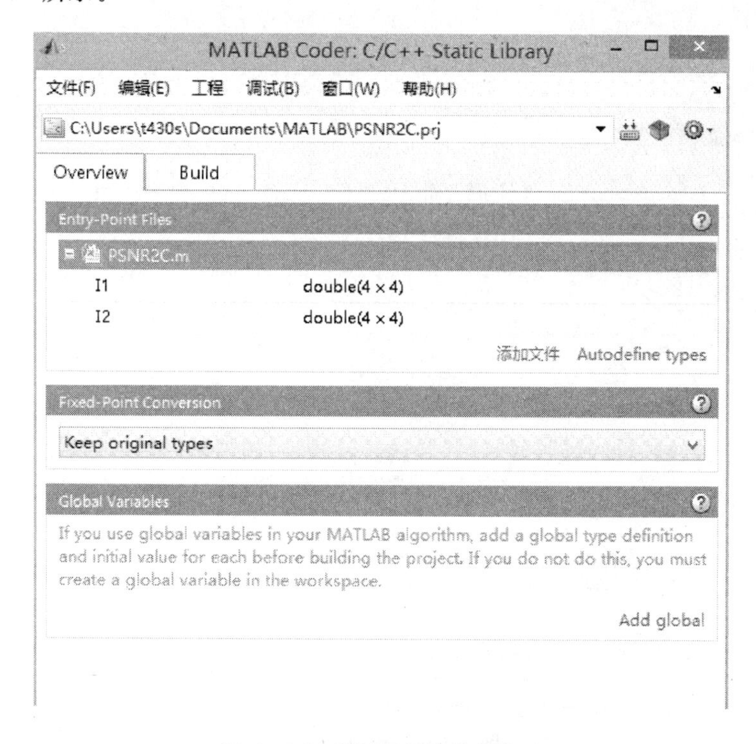

图 6.5.6　设置函数的输入类型

步骤 6:单击“编译”按钮,如图 6.5.7 所示,便可进行编译并生成可执行代码。

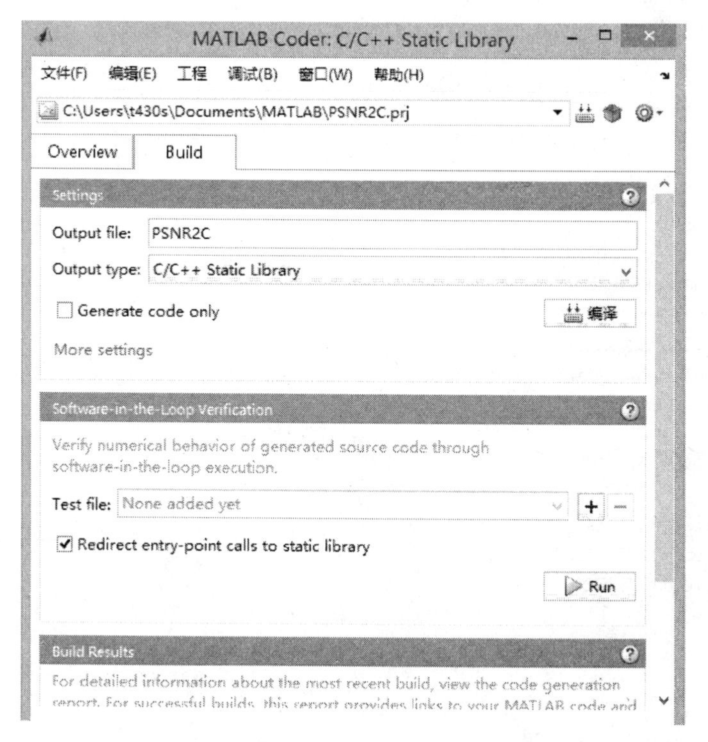

图 6.5.7　单击“编译”按钮进行编译

步骤 7:单击“View report”,便可以观察代码生成报告,如图 6.5.8 所示。

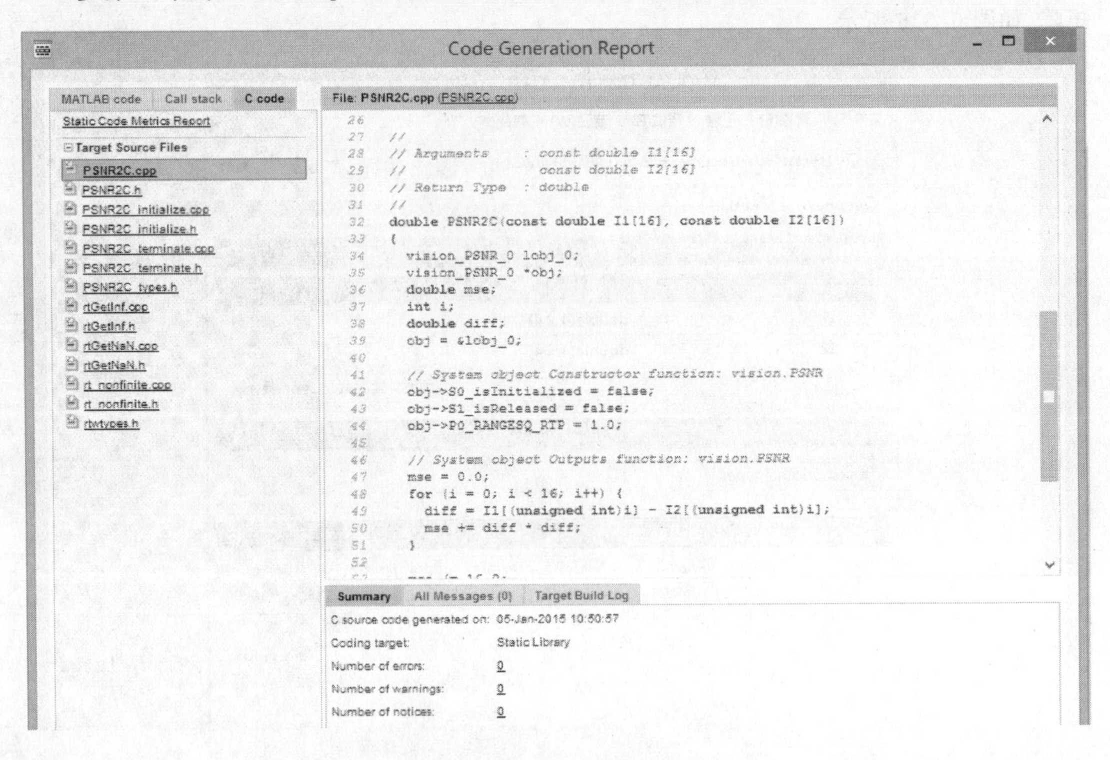

图 6.5.8　代码生成报告

所生成程序的核心代码为:

```
1    //
2    // File: PSNR2C.cpp
3    //
4    // MATLAB Coder version              : 2.6
5    // C/C++ source code generated on   : 05 - Jan - 2015 10:56:54
6    //
7
8    // Include files
9    #include "rt_nonfinite.h"
10   #include "PSNR2C.h"
11
12   // Type Definitions
13   #ifndef struct_vision_PSNR_0
14   #define struct_vision_PSNR_0
15
16   struct vision_PSNR_0
17   {
18     boolean_T S0_isInitialized;
19     boolean_T S1_isReleased;
20     double P0_RANGESQ_RTP;
21   };
22
23   #endif                                   //struct_vision_PSNR_0
24
25   // Function Definitions
26
```

```
27  //
28  // Arguments        : const double I1[16]
29  //                      const double I2[16]
30  // Return Type      : double
31  //
32  double PSNR2C(const double I1[16], const double I2[16])
33  {
34    vision_PSNR_0 lobj_0;
35    vision_PSNR_0 * obj;
36    double mse;
37    int i;
38    double diff;
39    obj = &lobj_0;
40
41    // System object Constructor function: vision.PSNR
42    obj->S0_isInitialized = false;
43    obj->S1_isReleased = false;
44    obj->P0_RANGESQ_RTP = 1.0;
45
46    // System object Outputs function: vision.PSNR
47    mse = 0.0;
48    for (i = 0; i < 16; i++) {
49      diff = I1[(unsigned int)i] - I2[(unsigned int)i];
50      mse + = diff * diff;
51    }
52
53    mse / = 16.0;
54    return 10.0 * log10(obj->P0_RANGESQ_RTP / mse);
55  }
56
57  //
58  // File trailer for PSNR2C.cpp
59  //
60  // [EOF]
61  //
62
```

通过分析上述代码,可以搞清楚函数的输入、输出类型,以方便后续调用。

步骤 8:在 VS 2010 软件环境下新建一个名为“PSNRMC”的工程,如图 6.5.9 所示。

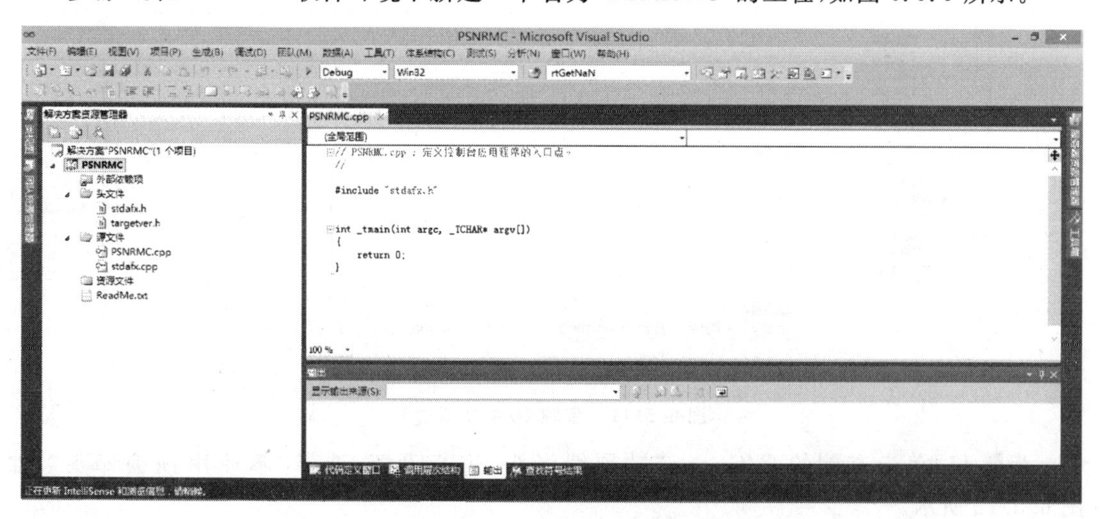

图 6.5.9　步骤 8 的实现效果

步骤9:在所建立的工程左侧,单击右键,并选择"属性",如图6.5.10所示。

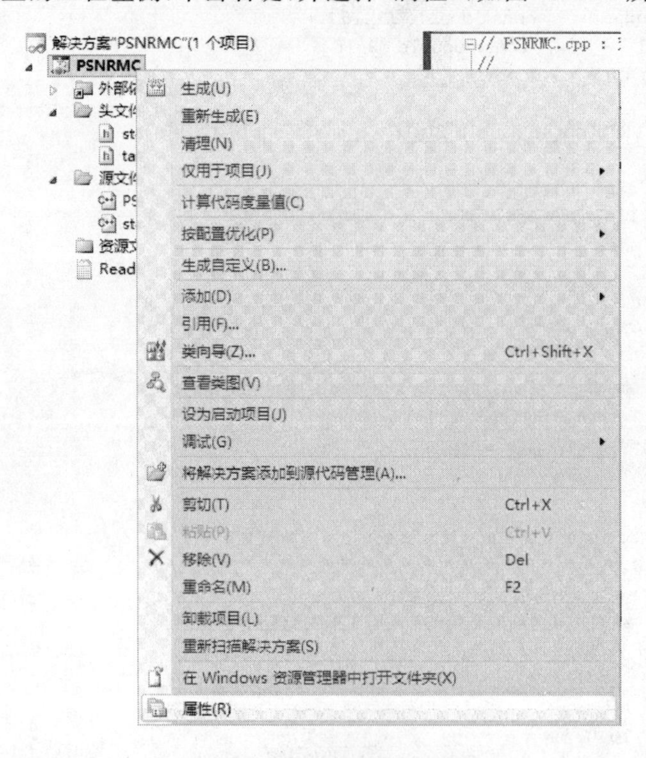

图6.5.10　步骤9的实现效果

步骤10:单击VC++目录,对右侧的包含目录进行设置,将所生成代码的路径包含进去,如图6.5.11所示。

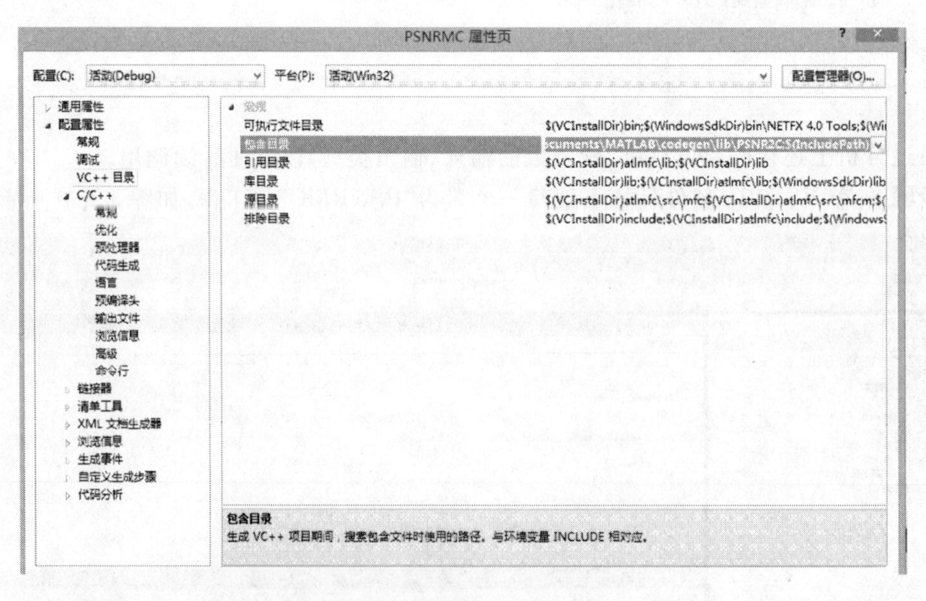

图6.5.11　步骤10的实现过程

步骤11:单击左侧的C/C++,对"预编译头"进行设置,选择"不使用预编译头",如图6.5.12所示。

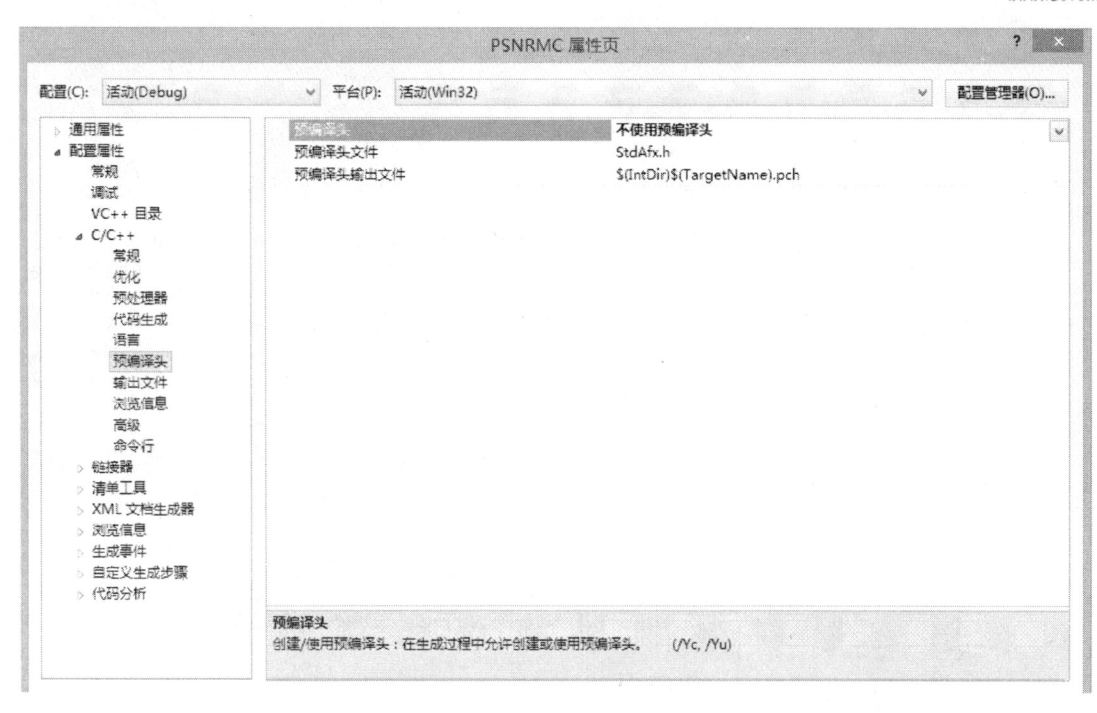

图 6.5.12　步骤 11 的实现过程

步骤 12：添加自动生成的“头文件”和“源文件”，如图 6.5.13 所示。

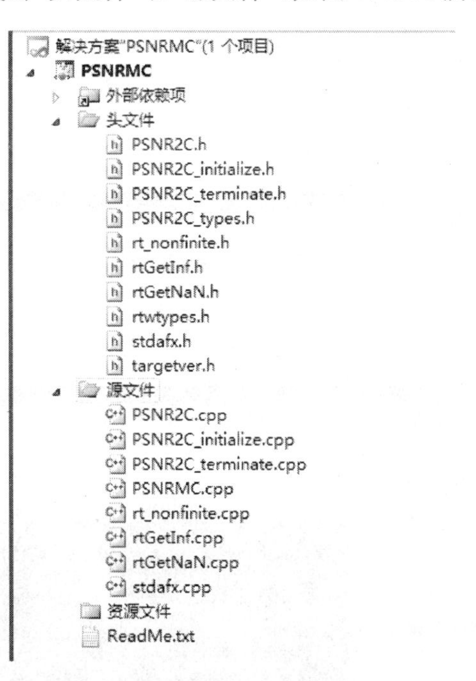

图 6.5.13　步骤 12 的实现过程

步骤 13：输入如下程序，并进行编译，编译后的效果如图 6.5.14 所示，运行效果如图 6.5.15 所示。

```
#include "stdafx.h"
#include "PSNR2C.h"
#include "math.h"
#include <iostream>
using namespace std;

int _tmain(int argc, _TCHAR* argv[])
{
    double a[16] = {1.0, 0.0, 0.0, 0.0, 0.0, 1.0, 0.0, 0.0, 0.0, 0.0, 1.0, 0.0, 0.0, 0.0, 0.0, 0.0};
    double b[16] = {1.0, 1.0, 1.0, 1.0, 1.0, 1.0, 1.0, 1.0, 1.0, 1.0, 1.0, 1.0, 1.0, 1.0, 1.0, 1.0};
    double c = 0.0;
    c = PSNR2C(b,a);
        std::cout << c << std::endl;
        while(1)
    {
    }

    return 0;
}
```

图 6.5.14　显示编译成功

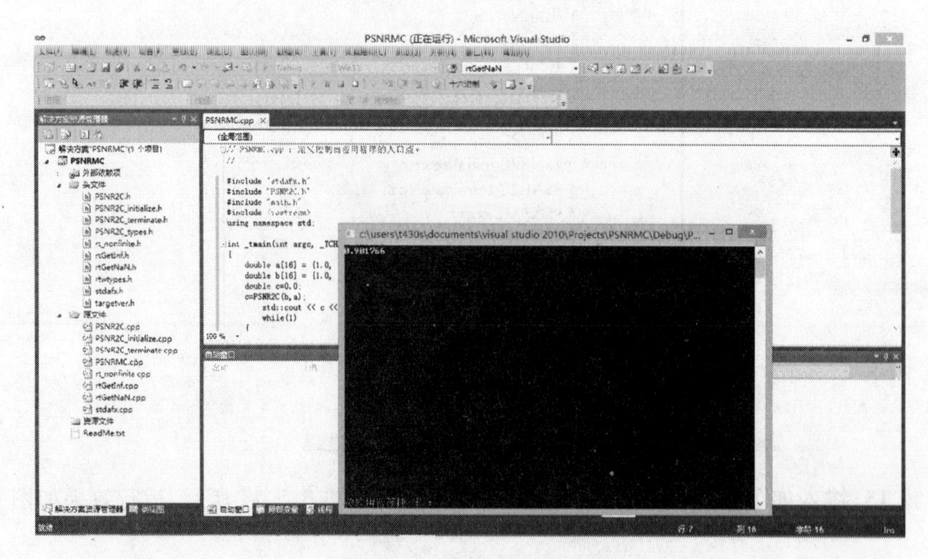

图 6.5.15　程序的运行效果

兴趣·尝试·总结

——浅谈学习 Computer Vision System Toolbox 心得

读者朋友：

很高兴有机会和大家共同分享学习 MATLAB Computer Vision System Toolbox（计算机视觉系统工具箱）的心得和体会，希望能够起到抛砖引玉的作用。

一、兴趣驱动，动力无限

在学习某种知识或使用某种软件时，如果对它感兴趣，就不会感觉到吃力和枯燥。MATLAB 计算机视觉系统工具箱是近年来新增的一个工具箱，2010 年初出茅庐，经过近 5 年的发展，已日臻完善。但是，国内缺乏系统介绍 Computer Vision System Toolbox 的书籍，而且其编程思想与 Image Processing Toolbox 也有所差别，这使很多初学者望而生畏。在这种情况下，培养起对 Computer Vision System Toolbox 的兴趣便尤为重要，只有这样，才会使我们在学习过程中遇到困难时，能够坚持下来。对我来说，Computer Vision System Toolbox 让我最感兴趣的是两个方面：① 体现了计算机视觉领域的研究热点（如 SURF 特征提取于匹配、基于 HOG 的特征分类、基于 CAMshift 的人脸检测与跟踪），能使我们体会到前沿技术的应用价值；② 具有很强的实用性，Computer Vision System Toolbox 中绝大多数的系统对象（System Objects）、函数、模块都支持直接生成 C/C++语言，并具有可移植、可读性强的特点，极大地提高了计算机视觉或图像处理研究工作的效率和规范性，并建立了从算法仿真到嵌入式程序实现的桥梁。我想，上述两点足以激发起学习这个工具箱的兴趣了吧！我也坚信，随着 MATLAB 的不断发展，Computer Vision System Toolbox 的功能会更加完善。

二、尝试不断，积累不倦

学习 MATLAB，就像是学习一门语言，只不过这门语言在 MATLAB 软件的环境下，与计算机打交道；所以光看不练是假把式。我自己在 Computer Vision System Toolbox 时，主要是经过了以下三个阶段的尝试：

（1）不管三七二十一，先尝试运行个实例，看看效果再说

从“帮助文档”拷贝一段关于图像金字塔分解的程序，在“命令窗口”中运行，运行过程和效果如图 1 所示。

程序运行成功，不由地一阵欣喜，但问题随之而来。语句“gaussPyramid = vision.Pyramid('PyramidLevel', 2)；J = step(gaussPyramid, I)；”的含义不是很清楚。其实，这两个语句也是学习基于 Computer Vision System Toolbox 中的基于系统对象编程的核心。

图 1　图像金字塔分解的程序的运行过程及效果

(2) 通过帮助文档，把不明白的问题搞清楚

在使用 MATLAB 函数进行编程时，最重要的是了解函数的调用方式，即函数的输入、输出及参数设置。同理，在进行基于系统对象编程时，我们也应了解系统对象的调用方式。对于 vision. Pyramid 这个系统对象，可以通过在"命令窗口"中输入 help vision. Pyramid 或 doc vision. Pyramid，便可调出关于介绍 vision. Pyramid 系统对象的文档。通过这些文档，可以知道语句 gaussPyramid = vision. Pyramid('PyramidLevel', 2)的作用是定义一个系统对象并对其性质进行设置。而语句 J = step(gaussPyramid, I)的作用是运行系统对象，对图像 I 进行金字塔分解的操作。

当通过自己的尝试把这些搞明白时，一种成就感油然而生。再看其他例子时，也就不会这么陌生了，这也就是触类旁通吧。实际上，就是在这样一步一步尝试的过程中，才会有所积累、有所进步。

(3) 尝试着将所编写的 MATLAB 程序生成 C/C++代码

为了提高研发效率，充分发挥 Computer Vision System Toolbox 的功能，我又尝试着将编写的上述金字塔分解程序稍加改动后，通过 Coder 转换成 C++代码，并在 Microsoft Visual Studio 2010 中运行。在这个过程当中花的时间、精力相对来说更多一些。由于需要设置的接口参数较多，在调试的过程当中出现的问题也挺多，在面对问题的时候除了自己摸索以外，还不时地与他人探讨。最后，终于自动生成了可读性较强的代码，并且在 Microsoft Visual Studio 2010 的环境下成功运行，效果如图 2 所示。

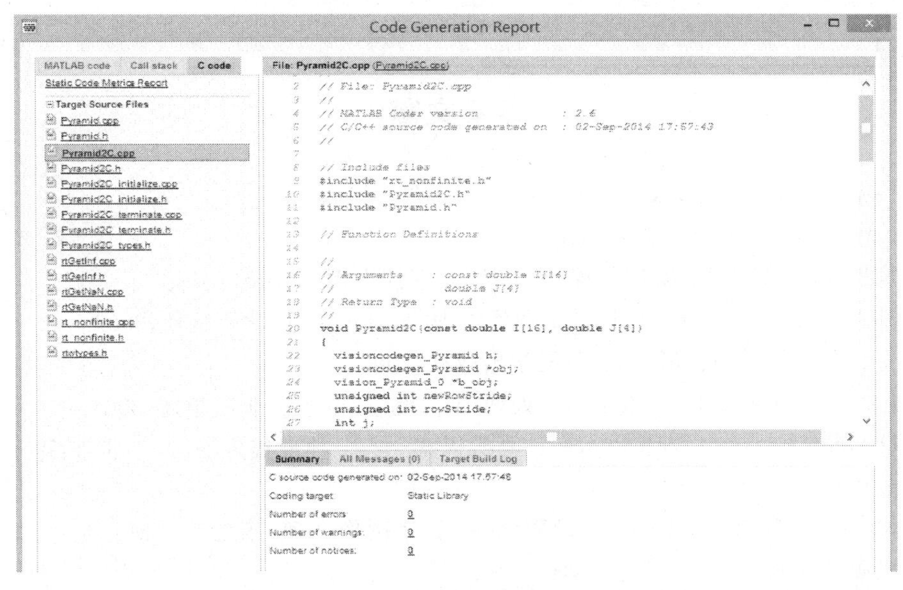

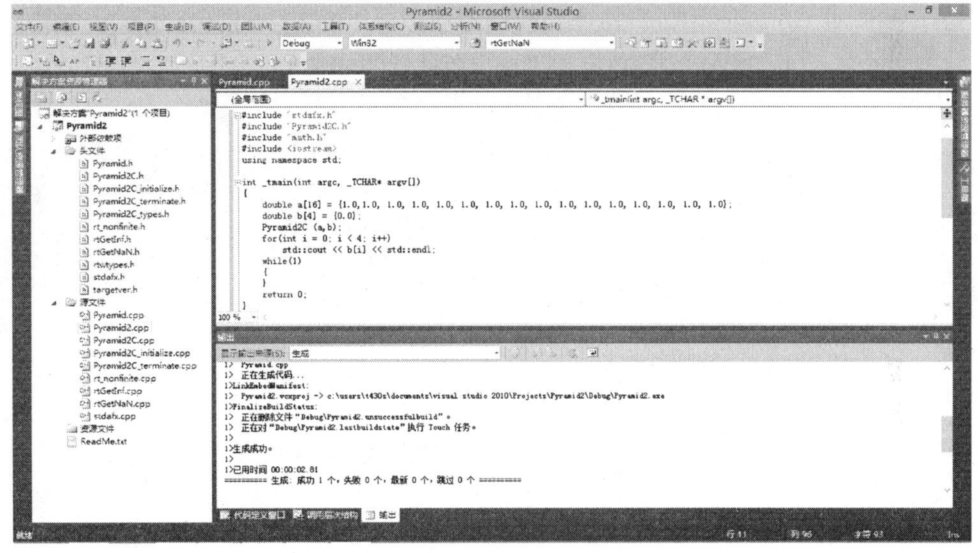

图 2　生成的 C++代码及其运行效果

三、善于总结，收获无限

有句话说得很好，发生的事情不去总结和思考，那只能是“经过”，不能算是“经历”。学习知识亦是如此，只有不断地去总结，才会对其有一个深入的认识。在研究 MATLAB 计算机视觉工具箱的过程中，我不断将自己学习的过程、困惑、方法、心得、经验、收获用键盘和笔记录下来，这也是我能够撰写本书的原因之一。

再次感谢您对本书的支持，祝您一切顺利！

赵小川

2015 年 6 月 10 日于西安

参考文献

[1] http://cn. mathworks. com/
[2] http://www. ilovematlab. cn/
[3] 周明华. MATLAB 实用教程[M]. 杭州:浙江大学出版社,2013.
[4] 井上诚嘉,等. C 语言实用数字图像处理[M]. 北京:科学出版社,2003.
[5] 贾云得. 机器视觉[M]. 北京:科学出版社,2003.
[6] Keneth R Castleman. 数字图像处理[M]. 北京:电子工业出版社,2004.
[7] David A Forsyth,Jean Ponce. 计算机视觉——一种现代方法[M]. 北京:电子工业出版社,2004.
[8] Rafael C Gonzalez,Richard E Woods. 数字图像处理(第二版)[M]. 北京:电子工业出版社,2005.
[9] Rafael C Gonzalez, Richard E Woods, Steven Eddins. Digital Image Processing Using MATLAB[M]. 北京:电子工业出版社,2005.